高等职业教育土建类新编技能型规划教材

建筑施工组织与项目管理

主　编　王立霞
副主编　田俊杰

黄河水利出版社
·郑州·

内 容 提 要

建筑施工组织与项目管理是建筑工程类专业和工程管理类专业的核心课程。本书共11章，内容包括建筑施工组织与管理概论、施工项目管理组织、流水施工基本原理、网络计划技术、单位工程施工组织设计、施工项目进度管理、施工项目质量管理、施工项目成本管理、施工项目职业健康安全与环境管理、施工项目资源管理、施工项目收尾管理。

本书主要可作为高职高专建筑工程技术、建筑工程管理等专业教学用书，也可作为岗位培训教材，或供建筑施工一线基层管理人员学习参考。

图书在版编目(CIP)数据

建筑施工组织与项目管理/王立霞主编．—郑州：黄河水利出版社，2014．4 （2022.12 修订重印）
高等职业教育土建类新编技能型规划教材
ISBN 978-7-5509-0631-0

Ⅰ．①建… Ⅱ．①王… Ⅲ．①建筑工程-施工组织-高等职业教育-教材 ②建筑工程-工程施工-项目管理-高等职业教育-教材 Ⅳ．①TU721 ②TU71

中国版本图书馆CIP数据核字(2013)第284452号

组稿编辑：贾会珍 电话：0371-66028027 E-mail：110885539@qq.com

出 版 社：黄河水利出版社
地址：河南省郑州市顺河路黄委会综合楼14层 邮政编码：450003
发行单位：黄河水利出版社
发行部电话：0371-66026940、66020550、66028024、66022620(传真)
E-mail：hhslcbs@126.com
承印单位：河南承创印务有限公司
开本：787 mm×1 092 mm 1/16
印张：19.75
字数：456千字
版次：2014年4月第1版 印次：2022年12月第3次印刷

定价：39.00元

前　言

本书以现行的国家法律、标准、规范为依据，特别是《建设工程项目管理规范》(GB/T 50326—2006)、《建筑施工组织设计规范》(GB/T 50502——2009)和《工程网络计划技术规程(JGJ/T 121—1999)等文件，结合高等职业教育《建筑工程技术专业》教育标准中建筑施工组织课程及施工项目管理课程的基本教学要求，以建筑工程项目施工阶段的组织与管理为核心，从建筑施工项目管理的基础理论及方法上对建筑施工项目管理全过程加以介绍，突出施工组织设计内容的规范性、实用性，将施工建设工程项目管理融入施工全过程，形成较为完整的、适合高职高专土建施工类专业课程要求的“工程项目施工全过程管理”知识体系。

本书在编写中注重实用性，内容方面，注意了深度与广度之间的关系，可操作性强，深浅适度，通俗易懂，注重学生实际操作能力的培养，使学生能应用施工组织的基础理论知识解决工程项目施工阶段施工组织与管理问题。为了便于学习，除每章附有案例及课后能力训练外，还编入完整的施工组织设计实例，以帮助学生进行系统的学习。

本书共 11 章，内容包括建筑施工组织与管理概论、施工项目管理组织、流水施工基本原理、网络计划技术、单位工程施工组织设计、施工项目进度管理、施工项目质量管理、施工项目成本管理、施工项目职业健康安全与环境管理、施工项目资源管理、施工项目收尾管理。

本书的编写分工如下：第 1 章、第 5 章、第 9 章由河南建筑职业技术学院王立霞编写；第 3 章、第 4 章由河南建筑职业技术学院田俊杰编写；第 2 章、第 6 章由河南建筑职业技术学院刘喜编写；第 7 章、第 10 章由安阳工学院高丽丽编写；第 8 章、第 11 章由焦作大学王敏编写。本书由王立霞担任主编，并负责统稿；由田俊杰担任副主编。

由于编者水平有限，书中难免有不妥之处，欢迎广大读者不吝批评指正。

编　者

2013 年 10 月

前 言

[illegible]

编 者

2013 年 10 月

目　录

1 概 论

【学习目标】

通过本章学习，掌握项目、建设工程项目、施工项目及建设工程项目管理的基本概念，熟悉项目的基本特征；理解建设工程项目建设程序，熟悉建设项目组成、施工项目管理的内容及过程；了解建设工程项目管理规划大纲和建设工程项目管理实施规划的内容；掌握施工组织设计的概念，了解施工组织设计编制原则和编制基础。

1.1 项目管理基础知识

1.1.1 项目

1.1.1.1 项目的概念

项目是指在一定的约束条件（如限定时间、限定资源和限定质量标准等）下，具有特定的明确目标和完整的组织结构的一次性任务或活动。项目的定义包含三层含义：第一，项目是一项有待完成的任务，且有特定的环境与要求；第二，在一定的组织机构内，利用有限资源（人力、物力、财力等）在规定的时间内完成任务；第三，任务要满足一定性能、质量、数量、技术指标等要求。

项目侧重于过程，它是一个动态的概念，例如我们可以把一条高速公路的建设过程视为项目，但不可以把高速公路本身称为项目。安排一个演出活动、开发和介绍一种新产品、策划一场婚礼、设计和实施一个计算机系统、进行工厂的现代化改造、主持一次会议等，这些在我们日常生活中经常可以遇到的一些事情都可以称为项目。

1.1.1.2 项目的特征

1. 项目的单件性或一次性

这是项目最主要的特征。它是指每个项目都有自己特定的生命周期、特定的目标和约束条件、特定的管理主体和管理对象，不存在完全相同的两个项目。因此，只能对它进行单件处置（或生产），不能批量生产。

2. 具有明确的目标和一定的约束条件

项目的目标有成果性目标和约束性目标。成果性目标是指项目的功能性要求，如一座钢厂的炼钢能力及其技术经济指标等。约束性目标是指限制条件，凡是项目都有自己的约束条件，项目只有满足约束条件才能成功。一般项目的约束条件包括限定的时间、限定的投资、限定的质量，通常称这三个约束条件为项目的三大目标，它是项目目标完成的前提。

3. 管理对象的整体性

一个项目，是一个整体管理对象，也就是一个管理系统，在按其需要配置生产要素时，必须以总体效益的提高为标准，做到数量、质量、结构的总体优化。由于内外环境是变化的，所以管理和生产要素的配置是动态的。

4. 项目的不可逆性

项目按一定的程序进行，其过程不可逆转，必须一次成功，失败了便不可挽回，因而项目的风险很大，与批量生产过程（重复的过程）有着本质的区别。

5. 项目具有独特的生命周期

项目过程的一次性决定了每个项目具有自己的生命周期，任何项目都有其产生时间、发展时间和结束时间，在不同时期有不同的任务、程序和工作内容。如我国的基本建设程序包括项目建议书、可行性研究、设计工作、建设准备、建设实施、竣工验收与交付使用；而施工项目的生命周期包括投标与签约、施工准备、施工、竣工验收、回访与保修。成功的项目管理是将项目作为一个整体系统，进行全过程的管理和控制，是对整个项目生命周期的系统管理。

1.1.1.3　项目的分类

项目的范围非常广泛，涉及社会、经济、文化、生活等诸多领域。典型的项目有：科学研究项目，如基础科学研究项目、应用科学研究项目、科技攻关项目等；开发项目，如资源开发项目、新产品开发项目、房地产开发项目等；建设工程项目，如建筑工程项目、交通工程项目、水利工程项目等。工程项目是项目中最常见、数量最多的一个大类别，凡最终成果是“工程”的项目均可称为工程项目。按其管理主体的不同，工程项目进一步划分为建设项目、设计项目、施工项目等。施工项目是本课程的研究对象，将在以后的章节中进一步阐述。项目的分类见图 1-1。

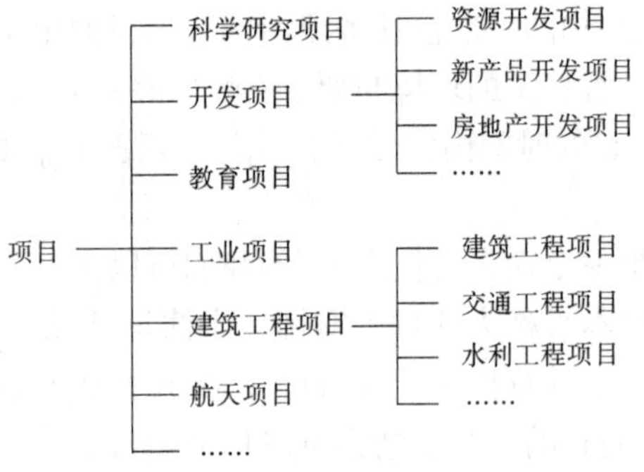

图 1-1　项目的分类

1.1.2　建设工程项目

1.1.2.1　建设工程项目的概念及其特征

建设工程项目是以工程建设为载体的项目，是作为被管理对象的一次性建设任务。根据《建设工程项目管理规范》(GB/T 50326—2006)规定，建设工程项目是指为完成依法立项的新建、扩建、改建等各类工程而进行的、有起止日期的、达到规定要求的一组相互关联的受控活动组成的特定过程，包括策划、勘察、设计、采购、施工、试运行、竣工验收和考核评价等。

建设工程项目除具备一般项目的特征外，还具有以下基本特征：

(1)建设目标的明确性。任何工程项目都有明确的建设目标，包括宏观目标和微观目标。政府主管部门主要审核项目的宏观经济效果、社会效果和环境效果，企业则更重视盈利能力等微观的财务目标。每个工程项目的最终产品都有特定的用途和功能。

(2)项目的整体性。在一个总体设计或初步设计范围内，工程项目是由一个或若干个互相有内在联系的单项工程所组成的，建设中实行统一核算、统一管理。

(3)建设过程的程序性。工程项目的建设需要遵循必要的建设程序和经过特定的建设过程。一般工程项目的全过程都要经过提出项目建议书、进行可行性研究、设计、建设准备、建设施工和竣工验收交付使用等六个阶段。

(4)项目的约束性。工程项目的约束条件主要有：①时间约束，即要有合理的建设工期时限限制；②资源约束，即要有一定的投资总额、人力、物力等条件限制；③质量约束，即每项工程都有预期的生产能力、产品质量、技术水平或使用效益的目标要求。

(5)项目的一次性。按照工程项目特定的任务和固定的建设地点，需要专门的单一设计，并应根据实际条件的特点，建立一次性组织进行施工生产活动，工程项目资金的投入具有不可逆性。

(6)项目的风险性。工程项目的投资额巨大，建设周期长，投资回收期长。期间的物价变动、市场需求、资金利率等相关因素的不确定性会带来较大风险。

1.1.2.2 建设工程项目的分类

建设工程项目是项目中涉及领域最多，也是最为典型的一类项目，主要是由以房屋建筑工程和以公路、铁路、桥梁等为代表的土木工程共同构成。建设工程项目的分类方法很多，按照管理主体和内容、专业、建设性质以及用途不同划分如下：

(1)按管理主体和参与方的不同，建设工程项目可划分为建设项目(业主项目)、设计项目、监理项目和施工项目。

(2)按建设性质不同，建设工程项目可分为新建项目、扩建项目、改建项目、迁建项目和恢复项目。

(3)按专业不同，建设工程项目可分为建筑工程项目、交通工程项目、水电工程项目等。

(4)按投资主体不同，建设工程项目可分为政府投资项目、非政府投资项目。

(5)按项目的建设总规模和投资的多少，建设工程项目可分为大、中、小型项目。

1.1.3 建设项目

1.1.3.1 建设项目的概念及特征

建设项目，亦称基本建设工程项目，是指在一个总体设计或初步设计范围内，由一个或几个单项工程所组成，经济上实行统一核算，行政上实行统一管理的建设单位。一般以一个企业(或联合企业)、事业单位或独立工程作为一个建设项目。

根据《建设项目工程总承包管理规范》(GB/T 5038—2005)规定，建设项目是指需要一定量的投资，经过决策和实施(设计、施工等)的一系列程序，在一定的约束条件下以形成固定资产为明确目标的一次性事业。

凡是属于一个总体设计中的主体工程和相应的附属配套工程、综合利用工程、环境保护工程、供水供电工程以及水库的干渠配套工程等，都可作为一个建设项目；凡是不属于一个总体设计，经济上分别核算，工艺流程上没有直接联系的几个独立工程，应分别列为几个建设项目。

建设项目是一个建设单位在一个或几个建设区域内，根据上级下达的计划任务书和批准的总体设计和总概算书，经济上实行独立核算，行政上具有独立的组织形式，严格按基建程序实施的基本建设工程。一般指符合国家总体建设规划，能独立发挥生产功能或满足生活需要,其项目建议书经准立项和可行性研究报告经批准的建设任务。如工业建设中的一座工厂、一个矿山,民用建设中的一个居民区、一幢住宅、一所学校等均为一个建设项目。建设项目包括基本建设项目(新建、扩建等扩大生产能力的建设项目)和技术改造项目。

建设项目的基本特征如下:

(1)在一个总体设计或初步设计范围内,由一个或若干个互相有内在联系的单项工程所组成,建设中实行统一核算、统一管理。

(2)在一定的约束条件下,以形成固定资产为特定目标。约束条件有时间约束(有建设工期目标)、资源约束(有投资总量目标)、质量约束(一个建设项目都有预期的生产能力,如公路的通行能力)、技术水平(如使用功能的强度、平整度、抗滑能力等)或使用效益目标。

(3)需要遵循必要的建设程序和特定的建设过程。一个建设项目从提出建设的设想、建议、方案选择、评估、决策、勘察、设计、施工一直到竣工、投入使用,均是一个有序的全过程。

(4)按照特定的任务,具有一次性特点的组织形式。其表现是投资的一次性投入,建设地点的一次性固定,设计单一,施工单件。

(5)具有投资限额标准。只有达到一定限额投资的才作为建设项目,不满限额标准的称为零星固定资产购置。

建设工程项目应满足的要求如下:

(1)技术上:满足一个总体设计或在初步设计范围内。

(2)构成上:由一个或几个相互关联的单位工程所组成。

(3)在建设过程中:在经济上实行统一核算,在行政上统一管理。

1.1.3.2 建设项目的组成

建设项目是以项目业主为管理主体,以形成固定资产为目的的建设工程项目。一般情况下,建设项目按其组成内容从大到小可以划分为若干个单项工程、单位工程、分部工程和分项工程。以一个学校为例,建设项目的组成可参照图1-2。

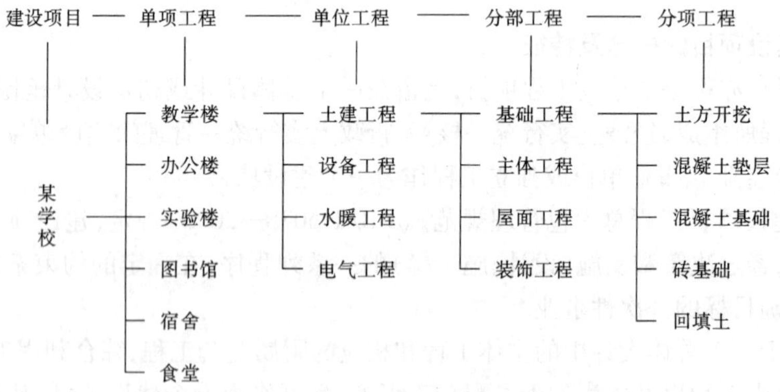

图1-2 建设项目的组成

1. 单项工程

单项工程是指具有独立的设计文件,能独立地组织施工,竣工后能够独立发挥生产能力或效益的工程。单项工程是建设项目的组成部分,一个建设项目有时可以仅包括一个单项工程,也可以包括多个单项工程。如工厂中的生产车间、办公楼,学校中的教学楼、宿舍和图书馆等都是能够独立发挥其生产能力或使用功能的单项工程。

2. 单位工程

单位工程是指具有单独设计，能独立地组织施工，竣工后不能独立发挥生产能力或效益的工程。单位工程是单项工程的组成部分。例如工厂的生产车间由厂房建筑工程和设备安装工程等单位工程所组成。

3. 分部工程

分部工程是指按专业性质、建筑部位等划分的工程。分部工程是单位工程的组成部分。例如厂房建筑工程是由地基与基础工程、主体结构工程、建筑装饰装修工程、建筑屋面工程、建筑给水排水及采暖工程、建筑电气工程、智能建筑工程、通风与空调工程和电梯工程等分部工程所组成。当分部工程较大或较复杂时，可按材料（或设备）种类、施工特点、施工程序、专业系统及类别等划分为若干子分部工程。例如主体结构工程可分为混凝土结构工程、钢结构工程和砌体结构工程等子分部工程。

4. 分项工程

分项工程是指按工程施工的主要工种、施工工艺、材料、设备类别等划分的工程。分项工程是分部工程的组成部分。例如混凝土结构工程这个子分部工程是由模板工程、钢筋工程和混凝土工程等分项工程所组成。分项工程是计算工、料及资金消耗的最基本的构造要素。

1.1.4 施工项目

施工项目是由建筑施工企业自施工投标开始到保修期满为止这一以施工为中心活动的过程中所完成的项目，是建筑企业完成的最终产品。

施工项目是建筑施工企业对一个建筑产品的施工过程，也就是建筑施工企业的生产对象。它可以是一个建设项目的施工，也可以是其中的一个单项工程或单位工程的施工。

施工项目除具有一般项目的特征外，还具有以下特征：

（1）它是建设项目或其中的单项工程、单位工程的施工活动过程；

（2）以建筑企业为管理主体；

（3）项目的任务范围是由施工合同界定的；

（4）产品具有多样性、固定性、体积庞大的特点。

施工项目的施行主体是建筑企业，它是建设项目或其中的单项工程或单位工程的施工活动的全过程。只有单位工程、单项工程和建设项目的施工活动才能称得上施工项目，因为它们才是建筑企业的最终产品；而分部工程、分项工程不是建筑企业的最终产品，故其活动过程不能称作施工项目，只是施工项目的组成部分。

1.2 建设工程项目管理及其建设程序

1.2.1 建设工程项目管理

1.2.1.1 建设工程项目管理的概念

建设工程项目管理是指项目组织运用系统工程的理论和方法对建设工程项目寿命期内

的所有工作(包括项目建议书、可行性研究、评估论证、设计、采购、施工、验收、后评价等)进行计划、组织、发挥、协调和控制的过程。建设工程项目管理的核心任务是控制项目目标(造价、质量、进度),最终实现项目的功能,以满足使用者的需求。

建设工程项目管理是建设项目(业主项目)、设计项目、施工项目、咨询(监理)项目等管理的总称,是项目管理中的一大类。工程项目管理的实质是工程建设的实施者,运用系统工程的观点、理论和方法,对工程的建设进行全过程和全方位的管理,实现生产要素在工程项目上的优化配置,为用户提供优质的建筑产品。工程项目管理是一门综合性、应用性很强的技术学科,也是一门很有发展潜力的新兴学科。

1.2.1.2　**建设工程项目管理的类型**

在建设工程项目的决策和实施过程中,由于各阶段的任务和实施主体不同,构成了不同类型的项目管理,如图 1-3 所示。从系统工程的角度分析,每一类型的项目管理都是在特定条件下为实现整个建设工程项目总目标的一个管理子系统。

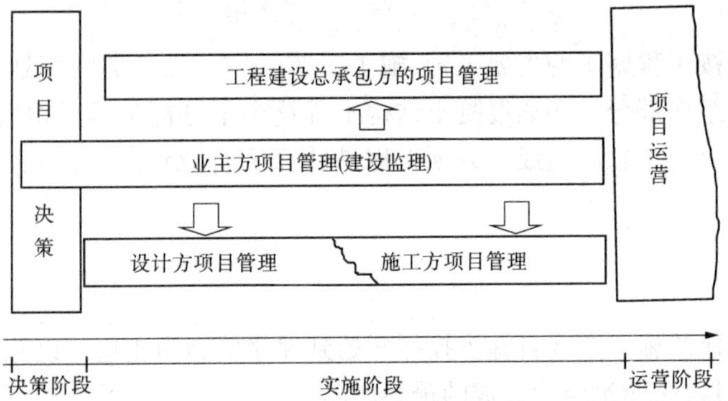

图 1-3　建设工程项目管理的类型

1. 业主方项目管理

业主方项目管理是全过程的项目管理,包括项目决策与实施阶段的各个环节。由于项目实施的一次性,使得业主方自行进行项目管理往往存在很大的局限性。首先,在技术和管理方面缺乏相应的配套力量;其次,即使是配备健全的管理机构,如果没有持续不断的项目管理任务也是不经济的。为此,项目业主需要专业化、社会化的项目管理单位为其提供项目管理服务。项目管理单位既可以为业主提供全过程的项目管理服务,也可以根据业主需求提供分阶段的项目管理服务。

2. 工程总承包方项目管理

在项目设计、施工综合承包或设计、采购和施工综合承包(即 EPC 承包)的情况下,业主在项目决策之后,通过招标择优选定总承包单位全面负责工程项目的实施过程,直至最终交付使用功能和质量标准符合合同文件规定的工程项目。由此可见,工程总承包方的项目管理是贯穿于项目实施全过程的全面管理,既包括项目设计阶段,也包括项目施工安装阶段。

工程总承包方为了实现其经营方针和目标,必须在合同条件的约束下,依靠自身的技术和管理优势或实力,通过优化设计及施工方案,在规定的时间内,按质、按量地全面完成工程项目的承建任务。

3. 设计方项目管理

设计方项目管理是指设计单位承揽到工程项目的设计任务后,根据设计合同所界定的工作目标及义务，对建设项目设计阶段的工作所进行的自我管理。

设计方项目管理包括设计投标或方案竞赛、签订设计合同、设计条件准备、设计计划的编制与实施、设计文件验收与归档、设计工作总结、施工过程中的设计控制与监督、竣工验收的参与。

4. 施工方项目管理

施工方项目管理是指施工承包单位通过投标取得工程施工承包合同，并根据施工合同所界定的工程范围，在项目经理责任制的前提下，依靠企业技术和管理的综合实力，对工程施工全过程进行计划、组织、指挥、协调和监督控制的系统管理活动。施工方项目管理的目标体系包括项目施工质量(Quality)、成本(Cost)、工期(Delivery)、安全和现场标准化(Safaty)和环境保护(Environment)，简称 QCDSE 目标体系。显然，这一目标体系既与工程项目的目标相联系，又具有施工方项目管理的鲜明特征。

5. 供货方项目管理

从建设工程项目管理的系统角度分析，建筑材料和设备的供应工作也是实施建设工程项目的一个子系统。该子系统有明确的任务和目标、明确的约束条件以及与项目设计、施工等子系统的内在联系。因此，设备制造商、供应商同样需要根据加工生产制造和供应合同所界定的任务进行项目管理，以适应建设工程项目总目标的要求。

工程项目管理各方的目标与任务见表 1-1。

表 1-1　建设工程项目管理各方的目标与任务

特征	建设项目管理	施工项目管理
管理主体	建设单位或其委托的咨询单位	建筑企业
管理任务	取得固定资产	生产出产品，取得利润
管理内容	包括投资周转在内的全过程的管理	从投标开始到交工为止的全部施工组织管理与维护
管理范围	由可行性报告确定的全部工程，是一个建设项目	由工程承包合同规定的承包范围，是建设项目、单项工程或单位工程的施工

1.2.2　建设工程项目建设程序

建设工程项目建设程序是指工程项目从策划、评估、决策、设计、施工到竣工验收、投入生产或交付使用的整个建设过程中，各项工作必须遵循的先后工作次序。一项建设工程，从决定投资兴建到建成后投产和使用，形成新的固定资产，要经过许多阶段和环节，它是在建设领域内的活动所形成的客观规律的反映。我国工程项目建设程序如图 1-4 所示。

1.2.2.1　项目建议书

项目建议书是要求建设某一具体项目的建设性文件，是投资决策前由主管部门对拟建项目的轮廓设想，主要从宏观上衡量分析项目建设的必要性和可能性，即分析其建设条件是否具备，是否值得投入资金和人力。

根据建设项目规模、特点的不同，项目建议书有繁有简，一般应包括以下五个方面：

(1)建设项目提出的必要性和依据；

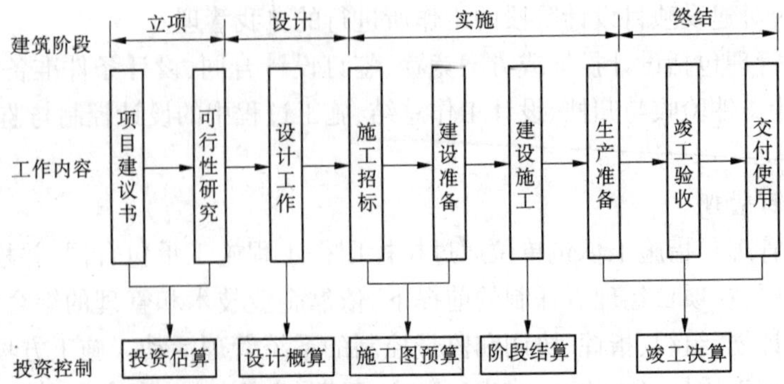

图1-4　我国工程项目建设程序示意图

(2)拟建工程规模和建设地点的初步设想；

(3)资源情况、建设条件、协作关系等的初步分析；

(4)投资估算和资金筹措的初步设想；

(5)经济效益和社会效益的分析论证。

1.2.2.2　可行性研究阶段

可行性研究是运用现代生产技术科学、经济学和管理工程学，对建设项目进行技术经济分析的综合性工作。可行性研究是项目决策阶段的核心，关系到建设项目的前途和命运，必须集中精力，深入调查研究，认真进行分析，做出科学的评价。这一工作阶段包括可行性研究、编制可行性研究报告、审批可行性研究报告和成立项目法人四大环节。

经批准的可行性研究报告，一般不得随意修改和变动，若确实在主要内容上需要进行修改，应经原批准单位复审同意。工程正式成立项目法人后，应按项目法人责任制实行项目管理。

1.2.2.3　设计阶段

可行性研究报告经批准的建设项目，一般由项目法人委托或通过招标有相应资质的设计单位进行设计。

设计是分阶段进行的。大中型建设项目，一般采用两阶段设计，即初步设计和施工图设计；重大项目和技术复杂项目，可根据不同行业的特点和需要，采用三阶段设计，即初步设计、施工图设计和技术设计阶段。

1.2.2.4　建设准备阶段

建设项目在实施之前必须做好各项准备工作。其主要内容如下：

(1)建立项目法人管理实施工作班子。

(2)征地拆迁、三通一平等前期工作。

(3)编制或委托有关部门编制施工、设备、材料预算。

(4)组织材料采购招标和项目施工招标。

(5)报请计划部门列入年度投资计划。

(6)到当地税务机关交纳投资方向调节税，计划部门凭纳税凭证核发投资许可证(暂免征)。

(7)申请有关部门批准开工报告，凭批准的开工报告向当地建设主管部门(建委、建设局)核发建筑工程许可证。

1.2.2.5 **建设实施阶段**

建设实施阶段是基本建设程序中历史最长、工作量最大、资源消耗最多的阶段,实质上是对工程生产全过程进行组织与管理的关键阶段,即根据设计要求和施工规范,对建设项目的质量、进度、投资、安全、协作配合、现场布置等,进行指挥、控制和协调。

1.2.2.6 **生产准备阶段**

生产准备是项目投产前所要进行的一项重要工作,是建设阶段基本完成后转入生产经营的必要条件。

生产准备应根据不同类型的工程要求确定,一般应包括以下主要内容:

(1)生产组织准备。建立生产经营的管理机构及相应的管理制度。

(2)招收培训人员。按照生产运营的要求,配备生产管理人员,并通过多种形式的培训,提高人员的综合素质,使之能满足运营的要求。

(3)生产技术准备。主要包括技术咨询的汇总、运营技术方案的制订、岗位操作规程制订和新技术的培训。

(4)生产物资准备。主要是落实投产运营所需要的原材料、协作产品、工器具、备品备件和其他协作配合条件的准备。

1.2.2.7 **竣工验收阶段**

竣工验收是工程完成建设目标的标志,是全面考核基本建设成果、检验设计和工程质量的重要步骤,是一项严肃、认真、细致的技术工作。竣工验收合格的项目,即可转入生产或使用。

1.2.2.8 **后评价阶段**

建设项目的后评价阶段,是我国基本建设程序中新增加的一项重要内容。建设项目竣工投产(或使用)后,一般经过1~2年生产运营后,要进行一次系统的项目后评价。项目后评价一般分为项目法人的自我评价、项目行业的评价、计划部门(或主要投资方)的评价三个层次。建设项目后评价主要内容包括以下内容。

(1)影响评价。项目投产后对各方面的影响进行评价。

(2)经济效益评价。对项目投资、国民经济效益、财务效益、技术进步、规模效益、可行性研究深度等进行评价。

(3)过程评价。对项目的立项、设计施工、建设管理、竣工投产、生产运营等全过程进行评价。

1.3 施工项目管理

1.3.1 施工项目管理的内容

施工项目管理是指施工承包单位通过投标取得工程施工承包合同,并根据施工合同所界定的工程范围,在项目经理责任制的前提下,依靠企业技术和管理的综合实力,对工程施工全过程进行计划、组织、指挥、协调和监督控制的系统管理活动。

施工项目管理就是要在预定的成本、计划的工期内实现预定的目标质量。成本、质量、工期是项目管理的三大基本目标,这三个要素直接存在互相制约的关系,要提高质量就可能增加成本,要缩短工期也可能提高成本。项目管理就是要处理好三者的关系,使之处于最佳状态,或者说项目管理的目的就是谋求快、好、省的有机统一。

施工项目管理的具体内容包括以下几方面。

1.3.1.1 建立施工项目管理组织——项目经理部

(1)由企业采用适当方式选聘称职的项目经理。

(2)根据施工项目组织原则,选用适当的组织形式,组建项目管理机构,明确责任、权限和义务。

(3)在遵守企业规章制度的前提下,根据施工项目管理的需要,制定施工项目管理制度。

1.3.1.2 编制施工项目管理规划

施工项目管理规划是对施工项目全过程中的各项工作进行综合性、完整、全面的总体计划。施工项目管理规划包含两种文件:一种是投标之前编制的施工项目管理规划,用以作为编制投标书的依据,称为施工项目管理规划大纲;另一种是签订合同以后编制的施工项目管理规划,用以指导自施工准备、开工、施工、直到交工验收的全过程,称为施工项目管理实施规划。两种施工管理规划的主要区别见表1-2。

表1-2 两种施工管理规划的区别

种类	服务范围	编制时间	编制者	主要特性	追求目标
施工项目管理规划大纲	投标与签约	投标书编制前	经营管理层	规划性	中标和经济效益
施工项目管理实施规划	施工准备至验收	签约后开工前	项目管理层	作业性	施工效率和效益

施工项目管理实施规划是对施工项目管理目标、组织、内容、方法、步骤和重点进行预策和决策,做出具体安排的文件。主要内容有工程概况、施工部署、施工方案、施工进度计划、资源供应计划、施工准备工作计划、施工平面图、技术组织措施、项目风险管理、项目信息管理、技术经济指标分析。

1.3.1.3 进行施工项目的目标控制

施工项目的控制目标有以下几项:进度控制目标、质量控制目标、成本控制目标和安全控制目标(详见第6章)。

1.3.1.4 对施工项目的生产要素进行优化配置和动态管理

施工项目的生产要素是施工项目目标得以实现的保证,主要包括人力资源、材料、设备、资金和技术。

1.3.1.5 施工项目的合同管理

施工项目管理是在市场条件下进行的特殊交易活动,这种交易活动从招标投标开始,并持续于项目管理的全过程,因此必须依法签订合同,进行履约经营。合同管理的好坏直接涉及项目管理及工程施工的技术经济效果和目标实现,因此要从招标、投标开始,加强工程承包合同的签订、履行管理。

1.3.1.6 施工项目的信息管理

施工项目管理是一项复杂的现代化管理活动,需要依靠大量信息。施工项目目标控制、动态管理,必须依靠信息管理,并应用计算机进行辅助管理。

1.3.1.7 **组织协调**

组织协调是以一定的组织形式、手段和方法，对项目管理中产生的关系不畅进行疏通，对产生的干扰和障碍予以排除的活动。协调要依托一定的组织、形式和手段，并针对干扰的种类和关系的不同而分别对待。除努力寻求规律外，协调还要依靠应变能力以及处理例外事件的机制和能力。

1.3.2 施工项目管理的过程

施工项目管理的对象，是施工项目寿命周期各阶段的工作，是指从投标、签约开始到工程施工完成后的服务为止的整个过程的管理。施工项目寿命周期可分为五个阶段，构成了施工项目管理有序的全过程。

1.3.2.1 **投标与签订合同阶段**

建设单位对建设项目进行设计和建设准备、具备了招标条件以后，便发出广告（或邀请函），施工单位见到招标广告或邀请函后，从作出投标决策至中标签约，实质上便是在进行施工项目的工作。这是施工项目管理的第一阶段。本阶段的最终管理目标是签订工程承包合同。

1.3.2.2 **施工准备阶段**

施工单位与业主单位签订了工程承包合同、交易关系正式确立后，便应组建项目经理部，然后以项目经理为主，与企业经营层和管理层、业主单位进行配合，进行施工准备，使工程具备开工和连续施工的基本条件。这一阶段主要进行以下工作：

（1）成立项目经理部，配备管理人员。

（2）编制施工组织设计（主要是施工方案、施工进度计划和施工平面图）。

（3）制定施工项目管理规划，以指导施工项目管理活动。

（4）进行施工现场准备。

（5）编写开工申请报告。

1.3.2.3 **施工阶段**

这是一个自开工至竣工的实施过程。在这一过程中，项目经理部既是决策机构，又是责任机构。经营管理层、业主单位、监理单位的作用是支持、监督与协调。这一阶段的目标是完成合同规定的全部施工任务，达到验收、交工的条件。本阶段主要进行以下工作：

（1）按照施工组织设计的要求进行施工。

（2）做好动态控制，保证质量、进度、成本安全目标的实现。

（3）做好施工现场管理，实行文明施工。

（4）严格履行工程承包合同，处理好内外关系，处理好合同变更及索赔。

（5）做好记录、协调、检查、分析工作。

1.3.2.4 **交工验收与结算阶段**

这一阶段可称作“结束阶段”，其目的是对项目成果进行总结评价，对外结清债权债务，结束交易关系。本阶段主要进行以下工作：

（1）进行工程收尾、试运转。

（2）在预验的基础上接受正式验收。

（3）整理、移交竣工文件，进行财务结算，总结工作，编制竣工总结报告。

(4)办理工程交付手续,项目经理部解体。

1.3.2.5 **用户服务阶段**

这是施工项目管理的最后阶段,即在竣工验收后,按合同规定的责任期进行用后服务、回访与保修,其目的是保证使用单位正常使用,发挥效益。在该阶段中主要进行以下工作:

(1)为保证工程正常使用而作必要的技术咨询和服务。

(2)进行工程回访,听取使用单位意见,总结经验教训,观察使用中的问题,进行必要的维护,维修和保修。

(3)进行沉降、抗震性能等观察。

1.4 施工组织设计概论

1.4.1 施工组织设计的概念与作用

施工组织设计是施工项目管理全过程中重要的组成部分,是在拟建工程项目开工前,针对工程本身特点和工地具体情况,按照工程的要求,对所需的施工劳动力、施工材料、施工机具和施工临时设施,经过科学计算、精心对比及合理的安排后编制出的一套在时间和空间上进行合理施工的战略部署文件,保证以最少的投入,生产出质量好、工期短、成本低的建筑产品。

根据国家推荐性标准《建筑施工组织设计规范》(GB/T 50502—2009)规定,施工组织设计是以施工项目为对象编制的,用以指导施工的技术、经济和管理的综合性文件。这套文件又称"三一"文件,即由一份施工组织设计说明书、一张工程计划进度表、一套施工现场平面布置图组成。

施工组织设计包括编制依据、工程概况、施工部署、施工进度计划、施工准备与资源配置计划、主要施工方法、施工现场平面布置及主要施工管理计划等基本内容。

1.4.2 施工组织设计的分类

根据建设项目的类别、工程规模、编制阶段、编制对象和范围的不同,其编制深度和广度也有所不同。因此,存在着不同种类的施工组织设计,目前在实际工作中主要有以下几种分类。

1.4.2.1 **按编制阶段的不同分类**

根据设计阶段的不同,施工组织设计可以分为两类:一类是投标前编制的施工组织设计,即标前设计;另一类是中标后编制的施工组织设计,即标后设计。两类施工组织设计的区别见表1-3。

表1-3 标前设计与标后设计的区别

分类	服务范围	编制时间	编制单位	主要特征	追求目标
标前设计	投标与签约	投标前	经营管理层	规划性	中标和经济效益
标后设计	施工准备至验收	投标后	项目管理层	作业性	施工效率和效益

1.4.2.2 按编制对象不同分类

施工组织设计按编制对象,可分为施工组织总设计、单位工程施工组织设计和分部(分项)工程施工作业设计。

1. 施工组织总设计

施工组织总设计是以若干单位工程组成的群体工程或特大型项目为主要对象编制的施工组织设计,对整个项目的施工过程起统筹规划、重点控制的作用。它是整个拟建项目施工的战略性部署安排,涉及范围较广,内容较概括。

施工组织总设计的主要内容包括工程概况、施工部署和施工方案、施工总进度计划、施工准备工作计划及各项资源需要量计划、施工总平面图、主要技术组织措施及主要技术经济指标。

2. 单位工程施工组织设计

单位工程施工组织设计是以单位(子单位)工程为主要对象编制的施工组织设计,对单位(子单位)工程的施工过程起指导和制约作用。

单位工程施工组织设计的主要内容包括工程概况、施工方案、施工进度计划、施工准备工作及各项资源需要量计划、施工平面图、主要技术组织措施和主要技术经济指标。详见第5章。

3. 分部(分项)工程施工作业设计

分部(分项)工程施工作业设计是以分部(分项)工程或专项工程为主要对象编制的施工技术与组织方案,用以具体指导其施工过程。它所阐述的施工方法、施工进度和施工措施应详尽具体。

分部(分项)工程施工作业设计的主要内容包括工程概况、施工方案、施工进度计划、施工平面图及主要技术组织措施。

1.4.3 编制施工组织设计的原则

作为指导施工全局的施工组织设计,要求其贯彻执行国家对基本建设方针政策及有关建筑施工的法规、规范要求,推广应用先进的科学与管理技术,保证质量与工期,降低成本,提高效益。因此要遵循若干基本原则,这些原则从管理科学角度来看,其实就是施工组织的原理与方法。根据建筑施工的特点及长期积累的经验,在编制施工组织设计和组织施工时,应遵循下列各项原则:

(1)符合施工合同或招标文件中有关工程进度、质量、安全、环境保护、造价等方面的要求。

(2)积极开发、使用新技术和新工艺,推广应用新材料和新设备。

(3)坚持科学的施工程序和合理的施工顺序,采用流水施工和网络计划等方法,科学配置资源,合理布置现场,采取季节性施工措施,实现均衡施工,达到合理的经济技术指标。

(4)采取技术和管理措施,推广建筑节能和绿色施工。

(5)与质量、环境和职业健康安全三个管理体系有效结合。

1.4.4 编制施工组织设计的基础

由于工程施工涉及的方面多,专用多,不同地区又有不同的自然环境条件和技术经济条件,因此要编制好施工组织设计,必须对施工对象、现场条件以及施工力量等各种主客观条件作认真、充分的调查了解和分析,掌握切实可靠的资料,从而构成正确的判断,作出合理而有效的施工组织计划来指导施工。

如果在熟悉情况的地区承建工程,编制施工组织设计时,一般需要掌握以下情况和资料。

1.4.4.1 **工程情况**

(1)熟悉各单位工程设计图纸及总平面规划布置图。了解设计意图、工程结构情况及对施工的要求。了解工程设计中采用的新结构、新材料、新工艺、新技术的情况,以便对重点部位采取重点施工组织方案(措施)等。

(2)向建设单位了解建设意图、使用要求及工期情况,以便合理安排土建施工与设备安装的交叉时间以及各单位工程的开竣工时间等。

(3)了解和听取上级领导机关对该建设项目的有关指示、要求等,以确定工程总进度计划和综合考虑企业各施工项目的协调平衡问题。

1.4.4.2 **施工现场情况及有关资料**

(1)进行现场实地勘察:

①了解现场地形情况及拟建工程周围环境情况、原有建筑物情况。

②了解现场征地拆迁情况以及施工现场可利用的场地情况,可利用作为施工临时设施的房屋(可作为施工办公用房、工人宿舍、食堂、料具堆放仓库等)情况。

③了解现场地下管线情况,供水、供电、供气等条件,道路交通运输情况等。

(2)向勘察单位了解现场地质勘察资料,了解地层结构、图的物理力学性能及地下水等工程地质情况,以合理确定基础施工方案、确定地下水位的方法等事项。

1.4.4.3 **施工力量和机具设备情况**

(1)了解参加该工程施工的各工种的劳动力数量、进场设计;主要建筑机械设备的规格、型号、数量及进场时间等,以合理组织和使用各工种劳动力、机械设备,以求得均衡施工。

(2)现场附近兄弟单位或部门可借用的劳动力情况和机械设备情况(如构配件加工、商品混凝土供应能力及机械设备租赁情况等),以尽量减少人力、物力的调配,也是降低施工成本、提高经济效益的一个有效措施。

1.4.4.4 **其他资料**

若在新地区承包施工,除做以上调查了解外,还需掌握了解下列情况:

(1)气象资料:包括气温情况,雨季、雾季、积雪、冰冻深度以及冬季施工期限等,以便在施工组织设计中考虑冬雨季节和夏季高温季节的施工安排和相应的质量、安全措施,制定好高空作业和吊装施工的技术措施,做好工地排水、防洪和防雷等各项工作。

(2)地方资源情况:包括当地可利用的地方材料,如砖、砂石及其他构配件的供应情况;当地有无可能利用的地方工业副产品,如矿渣、粉煤灰等。

(3)当地建筑施工企业情况:包括当地有无为施工企业服务的各类加工厂、构件厂等,其产品规格、生产能力和外供的可能性等。

(4)交通运输情况:包括道路、码头、桥涵的情况和当地可能提供的交通运输工具及运输能力等。

(5)了解有关地方政策:当地在工程建设、建筑市场管理方面的一些政策要求,如施工许可规定、总分包规定、工程造价、工程监理和质量监督的规定、现场文明施工规定以及使用外来劳动力的规定等。在施工组织设计中都应有相应的反映,以便顺利施工。

1.4.5 施工组织设计的编制和审批应符合的规定

(1)施工组织设计应由项目负责人主持编制,可根据需要分阶段编制和审批。

(2)施工组织总设计应由总承包单位技术负责人审批;单位工程施工组织设计应由施工单位技术负责人或技术负责人授权的技术人员审批,施工方案应由项目技术负责人审批;重点、难点分部(分项)工程和专项工程施工方案应由施工单位技术部门组织相关专家评审,施工单位技术负责人批准。

(3)由专业承包单位施工的分部(分项)工程或专项工程的施工方案,应由专业承包单位技术负责人或技术负责人授权的技术人员审批;有总承包单位时,应由总承包单位项目技术负责人核准备案。

(4)规模较大的分部(分项)工程和专项工程的施工方案应按单位工程施工组织设计进行编制和审批。

小 结

本章在介绍项目、项目管理等相关概念的基础上,讲述了建设项目组成、建设工程项目建设程序、施工项目管理及建设工程项目管理规划的基本内容。同时,本章还对施工组织设计的概念、分类、编制原则及编制基础作了简单介绍。从而使学生对建筑工程施工组织与管理全过程有一个基本的了解,意识到加强建筑工程施工组织与施工项目管理的重要性、必要性。

能力训练

一、单项选择题

1. 项目管理是指在(　　),为达到项目的目标对项目实施的计划、组织、指挥、协调和控制的过程。

A. 一个总体设计下　　B. 一定的约束条件下

C. 项目经理管理下　　D. 一定的生命周期中

2. 对于一个建设工程项目来说,(　　)是管理的核心。

A. 设计方的项目管理　　B. 施工方的项目管理

C. 业主方的项目管理　　D. 供货方的项目管理

3. 可行性研究属于我国建设项目建设程序中的(　　)工作。

A. 准备阶段　　B. 计划阶段

C. 决策阶段　　D. 设计阶段

4. 几个单项工程是否属于一个建设项目,主要取决于(　　)。

A. 施工地点　　B. 总体设计

C. 建设投资　　D. 施工工期

5. 现阶段我国的工程建设监理主要发生在项目建设(　　)。

A. 实施阶段　　B. 施工阶段

C. 决策阶段　　D. 设计阶段

6. 以下属于施工方项目管理目标的是(　　)。

A. 施工的成本目标　　B. 施工的效益目标

C. 项目的投资目标　　D. 项目的效益目标

7. 项目管理的核心任务是(　　)。

A. 项目的目标控制　　B. 项目的物流管理

C. 项目的组织协调　　D. 项目的人力资源管理

8. 建设工程项目管理规划属于(　　)方的项目管理的范畴。

A. 设计　　B. 施工

C. 供货　　D. 业主

9. 建设工程项目管理规划的编制应由(　　)负责。

A. 项目经理　　B. 设计方

C. 施工方　　D. 总承包方

10. 施工组织设计是由(　　)主持编制。

A. 分包单位负责人　　B. 总包单位总工程师

C. 项目负责人　　D. 总包单位负责人

二、多项选择题

1. 项目具有的主要特征有(　　)。

A. 项目的单件性或一次性　　B. 具有明确的目标和一定的约束条件

C. 管理对象的个体性　　D. 项目的可逆性

E. 项目具有独特的生命周期

2. 属于建设准备阶段的工作有(　　)。

A. 征地、拆迁和场地平整　　B. 组建管理机构

C. 组织设备、材料订货　　D. 组织施工招标,择优选定施工单位

E. 编制项目管理规划大纲

3. 下列(　　)的项目管理都属于施工方的项目管理。

A. 施工总承包　　B. 施工设备供货方　　C. 施工分包方

D. 建设工程项目管理规划　　E. 运营维护阶段

4. 工程项目策划和决策阶段的主要工作是(　　)。

A. 工程项目预可行性研究　　B. 工程项目的初步设计和施工图设计

C. 可行性研究　　D. 工程项目招标及承包商的选定

E. 选择建设地点

5. 建设项目可分为(　　)。

A. 新建项目　　B. 迁建项目

C. 扩建项目　　D. 更新改造项目

E. 恢复项目

6. 项目的实施阶段包括(　　)。

A. 施工阶段　　B. 设计阶段　　C. 保修期

D. 可行性研究阶段　　E. 设计前的准备阶段

7. 施工组织设计按对象范围不同分类,可分为(　　)。

A. 施工组织总设计　　B. 单位工程施工组织设计

C. 实施性的施工组织设计　　D. 分部分项工程施工组织设计

E. 投标施工组织设计

8. 编制施工组织设计时应掌握的资料包括(　　)。

A. 工程情况　　B. 施工现场情况及有关资料

C. 施工力量和机具设备情况　　D. 气象资料及地方资源情况

E. 新工艺、新材料、新结构

三、简答题

1. 简述施工项目管理的内容和程序。

2. 简述施工组织设计的基本内容和分类。

3. 举例说明建设项目管理与施工项目管理的区别。

2 施工项目管理组织的建立

【学习目标】

通过本章的学习,了解施工项目管理组织的基本理论和设置原则,熟悉项目管理组织机构的形式及项目经理部的设置原则,理解项目经理责任制,熟悉项目经理部与各级各类部门之间的协调关系的职责,逐步培养学生对建筑工程进行施工组织管理的能力。

2.1 施工项目管理组织概述

项目组织是保证工程项目正常实施的组织保证体系,就项目这种一次性任务而言,项目组织建设包括从组织设计、组织运行、组织更新到组织终结这样一个生命周期。项目管理要在有限的时间、空间和预算范围内将大量物资、设备和人力组织在一起,按计划实施项目目标,必须建立合理的项目组织。

2.1.1 项目组织

2.1.1.1 组织的定义

组织是管理的一种重要职能,其一般概念是指各生产要素相结合的形式和制度。前者表现为组织结构,后者表现为组织的工作制度。组织结构一般又称为组织形式,反映了生产要素相结合的结构形式,即管理活动中各种职能的横向分工和层次划分。

组织含有组织机构和组织行为两种含义。组织机构,是按一定领导体制、部门调协、层次划分、职责分工、规章制度和信息系统等构成的有机整体,即各生产要素结合的形式和制度;组织行为,又称为组织活动,即为达到一定目标,运用组织所赋予的权力,对所需的资源进行合理配置,即对生产要素进行配置的过程。

工程项目组织是指为完成特定的项目任务而建立起来的,从事项目具体工作的组织。它是项目的所有者、项目任务的承担者按一定的规则或规律构成的整体,是项目的行为主体构成的系统。工程项目组织的基本结构如图 2-1 所示。

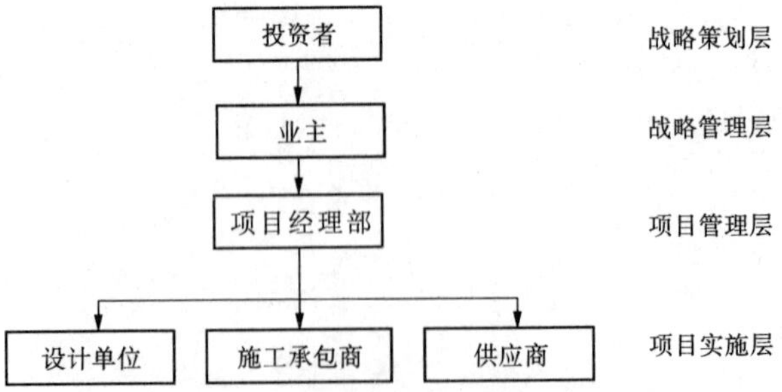

图 2-1 工程项目组织的基本结构

2.1.1.2 组织构成要素

组织由管理层次、管理跨度、管理部门和管理职责四大要素构成。四大要素密切相关、相互制约。组织构成一般呈上小下大的形式。

(1)合理的管理层次。管理层次是指从最高管理者到实际工作人员之间的等级层次的数量。管理层次通常分为决策层、协调层和执行层、操作层。这三个层次的职能和要求不同,标志着不同的职责和权限,同时也反映出组织系统中的人数变化规律。它犹如一个三角形,从上至下权责递减,人数递增。

管理层次不宜过多,否则是一种浪费,也会使信息传递慢、指令失真、协调困难。

(2)合理的管理跨度。管理跨度是指一名上级管理人员所直接领导的下级人数。管理跨度的大小取决于需要协调的工作量。跨度 N 与领导者需要协调的关系数目 C 按几何级数增长:

$$C = N(2^{N-1} + N - 1) \tag{2-1}$$

管理跨度的弹性很大,影响因素很多。在组织机构的设计时应根据管理者的特点,结合工作的性质以及被管理者的素质来确定管理跨度,而且跨度大小与分层多少有关,层次多,跨度会小,反之亦然。

(3)合理划分部门。组织系统中各部门的合理划分对发挥组织效应是十分重要的。如果部门划分得不合理,会造成控制、协调的困难,也会造成人浮于事,浪费人力、物力、财力。部门的划分要根据组织目标与工作内容确定,形成既有相互分工又有相互配合的组织系统。

(4)合理确定职责。职责是责权利系统的核心。职责的确定应以目标明确、有利于提高效率、便于考核为基准。确定组织系统中各部门的职责,应使纵向的领导、检查、指挥灵活,确保指令传递快、信息反馈及时,同时要使组织系统中的各部门在横向之间相互联系、协调一致,能够有职有责、尽职尽责。

2.1.2 施工项目管理组织

施工项目管理组织是指为实施施工项目管理建立的组织机构,以及该机构为实现施工项目目标所进行的各项组织工作的简称。

施工项目管理组织作为组织机构,它是根据项目管理目标通过科学设计而建立的组织实体。该机构是由有一定的领导体制、部门设置、层次划分、职责分工、规章制度、信息管理系统等构成的有机整体,是实施施工项目管理及实现最终目标的组织保证。作为组织工作,它则是通过该机构所赋予的权力,所具有的组织力、影响力,在施工项目管理中,合理配置生产要素,协调内外部及人员间关系,发挥各项业务职能的能动作用,确保信息畅通,推进施工项目目标的优化实现等全部管理活动。施工项目管理组织机构及其所进行的管理活动的有机结合才能充分发挥施工项目管理的职能。

2.1.2.1 施工项目管理组织的内容

作为组织工作来讲,施工项目管理组织的内容包括组织设计、组织运行、组织调整等 3 个环节。具体内容见表 2-1。

(1)组织设计。包括选定一个合理的组织系统,划分各部门的权限和职责,确立各种规章制度。它包含生产指挥系统组织设计、职能部门组织设计等。

(2)组织运行。就是按分担的责任完成各自的工作,规定组织体系的工作顺序和业务管理活动的运行过程。组织运行要抓好三个关键性问题:一是人员配置;二是业务接口关系;三是信息反馈。

(3)组织调整。是指根据工作的需要、环境的变化,分析原有的工程项目组织系统的缺陷、适应性和效率性,对组织系统进行调整和重新组织,包括组织形式的变化、人员的变动、规章制度的修定或废止、责任系统的调整以及信息流通系统的调整等。

表 2-1 施工项目管理组织的内容

管理组织基本环节	依据	内容
组织设计	管理目标及任务 管理幅度、层次 责权对等原则 分工协作原则 信息管理原理	设计、选定合理的组织系统(含生产指挥系统、职能部门等) 科学确定管理跨度、管理层次,合理设置部门、岗位 明确各层次、各单位、各部门、各岗位的职责和权限 规定组织机构中各部门之间的相互联系、协调原则和方法 建立必要的规章制度 建立各种信息流通、反馈的渠道,形成信息网络
组织运行	激励原理 业务性质 分工协作	做好人员配置、业务衔接,职责、权力、利益明确 各部门、各层次、各岗位人员各司其职、各负其责、协同工作 保证信息沟通的准确性、及时性,达到信息共享 经常对在岗人员进行培训、考核和激励,以提高其素质和士气
组织调整	动态管理原理 工作需要 环境条件变化	分析组织体系的适应性、运行效率,及时发现不足与缺陷 对原组织设计进行改革、调整或重新组合 对原组织运行进行调整或重新安排

2.1.2.2 施工项目管理组织的作用

(1)组织机构是施工项目管理的组织保证。

项目经理在启动项目管理之前,首先要做好组织准备,建立一个能完成管理任务,使项目经理指挥方便、运转自如、效率高的项目组织机构——项目经理部,其目的就是为了提供进行施工项目管理的组织保证。一个好的组织机构,可以有效地完成施工项目管理目标,有效地应对环境的变化,有效地供给组织成员生理、心理和社会需要,使组织系统正常运转,产生集体思想和集体意识,完成项目管理任务。

(2)形成一定的权力系统,以便进行集中统一指挥。

组织机构的建立,首先是以法定的形式产生权力。权力是工作的需要,是管理地位形成的前提,是组织活动的反映。没有组织机构,便没有权力,也就没有权力的运用。权力取决于组织机构内部是否团结一致,越团结,组织就越有权力,越有组织力。所以,施工项目管理组织机构的建立要合理授权,并在规章制度中把施工项目管理组织的权力阐述明白,固定下来。

(3)形成责任制和信息沟通体系。

一个项目组织能否有效地运转,取决于是否有健全的岗位责任制,责任是项目组织对每个成员规定的一部分管理活动和生产活动的具体内容。信息沟通是组织力形成的重要因素。信息产生的根源在组织活动之中,下级(下层)以报告的形式或其他形式向上级(上层)传递信息;同级不同部门之间为了相互协作而横向传递信息。越是高层领导,越需要信息,越要深入下层获得信息,原因就是领导离不开信息,有了充分的信息,才能进行有效决策。

综上所述,可以看出组织机构非常重要,在项目管理中是一个焦点。建立理想有效的组织机构,项目管理就成功了一半。

2.1.3 施工项目管理组织机构设置的原则

项目经理在启动项目管理之前,首先要做好组织准备,建立一个能完成管理任务,使项目经理指挥方便、运转自如、效率较高的项目组织机构——项目经理部,其目的就是为了提供进行施工项目管理的组织保证。一般来说,其设置应考虑以下原则:

(1)目的性原则。施工项目组织结构设计的根本目的是为了产生组织功能,实现施工项目管理的总目标。从这一根本目标出发,因目标设事,因事设机构定编制,按编制设岗位定人员,以责任定制度授权力。组织机构设置程序如图2-2所示。

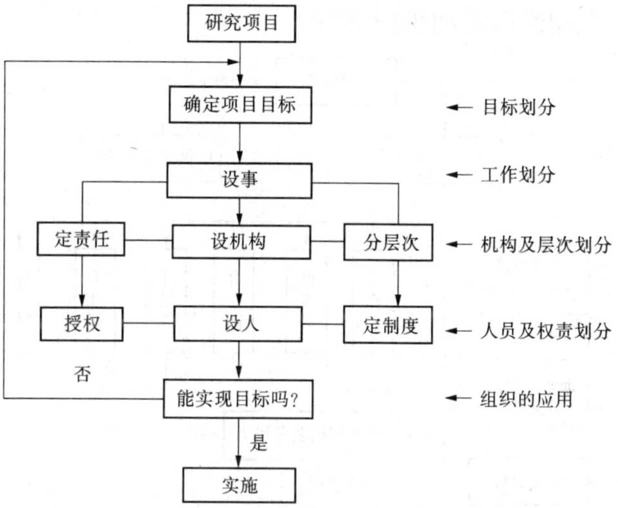

图2-2 组织机构设置程序

(2)精简高效原则。施工项目组织机构的人员设置,以能实现施工项目所要求的工作任务为原则,尽量简化机构,做到精简高效。人员配置要从严控制二、三级人员,力求一专多能,一人多职。同时还要增加项目管理班子人员的知识含量,着眼于使用和学习锻炼相结合,以提高人员素质。

(3)管理跨度和分层统一原则。适当的管理跨度,加上适当的层次划分和适当的授权,是建立高效率组织的基本条件。在建立项目组织时,每一级领导都要保持适当的管理跨度,以便集中精力在职责范围内实施有效的领导。

(4)业务系统化管理原则。在设置组织机构时,要求以业务工作系统化原则作指导,周密考虑层间关系、分层与跨度关系、部门划分、授权范围、人员配备及信息沟通等,使组织机构自身成为一个严密的、封闭的组织系统,能够为完成项目管理总目标而实行合理分工与协作。

(5)弹性和流动性原则。施工项目的单一性、阶段性、露天性和流动性是施工项目生产活动的重要特点,这种特点必然带来生产对象数量、质量和地点的变化,带来资源配置的品种和数量变化,于是要求组织机构和管理工作随之进行调整,以适应施工任务的变化。这就是说,要按照弹性和流动性的原则建立组织机构,不能一成不变,要准备调整人员及部门设置,要适应工程任务变动对管理机构流动性的要求。

2.2 施工项目管理组织形式

组织形式亦称组织结构的类型,是指一个组织以什么样的结构方式去处理层次、跨度、部门设置和上下级关系。项目组织的形式应根据工程项目的特点、工程项目承包模式、业主委托的任务以及单位自身情况而定。常用的项目组织形式一般有以下几种:直线式、工作队式、部门控制式、矩阵式和事业部式。

2.2.1 直线式

直线式项目组织的组织形式如图 2-3 所示。

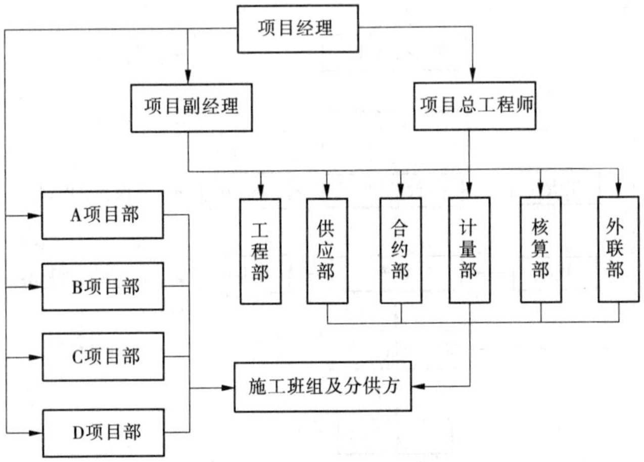

图 2-3 直线式项目组织的组织形式

2.2.1.1 特征

直线式组织形式是一种线性组织机构,其本质就是使命令线性化,即每一个部门、每一个工作人员只有一个上级。

2.2.1.2 优点

直线式组织结构的优点是结构简单、职责分明、命令统一、信息沟通简捷方便,便于统一指挥,集中管理。

2.2.1.3 缺点

项目经理责任重大,往往要求是全能式人物。所以,一旦企业规模扩大,管理工作复杂化,行政首脑可能由于经验、精力不及而顾此失彼,难以进行有效的管理。

2.2.1.4 适用范围

这种组织结构适用于企业规模不大、职工人数不多、生产和管理工作都比较简单的情况或现场作业管理。

2.2.2 工作队式

工作队式项目组织是按照对象原则建立的项目管理机构，企业职能部门处于服务地位，如图2-4所示。

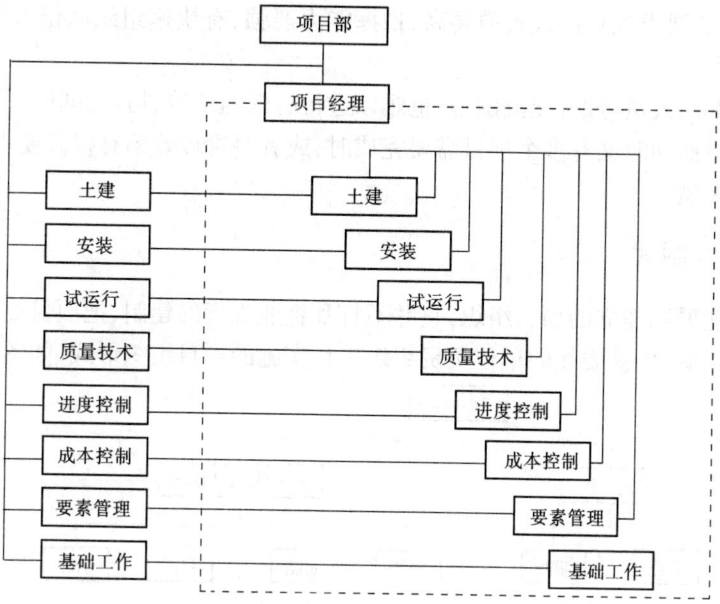

图2-4 工作队式项目组织

2.2.2.1 特征

(1)项目经理一般由公司任命或选拔，由项目经理在企业内招聘或抽调职能人员组成管理机构(工作队)。项目经理全权指挥，独立性大。

(2)项目经理部成员在项目工作过程中，由项目经理领导，原单位负责人员负责业务指导及考察，但不能随意干预项目管理班子的工作或调回人员。

(3)项目管理组织与项目同寿命，项目结束后机构撤销，所有人员仍回原所在部门和岗位。

2.2.2.2 优点

(1)项目经理从职能部门聘用的是一批专家，他们在项目管理中配合、协调工作，可以取长补短，有利于培养一专多用的人才并充分发挥其作用。

(2)各专业人才集中在现场办公，减少了扯皮和等待时间，解决问题快，办事效率高。

(3)项目经理权力集中，受干扰少，决策及时，指挥灵活。

(4)不打乱企业的原建制。

2.2.2.3 缺点

(1)各类人员来自不同部门，具有不同的专业背景，彼此不熟悉，工作需要有一段磨合期。

(2)各类人员在同一时期内所担负的管理工作任务可能有很大差别，因此很容易产生忙闲不均，可能导致人员浪费。

(3)职工长期离开原单位，即离开了自己熟悉的环境和工作配合对象，容易影响其积极性的发挥。

(4)职能部门的优势无法发挥。

2.2.2.4 **适用范围**

这种项目组织类型适用于大型项目、工期要求紧迫的项目、要求多工种多部门密切配合的项目。因此,它要求项目经理素质要高,指挥能力要强,有快速组织队伍及善于指挥来自各方人员的能力。

由于同一部门人员分散,交流困难,也难以进行有效的培养、指导,削弱了职能部门的工作。当人才紧缺而同时又有多个项目需要完成时,或者对管理效率有很高要求时,不宜采用这种项目组织类型。

2.2.3 部门控制式

这是按职能原则建立的项目组织,它并不打乱企业现行的建制,把项目委托给企业某一专业部门或施工队,由被委托的单位负责组织项目实施的项目组织形式,如图 2-5 所示。

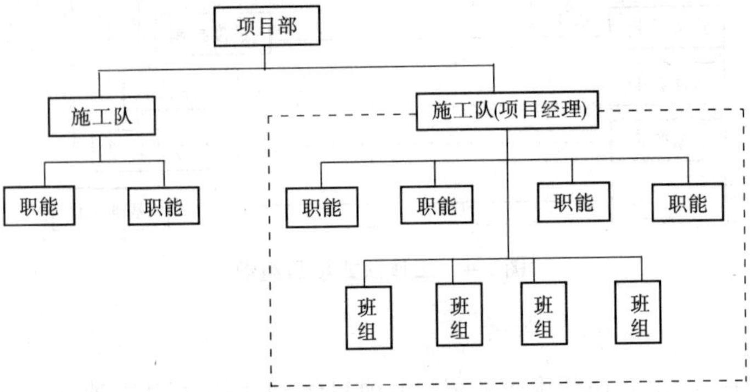

图 2-5 部门控制式项目组织

2.2.3.1 **特征**

按职能原则建立的项目组织机构,不打乱企业现行的建制,项目终止后恢复原职。

2.2.3.2 **优点**

(1)从接受任务到组织运转,机构启动快。

(2)职责明确,职能专一,关系简单,便于协调。

(3)项目经理无须专门训练,便能进入状态。

2.2.3.3 **缺点**

(1)不能适应大型项目管理需要,局限性大。

(2)不利于精简机构。

2.2.3.4 **适用范围**

这种形式的项目组织一般适用于小型的、专业性较强、不需涉及众多部门的施工项目。

2.2.4 矩阵式

矩阵式项目组织是在传统的直线职能制的基础上加上横向领导系统,把职能原则和对象原则结合起来,既发挥职能部门的纵向优势,又发挥项目组织的横向优势,如图 2-6 所示。

2.2.4.1 **特征**

(1)项目机构与职能部门按矩阵式组成,矩阵中的每个成员或部门都接受双重领导,部

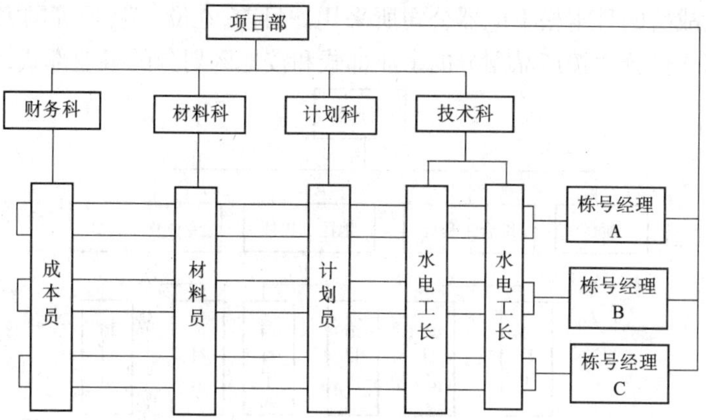

图 2-6　矩阵式项目组织

门的控制力大于项目的控制力。

(2)项目经理部的工作有多个职能部门支持,项目经理没有人员包袱。

2.2.4.2　**优点**

(1)它兼有部门控制式和工作队式两种组织的优点,即解决了传统模式中企业组织和项目组织相互矛盾的状况,把职能原则与对象原则溶为一体,求得了企业长期例行性管理和项目一次性管理的一致性。

(2)能以尽可能少的人力,实现多个项目管理的高效率。理由是通过职能部门的协调,一些项目上的闲置人才可以及时转移到需要这些人才的项目上去,防止人才短缺,项目组织因此具有弹性和应变力。

(3)有利于人才的全面培养。可以方便不同知识背景的人在合作中相互取长补短,在实践中拓宽知识面;发挥了纵向的专业优势,可以使人才成长有深厚的专业训练基础。

2.2.4.3　**缺点**

(1)由于人员来自职能部门,且仍受职能部门控制,故凝聚在项目上的力量减弱,往往使项目组织的作用发挥受到影响。

(2)管理人员如果身兼多职地管理多个项目,便往往难以确定管理项目的优先顺序,有时难免顾此失彼。

(3)双重领导。项目组织中的成员既要接受项目经理的领导,又要接受企业中原职能部门的领导。

(4)由于矩阵式组织的复杂性和结合部多,造成信息沟通量膨胀和沟通渠道复杂化,致使信息梗阻和失真。于是,要求协调组织内部的关系时必须有强有力的组织措施和协调办法以排除难题。

2.2.4.4　**适用范围**

(1)适用于同时承担多个项目管理工程的企业。

(2)适用于大型、复杂的施工项目。

2.2.5　事业部式

事业部式是直线职能制高度发展的产物,曾为第一次世界大战后的一家美国汽车工厂和第二次世界大战后的日本松下电器公司所采用。目前,在欧、美、日等国家和地区已被广泛采用。事业部式可分为按产品划分的事业部式和按地区划分的事业部式,如图 2-7 所示。

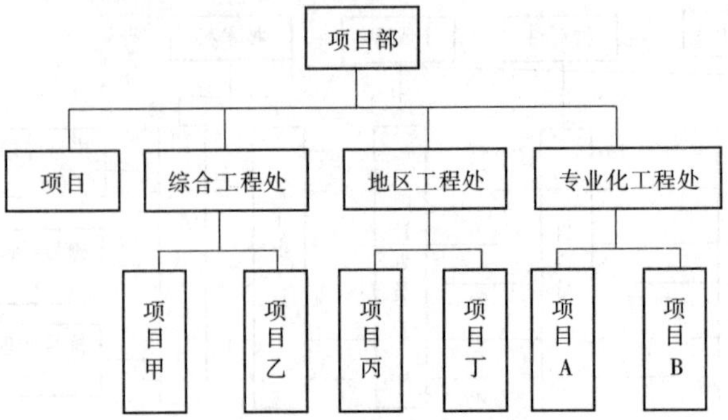

图 2-7 事业部式项目组织

2.2.5.1 特征

(1)企业成立事业部,事业部对企业来说是职能部门,对外来说享有相对独立的经营权,可以是一个独立单位。事业部可以按地区设置,也可以按工程类型或经营内容设置。事业部能较迅速适应环境变化,提高企业的应变能力,调动部门积极性。当企业向大型化、智能化发展并实行作业层和经营管理层分离时,事业部式是一种很受欢迎的形式,既可以加强经营战略管理,又可以加强项目管理。

(2)在事业部(一般为其中的工程部或开发部,对外工程公司是海外部)下边设置项目经理部。项目经理由事业部选派,一般对事业部负责,有的可以直接对业主负责,这是根据其授权程度决定的。

2.2.5.2 优点

事业部式项目组织有利于延伸企业的经营职能,扩大企业的经营业务,便于开拓企业的业务领域,还有利于迅速适应环境变化。

2.2.5.3 缺点

按事业部式建立项目组织,使企业对项目经理部的约束力减弱,协调指导的机会减少,故有时会造成企业结构松散。因此,必须加强其制度约束,加大企业的综合协调能力。

2.2.5.4 适用范围

事业部式适用于大型经营性企业的工程承包,特别是适用于远离公司本部的工程承包。需要注意的是,一个地区只有一个项目,没有后续工程时,不宜设立地区事业部,也即它适用于在一个地区内有长期市场或一个企业有多种专业化施工力量时采用。在此情况下,事业部与地区市场同寿命,地区没有项目时,该事业部应予撤销。

2.3 项目经理部的建立

2.3.1 施工项目经理部

2.3.1.1 施工项目经理部

施工项目经理部是由施工项目经理在施工企业的支持下组建并领导进行项目管理的组

织机构。它是施工项目现场管理的一次性具有弹性的施工生产组织机构，负责施工项目从开工到竣工的全过程施工生产经营的管理工作，既是企业某一施工项目的管理层，又对劳务作业层负有管理与服务的双重职能。大、中型施工项目，施工企业必须在施工现场设立施工项目经理部；小型施工项目，可由企业法定代表人委托一个项目经理部兼管。

施工项目经理部直属项目经理的领导，接受企业各职能部门指导、监督、检查和考核。施工项目经理部在项目竣工验收、审计完成后解体。

2.3.1.2 项目经理部的作用

项目经理部是项目管理的工作班子，其作用如下：

(1)项目经理部是项目管理的组织机构，负责项目全过程的管理工作，是企业在该项目的管理层，同时对作业层具有管理与服务职责。其中，作业层的工作质量取决于项目经理部的工作质量。

(2)在项目经理的领导下，项目经理部设办事机构，为项目经理决策提供信息依据，当好参谋，同时又要执行项目经理的决策意图，向项目经理全面负责。

(3)项目经理部是一个组织体，不仅要完成企业所赋予的项目管理和专业管理任务，而且要凝集管理人员的力量，调动其积极性，促进管理人员的相互合作，协调各部门之间、管理人员之间的关系，发挥每一个人的岗位作用，为完成目标而工作。

(4)项目经理部是代表企业履行工程承包合同的主体，也是市场竞争的主体成员，要全面对最终建筑产品和业主负责。

2.3.2 项目经理部的建立

2.3.2.1 项目经理部建立的基本原则

一般情况下，每个施工项目，承包人必须在施工现场组建项目经理部，不能用其他组织方式代替，在项目经理部内，应根据目标控制和主要管理的需要建立专业职能部门。

项目经理部的建立应遵循以下基本原则：

(1)要根据所设计的项目组织形式设置项目经理部。项目组织形式与企业对施工项目的管理方式有关，与企业对项目经理部的授权有关。不同的组织形式对项目经理部的管理力量和管理职责提出了不同要求，同时也提供了不同的管理环境。

(2)要根据施工项目的规模、复杂程度和专业特点设置项目经理部。例如，大型项目经理部可以设职能部、处；中型项目经理部可以设处、科；小型项目经理部一般只需设职能人员即可。如果项目的专业性强，便可设置专业性强的职能部门，如水电处、安装处、打桩处等。表 2-2 给出了项目经理部规模等级的划分标准，以供参考。

表 2-2 施工项目经理部的规模等级

施工项目经理部等级	建筑面积（万 m^2）		投资额（万元）
	群体工程	单体工程	
一级项目经理部	>15	≥10	≥8 000
二级项目经理部	10 ~ 15	5 ~ 10	3 000 ~ 8 000
三级项目经理部	2 ~ 10	1 ~ 5	500 ~ 3 000

(3)项目经理部是一个弹性的一次性管理组织，随着工程项目的开工而组建，随着工程项目的竣工而解体，不应搞成一级固定性组织。项目经理部不应有固定的作业队伍，而应根据施工的需要，从劳务分包公司吸收人员，进行优化组合和动态管理。

(4)项目经理部的人员配置应面向现场，满足现场的计划与调度、技术与质量、成本与核算、劳务与物资、安全与文明施工的需要，而不应设置专管经营与咨询、研究与发展、政工与人事等与项目施工关系较少的非生产性管理部门。

2.3.2.2 项目经理部的组织形式

施工企业的项目经理部采用什么样的组织形式，应由企业决策层来决定。但是，不论如何选择其组织形式，均应考虑项目的规模、特点、业务范围、复杂程度等因素，分析业主对项目的要求、标准规范、合同条件等情况，结合企业的类型、人员素质、管理水平、环境条件、工作基础等，选择出最适宜的项目管理组织形式。表2-3为项目组织形式设置参考因素一览表。

表2-3 项目组织形式设置参考因素一览表

项目组织形式	项目性质	施工企业类型	企业人员素质	企业管理水平
工作队式	大型项目 复杂项目 工期紧的项目	大型综合企业 有得力项目经理的企业	人员素质较强，专业人才多，职工的技术素质较高	管理水平较高，基础工作较强，管理经验丰富
部门控制式	小型或简单项目 专业性较强的项目 只涉及少数部门的小项目	小建筑企业 经营业务单一的企业 大中型基本保持直线职能制的企业	人员素质较差，力量较薄弱，人员构成单一	管理水平较低，基础工作较差，项目经理难配备
矩阵式	多工种、多部门、多技术配合的项目 管理效率要求很高的项目	大型综合企业 经营范围很宽的企业 实力很强的企业	文化素质、管理素质、技术素质很高，但人才紧缺，管理人才多，人员一专多能	管理水平很高，基础渠道畅通，信息沟通灵敏，管理经验丰富
事业部式	大型项目 远离企业基地的项目 事业部式式企业承包项目	大型综合企业 经营能力很强的企业 跨地区承包企业	人员素质高，项目经理强，专业人才多	经营能力强，信息手段强，管理经验丰富，资金实力大

2.3.2.3 项目经理部的部门设置与人员配备

施工项目是市场竞争的核心、企业管理的重心、成本管理的中心。为此，施工项目经理部应优化设置部门、配置人员，全部岗位职责能覆盖项目施工的全方位、全过程，人员应素质高、一专多能、有流动性。表2-4列出了不同等级的施工项目经理部部门设置和人员配置要求，可供参考。

表 2-4 施工项目经理部的部门设置和人员配置参考

施工项目经理部等级	人数	项目领导	职能部门	主要工作
一级 二级 三级	30～45 20～30 15～20	项目经理 总工程师 总经济师 总会计师	经营核算部门	预算、资金收支、成本核算、合同、索赔、劳动分配等
			工程技术部门	生产调度、施工组织设计、进度控制、技术管理、劳动力配置计划、统计等
			物资设备部门	材料工具询价、采购、计划供应、运输、保管、管理、机械设备租赁及配套使用等
			监控管理部门	施工质量、安全管理、消防、保卫、文明施工、环境保护等
			测试计量部门	计量、测量、试验等

对于小型施工项目,在项目经理的领导下,可设管理人员,包括工程师、经济员、技术员、料具员、总务员,即"一长、一师、四大员",不设专业部门。

2.3.3 施工项目管理制度

2.3.3.1 施工项目管理制度的种类

施工项目管理制度是施工项目经理部为实现施工项目管理目标,完成施工任务而制定的内部责任制度和规章制度。

(1)责任制度。是以部门、单位、岗位为主体制定的制度,如各级领导、职能人员、生产工人等的岗位责任制度和生产、技术、成本、质量、安全等管理业务责任制度。

(2)规章制度。是以各种活动、行为为主体,明确规定人们行为和活动不得逾越的规范和准则,任何人只要涉及或参与其事都必须遵守。如围绕施工项目的生产施工活动制定的专业类管理制度主要有施工、技术、质量、安全、材料、劳动力、机械设备、成本管理制度等,以及非施工专业类管理制度主要有有关的合同类制度、分配类制度、核算类制度等。

2.3.3.2 建立施工项目管理制度的原则

(1)制定施工项目管理制度必须以国家、上级部门、公司制定颁布的与施工项目管理有关的方针政策、法律法规、标准规程等文件精神为依据,不得有抵触与矛盾。

(2)制定施工项目管理制度应符合该项目施工管理需要。

(3)施工项目管理制度要在公司颁布的管理制度基础上制定,要有针对性,任何一项条款都应该文字简捷、具体明确、可操作、可检查。

(4)管理制度的颁布、修改、废除要有严格程序。项目经理是总决策者。凡不涉及公司的管理制度,由项目经理签字决定,报公司备案;凡涉及公司的管理制度,应由公司经理批准才有效。

2.3.4 项目经理部的解体

项目经理部作为一次性的具有弹性的施工现场生产组织机构,在工程项目目标实现后应及时解体并做好善后处理工作。

企业工程管理部门是施工项目经理部组建、解体、善后处理工作的主管部门。当施工项目临近结尾时,项目经理部的解体工作即列入议事日程,其工作程序、内容如表 2-5 所示。

表 2-5　项目经理部解体及善后工作的程序和内容

程序	工作内容
成立善后工作小组	组长:项目经理。 留守人员:主任工程师、技术、预算、财务、材料各一人
提交解体申请报告	在施工项目全部竣工验收合格签字之日起 15 d 内,项目经理部上报解体申请报告,提交善后留用、解聘人员名单和时间。 经主管部门批准后立即执行
解聘人员	陆续解聘工作业务人员,原则上返回原单位。 预发两个月岗位效益工资
预留保修费用	保修期限一般为竣工使用后一年。 由经营和工程部门根据工程质量、结构特点、使用性质等因素,确定保修费预留比例,一般为工程造价的 1.5% ~5%。 保修费用由企业工程部门专款专用、单独核算、包干使用
剩余物资处理	剩余材料原则上让售处理给企业物资设备处,对外让售须经企业主管领导批准;让售价格:按质论价、双方协商。 自购的通信、办公用小型固定资产要如实建立台账,按质论价、移交企业
债权债务处理	留守小组负责在解体后 3 个月处理完工程结算、价款回收、加工订货等债权债务。 未能在限期内处理完,或未办理任何符合法规手续的,其差额部分计入项目经理部成本亏损
经济效益(成本)审计	由审计部门牵头,预算、财务、工程部门参加,以合同结算为依据,查收入、支出是否正确,财务、劳资是否违反财经纪律。 要求解体后 4 个月内向经理办公会提交经济效益审计评价报告
业绩审计奖惩处理	对项目经理和经理部成员进行业绩审计,作出效益审计评估 盈余者:盈余部分可按比例提成作为项目经理部管理奖。 亏损者:亏损部分由项目经理负责,按比例从其管理人员风险(责任)抵押金和工资中扣除。 亏损数额大时,按规定给项目经理行政处分和经济处分,乃至追究其刑事责任
有关纠纷裁决	所有仲裁的依据原则上是双方签订的合同和有关的签证。 当项目经理部与企业有关职能部门发生矛盾时,由企业办公会议裁决。 与劳务、专业分公司、栋号作业队发生矛盾时,按业务分工,由企业劳动部门、经营部门、工程管理部门裁决

【例 2-1】　黄河小浪底水利枢纽工程承包商的现场组织结构。

黄河小浪底水利枢纽位于河南省洛阳市以北 40 km 处的黄河干流上,是黄河中游最后一段峡谷的出口处。1994 年 9 月主体工程开工,1997 年 10 月 28 日实现大河截流,1999 年底第一台机组发电,2001 年 12 月 31 日全部竣工,总工期 11 年。水库最高运用水位 275 m,设计总库容 126.5 亿 m^3。工程开发目标以防洪、减淤为主,兼顾供水、灌溉和发电,蓄清排浑，除害兴利，综合利用，是国家“八五”重点建设项目，被中外水利专家称为世界上最具挑战性的工程之一。

小浪底水利枢纽工程由拦河主坝、泄洪排沙系统和引水发电系统组成。主体工程建设采用国际招标，分三个标段，一标为大坝工程标，承包商为以意大利英波吉罗（Impregilo S. P. A）公司为责任方的黄河承包商；二标为进水口、洞群、溢洪道工程标，承包商为以德国旭普林（ZublinA. G）公司为责任公司的中德意联营体；三标为发电设施，承包商以法国杜美兹（Dumez）公司为责任公司的小浪底联营体。1994 年 7 月 16 日，合同签字仪式在北京举行。

小浪底工程三个标段土建工程规模都较大，现场各承包商的组织机构设置都较为全面。下面以二标段承包商的现场组织机构为例简要介绍承包商的组织结构。

二标段承包商的现场机构如图 2-8 所示，现场设项目经理，项目经理下设商务、合同、安全、质量、施工、技术、费用控制等部门。

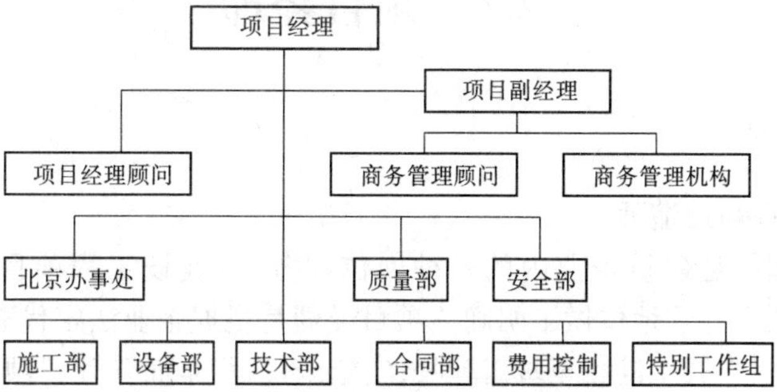

图 2-8　二标段承包商的现场组织结构

商务管理机构下面设有当地和外籍人员管理的人事部、仓库、计算机中心和后勤方面的学校、医院、食堂、超市及俱乐部等结构。商务经理主要负责人员的雇佣和管理，设备、材料的订购和运输，与银行有关的事务，外籍职员、家庭和当地劳务营地的运行和管理以及学校、医院等服务设施的管理等。

各部门的职责如下：

（1）技术部的主要职责。保存和管理施工图，在生产部门的配合下准备《施工方法说明》，准备合同进度计划并随工程进展不断更新，控制现场的施工进度并向工地经理汇报可能引起延误的各种不利因素。

（2）合同部的主要职责。就工程条件的变化和变更向工程师提出索赔意向，负责索赔的日常管理及索赔文件的准备；负责工程计量和月支付；负责管理分包商。

（3）费用控制部的主要职责。收集各部门、各施工项目每月的实际花费和成本，并与当月的实际收入和当月的原计划目标相比较，将比较结果递交现场经理和行政经理及总部，由高层管理人员采取相应措施控制工地的成本与支出。

（4）设备部的主要职责。负责现场所需要设备的安装、运行，负责机械的修理和维护以及生产所需的水、电、气等生产系统的提供和运行等。设备部下面设有机械维修车间，并配有电子人员、电工人员及各主要生产设置的值班机械师等。

（5）施工部的主要职责。施工部分为混凝土部和开挖部两部分。混凝土部分成混凝土浇筑、仓面清理、混凝土表面修补等分部和水及气供应、钢筋加工、预制厂、制冷系统、木工房及运输索道等生产附属结构。开挖部包括明挖、洞挖、公路维护、石料场和道路开挖、廊道开挖等分部。

(6)特别工作组。是在特大工程施工过程中出现较大技术问题、合同问题或工程实际进度与计划进度出现较大差距时,为解决这些问题而临时组织的一种特殊机构。

随着工作的进展和重心的转移,承包商的组织机构也随之发生变化。如二标承包工程前期的开挖量大,又有混凝土工作,故在施工部下又分为开挖和混凝土两个分部。在开挖工作基本结束后,工程任务的大部分是混凝土工作,承包商又把下设分部归为施工统管。

解析:小浪底工程二标承包商根据工程的特点(大部分为地下开挖过程)和员工生活需要,在现场设立了庞大的商务管理机构,其他部门则按照职能进行划分,因此其现场组织结构是典型的直线职能型组织结构。

2.4 项目经理

2.4.1 项目经理

2.4.1.1 项目经理与建造师

(1)项目经理。是建筑企业内的一种岗位职务。《建设工程项目管理规范》(GB/T 50326—2006)对项目经理地位做了明确:“项目经理是根据企业法定代表人授权范围、时间和内容,对施工项目自开工准备至竣工验收,实施全过程、全面管理。”项目经理是企业法定代表人在项目上的一次性授权管理者和责任主体。项目经理从事项目管理活动,履行项目经理责任制规定的岗位职责,在授权范围内行使权力,并接受企业的监督考核。

(2)建造师。是一种执业资格。执业资格是专业技术人员从事某种专业技术工作应具备的必要条件。要想取得建造师执业资格,必须具备规定的学历、实践经历等条件,同时还要通过全国建造师执业资格统一考试合格并取得建造师执业资格证书。取得建造师执业资格证书的人员,必须经过注册登记,方可以建造师的名义执业。建造师的服务对象有多种,它可以受聘于建设单位,也可以受聘于施工企业,还可以受聘于政府部门、融资代理机构及学校科研单位等,从事相关专业的工程项目建造管理活动。

建造师的执业范围包括三个方面:①担任建设工程项目施工的项目经理;②从事其他施工活动的管理工作;③法律、行政法规或国务院建设行政主管部门规定的其他业务。

虽然建造师与项目经理定位不同,但他们都是围绕工程项目开展工作或从事建造活动,所从事的都是建设工程的管理。建造师执业资格的覆盖面较大,包括工程建设领域方方面面,从事建造或项目管理的相关专业人士;而项目经理是建造师执业中的一项,限于企业内某一个特定的工程项目的管理。建造师选择工作的权利相对自主,可在社会市场上有序流动,有较大的活动空间;而项目经理岗位是企业设定的,项目经理是由企业法定代表人按照有关法规和资质要求授权或聘用的某一工程项目的施工组织管理者。因此,就这个项目来说,只有一个项目经理,其他人员(包括建造师)在这个项目全过程管理活动中,还必须接受项目经理的领导和管理。由此可见,建造师和项目经理的定位不同,不能采取简单的取代和被取代的置换,而是有条件的补充。施工项目经理是指受企业法定代表人委托对施工项目施工过程全面负责的项目管理者，是建筑施工企业法定代表人在施工项目上的代表人。他是项目实施的最高领导者、组织者和责任者。

2.4.1.2　**施工项目经理的地位与作用**

(1)施工项目经理是建筑施工企业法人代表在项目上的全权委托代表人。

(2)施工项目经理是协调各方面关系、使之相互紧密协作与配合的桥梁和纽带。

(3)施工项目经理对项目实施进行控制，是各种信息的集散中心。

(4)施工项目经理是施工项目责、权、利的主体。

2.4.1.3　**施工项目经理的主要任务**

施工项目经理的主要任务主要包括两个方面：一方面是保证施工项目按照规定的目标高效、优质、低耗地全面完成；另一方面是保证各生产要素在项目经理授权范围内最大限度地优化配置。施工项目经理的主要任务具体包括以下几项：

(1)确定项目管理组织机构并配备相应人员，组建项目经理部。

(2)制定岗位责任制等各项规章制度。

(3)制订项目管理总目标、阶段性目标以及总体控制计划，并实施控制，保证项目管理目标的全面实现。

(4)及时准确地作出项目管理决策，严格管理，保证合同的顺利实施。

(5)协调项目组织内部及外部各方面关系，并代表企业法人在授权范围内进行有关签证。

(6)建立完善的内部和外部信息管理系统，确保信息畅通无阻、工作高效进行。

2.4.2　施工项目经理责任制

2.4.2.1　**施工项目经理责任制的含义**

施工项目经理责任制是指以施工项目经理为主体的施工项目管理目标责任制度。它是以施工项目为对象，以项目经理为主体，以项目管理目标责任书为依据，以求得项目产品的最佳经济效益为目的，实行从施工项目开工到竣工验收交工的施工活动以及售后服务在内的一次性全过程的管理责任制度。

2.4.2.2　**施工项目经理责任制的作用**

(1)建立和完善以施工项目管理为基点的适应市场经济的责任管理机制。

(2)明确项目经理与企业、职工三者之间的责、权、利、效关系。

(3)利用经济手段、法制手段对项目进行规范化、科学化管理。

(4)强化项目经理人的责任与风险意识，对工程质量、工期、成本、安全、文明施工等方面全面负责，全过程负责，促使施工项目高速、优质、低耗地全面完成。

2.4.2.3　**施工项目经理的职责**

根据建设部颁发的《建设工程项目管理规范》(GB/T 50326—2006)的规定，项目经理对项目施工负有全面管理的责任，在承担工程项目管理过程中，履行下列职责：

(1)代表企业实施施工项目管理。

(2)与企业法人签订《施工项目管理目标责任书》，执行其规定的任务，并承担相应的责任，组织编制施工项目管理实施规划并组织实施。

(3)对施工项目所需的人力资源、资金、材料、技术和机械设备等生产要素进行优化配置和动态管理,沟通、协调和处理与分包单位、项目业主、监理工程师之间的关系,及时解决施工中出现的问题。

(4)业务联系和经济往来,严格财经制度,加强成本核算,积极组织工程款回收,正确处理国家、企业及个人的利益关系。

(5)做好施工项目竣工结算、资料整理归档,接受企业审计并做好施工项目经理部的解体和善后工作。

2.4.2.4 施工项目经理的权限

赋予施工项目经理一定的权限是确保项目经理承担相应责任的先决条件。这些权限应由企业法人代表授权,并用制度和目标责任书的形式具体确定下来。施工项目经理在授权和企业规章制度范围内,应具有以下权限:

(1)用人决策权。

(2)财务支付权。

(3)进度计划控制权。

(4)技术质量管理权。

(5)物资采购管理权。

(6)现场管理协调权。

2.4.2.5 施工项目经理的利益

项目经理的利益应体现合理激励原则,因此必须有两种利益:物质利益和精神奖励。

(1)获得基本工资、岗位工资和绩效工资。

(2)除按《项目管理目标责任书》可获得物质奖励外,还可获得表彰、记功、优秀项目经理等荣誉称号。

(3)经考核和审计,未完成《项目管理目标责任书》确定的项目管理责任目标或造成亏损的,应按其中有关条款承担责任,并接受经济或行政处罚。

值得着重指出的是,从行为科学的理论观点来看,对施工项目经理的利益兑现应在分析的基础上区别对待,满足其最迫切的需要,以真正通过激励调动其积极性。行为科学认为,人的需要由低层次到高层次分别有物质的、安全的、社会的、自尊的和理想的。如把第一种需要称为“物质的”,则其他四种需要称为“精神的”。于是每进行激励之前,应分析该项目经理的最迫切需要,不能盲目的只讲物质激励。从一定意义上说,精神激励的面要大,作用会更显著。但精神激励如何兑现,值得人们认真研究,积累经验。

2.4.2.6 施工项目经理责任制管理目标责任体系

1. 施工项目经理责任制管理目标责任体系内容

施工项目经理责任制管理目标责任体系是实现施工项目经理责任制的重要内容。它包括施工项目经理与企业经理及有关的部门、人员、分包单位之间的各种类型的责任制,详见表2-6。

2. 施工项目经理责任制管理目标责任的考核

在施工项目经理责任期内,企业成立由主管生产经营的领导、三总师及经营、工程、安全、质量、财会、审计等有关部门组成的专门的考核领导小组,依据《施工项目管理目标责任书》(或《年度项目经理经营责任状》)对项目经理在考核期内生产经营业绩、履行责任制情况等进行考核。

表 2-6　施工项目经理责任制管理目标责任体系

责任状签发人	责任状接受人	主要内容
企业经理（法人代表）	项目经理	企业各职能部门与项目经理之间的关系。 项目经理使用作业队伍的方式,项目的材料和机械设备的供应方式。 按中标价与项目可控成本分离的原则确定项目经理目标责任成本。 施工项目应达到的质量目标、安全目标、进度目标和文明施工目标。 《施工项目管理制度》规定以外的有法定代表人向项目经理的授权。 企业对项目经理进行奖惩的依据、标准、办法及应承担的风险。 项目经理解职及项目经理部解体的条件及办法。 《项目管理目标责任书》争议的行政解决办法。 对跨年度施工的项目,还应以企业当年下达给项目经理部的综合计划指标为依据,签订《年度项目经理经营责任状》

通常是每月由经营管理部门按统计报表和文件规定,进行政审性考核;每季度由考委会按纵横考评结果和经济效益综合考核;年末进行全面考核。

项目经理部下属的各类责任制,由项目经理部组织,按双方所签订责任状进行月、季和全年考核。

2.4.3　施工项目经理的素质与选拔

2.4.3.1　施工项目经理的素质

施工项目经理是施工承包企业法定代表人在施工项目上的一次性授权代理人,是对施工项目管理实施阶段全面负责的管理者。一个称职的施工项目经理必须在政治水平、知识结构、业务技能、管理能力、身心健康等诸方面具备良好的素质,具体内容见表 2-7。

表 2-7　施工项目经理应具备的素质

素质	具体内容
政治素质	具有高度的政治思想觉悟和职业道德,政策性强。 有强烈的事业心、责任感,敢于承担风险,有改革创新、竞争进取精神。 有正确的经营管理理念,讲求经济效益。 有团队精神,作风正派,能密切联系群众,发扬民主作风,不谋私利,实事求是,大公无私。 言行一致,以身作则;任人唯贤,不计个人恩怨;铁面无私,赏罚分明
管理素质	对项目施工活动中发生的问题和矛盾有敏锐的洞察力,并能迅速作出正确分析判断和有效解决问题的严谨思维能力。 在与外界洽谈(谈判)以及处理问题时,有多谋善断的应变能力、当机立断的科学决策能力。 在安排工作和生产经营活动时,有协调人、财、物的能力,排除干扰并实现预期目标的组织控制能力。 有善于沟通上下级关系、内外关系、同事间关系,调动各方积极性的公共关系能力。 知人善任、任人唯贤,善于发现人才,敢于提拔使用人才的用人能力

续表 2-7

素质	具体内容
知识素质	具有大专以上工程技术或工程管理专业学历，受过有关施工项目经理的专门培训，取得任职资质证书。 具有可以承担施工项目管理任务的工程施工技术、经济、项目管理和有关法规、法律知识。 具备资质管理规定的工程实践经历、经验和业绩，有处理实际问题的能力。 一级或承担涉外工程的项目经理应掌握一门外语
身心素质	年富力强、身体健康。 精力充沛、思维敏捷、记忆力良好。 有坚强的毅力和意志品质、健康的情感、良好的心理素质

根据《建设工程项目管理规范》(GB/T 50326—2006)的规定，施工项目经理应具备下列素质：

(1)具有符合施工项目管理要求的能力。

(2)具有相应的施工项目管理经验和业绩。

(3)具有承担施工项目管理任务的专业技术、管理、经济、法律和法规知识。

(4)具有良好的道德品质。

美国项目管理专家约翰·宾认为项目经理应具备的素质有六条：一是具有本专业技术知识；二是有工作干劲，主动承担责任；三是具有成熟而客观的判断能力，成熟是指有经验，能够看出问题来，客观是指他能看到最终目标，而不是只顾眼前；四是具有管理能力；五是诚实可靠与言行一致，答应的事就一定做到；六是机警、精力充沛、吃苦耐劳，随时准备着处理可能发生的事情。

2.4.3.2 施工项目经理的选拔

选择什么样的人担任项目经理取决于两个方面：一方面看工程项目的需要，不同的项目需要不同素质的人才；另一方面看企业人选的素质。

目前，我国选择施工项目经理的方式有公开竞争招聘制、企业经理委任制和基层推荐、内部协调制三种，它们的选择范围、程序和特点各有不同，具体见表 2-8。

表 2-8 施工项目经理的选择方式

选择方式	选择范围	程序	特点
公开竞争招聘制	面向社会招聘 本着先内后外的原则	个人自荐 组织审查 答辩演讲 择优选聘	选择范围广 竞争性强 透明度高
企业经理委任制	限于企业内部的在职干部	企业经理提名 组织人事部门考核 企业办公会议决定	要求企业经理知人善任 要求人事部门考核严格

续表 2-8

选择方式	选择范围	程序	特点
基层推荐、内部协调制	限于企业内部	企业各基层推荐人选 人事部门集中各方意见严格考核 党政联席办公会议决定	人选来源广泛 有群众基础 要求人事部门考核严格

小　结

本章首先介绍了项目组织的含义及其工作内容,其次对项目组织机构的设置原则和程序进行了系统讲述,从而使学生明确项目组织结构的建立以及组织形式的选择不是随意的。通过讲述项目经理的地位和施工项目经理的责、权、利,从而让学生意识到明确的职责、充分的权力和相应的利益分配是确保项目经理履行义务的关键。由于项目经理是项目最高的决策者、责任者、组织者和指挥者,因此项目经理必须具备综合素质,包括政治素质、领导素质、知识素质、实践经验和身体素质,而且培养和选择项目经理的意义十分重大。

能力训练

一、单项选择题

1. 反映一个组织系统中各子系统之间指令关系的是(　　)。

A. 组织结构模式　B. 职能分工表　C. 项目合同图　D. 工作流程图

2. 下列属于动态关系的是(　　)。

A. 组织结构模式　B. 组织分工　C. 工作流程组织　D. 部门职责

3. (　　)是指专门从事某一类业务工作的部门。

A. 组织机构　B. 管理部门　C. 管理层次　D. 管理跨度

4. (　　)项目组织中的成员接受双重领导,既要接受项目经理的领导,又要接受企业中原职能部门的领导。

A. 工作队式　B. 部门控制式　C. 矩阵式　D. 事业部式

5. 施工项目的单一性、阶段性、露天性和流动性是施工项目生产活动的重要特点,这种特点必然要求项目设置应(　　)。

A. 目的性原则　B 精简高效原则

C. 管理跨度和分层统一原则　D. 弹性和流动性原则

6. 下列描述是正确的是(　　)。

A. 施工项目经理部是由施工项目经理独自组建并进行管理的组织机构

B. 施工项目经理部是一个固定性的组织机构

C. 施工项目经理部是代表企业履行工程承包合同的主体,对生产全过程负责

D. 大、中型施工项目经理部宜按职能式项目组织形式建立

7. 施工项目管理实施规划是(　　)主持编制的，旨在指导项目实施阶段管理的文件。

A. 在投标之前，由企业管理层

B. 在投标之前，由项目经理

C. 在施工开工之前，由企业管理层

D. 在施工开工之前，由项目经理

8. 建筑施工企业项目经理是指受企业(　　)委托对工程项目施工全面负责的项目管理者。

A. 董事会　　B. 总工程师　　C. 法定代表人　　D. 股东代表大会

9. 某建设工程项目的规模不大，参与单位不多，为提高管理效率，避免出现矛盾指令，宜采用(　　)模式。

A. 线性组织结构　B. 混合组织结构　C. 矩阵组织结构　D. 职能组织结构

10. 按照建设工程项目不同参与方的工作性质和组织特征划分的项目管理类型，施工方的项目管理不包括(　　)的项目管理。

A. 施工总承包方　　B. 建设项目总承包方

C. 施工总承包管理方　　D. 施工分包方

二、多项选择题

1. 下列属于矩阵组织结构的特点是(　　)。

A. 命令单一　　B. 双重机构，双重领导　　C. 管理专业化

D. 适宜于简单生产的小企业　　E. 适用于任务较大企业

2. 以下属于项目管理的组织职能的是(　　)

A. 组织设计　　B. 组织调整　　C. 组织联系

D. 组织行为　　E. 组织运行

3. 以下属于项目部设置原则的是(　　)。

A. 高效精干

B. 因事设岗、按人定岗、以权授责

C. 业务系统化管理和协作一致

D. 管理跨度与管理分层统一

E. 弹性、流动

4. 项目经理责任制的作用是确定了(　　)。

A. 项目经理在企业中的地位

B. 企业的层次及其相互关系

C. 项目经理在项目管理目标责任体系中的地位

D. 项目经理在项目管理中的地位

E. 项目经理的基本责任、权限和利益

5. 设立项目经理部应根据(　　)。

A. 项目管理规划大纲确定的组织形式

B. 施工项目的规模、结构复杂程度、专业特点、人员素质和地域范围

C. 施工项目的规模、复杂程度和专业特点

D. 部门和人员设置应满足目标控制的需要，项目经理部不应固化

E. 应建立有益于组织运转的规章制度

6. 建筑施工企业项目经理在承担工程项目施工管理工作中，行使的管理权力有（　　）。

A. 调配并管理进入工程项目的各种生产要素

B. 负责组建项目经理部

C. 执行项目承包合同约定的应由项目经理负责履行的各项条款

D. 负责选择并使用具有相应资质的分包人

7. 项目经理在承担工程项目施工管理过程中，应当按照（　　）行使权力。

A. 工程承包合同

B. 施工验收标准

C. 监理工程师批准的施工组织设计

D. 企业法定代表人的授权范围

E. 项目承包合同

三、简答题

1. 项目管理组织有哪些职能？

2. 施工项目管理组织机构设置的原则是什么？

3. 施工项目组织机构的主要形式有几种？有哪些特征？

4. 施工项目经理责任制的内容包括哪些？

3　流水施工的基本原理

【学习目标】

通过本章内容的学习，了解流水施工的概念、分类及组织形式，掌握流水施工的时间参数及流水施工的组织方法，熟悉横道图、斜线图的绘制方法。

3.1　流水施工的概念

建筑工程的流水施工来源于工业生产中的流水线作业法，实践证明它是组织产品生产的一种理想方法。建筑工程的流水施工与工业生产中的流水线生产极为相似，不同的是，工业生产中各个工件在流水线上，从前一工序向后一工序流动，生产者是固定的；而在建筑施工中各个施工对象都是固定不动的，专业施工队伍则由前一施工段向后一施工段流动，即生产者是移动的。

3.1.1　组织施工的基本方式

任何一个建筑工程，都可以分解为许多个施工过程，每一个施工过程可以组织一个或多个施工班组进行施工。劳动组织安排的不同便构成不同的施工方式。

考虑到工程项目的施工特点、工艺流程、资源利用、平面或空间布置要求，组织施工时，通常可以采用依次施工、平行施工和流水施工等方式。现以三幢同类型房屋的装饰工程为例，对以上三种不同组织方式的经济效果进行比较。

【例 3-1】　某三幢同类型房屋的装饰工程，每幢房屋装饰装修由顶棚、墙面、地面、踢脚线四个施工过程组成，由四个不同的工作队分别施工，每个施工过程在一幢房屋上所需的施工时间及对应的施工人数如表 3-1 所示，每幢为一个施工区段，试组织此基础施工。

表 3-1　某装饰工程施工资料

工程代号	施工过程	工作时间(d)	班组人数
A	顶棚	4	10
B	墙面	1	15
C	地面	3	10
D	踢脚线	2	5

3.1.1.1　依次施工

依次施工也称顺序施工，是各施工段或施工过程依次开工、依次完成的一种施工组织方式。施工时通常有两种安排，如图 3-1、图 3-2 所示。

从图 3-1 和图 3-2 中可以看出，依次施工是按照单一的顺序组织施工，施工现场管理比较简单，单位时间内投入的劳动力和物资较少，有利于资源的组织供应工作。但是，同时可

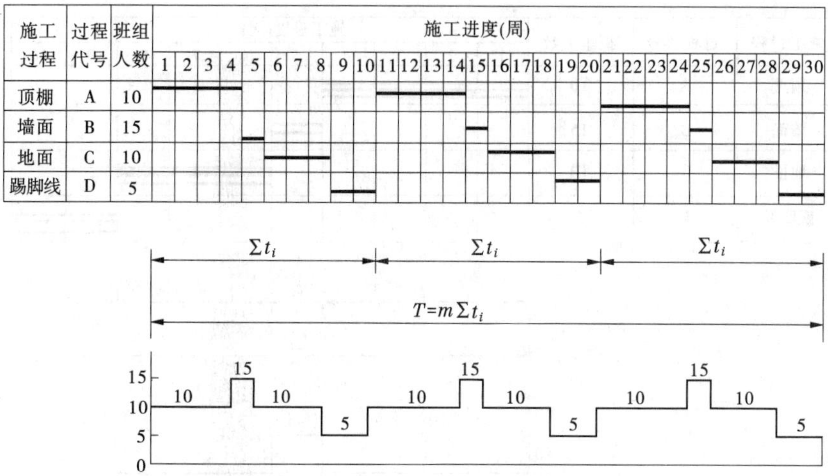

图 3-1　依次施工进度安排一(按幢或施工区段)

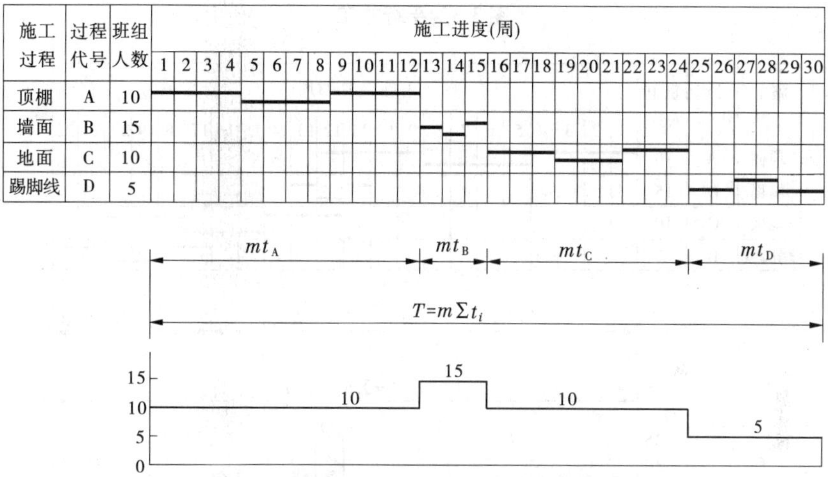

图 3-2　依次施工进度安排二(按施工过程)

以看出各专业施工队的作业不连续,工作面有间歇,时间和空间关系没有处理好,导致工期较长。依次施工通常适用于施工工作面有限、规模较小的工程。

3.1.1.2　平行施工

平行施工是全部工程任务(或同一施工过程)同时开工、同时完成的一种施工组织方式。如例 3-1 中三幢房屋相同施工过程同时开工,同时完成,如图 3-3 所示。

从图 3-3 中可以看出,平行施工的总工期大大缩短,但各专业队数目成倍增加,单位时间内投入的劳动力、材料以及机械设备也大大增加,资源的组织供应工作难度剧增,施工现场的组织管理相当困难。该方式通常只适用于工期十分紧迫、工作面须满足要求及资源供应有保证的施工项目。平行施工一般适用于工期要求紧、大规模的建筑群工程。

3.1.1.3　流水施工

流水施工是指所有的施工过程按照一定的时间间隔依次投入施工,各个施工过程陆续开工、陆续竣工,使同一施工过程的施工班组保持连续、均衡施工,不同施工过程尽可能平行搭接施工的组织方式,如图 3-4 所示。

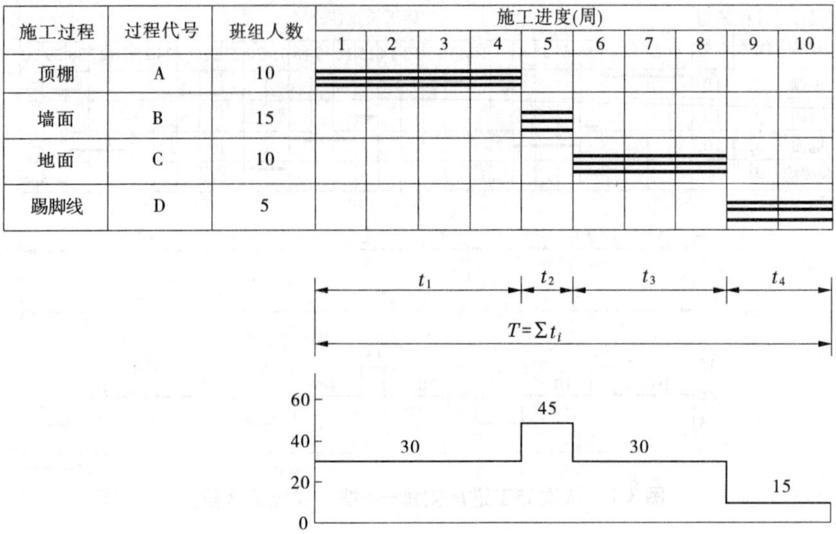

图 3-3　平行施工

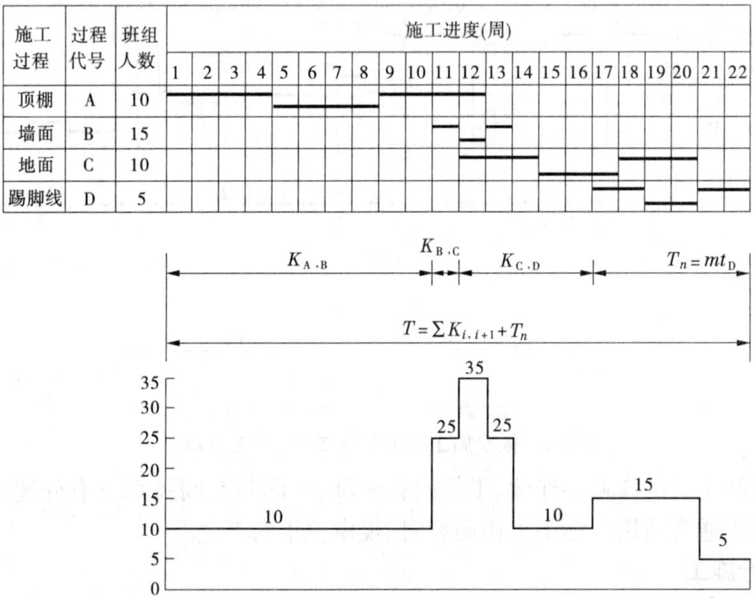

图 3-4　流水施工(连续)

从图 3-4 中可以看出,各专业队的作业是连续的,不同施工过程尽可能平行搭接,充分利用了工作面,时间和空间关系处理比较恰当,工期较为合理。流水施工组织方式吸取了前面两种施工方式的优点,克服了它们的缺点,是一种比较科学的施工组织方式。

值得注意的是,根据建筑工程施工的特点,为了更充分地利用工作面,缩短工期,有时特意安排某些次要施工过程在各施工段之间合理的间断施工。因此,在安排流水施工时,通常只要保证主导施工过程在各施工段之间能够连续均衡施工,其他次要施工过程可以安排为合理的间断施工,如图 3-5 所示。

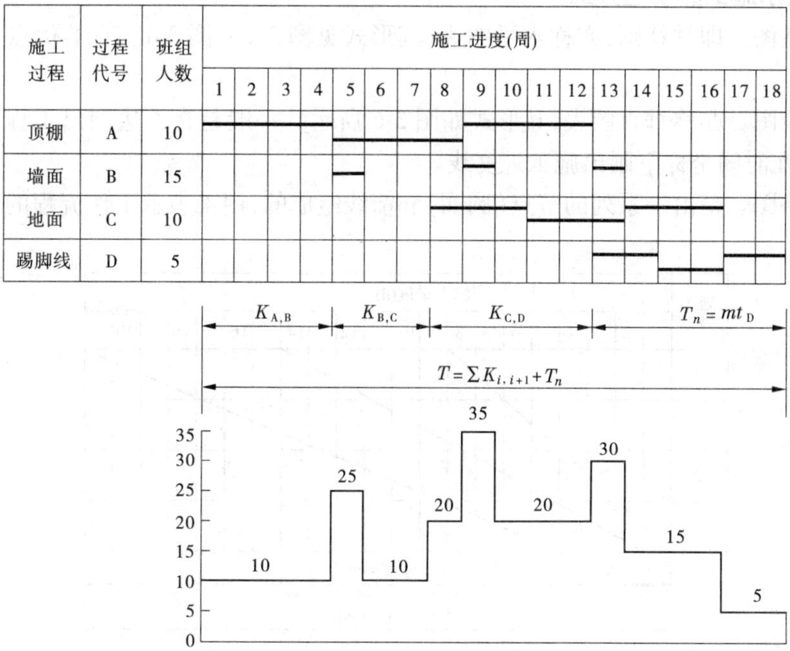

图 3-5　流水施工(不连续)

3.1.2　流水施工的技术经济效果

从以上三种施工方式的对比中可以看出,流水施工组织方式是一种先进的、科学的施工组织方式,它使建筑安装生产活动有节奏地、连续地和均衡地进行,在时间和空间上合理组织,其技术经济效果是明显的,主要表现为以下几点:

(1)由于流水施工的连续性,减少了专业工作的间隔时间,达到了缩短工期的目的,可使拟建工程项目尽早竣工,交付使用,发挥投资效益。

(2)便于改善劳动组织,改进操作方法和施工机具,有利于提高劳动生产率。

(3)专业化的生产可提高工人的技术水平,使工程质量相应提高。

(4)工人技术水平和劳动生产率的提高,可以减少用工量和暂设工程建造量,降低工程成本,提高利润水平。

(5)可以保证施工机械和劳动力得到充分、合理的利用。

(6)由于工期短、效率高、用人少、资源消耗均衡,可以减少现场管理费和物资消耗,实现合理储存与供应,有利于提高项目经理部的综合经济效益。

3.1.3　流水施工的组织条件及表达方式

3.1.3.1　组织流水施工的条件

(1)划分施工段。

(2)划分施工过程。

(3)每个施工过程组织独立的施工班组。

(4)主要施工过程必须连续地、均衡地施工。

(5)不同的施工过程应尽可能组织平行搭接施工。

3.1.3.2 流水施工的表达方式

(1)横道图。即甘特图,亦称水平图表,其形式见图 3-1 ~ 图 3-4。它的优点是简单、直观、清晰明了。

(2)斜线图。亦称垂直图表,其形式如图 3-6 所示。一般是在左边列出工程对象名称,右边用斜线在时间坐标下画出施工进度线。

(3)网络图。是由一系列的节点(圆圈)和箭线组成的,用来表示工作流程的有向、有序网状图形。

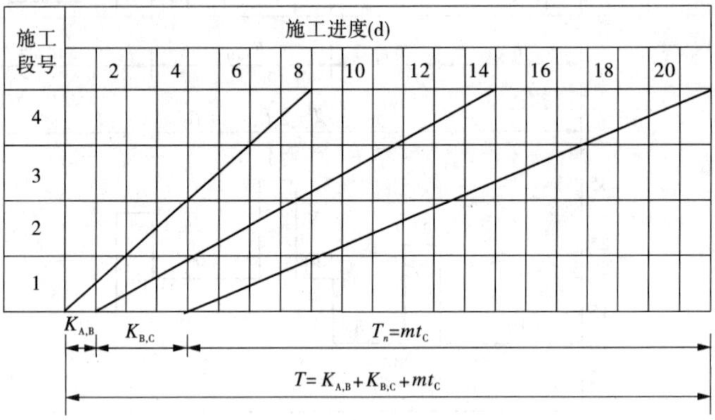

图 3-6 斜线图表达的流水施工

3.1.4 流水施工的分类

3.1.4.1 根据流水施工对象的范围分类

(1)分项工程流水(细部流水)。是在一个专业工种内部组织起来的流水施工。在项目施工进度计划表上,它是一条标有施工段或工作队编号的水平进度指示线段或斜向进度指示线段。

(2)分部工程流水(专业流水)。是在一个分部工程内部、各分项工程之间组织起来的流水施工。在项目施工进度计划表上,它由一组标有施工段或工作队编号的水平进度指示线段或斜向进度指示线段来表示。

(3)单位工程流水(工程项目流水、综合流水)。是在一个单位工程内部、各分部工程之间组织起来的流水施工,在项目施工进度计划表上,它是若干组分部工程的进度指示线段,并由此构成单位工程施工进度计划。

(4)群体工程流(大流水)。是在若干单位工程之间组织起来的流水施工。反映在项目施工进度计划上,是一个工程项目的施工总进度计划。

3.1.4.2 根据流水的节奏特征分类

按组织施工节奏特征不同,流水施工可分为有节奏流水和无节奏流水两类,其中有节奏流水还可分为等节奏流水和异节奏流水两种。

1. 有节奏流水

有节奏流水是指流水段中同一施工过程在各施工段上的流水节拍(作业时间)都相等的一种流水施工方式。

等节奏流水:流水段中同一施工过程在各施工段上的流水节拍都相等,并且不同施工过程之间的流水节拍也相等的一种流水施工方式。

异节奏流水：流水段中每一个施工过程在各施工段上的流水节拍相同，但是各施工过程相互之间的流水节拍不一定相等。

2. *无节奏流水*

无节奏流水是指流水段中各施工过程在各流水段上的作业时间（流水节拍）不全相等，各施工过程的流水节拍无规律可循的一种流水施工方式。

各种流水施工方式之间的关系如图 3-7 所示。

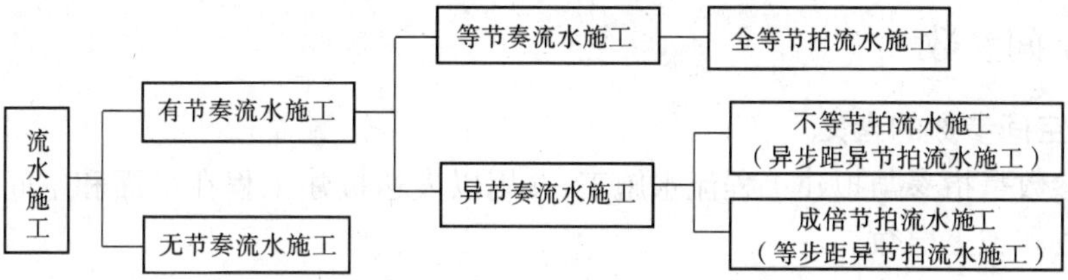

图 3-7　流水施工方式关系图

3.2　流水施工的主要参数

在组织流水施工时，为了表达流水施工在工艺程序、空间布置和时间排列上所处的状态，而引入的一些描述施工进度计划特征和各种数量关系的参数，称为流水施工参数，包括工艺参数、空间参数和时间参数。

3.2.1　工艺参数

工艺参数是指参与拟建工程施工并用以表达流水施工在施工工艺上开展的顺序及其特征的参数。通常，工艺参数包括施工过程数和流水强度两种。

3.2.1.1　施工过程数

施工过程是施工进度计划的基本组成单元，其数目的多少与施工进度计划的性质、施工方案、劳动力组织和工程量的大小等因素有关。施工过程可以是一个工序，也可以是一项分项工程，还可以是它们的组合。在计算施工过程数时，应考虑以下几种情况：

（1）在流水施工中，若每一个施工过程均只有一个施工队组先后开始施工，则工艺参数就是施工过程数，用 N 或 n 表示。

（2）在流水施工中，若有两个或两个以上的施工过程齐头并进地同时开工和完工，则这些施工过程应按一个施工过程计入工艺参数内。

（3）在流水施工中，若某一施工过程有两个或两个以上的施工队组，间隔一定时间先后开始施工，则应以施工队（班组）数计算，用 N' 表示。

3.2.1.2　流水强度

流水强度是指流水施工的每一施工过程在单位时间内完成的工程量，用 V 来表示。

（1）机械施工的流水强度按下式计算：

$$V = \sum_{i=1}^{x} R_i S_i \tag{3-1}$$

式中 R_i——某种施工机械台数；

S_i——该种施工机械台班生产率；

x——用于同一施工过程的主导施工机械种类数。

(2)手工操作过程的流水强度按下式计算：

$$V = RS \tag{3-2}$$

式中 R——每一工作队的工人人数,应小于工作面上允许容纳的最多人数；

S——每一工人每班产量定额。

3.2.2 空间参数

3.2.2.1 空间参数的含义

空间参数是指参与拟建工程流水施工,并用以表达拟建工程在平面和空间上所处状态的施工段数和施工层数。

施工段是指在拟建工程上,以流水施工所确定的分段线为工作界限,为各施工队规定的从事施工活动的空间。拟建工程每一层平面上划分的平面施工段数用 m_0 表示;竖向空间划分的施工段数用 m'表示;整个工程所划分的施工段总数用 m 表示。对于每个施工层的面积基本相等的拟建工程,其总段数 m 等于平面上的施工段数 m_0 与空间上的施工段数 m'之积,即

$$m = m_0 \times m' \tag{3-3}$$

3.2.2.2 划分施工段的目的

划分施工段是组织流水施工的基础,只有分段才能将单件的节奏产品划分为具有若干个施工段的批量产品,才能满足"分工协作,批量生产"的流水施工要求,才能在保证工程质量的前提下,为各施工队组确定合理的空间活动范围,确保不同的施工队组能在不同的施工段上同时施工,以便达到连续、均衡施工,缩短工期的目的。

3.2.2.3 划分施工段的基本要求

(1)施工段的数目要合理。分段过多,势必造成工作面狭窄不能充分利用,使工期拖长;分段过少,又会造成劳动力、机械和材料供应过于集中,甚至窝工,不利于组织流水施工。因此,划分施工段时要综合考虑拟建工程的特点、施工方案、流水施工要求和总工期等因素,合理确定施工段的数目,以利于降低成本,缩短工期。

(2)各个施工段上的劳动量要大致相等,以保证各施工班组有节奏地连续、均衡施工。施工段上的劳动量一般相差不宜超过15%。

(3)施工段的分界面要合理,以利于保持结构的整体性。一般与施工对象的结构界限(温度缝、沉降缝或单元尺寸、门窗洞口)或幢号一致。

(4)要有足够的工作面,以保证施工人员和机械有足够的操作和回转余地。

从事某专业工种的工人在从事建筑产品生产加工过程中,必须具备一定的活动空间,这个活动空间称为工作面。

(5)当组织多层或高层主体结构工程流水施工时,为确保主导施工过程的施工队组在层间也能保持连续施工,平面上的施工段数 m_0 与施工过程数 n 的关系应符合下列要求：

①对于无间歇的全等节拍流水,平面上的施工段数 m_0 应大于或等于施工过程数 n,即

$$m_0 \geqslant n \tag{3-4}$$

②对于有间歇的全等节拍流水，平面上的施工段数 m_0 应大于或等于施工过程数 n 与技术间歇占用的施工段数$\frac{\sum t_j}{t_i}$之和，即

$$m_0 \geqslant n + \frac{\sum t_j}{t_i} \tag{3-5}$$

③对于不等节拍流水，主导施工过程在一个施工层上工作的总持续时间 $m_0 t_{max}$应大于或等于所有施工过程在同一个施工段上工作的持续时间$\sum t_i$ 与技术间歇时间$\sum t_j$ 之和，即

$$m_0 t_{max} \geqslant \sum t_i + \sum t_j \tag{3-6}$$

$$m_0 \geqslant \frac{\sum t_i + \sum t_j}{t_{max}} \tag{3-7}$$

式中　t_{max}——主导施工过程的流水节拍值。

【例 3-2】　某两层砖混结构房屋的主体工程，在组织流水施工时，将主体工程划分为砌砖墙、现浇钢筋混凝土圈梁和安装楼板三个施工过程。每个施工过程在每个施工段上施工所需时间均为 3 d，试对 m_0 与 n 的关系进行计算与分析。

解　(1) 当 $m_0 = n = 3$ 时，其流水施工进度计划如图 3-8 所示。

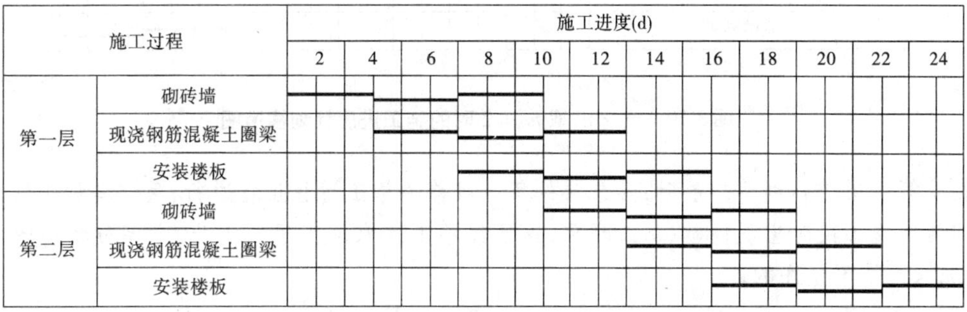

图 3-8　$m_0 = n$，取 $m_0 = 3$ 时的施工进度计划横道图

从图 3-8 中可以看出：各施工队组均能保持连续施工，每一个施工段上均有施工队组施工，施工工作面能充分利用，也不会产生工人窝工现象，这是最理想的流水施工安排。

(2) 当 $m_0 > n$ 时，如取 $m_0 = 4$，其流水施工进度计划如图 3-9 所示。

从图 3-9 中可以看出：各施工队组均能保持连续施工，但施工段上的工作面不能充分利用，总有空闲的工作面。如第一层第一段现安装楼板第 9 d 完成后，第 10 d 就应开始砌第二层第一段的砖墙，但此时砌砖墙的施工队组正在砌第一层第四段的砖墙，直到第 12 d 砌完第一层第四段的砖墙，第 13 d 才开始砌筑第二层第一段砖墙，使第二层第一段的工作面空闲了 3 d，因此拖延了工期。在实际工程施工中，如果工作面空闲的时间不长，可利用空闲的工作面安排施工准备、测量放线等工作。

(3) 当 $m_0 < n$ 时，如取 $m_0 = 2$，其施工进度计划如图 3-10 所示。

从图 3-10 中可以看出：进入正常施工状态后（第 4 ~ 22 d），任何一天、任何一个施工工作面上都有施工队组正在施工，没有空闲工作面，施工工作面能得到充分利用；但各施工队

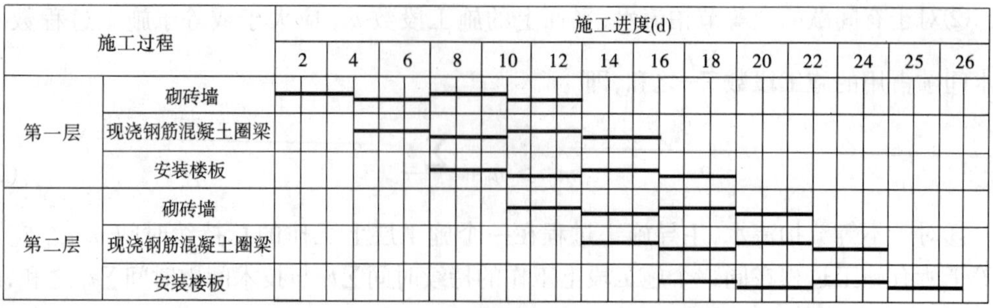

图 3-9　$m_0 > n$,取 $m_0 = 4$ 时的施工进度计划横道图

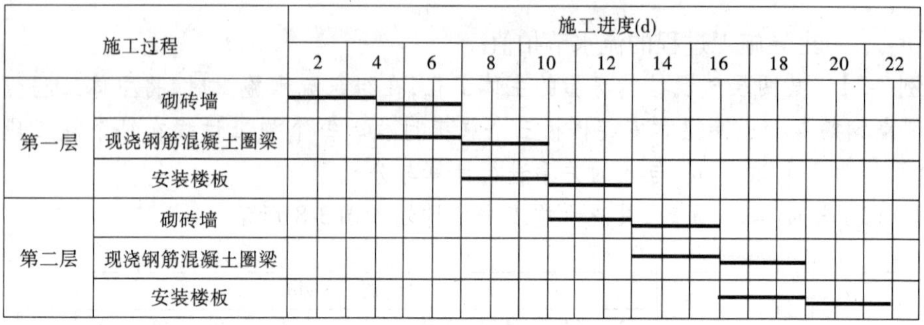

图 3-10　$m_0 < n$,取 $m_0 = 2$ 时的施工进度计划横道图

组在从第一层转移到第二层时,第二层的第一段前一施工过程正在进行,致使各施工队组在层间转换施工段时出现停歇、窝工现象,这已经不是流水施工了。因此,全等节拍流水施工中,$m_0 < n$ 是不允许的。

同理,在有间歇全等节拍流水施工中,$m_0 < n + \frac{\sum t_j}{t_i}$是不允许的;在不等节拍流水施工中,$m_0 < \frac{\sum t_i + \sum t_j}{t_{max}}$也是不允许的。

3.2.3　时间参数

在组织流水施工时,用以表达流水施工在时间排列上所处状态的参数,称为时间参数。时间参数主要有流水节拍、流水步距、技术与组织间歇时间、平行搭接时间、流水施工工期。

3.2.3.1　流水节拍

流水节拍是指一个施工过程在一个施工段上的工作持续时间,用符号 t_i 表示($i = 1,2,3\cdots$)。

1. 流水节拍的计算

流水节拍的大小直接关系到投入的劳动力、材料和机械的多少,决定着流水施工方式和施工速度。因此,流水节拍数值的确定很重要,必须进行合理的选择和计算。通常有定额计算法、经验估算法和倒排进度法三种。

1)定额计算法

$$t_i = \frac{Q_i}{S_i R_i b_i} = \frac{P_i}{R_i b_i} \tag{3-8}$$

或

$$t_i = \frac{Q_i H_i}{R_i b_i} = \frac{P_i}{R_i b_i} \tag{3-9}$$

式中 t_i——某施工过程流水节拍;

Q_i——某施工过程在某施工段上的工程量;

S_i——某施工过程的每工日产量定额;

R_i——某施工过程的施工班组人数或机械台数(施工班组人数受到最小工作面和最小劳动组合的限制);

b_i——每天工作班制;

P_i——某施工过程在某施工段上的劳动量;

H_i——某施工过程采用的时间定额。

若流水节拍根据工期要求来确定,则也很容易使用上式计算出所需的人数(或机械台班)。但在这种情况下,必须检查劳动力和机械供应的可能性,以及能否保证物资供应。

2)经验估算法

经验估算法是根据以往的施工经验进行估算的。一般为了提高其准确程度,往往先估算出该流水节拍的最长、最短和正常(最可能)三种时间值,然后据此计算出期望时间值,作为某专业工作队的某施工段上流水节拍。

3)倒排进度法

对于有工期要求的工程,为了满足工期要求,可用工期计算法,即根据对施工任务规定的完成日期,采用倒排进度法。

2. 确定流水节拍时应考虑的因素

(1)施工队组人数应符合该施工过程最少劳动组合人数的要求。如砌砖墙施工过程,包括搅拌砂浆、运材料、运砂浆及砌砖墙等多种工作,一般人数不宜少于20,如果人数太少,是无法组织正常流水施工的。

(2)施工队组人数应符合最小工作面要求,而该施工段上所能允许的施工队组最多人数的要求。流水节拍不能太小,施工队组人数不能太多,每个工人的工作面不能小于最小工作面的要求;否则,就不能发挥正常的施工效率,且不利于施工。主要工种的最小工作面可参考表3-2的有关数据。

表3-2 主要工种工作面参考数据

工作项目	每个技工的工作面	说明
砖基础	6.6 m/人	以$1\frac{1}{2}$砖计,2砖乘以0.8,3砖乘以0.55
砌砖墙	8.5 m/人	以1砖计,$1\frac{1}{2}$砖乘以0.71,3砖乘以0.55
混凝土柱、墙基础	8 m^3/人	机拌、机捣

续表 3-2

工作项目	每个技工的工作面	说明
混凝土设备基础	7 m^3/人	机拌、机捣
现浇钢筋混凝土柱	2.45 m^3/人	机拌、机捣
现浇钢筋混凝土梁	3.20 m^3/人	机拌、机捣
现浇钢筋混凝土墙	5 m^3/人	机拌、机捣
现浇钢筋混凝土楼板	5.3 m^3/人	机拌、机捣
预制钢筋混凝土柱	3.6 m^3/人	机拌、机捣
预制钢筋混凝土梁	3.6 m^3/人	机拌、机捣
预制钢筋混凝土屋架	2.7 m^3/人	机拌、机捣
混凝土地坪及面层	40 m^2/人	机拌、机捣
外墙抹灰	16 m^2/人	
内墙抹灰	18.5 m^2/人	
卷材屋面	18.5 m^2/人	
防水水泥砂浆屋面	16 m^2/人	

(3)工作班制要恰当。当工期不紧迫,工艺上又无连续施工要求时,可采用一班制;当组织流水施工时,为了给第 2 d 连续施工创造条件,某些施工过程可考虑在夜班进行,即采用二班制;当工期较紧或工艺上要求连续施工,或为了提高施工机械的使用效率时,某些项目可考虑三班制施工。

(4)机械的台班效率或机械台班产量的大小。

(5)施工现场对各种材料、构件等的堆放容量、供应能力及其他因素的制约。

(6)流水节拍值一般取整数,必要时才考虑保留 0.5 d(或台班)的小数值。

3.2.3.2 流水步距

流水步距是指在流水施工中,相邻两个专业工作队(或施工班组)先后开始施工的合理时间间隔,用符号 $K_{i,i+1}$ 表示(i 为前一个施工过程,$i+1$ 为后一个施工过程)。

流水步距的大小,直接影响工期的长短。一般来说,在拟建工程的施工段数不变的情况下,流水步距越大,工期越长;流水步距越小,则工期越短。影响流水步距大小的主要因素有前后两个相邻施工过程的流水节拍、施工工艺技术要求、技术间歇与组织间歇时间、施工段数目、流水施工的组织方式等。

确定流水步距的方法很多,简捷、实用的方法主要有分析计算法(图上分析法)和累加数列错位相减取最大差法(潘特考夫斯基法)。累加数列错位相减取最大差法适用于各种形式的流水施工。

分析计算法的表达式如下

当 $t_i \leq t_{i+1}$ 时 $$K_{i,i+1} = t_i + (t_j - t_d) \tag{3-10}$$

当 $t_i > t_{i+1}$ 时 $$K_{i,i+1} = mt_i - (m-1)t_{i+1} + (t_j - t_d) \tag{3-11}$$

分析计算法适用于有节奏流水施工法。

3.2.3.3 技术与组织间歇时间

在组织流水施工中,由于施工过程之间的工艺或组织上的需要,必须留的时间间隔,用

符号 t_j 表示。它包括技术间歇时间和组织间歇时间。

技术间歇时间是指在同一施工段的相邻两个施工过程之间必须有的工艺技术间隔时间,用 t_j 表示,如钢筋混凝土的养护、油漆的干燥等。

组织间歇时间是指流水施工中,某些施工过程完成后要有必要的检查验收时间或后续施工过程的准备时间,也用 t_j 来表示。例如,基础工程完成后,在回填土前必须进行检查验收并做好隐蔽工程记录所需要的时间。

3.2.3.4 平行搭接时间

在组织流水施工时,有时为了缩短工期,在工作面允许的情况下,如果前一个专业工作队完成部分施工任务后,能够提前为后一个专业工作队提供工作面,使后者提前进入前一个施工段,两者在同一个施工段上平行搭接施工,这个搭接时间称为平行搭接时间或插入时间,通常用 t_d 表示。

3.2.3.5 流水施工工期

工期是指在组织某项拟建工程(或其中的某一分部工程流水组)的流水施工时,从第一个施工过程进入第一个施工段开始施工到最后一个施工过程退出最后一个施工段施工的整个持续时间。拟建工程的施工工期用 T 表示,一个分部工程流水组的施工工期用 T_L 表示。

施工工期的通用计算公式为:

$$T_L = \sum K_{i,i+1} + T_n + \sum t_j - \sum t_d \tag{3-12}$$

式中 T_L——流水组工期;

$K_{i,i+1}$——流水施工中,各流水步距之和;

T_n——流水施工中,最后一个施工过程的持续时间;

$\sum t_j$——所有技术间歇时间与组织间歇时间之和;

$\sum t_d$——所有平行搭接时间之和。

3.3 流水施工的组织方法

3.3.1 全等节拍流水施工

全等节拍流水指在流水施工中,同一施工过程在各个施工段上的流水节拍都相等,并且不同施工过程之间的流水节拍也相等的一种流水施工方式,即所有施工过程在任何一个施工段上的流水节拍均为同一常数的流水施工方式。

3.3.1.1 全等节拍流水施工的特征

(1)同一施工过程流水节拍相等,不同施工过程流水节拍也相等,即 $t_1 = t_2 = \cdots = t_n =$ 常数,要做到这一点的前提是使各施工段的工作量基本相等。

(2)各施工过程之间的流水步距相等,且等于流水节拍,即 $K = K_{1,2} = K_{2,3} = \cdots = t_n$。

(3)各专业工作队在各施工段上能够连续作业,各施工段之间没有空闲时间。

(4)施工班组数等于施工过程数。

3.3.1.2 全等节拍流水施工的组织步骤

(1)确定施工起点流向,划分施工段。

(2)分解施工过程，确定施工顺序。

(3)利用式(3-8)或式(3-9)计算流水节拍值。

(4)利用式(3-10)或式(3-11)确定流水步距。

(5)计算流水施工的工期：

$$T_L = (m + n - 1)t_i + \sum t_j - \sum t_d \tag{3-13}$$

(6)绘制流水施工进度计划横道图。

3.3.1.3 全等节拍流水施工组织应用

全等节拍流水施工的前提条件是各施工过程在不同施工段上的节拍均相等，为此在组织施工时，首先将拟建工程按通常方法划分施工过程，并将劳动量较小的施工过程合并到相邻施工过程中去，以使各施工过程的流水节拍相等；然后确定主导施工过程的施工队组人数，并利用式(3-8)计算其流水节拍；最后根据已定的流水节拍，确定其他施工过程的施工队组人数及其工种组成。

【例3-3】 某五层4个单元的砖混结构住宅的基础工程，每一个单元的施工工序、工程量分别为基槽挖土180 m^3，混凝土垫层16 m^3，钢筋混凝土条形基础绑扎钢筋2.8 t，浇混凝土35 m^3，砌砖基础45 m^3，基槽回填土84 m^3，室内地坪回填土51 m^3，见表3-3。垫层混凝土和条形基础混凝土浇筑完毕，各养护1 d方可进行下道工序施工。现已决定一个单元为一个施工段，按一班制组织流水施工。试按全等节拍流水组织施工，计算施工工期，并绘制施工进度计划横道图。

表3-3 各工序的施工程序、工程量等指标

序号	施工过程		工程量		劳动量(工日)	班组人数	工作班制	流水节拍
			数量	单位				
1	挖土及垫层	基槽挖土	180	m^3	92	31	1	3
		混凝土垫层	16	m^3	14	5		
2	混凝土基础	绑扎钢筋	2.8	t	12	4	1	3
		浇混凝土	35	m^3	30	10		
3	砌砖基础		45	m^3	53	18	1	3
4	基础回填土		84	m^3	23	8	1	3

解 (1)划分施工过程。

由于混凝土垫层的工程量较小，将其与相邻的基槽挖土合并成一个“挖土及垫层”施工过程；将工程量较小的绑扎钢筋与浇混凝土条形基础合并成一个“混凝土基础”施工过程。

(2)确定主导施工过程的施工队组人数和流水节拍。

本例题中劳动量最大的“基槽挖土、混凝土垫层”是主导施工过程，根据现有的该施工队组人数(或综合考虑流水节拍后调整的施工队组人数)，按式(3-8)计算出主导施工过程的流水节拍 t_i：

$$t_i = \frac{P_i}{R_i b_i} = \frac{92 + 14}{(31 + 5) \times 1} = \frac{106}{36} = 3(\mathrm{d})$$

(3)根据主导施工过程的流水节拍，确定其他施工过程施工队组人数。

将式(3-8)中 t_i 与 R_i 的位置互换,导出下式:

$$R_i = \frac{P_i}{t_i b_i} \tag{3-14}$$

根据其他施工过程的劳动量和主导施工过程的流水节拍 $t_i=3$,用式(3-14)计算出其他施工过程的施工队组人数,其计算结果见表3-3。

(4)计算施工工期:

$$T_L = (m+n-1)t_i + \sum t_j - \sum t_d = (4+4-1)\times 3 + (1+1) = 23(\mathrm{d})$$

在工程项目施工工期已经规定的情况下,也可以采用倒排进度的方法,按全等节拍流水施工方法组织施工。

此时只需将全等节拍流水施工的工期计算公式(3-14)移项,即可导出组织全等节拍流水施工的流水节拍值 t_i,并用公式(3-14)计算出各施工队组人数 R_i。

$$t_i = \frac{T_L - (\sum t_j - \sum t_d)}{m+n-1} \tag{3-15}$$

(5)绘制施工进度计划横道图,如图3-11所示。

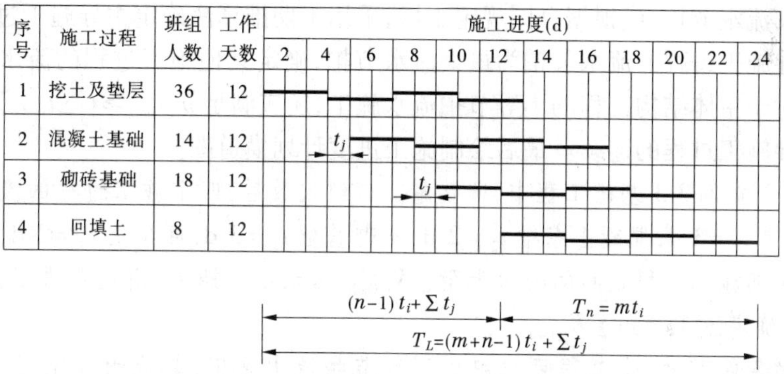

图3-11　全等节拍流水施工进度计划横道图

3.3.1.4　全等节拍流水施工的适用范围

全等节拍流水施工比较适用于分部工程流水(专业流水),不适用于单位工程,特别是不适用于大型的建筑群。因为,全等节拍流水施工虽然是一种比较理想的流水施工方式,它能保证专业班组连续工作,充分利用工作面,实现均衡施工,但由于它要求所划分的各分部工程、分项工程都采用相同的流水节拍,这对一个单位工程或建筑群来说,往往十分困难,不容易达到。因此,全等节拍流水施工方式的实际应用范围不是很广泛。

3.3.2　不等节拍流水施工

不等节拍流水施工指在流水施工中,同一施工过程在各个施工段上的流水节拍均相等,不同施工过程之间的流水节拍不一定相等的流水施工方式。

3.3.2.1　不等节拍流水施工的特征

(1)同一施工过程流水节拍均相等,不同施工过程流水节拍不一定相等。

(2)各个施工过程之间的流水步距不一定相等。

(3)专业队组数等于施工过程数。

(4)各专业施工队都能连续施工,施工段没有空闲。

3.3.2.2 不等节拍流水施工的组织步骤

(1)确定施工流向,划分施工段。

(2)划分施工过程,确定施工顺序。

(3)利用式(3-8)、式(3-9)计算流水节拍值 t_i。

(4)利用式(3-10)~式(3-12)确定流水步距 $K_{i,i+1}$。

(5)计算流水施工工期 T_L

$$T_L = \sum K_{i,i+1} + mt_n + \sum t_i - \sum t_d \tag{3-16}$$

式中 $\sum t_i$——流水组中,所有施工过程在同一个施工段上的流水节拍之和。

(6)绘制流水施工进度表。

3.3.2.3 不等节拍流水施工应用

不等节拍流水施工的组织方法是:首先将拟建工程按通常做法划分成若干个施工过程,并进行调整。主要施工过程要单列,某些次要施工过程可以合并,也可以单列,以便使进度计划既简明清晰、重点突出,又能起到指导施工的作用。然后根据从事主导施工过程施工队组人数计算其流水节拍,或根据合同规定工期,采用工期推算法确定主导施工过程的流水节拍。再以主导施工过程的流水节拍为最大流水节拍,确定其他施工过程的流水节拍和施工队组人数。对于主体结构工程的不等节拍流水施工,还应满足 $m_0 t_{max} \geqslant (\sum t_i + \sum t_j)$ 的要求,以便确保主导施工过程的连续。最后绘制施工进度计划横道图。

【例 3-4】 在例 3-3 基础工程中,调整施工班组人数后,四个施工过程的流水节拍分别为:挖土及垫层 $t_1 = 3$ d,混凝土基础 $t_2 = 2$ d,砖砌基础 $t_3 = 3$ d,回填土 $t_4 = 2$ d,其他条件不变。试计算相邻施工过程之间的流水步距 $\sum K_{i,i+1}$、流水组工期 T_L,并绘制进度计划表。

解 (1)确定流水步距 $\sum K_{i,i+1}$。

根据已知条件可知,此工程可组织成不等节拍流水施工,其流水步距可用式(3-10)、式(3-11)计算。

①因为 $t_1 = 3\ \text{d} > t_2 = 2\ \text{d}$,所以

$$K_{1,2} = mt_1 - (m-1)t_2 = 4 \times 3 - (4-1) \times 2 = 6(\text{d})$$

②因为 $t_2 = 2\ \text{d} < t_3 = 3\ \text{d}$,所以

$$K_{2,3} = t_2 = 2(\text{d})$$

③因为 $t_3 = 3\ \text{d} > t_4 = 2\ \text{d}$,所以

$$K_{3,4} = mt_3 - (m-1)t_4 = 4 \times 3 - (4-1) \times 2 = 6(\text{d})$$

(2)计算流水组工期 T_L

$$T_L = \sum K_{i,i+1} + mt_n + \sum t_j - \sum t_d = (6+2+6) + 4 \times 2 + (1+1) = 14 + 8 + 2 = 24(\text{d})$$

(3)绘制施工进度计划横道图,如图 3-12 所示。

3.3.3 成倍节拍流水施工

成倍节拍流水施工指在流水施工中,同一施工过程在各个施工段的流水节拍相等,不同施工过程之间的流水节拍不完全相等,但各个施工过程的流水节拍均为其中最小流水节拍的整数倍的流水施工方式。

3.3.3.1 **成倍节拍流水施工的特征**

(1)同一施工过程的流水节拍值均相等,不同施工过程流水节拍值等于某一数值整数倍。

(2)流水步距 K 彼此相等,且等于各流水节拍的最大公约数。

(3)施工专业队组数大于施工过程数。

(4)各专业施工队都能连续施工,施工段没有空闲。

3.3.3.2 **成倍节拍流水施工的组织步骤**

(1)确定施工流向,划分施工段。

(2)划分施工过程,确定施工顺序。

(3)利用式(3-8)或式(3-9),计算流水节拍值。

(4)确定流水步距 K,即各流水节拍值的最大公约数。

(5)确定专业队数目:

某施工过程的专业除数

$$b_i = t_i/K \tag{3-17}$$

专业队数总和

$$n_1 = \sum b_i \tag{3-18}$$

(6)计算流水施工工期 T_L:

$$T_L = (m + n_1 - 1)K + \sum t_j - \sum t_d \tag{3-19}$$

(7)绘制流水施工进度计划横道图。

3.3.3.3 **成倍节拍流水施工的组织方法**

成倍节拍流水施工的组织方法是:首先将拟建工程划分为若干个施工过程,并将其在平面和空间划分成不同的施工段;然后计算和确定主导施工过程和其他施工过程的流水节拍,使之成为不等节拍流水,并采用增减施工队组人数的方法来调整各施工过程的流水节拍,以确保每个施工过程的流水节拍均为其中最小流水节拍的整数倍;再按倍数关系组织相应的施工队组数目,并按成倍节拍流水的要求安排各施工队组先后进入流水施工;最后绘制施工进度计划横道图。

【例 3-5】 某建筑群共有六幢同样的住宅楼基础工程,其施工过程和流水节拍为基槽挖土 $t_A = 3$ d,混凝土垫层 $t_B = 1$ d,砖砌基础 $t_C = 3$ d,基槽回填土 $t_D = 2$ d,混凝土垫层完成后,技术间歇 1 d。试计算成倍节拍流水施工的总工期,并绘制施工进度计划横道图。

解 (1)计算每个施工过程的施工队组数 b_i。

根据式(3-17)计算,$b_i = \frac{t_i}{K}$,取 $K = t_B = 1$ d,则:

$$b_A = \frac{t_A}{K} = \frac{3}{1} = 3$$

$$b_B = \frac{t_B}{K} = \frac{1}{1} = 1$$

$$b_C = \frac{t_C}{K} = \frac{3}{1} = 3$$

$$b_D = \frac{t_D}{K} = \frac{2}{1} = 2$$

(2)计算施工队组总数 n_1：

$$n_1 = \sum b_i = b_A + b_B + b_C + b_D = 3 + 1 + 3 + 2 = 9$$

(3)计算工期 T_L：

$$T_L = (m + n_1 - 1)K + \sum t_j - \sum t_d$$
$$= (6 + 9 - 1) \times 1 + 1 = 14 + 1 = 15(\text{d})$$

(4)绘制施工进度计划横道图，见图3-12。

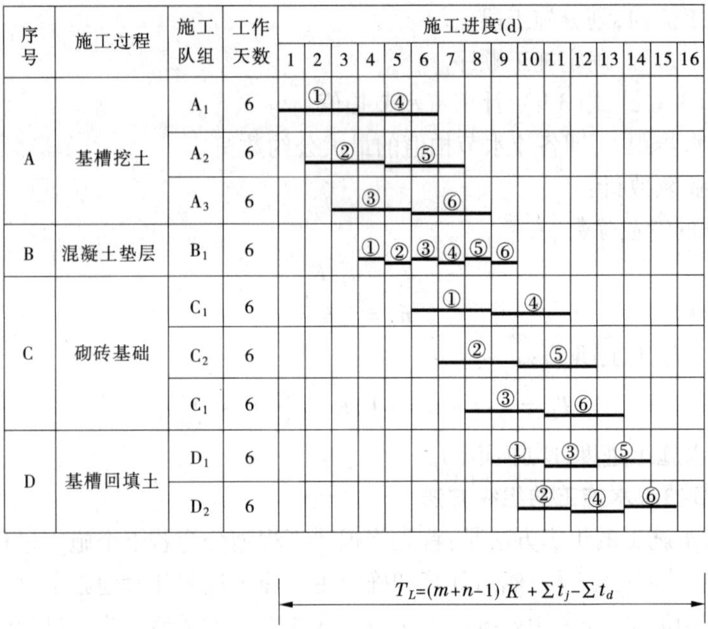

图3-12　成倍节拍流水施工进度计划横道图

3.3.3.4　成倍节拍流水施工的适用范围

成倍节拍流水施工方式比较适用于线型工程(如道路、管道等)的施工组织安排。

3.3.4　无节奏流水施工

无节奏流水施工指在流水施工中，相同或不相同的施工过程的流水节拍均不完全相等的一种流水施工方式。

在实际施工中，通常每个施工过程在各个施工段上的工程量彼此不等，各专业工作的生产效率相差较大，导致大多数的流水节拍也彼此不相等，组织有节奏的流水施工(等节奏和异节奏流水施工)比较困难。在这种情况下往往利用流水施工的基本概念，在保证施工工艺、满足施工顺序要求的前提下，按照一定的计算方法，确定相邻专业工作队之间的流水步距，使其在开工时间上最大限度地、合理地搭接起来，形成每个专业工作队都能够连续作业的无节奏流水施工方式，也称分别流水。大多数流水节拍不能相等是流水施工的普遍情况，所以实际工程组织施工中，无节奏流水施工是最常见的。

3.3.4.1　无节奏流水施工的特征

(1)每一施工过程在各施工段上的流水节拍也不尽相等，而且无变化规律。

(2)各个施工过程之间的流水步距不完全相等且差异较大。

(3)专业工作队数等于施工过程数。

(4)各专业工作队在施工段上能够连续施工,但有的施工段可能存在空闲时间。

3.3.4.2 无节奏流水施工的组织步骤

(1)确定施工流向,划分施工段。

(2)划分施工过程,确定施工顺序。

(3)采用式(3-8)或式(3-9)计算流水节拍。

(4)确定流水步距。

累加数列错位相减取最大差法(潘特考夫斯基法)计算步骤:

第一步:将每个施工过程的流水节拍逐个累加,求出累加数列。

第二步:错位相减,即从前一个施工班组由加入流水起到完成该段工作为止的持续时间之和减去后一个施工班组由加入流水起到完成前一个施工段工作为止的持续时间之和(即相邻斜减),得到一组差数。

第三步:取上一步斜减差数中的最大值作为流水步距。

(5)采用式(3-12)计算流水施工的计划工期。

(6)绘制流水施工进度横道图。

3.3.4.3 无节奏流水施工的组织应用

组织无节奏流水施工的基本要求与不等节拍流水相同,即要保证各施工过程的工艺顺序合理,各施工队组在各施工段之间尽可能连续施工,在不得有两个或多个施工队组在同一施工段上交叉作业的条件下,最大限度地组织平行搭接施工,以缩短工期。

【例3-6】 某工程可以分为A、B、C、D四个施工过程,四个施工段,各施工过程在不同施工段上的流水节拍如表3-4所示,试计算流水步距和工期,绘制流水施工进度表。

表3-4 某工程的流水节拍

施工段	施工过程			
	A	B	C	D
Ⅰ	5	4	3	1
Ⅱ	4	1	5	2
Ⅲ	2	3	2	2
Ⅳ	3	2	3	3

解 (1)计算流水步距。

由于符合“相同或不相同的施工过程的流水节拍均不完全相等”的条件,所以为无节奏流水施工,所以采用累加数列错位相减取最大差法计算。

①求 K_{AB}:

$$
\begin{array}{rrrrr}
5 & 9 & 11 & 14 & \\
- & 4 & 5 & 8 & 10 \\
\hline
5 & 5 & 6 & 6 & -10
\end{array}
$$

所以，$K_{AB}=6(\mathrm{d})$。

②求 B_{BC}：

$$\begin{array}{rrrrrr} & 4 & 5 & 8 & 10 & \\ - & & 3 & 8 & 10 & 13 \\ \hline & 4 & 2 & 0 & 0 & -13 \end{array}$$

所以，$K_{BC}=4(\mathrm{d})$。

③求 K_{CD}：

$$\begin{array}{rrrrrr} & 3 & 8 & 10 & 13 & \\ - & & 1 & 3 & 5 & 8 \\ \hline & 3 & 7 & 7 & 8 & -8 \end{array}$$

所以，$K_{CD}=8(\mathrm{d})$。

(2)计算流水工期：

$$T_L=\sum K_{i,i+1}+T_N=6+4+8+8=26(\mathrm{d})$$

根据计算的流水参数绘制施工进度计划横道图，如图 3-13 所示。

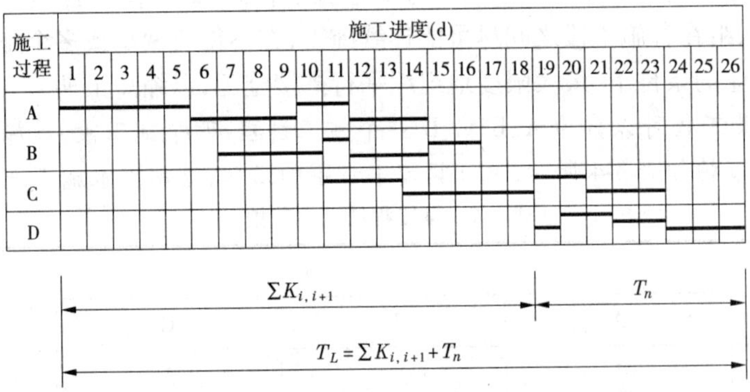

图 3-13　某工程无节奏流水施工进度计划横道图

3.3.4.4　无节奏流水施工的适用范围

无节奏流水施工不像有节奏流水施工那样有一定的时间规律约束，在进度安排上比较灵活、自由，因此它适用于大多数分部工程和单位工程及大型建筑群的流水施工，是流水施工中应用最广泛的一种方式。

3.4　流水施工的具体应用

现有一栋三单元六层砖混结构房屋，基础为钢筋混凝土条形基础，上做砖砌条形基础；100 mm 厚 C10 素混凝土垫层；主体工程为砖墙承重，大客厅楼板、厨房、卫生间、楼梯为现浇混凝土，其余楼板为预制空心楼板，层层有圈梁、构造柱。本工程室内采用一般抹灰，普通涂料刷白；楼地面为水泥砂浆地面；铝合金窗、胶合板门；外墙贴白色面砖。屋面保温材料选用保温蛭石板，防水层选用 4 mm 厚 SBS 改性沥青防水卷材。其基础及主体工程施工阶段劳动量见表 3-5。

表 3-5　某栋三单元六层砌体结构房屋劳动量

序号	分项工程名称	劳动量（工日或台班）	每班人数	每天工作班	工作持续天数
	基础工程				
1	开挖基础土方	236	26	1	9
2	100 mm 厚混凝土垫层	27	9	1	3
3	绑扎基础钢筋（含构造柱筋）	32	20	1	9
4	基础模板	53			
5	浇混凝土基础	86			
6	砌砖基础	196	22	1	9
7	基础回填土	79	18	1	9
8	室内回填土	67			
	主体工程				
9	脚手架（含安全网）	278		1	
10	构造柱筋	116	7	1	18
11	砖砌墙	1 605	30	1	54
12	圈梁、板、构造柱、楼梯模板	316	18	1	18
13	圈梁、楼板、构造柱、楼梯钢筋	389	22		18
14	圈梁、板、构造柱、楼梯混凝土	518	30	1	18
15	预制楼板安装灌缝	128	8	1	18
	屋面工程				
16	屋面保温隔热层	162	30	1	6
17	屋面找平层	56	15	1	4
18	屋面防水层	45	9	1	5
	装饰工程				
19	外墙干粘石	398	33	1	12
20	顶棚抹灰	436	40	1	36
21	内墙抹灰	921			
22	楼地面及楼梯抹灰	548	24	1	24
23	门窗扇安装	346	14	1	24
24	油漆、涂料	328	18	1	18
25	散水、台阶及其他	61	15	1	4
26	水、暖、电				

3.4.1 基础工程

3.4.1.1 划分施工项目和施工段

从表3-5中可知，本工程的地基基础工程共有8个工序，可划分为基础挖土、混凝土垫层、浇筑钢筋混凝土条形基础、砌砖基础墙和基槽室内地坪回填土五个分项工程。其中，基础挖土的劳动量最大，为主导施工过程。本分部拟定采用一班制，划分三个施工段（$m=3$）组织有节奏流水施工（此处暂不考虑实际存在的“验槽”施工过程，以使施工进度计划的编制简单化）。

3.4.1.2 流水节拍的确定

（1）挖土劳动量为236工日，施工班组人数为26人，采用一班制施工，其流水节拍计算如下：

$$t_{挖土}=\frac{P}{R\times m\times b}=\frac{236}{26\times 3\times 1}=3.03(\mathrm{d})(取3\ \mathrm{d})$$

（2）混凝土垫层劳动量为27工日，施工班组人数为9人，一班制施工，其流水节拍为

$$t_{垫层}=\frac{P}{R\times m\times b}=\frac{27}{9\times 3\times 1}=1(\mathrm{d})$$

（3）钢筋混凝土条形基础绑扎钢筋、支模板和浇筑混凝土合并为一个施工过程，其劳动量为32+53+86=171（工日），施工班组人数为20人，一班制施工，其流水节拍为

$$t_{混凝土基础}=\frac{171}{20\times 3\times 1}\approx 3(\mathrm{d})$$

（4）砌砖基础，劳动量为196工日，施工班组人数为22人，一班制施工，其流水节拍为

$$t_{砖基}=\frac{196}{22\times 3\times 1}\approx 3(\mathrm{d})$$

（5）基础、室内地坪回填土合为一个施工工程，其劳动量为79+67=146（工日），施工班组人数为18人，一班制施工，其流水节拍为：

$$t_{回填}=\frac{146}{18\times 3\times 1}=3(\mathrm{d})$$

3.4.1.3 计算工期绘制施工进度计划

$$K_{1,2}=t_1+(m-1)\times(t_1-t_2)=3+(3-1)\times(3-1)=7;B_{2,3}=t_2=1;$$

$$K_{3,4}=K_{4,5}=3$$

$$T_L=\sum K_{i,i+1}+mt_n=(7+1+3+3)+3\times 3=23(\mathrm{d})$$

施工进度计划表如图3-14所示。

3.4.2 主体工程

3.4.2.1 划分施工项目和施工段

主体工程包括搭设外脚手架，立构造柱筋，砌筑砖墙，现浇钢筋混凝土圈梁、构造柱、楼板、楼梯模板，绑扎圈梁、楼板、楼梯钢筋、浇筑混凝土，预制楼板安装灌缝等施工过程。其中，砌砖墙为主导施工过程，而安装外脚手架是砌砖墙的配属工程，因其劳动量较小，不是主导施工过程，通常不列入流水施工，按非流水施工过程处理。本分部工程每层划分为三个施

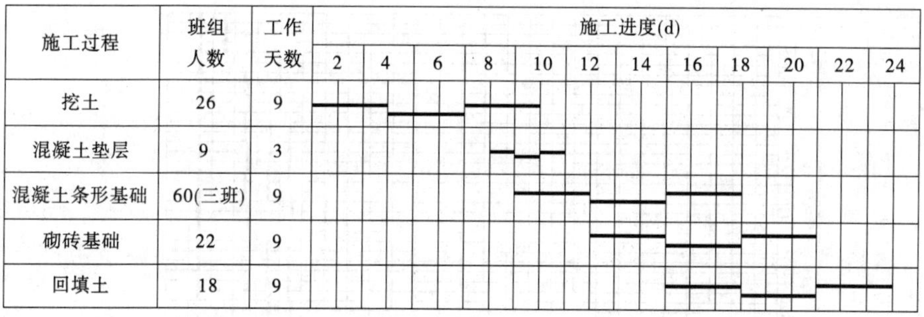

图 3-14　基础工程施工进度计划

工段组织流水施工。

为了保证主导施工过程砌墙能连续施工，不发生层间间断，将现浇梁、板、柱及预制楼板安装灌缝安排为间断流水施工，具体组织安排如下。

3.4.2.2　确定各施工过程的流水节拍

(1) 砌砖墙主导施工过程，其劳动量为 1 605 工日，施工班组人数为 30 人，一班制施工，其流水节拍为

$$t_{砖墙} = \frac{1\ 605}{30 \times 3 \times 6 \times 1} \approx 3(\mathrm{d})$$

(2) 支模板劳动量为 316 工日，一班制施工，施工班组人数为 18 人，其流水节拍为

$$t_{模板} = \frac{316}{18 \times 3 \times 6 \times 1} \approx 1(\mathrm{d})$$

(3) 绑扎钢筋劳动量为 389 工日，一班制施工，施工班组人数为 22 人，其流水节拍为

$$t_{梁板筋} = \frac{389}{22 \times 3 \times 6 \times 1} \approx 1(\mathrm{d})$$

(4) 混凝土浇筑劳动量为 518 工日，一班制施工，施工班组人数为 30 人，其流水节拍为

$$t_{混凝土} = \frac{518}{30 \times 3 \times 6 \times 1} = 1(\mathrm{d})$$

(5) 预制楼板安装灌缝劳动量为 128 工日，施工班组人数为 8 人，一班制施工，其流水节拍为

$$t_{安装} = \frac{128}{8 \times 3 \times 6 \times 1} \approx 1(\mathrm{d})$$

3.4.2.3　工期计算绘制施工进度计划

由于主体只有砌砖墙采用连续施工，其他采用间断施工，无法利用公式计算主体工程的工期，现采用分析计算法，即六层共 18 段砌砖墙的持续时间之和加上其他施工过程的流水节拍（有技术间歇时，再加上间歇时间），即可求得主体施工阶段的施工工期。

$$T_{L2} = 18 \times t_{砖墙} + t_{模板} + t_{梁板筋} + t_{混凝土} + t_{安装} = 18 \times 3 + 1 + 1 + 1 + 1 = 58(\mathrm{d})$$

施工进度计划如图 3-15 中的主体部分。

序号	分部分项工程施工	劳动量(工日)	班组人数	工作班次	持续天数
	基础工程				
1	基础挖土	236	30	1	9
2	混凝土垫层	27	9	1	3
3	钢筋混凝土基础	171	20	1	9
4	砖基础	196	22	1	9
5	回填土	146	18	1	9
	主体工程				
6	脚手架及安全网	275			
7	砖砌墙	1 590	30	1	54
8	梁、板、柱、梯模板	316	18	1	18
9	梁、板、柱、梯扎筋	389	22	1	18
10	梁、板、梯混凝土	518	10	3	18
11	预制楼板安装灌缝	128	8	1	18
	屋面工程				
12	屋面保湿层	162	30	1	6
13	屋成找平层	56	15	1	4
14	屋面防水层	45	9	1	5
	装饰工程				
15	外墙干粘石	398	33	1	12
16	楼地面及楼梯抹灰	548	24	1	24
17	顶棚、内墙抹灰	1 357	40	1	36
18	门窗扇安装	346	14	1	24
19	油漆、涂料	228	18	1	18
20	散水、台阶及其他	61	15	1	4
21	水、电、暖				

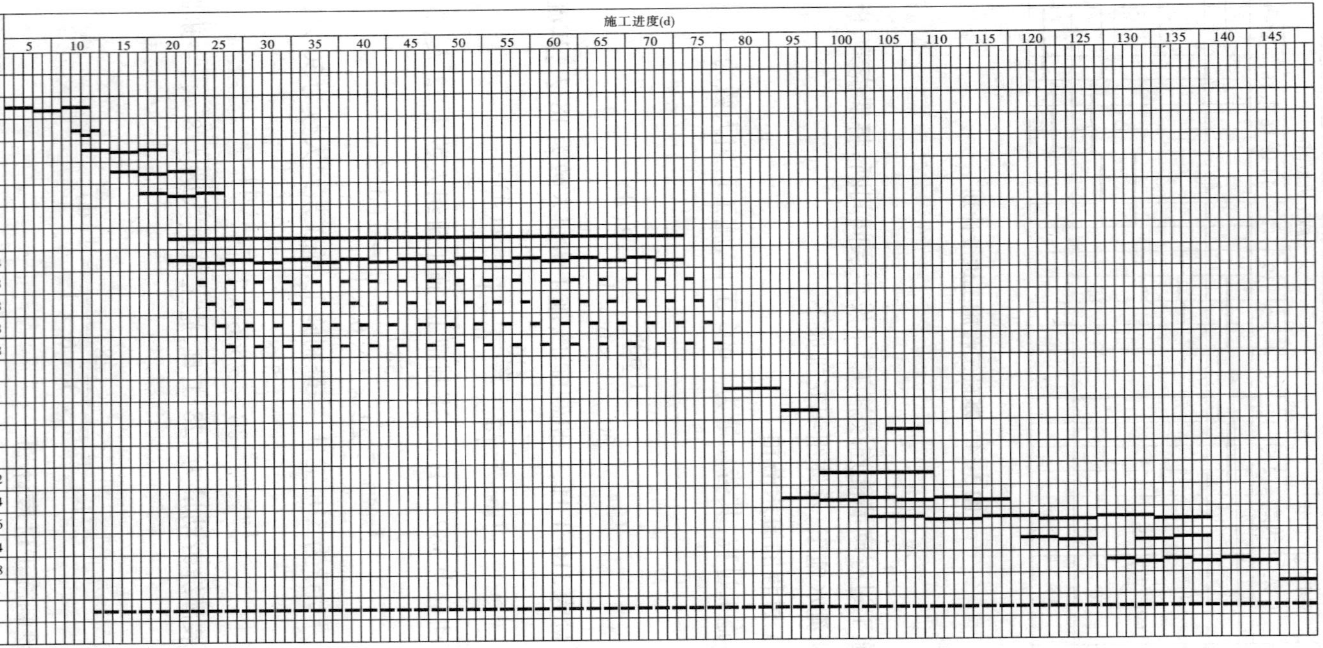

图 3-15　某六层砖混结构房屋横道施工进度计划

3.4.3 屋面工程

3.4.3.1 划分施工过程和施工段

屋面工程包括屋面找坡保温隔热层、找平层、防水层等施工过程。考虑到屋面防水要求高，所以不分段，采用依次施工的方式。其中，屋面找平层完成后需要有一段养护和干燥的时间，方可进行防水层施工。

3.4.3.2 确定各施工过程的流水节拍

（1）屋面保温隔热层劳动量为 162 工日，施工班组人数为 30 人，一班制施工，其施工持续时间为

$$t_{保温} = \frac{162}{30 \times 1} \approx 6(\mathrm{d})$$

（2）屋面找平层劳动量为 56 工日，施工班组人数为 15 人，一班制施工，其施工持续时间为

$$t_{找平} = \frac{56}{15 \times 1} \approx 4(\mathrm{d})$$

（3）屋面找平层完成后，安排 7 d 的养护和干燥时间，方可进行屋面防水层的施工。SBS 改性沥青防水层劳动量为 45 工日，安排 9 人，一班制施工，其施工持续时间为

$$t_{防水} = \frac{45}{9 \times 1} = 5(\mathrm{d})$$

3.4.3.3 工期计算绘制施工进度计划横道图

$$T_{L3} = t_{保温} + t_{找平} + t_{防水} + t_{养护} = 6 + 4 + 5 + 7 = 22(\mathrm{d})$$

施工进度计划见图 3-15 中的屋面工程。

3.4.4 装饰工程

3.4.4.1 划分施工项目和施工段

装饰工程包括外墙干粘石、内墙及顶棚抹灰、楼地面及楼梯抹灰、铝合金窗扇及木门安装、油漆、涂料、散水、勒脚、台阶等施工过程。每层划分为一个施工段（$m=6$），采用自上而下的顺序施工，本分部中抹灰工程是主导施工过程，考虑装饰工程内部各施工过程之间劳动力的调配，安排适当的组织间歇时间组织流水施工。

3.4.4.2 确定各施工过程的流水节拍

（1）外墙干粘石劳动量为 398 工日，施工班组人数为 33 人，一班制施工，其持续时间为

$$t_{外墙} = \frac{398}{33 \times 1} \approx 12(\mathrm{d})$$

（2）楼地面及楼梯抹灰劳动量为 548 工日，施工班组人数为 24 人，一班制施工，其流水节拍为

$$t_{地面} = \frac{548}{24 \times 6 \times 1} \approx 4(\mathrm{d})$$

（3）顶棚、墙面抹灰劳动量为 1 357 工日，是本分部的主导施工过程，施工班组人数为 40 人，一班制施工，其流水节拍为

$$t_{抹灰} = \frac{1\ 357}{40 \times 6 \times 1} \approx 6(\mathrm{d})$$

每层楼地面完成后，养护 5 d 后方可进行顶棚、墙面抹灰。

(4)门窗扇安装劳动量为 346 工日，施工班组人数为 14 人，一班制施工，则其流水节拍为

$$t_{安装} = \frac{346}{14 \times 6 \times 1} \approx 4(\mathrm{d})$$

(5)内墙涂料、油漆劳动量为 308 工日，施工班组人数为 18 人，一班制施工，其流水节拍为

$$t_{油漆} = \frac{308}{18 \times 6 \times 1} \approx 3(\mathrm{d})$$

(6)室外散水、台阶等劳动量为 61 工日，施工班组人数为 15 人，一班制施工，其施工持续时间为

$$t_{散水} = 4(\mathrm{d})$$

3.4.4.3 **确定工期，绘制施工进度计划表**

在以上六个施工过程中，(2)~(5)为连续流水，其流水步距计算如下：

$$K_{2,3} = 4$$

$$K_{3,4} = 6 + (6-1) \times (6-4) = 6 + 5 \times 2 = 16$$

$$K_{4,5} = 4 + (6-1) \times (4-3) = 4 + 5 \times 1 = 9$$

由于外墙干粘石与室内抹灰平行施工，不占工期，则工期为：

$$T_L = \sum K_{i,i+1} + mt_N + t_{养护} + t_{散水} = (16+4+9) + 6 \times 3 + 4 = 29 + 18 + 5 + 4 = 56(\mathrm{d})$$

施工进度计划见图 3-15 中的装饰工程。

3.4.5 绘制施工进度计划表

将基础、主体、屋面及装饰四部分进行合理搭接，绘制砖混结构房屋流水施工进度计划，如图 3-15 所示。

小 结

建筑工程施工通常采用依次施工、平行施工和流水施工三种方式，流水施工是一种合理、科学的方法。本章通过三种施工方式的比较，引出流水施工的概念及其优越性，在此基础上介绍了流水施工参数的计算及流水施工的不同分类方式，并通过案例详细讲述了全等节拍流水、异节拍流水成倍节拍流水和无节奏流水(分别流水)的组织方法及横道图的绘制方法。

能力训练

一、单项选择题

1. 流水节拍是指一个专业队(　　)。

A. 完成整个工作的持续时间　　B. 转入下一个施工段的间隔时间

C. 最短的持续时间　　D. 在一个施工段上的持续时间

2. 当组织楼层结构的流水施工时，为保证各施工班组均能连续施工，每一层划分的施工段数 M_0 与施工过程数 N 之间，应满足以下关系(　　)。

A. $M_0 = N$　　B. $M_0 < N$　　C. $M_0 \geqslant N$　　D. $M_0 > N$

3. 不同施工过程的专业施工队，在同一施工段上尽可能保持连续工作，在不同施工段上又能进行最大限度的搭接，描述的是(　　)方式的特点。

A. 平行施工　　B. 流水施工　　C. 依次施工　　D. 搭接施工

4. 某工程需挖土 4 500 m^3，分成三段组织施工，拟选择三台挖土机挖土，每台挖土机的产量定额为 50 m^3/台班，拟采用两班作业，则该工程土方开挖的流水节拍为(　　)d。

A. 20　　B. 15　　C. 10　　D. 5

5. 建筑施工流水施工组织的最大特点是(　　)。

A. 划分施工过程　　B. 划分施工段

C. 组织专业工作队施工　　D. 均衡、连续施工

6. 在施工人数达到饱和的条件下，下列(　　)说法是错误的。

A. 施工段数越多，工期越长

B. 施工段数越多，所需工人越多

C. 施工段数越多，越有可能保证施工队连续施工

D. 施工段数越多，越有可能保证施工段不空闲

7. 考虑建筑工程的施工特点、工艺流程、资源利用、平面或空间布置等要求，可以采用不同的施工组织方式。其中，有利于资源供应的施工组织方式是(　　)。

A. 依次施工和平行施工　　B. 平行施工和流水施工

C. 依次施工和流水施工　　D. 平行施工和搭接施工

8. 组织流水施工时，流水步距是指(　　)。

A. 第一个专业队与其他专业队开始施工的最小间隔时间

B. 第一个专业队与最后一个专业队开始施工的最小间隔时间

C. 相邻专业队相继开始施工的最小间隔时间

D. 相邻专业队相继开始施工的最大间隔时间

二、多项选择题

1. 流水节拍数值的确定可用(　　)方法

A. 定额计算法　　B. 经验估算法　　C 框算法　　D. 工期倒排法

2. 为有效地组织流水施工，施工段的划分应遵循的原则是(　　)。

A. 同一专业工作队在各施工段上的劳动量应大致相等

B. 各施工段上的工作面满足劳动力或机械布置优化组织的要求

C. 施工过程数大于或等于施工段数

D. 流水步距必须相等

E. 流水节拍必须相等

3. 为了便于组织管理、实现连续均衡施工，尽可能将流水施工组织成等节奏流水，常采用措施有(　　)。

A. 调整施工段数和各施工段的工作面大小

B. 尽可能分解耗时长的施工过程

C. 尽可能合并技术上可衔接的施工过程

D. 调整各流水步距

E. 调整各专业队的人数和机械数量

4. 组织流水施工的时间参数有(　　)。

A. 流水节拍　　B. 流水步距　　C. 流水段数

D. 施工过程数　　E. 工期

5. 在流水施工中属于空间参数的是(　　)。

A. 流水步距　　B. 施工层　　C. 施工过程

D. 施工段　　E. 流水节拍

6. 组织流水施工必须具备的条件有(　　)。

A. 将拟建工程划分为若干个施工段

B. 把拟建工程建造过程划分为若干个施工过程

C. 主要施工过程必须连续、均衡施工

D. 不同施工过程必须平行施工

E. 不同施工过程组织平行搭接施工

7. 加快的成倍节拍流水施工的特点是(　　)。

A. 同一施工过程在各施工段的流水节拍成倍增加

B. 相邻专业队的流水步距相等

C. 专业队数大于施工过程数

D. 各专业队在施工段上能够连续业

E. 加快的成倍节拍流水施工属于有节奏流水施工

8. 组织流水施工时，确定流水步距应满足的基本要求是(　　)。

A. 各专业队投入施工后尽可能保持连续作业

B. 相邻专业队投入施工应最大限度地实现合理搭接

C. 流水步距的数目应等于施工过程数

D. 流水步距的值应等于流水节拍值中的最大值

E. 流水步距的值取决于相邻施工过程中的流水节拍值

三、案例分析

1. 某基础工程由挖地槽、做垫层、砌基础和回填土四个分项工程组成。该工程在平面上划分为五个施工段组织流水施工。各分项工程在各个施工段上的持续时间均为 5 d。

问题：(1)流水施工有哪些种类？

(2)根据该工程持续时间的特点，可按哪种流水施工方式组织施工？

(3)什么是流水施工工期？该工程项目流水施工的工期应为多少天？

(4)若工作面允许，每一段砌基础均提前一天进入施工，该流水施工的工期应为多少天？

2. 某工程项目由 A、B、C、D 四个分项工程组成，它划分为四个施工段。各分项工程在各个施工段上的持续时间依次为：2 d、4 d、6 d 和 2 d。

问题：(1)什么是流水节拍？根据该项目流水节拍的特点，可以按何种流水施工方式组织施工？

(2)计算其工期并绘制进度计划表。

3. 某现浇钢筋混凝土工程由支模、绑钢筋、浇筑混凝土、拆模和回填土五个分项工程组成，它在平面上划分为6个施工段。各分项工程在各个施工段上的施工持续时间，见表3-6。根据施工技术要求，在混凝土浇筑后至拆模板必须有2 d的养护时间。

问题：(1)无节奏流水施工有哪些特征？流水步距如何确定？

(2)确定该工程的流水施工工期，绘制进度计划表。

表3-6　施工持续时间

分项工程名称	持续时间(d)					
	①	②	③	④	⑤	⑥
支模板	2	3	2	3	2	3
绑扎钢筋	3	3	4	4	3	3
浇筑混凝土	2	1	2	2	1	2
拆模板	1	2	1	1	2	1
回填土	2	3	2	2	3	2

4. 某办公大楼，其主体结构为现浇混凝土框架，框架全部由6 m×6 m的单元构成。平面尺寸为18 m×72 m，沿长度方向每隔24 m设伸缩缝一道，其平面图如图3-16所示，试根据表3-7所给数据组织钢筋混凝土框架分部工程(一、二层)的流水施工。

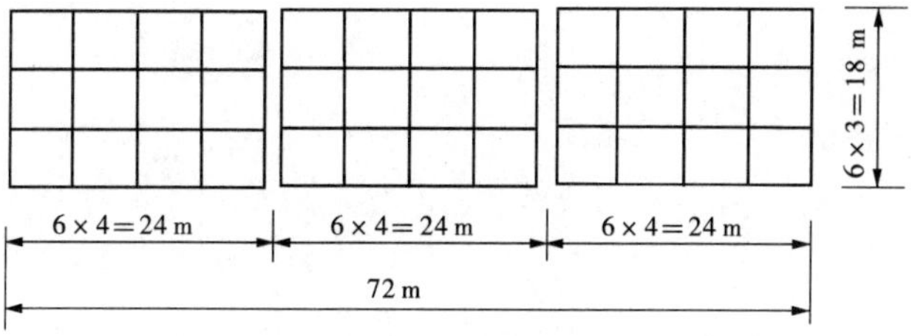

图3-16　某办公大楼平面图

问题：(1)划分施工段，并计算各工作在各施工段的劳动量。

(2)确定各工作在各段的作业时间。

(3)绘制施工进度计划表。

表 3-7

序号	施工过程	工程量		时间定额	最高人数
		单位	数量		
1	绑扎柱钢筋	t	0.26	2.38 工日/t	10 人
2	支柱、梁、板模板	m^2	17.43	0.675 工日/m^2	24 人
3	绑扎梁、板钢筋	t	0.84	3.36 工日/t	20 人
4	浇筑混凝土	m^3	9.36	0.95 工日/m^3	不限

注:表中数据为每层一个单元(6 m×6 m)的平均工程量。

4　网络计划技术

【学习目标】

通过本章的学习，熟悉网络图的基本概念、基本原理及其应用和优点；熟悉网络图绘制的基本原则和方法，掌握双代号网络计划时间参数的计算及关键线路的确定；能识读双代号时标网络计划；了解网络计划的几种优化方法；掌握并能绘制多层混合结构、钢筋混凝土框架结构的单位工程施工网络进度计划。

4.1　网络计划技术概述

网络计划是用来表达工作计划的一种工具。它是20世纪50年代末发展起来的一种编制大型工程进度计划的有效方法。这种计划借助于网络图表示各项工作与所需要的时间，以及各项工作的相互关系，通过网络分析研究工程费用与工期的相互关系，并找出在编制计划时及执行计划过程中的关键线路，因此这种方法称为关键线路法（Critical Path Method，简称CPM）。我国从20世纪60年代中期开始引进这种方法，经过多年的实践与应用，得到了不断推广和发展。70年代后期，随着电子计算机在我国建筑行业中的使用，网络计划及电算技术得到进一步的发展。为了使网络计划在计划管理中遵循统一的技术标准，国家建设部于1999年颁发了《工程网络计划技术规程》（JGJ/T 121—99）。

4.1.1　网络计划的基本概念

网络计划是以网络图的形式来表达任务构成、工作顺序并加注工作时间参数的一种进度计划。

4.1.1.1　网络图

网络图是指由箭线和节点组成的，用来表示工作流程的有向、有序的网状图形。按图中箭线和节点所代表的含义不同，可分为双代号网络图和单代号网络图。

1. 双代号网络图

以箭线及其两端节点编号表示工作的网络图称为双代号网络图。由于各工作均用两个代号表示，所以叫作双代号表示法，如图4-1所示。

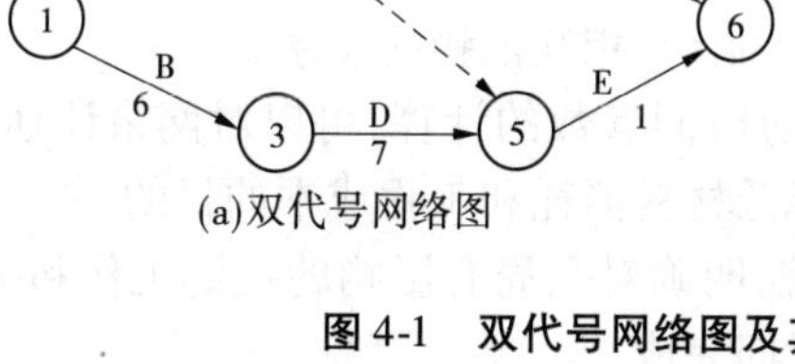

(a)双代号网络图

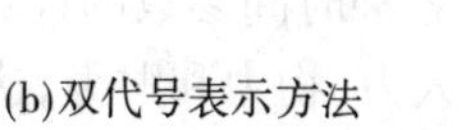

(b)双代号表示方法

图4-1　双代号网络图及其表示方法

2. 单代号网络图

以节点及其编号表示工作，以箭线表示工作之间逻辑关系的网络图称为单代号网络图，如图 4-2 所示。

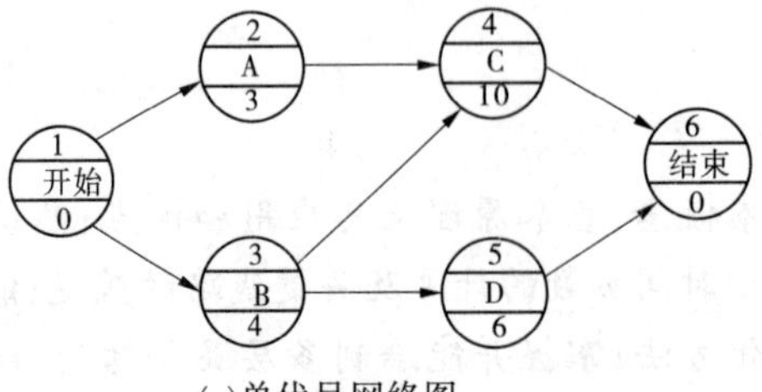

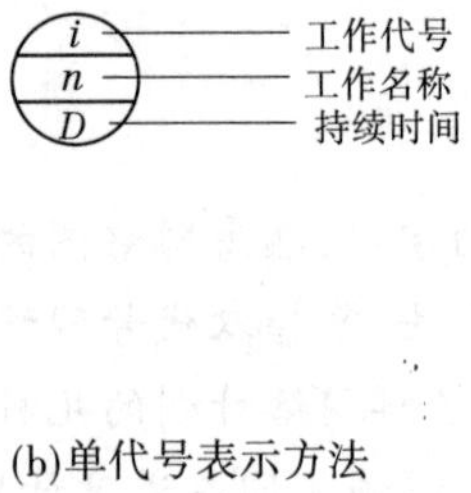

图 4-2　单代号网络图及其表示方法

4.1.1.2　网络计划技术的基本原理

在网络图上加注工作时间参数而编制的进度计划，称为网络计划。用网络计划对任务的工作进度进行安排和控制，以保证实现预定目标的科学的计划管理技术称为网络计划技术。网络计划中的任务是指计划所承担的有规定目标及约束条件（时间、资源、成本、质量等）的工作总和，如规定有工期和投资额的一个工程项目即可称为一个任务。

网络计划技术只不过是反映和表达计划安排的一种方法，它既不能决定施工的组织安排，也不能解决施工技术问题，只能适应施工方法的要求。它同流水施工法不同，流水施工可以决定施工顺序和过程，而网络计划技术则是把工程进度安排通过网络图的形式直观地反映出来。

其基本原理是：先以网络图的形式表示出施工过程的先后顺序（称逻辑关系）；然后通过时间参数计算找出关键的线路及关键工序，对各关键工序，优先安排资源，挖掘潜力，采取相应措施，尽量压缩需要的时间。而对非关键路线上的各工序，只要在不影响工程完工时间的条件下，抽出适当的人力、物力等资源，用在关键工序上，以达到缩短工程工期，合理利用资源等目的。

4.1.1.3　网络计划技术的特点

网络计划技术与横道图在性质上是一致的。横道图是在标有时间的表格上用横道表示各项作业的起止时间和延续时间，从而表达出一项工作的全面计划安排。利用这种方法安排进度，具有简单、清晰、形象易懂、使用方便等特点。这也正是为什么至今还在世界各国广泛流行的原因。但它也有一定的缺点，最重要的是它不能反映出整个工程中各工序之间相互依赖、相互制约的关系，更不能反映出某一工序的改变对工程进展的影响，使人们抓不住重点，看不到计划中的潜力，不知道怎样合理缩短工期，降低成本。

网络计划技术则克服了横道图的不足，与横道图相比具有以下优点：

（1）网络图把施工过程中的各有关工作组成了一个有机整体，能全面而明确地表达出各项工作开展的先后顺序和它们之间相互制约、相互依赖的关系。

（2）能进行各种时间参数的计算，通过时间参数的计算，可以对网络计划进行调整和优化，更好地调配人力、物力和财力，达到降低材料消耗和工程成本的目的。

（3）可以反映出整个工程任务的全貌，明确对全局有影响的关键工作和关键线路，便于管理者抓住主要矛盾，确保工程按计划工期完成。

（4）能够从许多可行方案中选出最优方案。

（5）在计划实施中，某一工作由于某种原因推迟或提前时，可以预见到它对整个计划的影响程度，并能根据变化的情况，迅速进行调整，保证计划始终受到控制和监督。

（6）能利用计算机进行绘制和调整网络图，并能从网络计划中获得更多的信息，这是横道图法所不能达到的。

4.2 双代号网络计划

4.2.1 双代号网络图的构成

双代号网络图由箭线、节点和线路三个基本要素构成，其各自表示的含义如下。

4.2.1.1 箭线

箭线表示工作。箭线的组成为一端带箭头的直线，指可以独立存在，需要消耗一定时间和资源，能够定以名称的活动；或只表示某些活动之间的相互依赖、相互制约的关系，而不需要消耗时间、空间和资源的活动。

1. 箭线的分类

在双代号网络图中，箭线分为实箭线和虚箭线两种。

（1）实箭线。是指需要消耗时间和资源的工作，或者只消耗时间而不消耗资源的工作，如图 4-3（a）所示。

（2）虚箭线。是用以表达工作之间逻辑关系的一项虚拟工作，它既不占用时间，也不消耗资源，如图 4-3（b）所示。

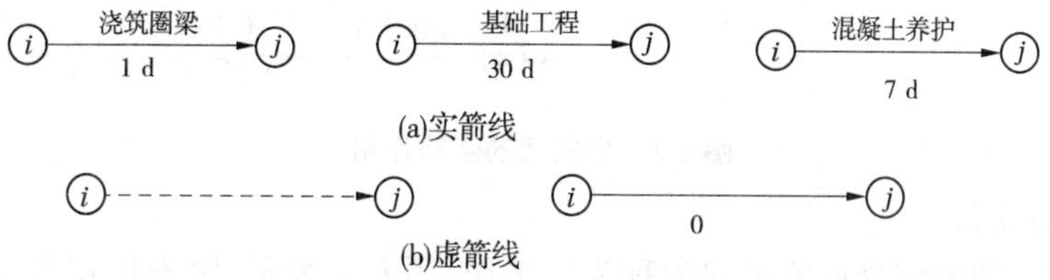

图 4-3　箭线示意图

2. 虚箭线的作用

在双代号网络图中，虚箭线一般起着工作间联系、区分和断路作用。

1）联系作用

例如：工作 A、B、C、D 间的逻辑关系为，工作 A 完成后可同时进行 B、D 两项工作，工作 C 完成后可进行工作 D。为把工作 A 和工作 D 联系起来，又避免工作 C 对工作 B 产生影响，必须引入虚工作②—⑤，逻辑关系才能正确表达，如图 4-4 所示。

2）区分作用

例如：工作 A、B 同时开始，同时结束。如图 4-5（a）所示，两个工作用同一代号，则不能明确表示该代号表示哪一项工作。因此，必须增加虚工作，如图 4-5（b）所示。

3）断路作用

虚箭线的断路作用是用虚箭线把没有关系的工作断开，如图 4-6 所示。支模Ⅱ与混凝土Ⅰ两项工作没有约束关系，但这里却有了约束，它表示了混凝土Ⅰ工作要在支模Ⅱ工作完

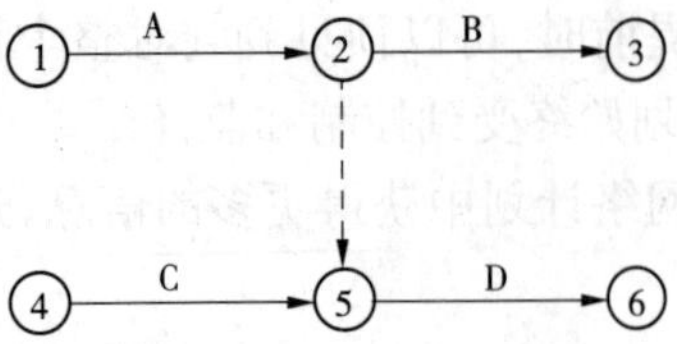

图 4-4　虚箭线的联系作用

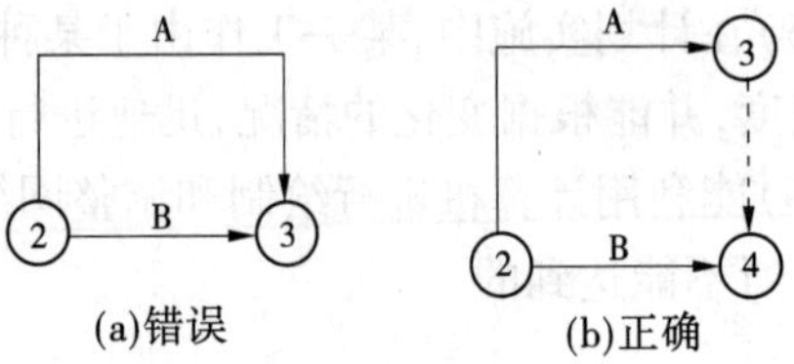

图 4-5　虚箭线的区分作用

成之后进行，故而产生了多余约束。支模Ⅲ与混凝土Ⅱ的关系也是如此。在图 4-7 中，虚箭线④—⑤切断了支模Ⅱ和混凝土Ⅰ这两项毫无关系的工作；虚箭线⑥—⑦的加入切断了扎筋Ⅱ与混凝土Ⅲ这两项毫无关系的工作，避免了逻辑错误。这就是虚箭线的“断路法”。

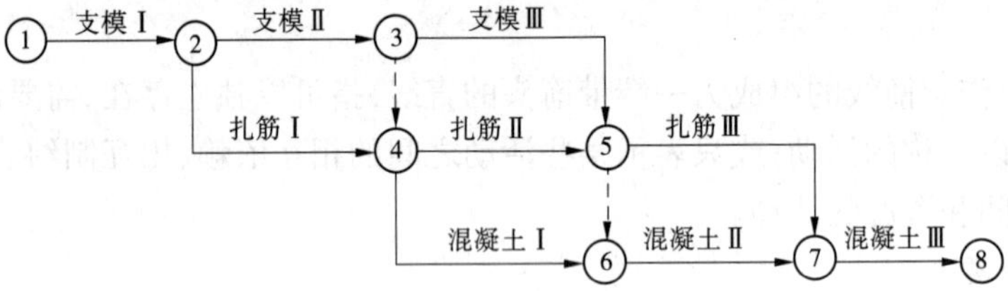

图 4-6　错误的联系

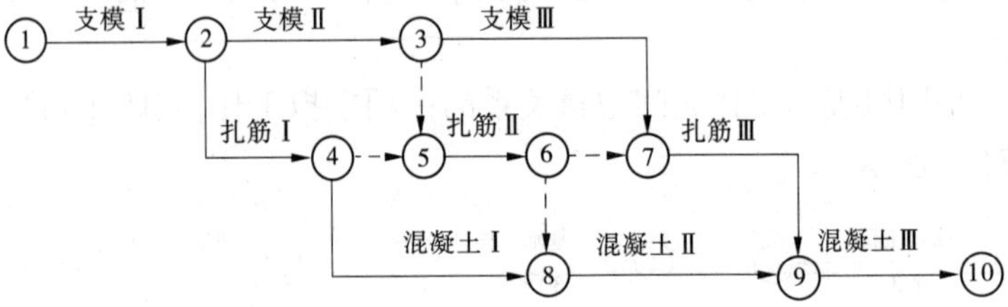

图 4-7　虚箭线的断路作用

3. 工作间的关系

在网络图中，通常将被研究的对象称为本工作，用 $i—j$ 表示；紧安排在本工作之前进行的工作称为本工作的紧前工作（不考虑虚工作间隔），用 $h—i$ 表示；紧安排在本工作之后进行的工作称为本工作的紧后工作，用 $j—k$ 表示；与本工作同时进行的工作称为本工作的平行工作，如图 4-8 所示。

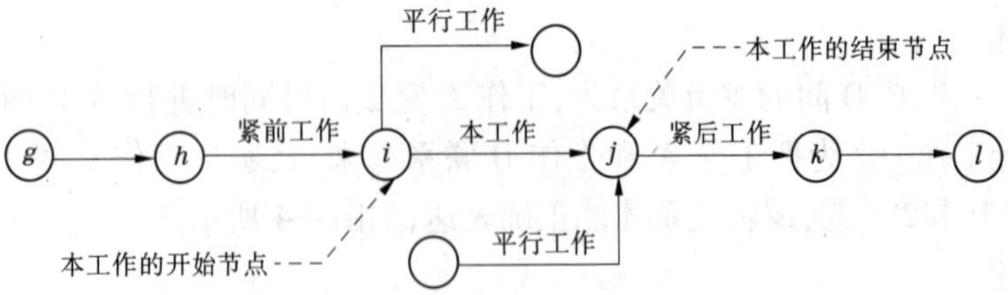

图 4-8　工作间的关系

4.2.1.2　节点

1. 节点的概念

节点就是网络图中箭线端部的圆圈或其他形状的封闭图形。在双代号网络图中，它表示工作间的逻辑关系,即起着承上其下的作用。所以,它既不占用时间,也不消耗资源。

2. 节点的种类

(1)起始节点。在网络图中只有外向箭线的节点称为起始节点,即网络图的第一个节点,它表示一项计划(或工程)的开始,如图4-9(a)所示。

(2)中间节点。网络图中既有外向箭线,又有内向箭线的节点称为中间节点。它既表示紧前各工作的结束,又表示紧后各工作的开始,如图4-9(b)所示。

(3)终点节点。网络图中只有内向箭线的节点称为终点节点,即网络图的最后一个节点,它表示一项计划(或工程)的结束,如图4-9(c)所示。

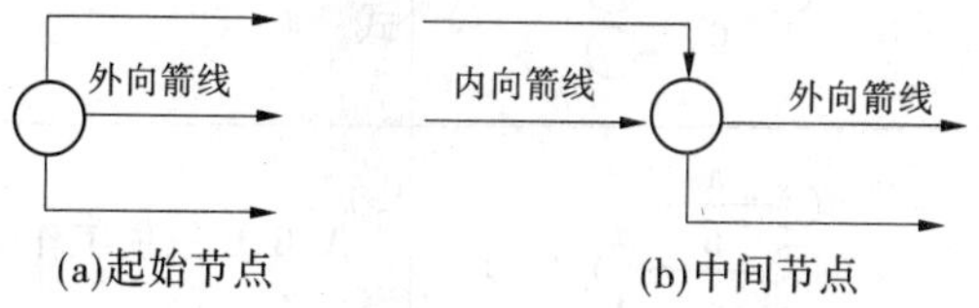

图4-9 节点的种类

3. 节点的编号

网络计划中的每个节点都有自己的编号,以便赋予每项工作以代号,便于计算网络计划的时间参数和检查网络计划是否正确。在对节点进行编号时必须满足以下要求:

(1)从左到右,由小到大。

(2)箭尾编号小于箭头编号,即 $i<j$。

(3)节点的编号不能重复。号码可以连续,也可以不连续。

4.2.1.3 线路

网络计划中从起始节点开始,沿箭头方向,通过一系列箭线与节点,最后达到终点节点的通路称为线路。线路分关键线路和非关键线路。

网络图中最长的线路称为关键线路,其他线路称为非关键线路。在网络图中关键线路至少有一条,代表整个网络计划的计划总工期。位于关键线路上的工作称为关键工作。

4.2.2 双代号网络图的绘制

4.2.2.1 双代号网络图的绘制规则

(1)双代号网络图必须正确表达已定的逻辑关系。

工作间相互制约或相互依赖的关系称为逻辑关系。工作之间的逻辑关系包括工艺关系和组织关系。

①工艺关系。是指生产上客观存在的先后顺序关系,或者是非生产性工作之间由工作程序决定的先后顺序关系,例如:建筑工程施工,先做基础,后做主体;先做结构,后做装修。工艺关系是不能随意改变的,见图4-7中,支模Ⅰ—扎筋Ⅰ—混凝土Ⅰ、支模Ⅱ—扎筋Ⅱ—混凝土Ⅱ、支模Ⅲ—扎筋Ⅲ—混凝土Ⅲ为工艺关系。

②组织关系。是指在不违反工艺关系的前提下,根据组织安排需要或资源(劳动力、材料、施工机具等)调配需要而规定的先后顺序关系。例如:建筑群中各个建筑物的开工顺序的先后,施工对象的分段流水作业等。组织顺序可以根据具体情况,按安全、经济、高效的原则统筹安排。见图4-7中,支模Ⅰ—支模Ⅱ—支模Ⅲ、扎筋Ⅰ—扎筋Ⅱ—扎筋Ⅲ、混凝土

Ⅰ—混凝土Ⅱ—混凝土Ⅲ为组织关系。

常见的逻辑关系表示方法见表4-1。

表4-1　常见的逻辑关系表示方法

序号	工作之间的逻辑关系	在网络图中的表示	说明
1	A、B两项工作依次施工	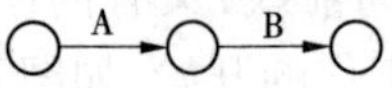	A制约B的开始,B依赖A的结束
2	A、B、C三项工作同时开始施工	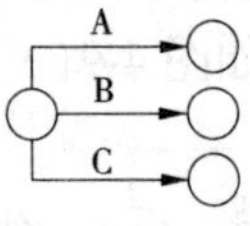	A、B、C三项工作为平等施工方式
3	A、B、C三项工作同时结束	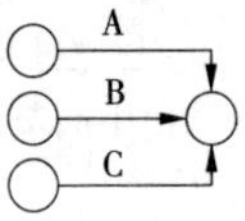	A、B、C三项工作为平行施工方式
4	A、B、C三项工作,A结束后,B、C才开始	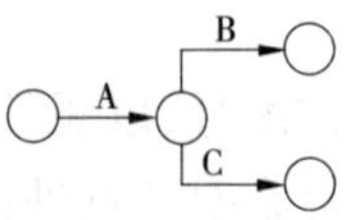	B、C为平行工作,同时受A工作制约
5	A、B、C三项工作,A、B结束后,C才开始	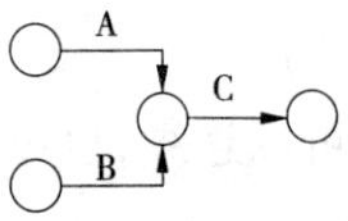	A、B为平行工作,C依赖A、B的结束
6	A、B结束后C、D才能开始工作	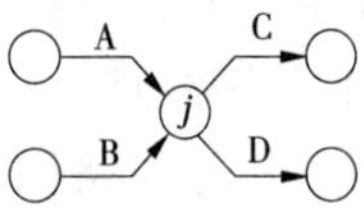	引出节点j,正确表达了A、B、C、D间的逻辑关系
7	A、B、C、D四项工作A完成后,C才能开始,A、B完成后,D才能开始	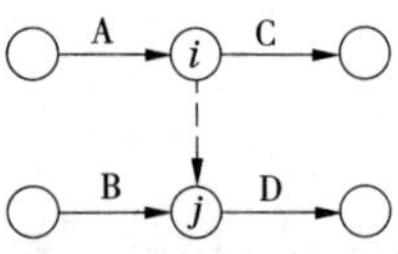	虚工作i—j正确表达了A、B、C、D、E的逻辑关系
8	A、B、C、D、E五项工作A、B、C完成后进行D,B、C完成后,E才能开始	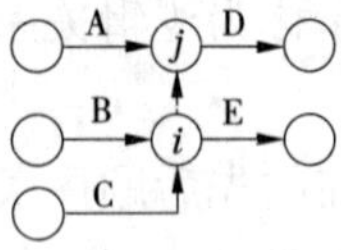	虚工作i.—j正确处理A、B、C、D、E间的逻辑关系
9	A、B、C、D、E五项工作,A、B完成后,C才能开始,B、D完成后,E才能开始	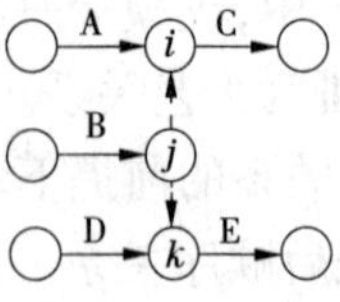	虚工作i—j、j—k正确处理了A、B、C、D、E间的逻辑关系

(2)在双代号网络图中，严禁出现循环回路，即不允许从一个节点出发，沿箭线方向再返回到原来的节点。见图 4-10 中，③—②—④就组成了循环回路，导致违背逻辑关系的错误。

(3)在双代号网络图中，节点之间严禁出现带双向箭头或无箭头的连线，图 4-11 中②—④连线无箭头，②—⑥连线为双向箭头，均是错误的。

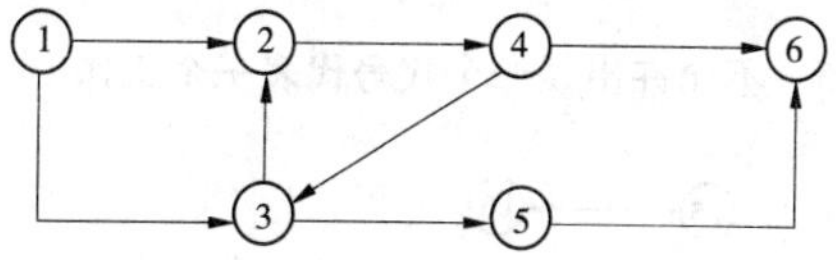

图 4-10　不允许出现循环线路

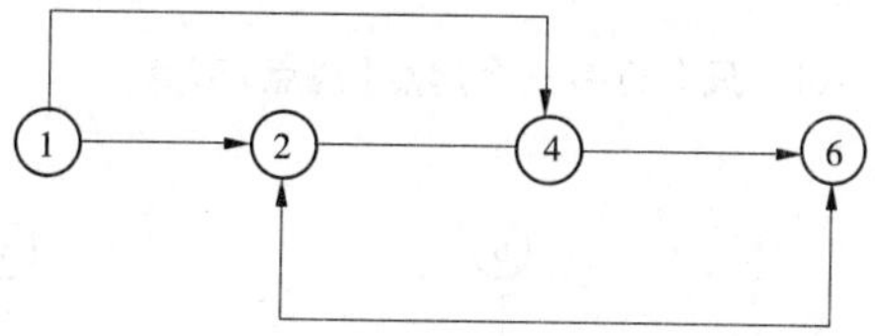

图 4-11　不允许出现双向箭头及无箭头的连线

(4)在双代号网络图中，严禁出现没有箭头节点或没有箭尾节点的箭线，如图 4-12 所示。

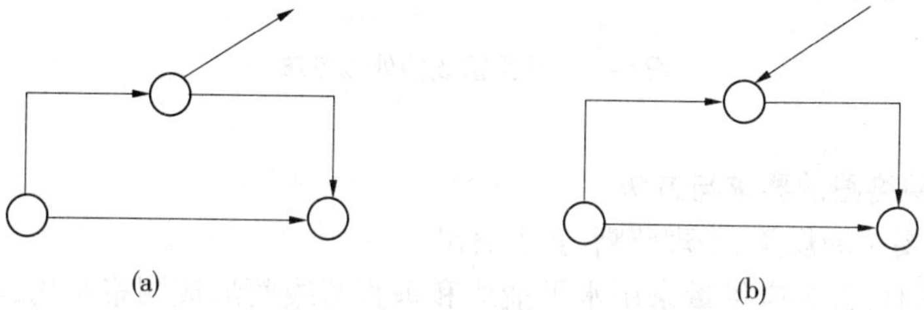

图 4-12　没有箭头节点和没有箭尾节点的箭线的错误网络图

(5)在双代号网络图中，不允许出现相同编号的节点或箭线。在图 4-13(a)中，A、B 两个施工过程均用①—②代号表示是错误的，正确的表达应如图 4-13(b)或图 4-13(c)所示。

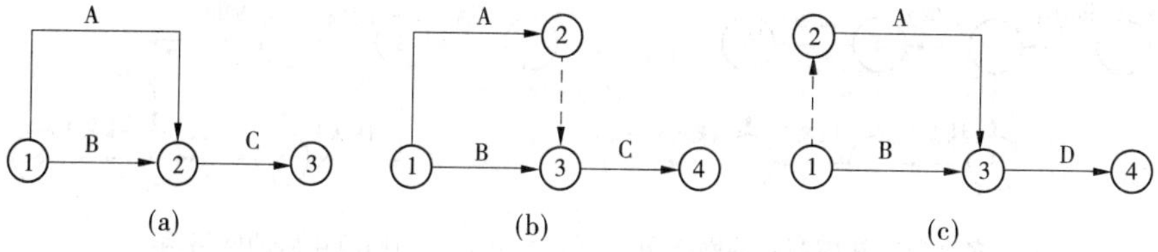

图 4-13　不允许出现相同编号的节点或箭线

(6)在双代号网络图中，只允许有一个起点节点和一个终点节点，如图 4-14 所示。

起点节点是指只有外向箭线，而无内向箭线的节点；终点节点是指只有内向箭线，而无外向箭线的节点。

(7)在双代号网络图中，不允许出现用一个代号代表一个施工过程。在图 4-15(a)中，施工过程 A 的表达是错误的，正确的表达应如图 4-15(b)所示。

(8)在双代号网络图中，应尽量减少交叉箭线，当无法避免时，应采用过桥法或断线法表示。图 4-16(a)为过桥法形式，图 4-16(b)为断线法形式。当箭线交叉过多时，使用指向法，如图 4-16(c)所示。

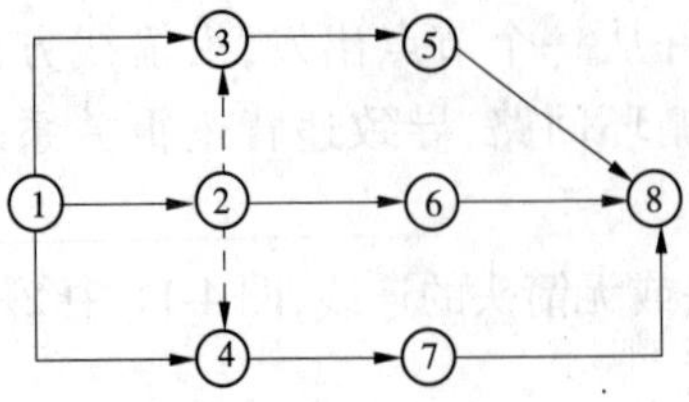

图 4-14　只允许有一个起点(终点)节点

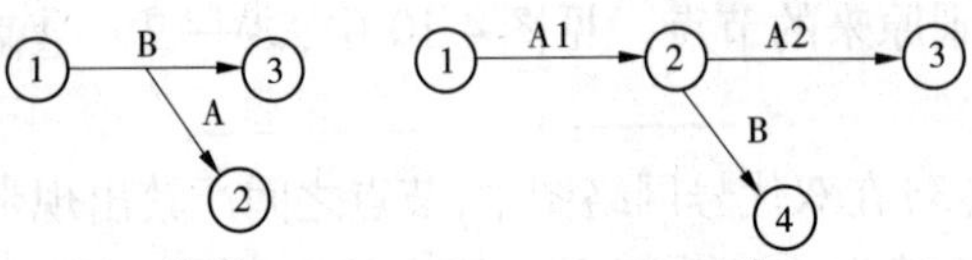

(a)错误　(b)正确

图 4-15　不允许出现一个代号代表一个工作

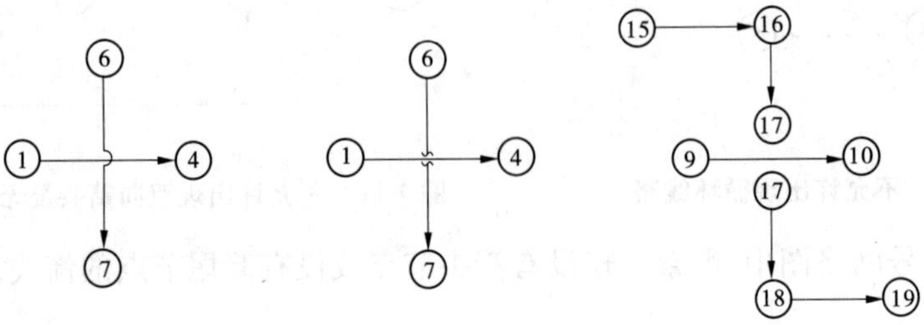

(a)过桥法　(b)断线法　(c)指向法

图 4-16　交叉箭线的处理方法

4.2.2.2　绘制网络图的要求与方法

(1)网络图要布局规整、条理清晰、重点突出。

绘制网络图时,首先应尽量采用水平箭线和垂直箭线而形成网格结构,尽量减少斜箭线,使网络图规整、清晰。其次,应尽量把关键工作和关键线路布置在中心位置,尽可能把密切相连的工作安排在一起,以突出重点,便于使用。

(2)尽量减少不必要的箭线和节点,见图 4-17。

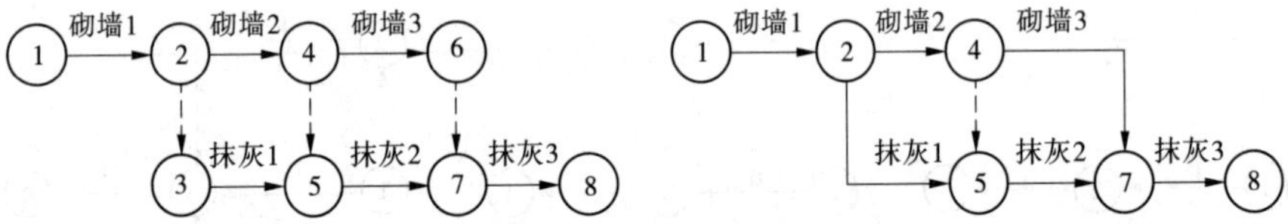

(a)有多余节点和虚箭线的网络图　(b)简化后的网络网

图 4-17　网络图的简化示意

【例 4-1】　已知某施工过程工作间的逻辑关系如表 4-2 所示,试绘制双代号网络图。

表 4-2　某施工过程逻辑关系

工作名称	A	B	C	D	E	F	G	H
紧前工作	—	—	—	A	A、B	B、C	D、E	E、F
紧后工作	D、E	E、F	F	G	G、H	H	—	—

解　(1)绘制没有紧前工作的工作 A、B、C,如图 4-18(a)所示。

(2)按题意绘制工作 D 及 D 的紧后工作 G,如图 4-18(b)所示。

(3)按题意将工作 A、B 的箭头节点合并,并绘制工作 E;绘制 E 的紧后工作 H;将工作

D、E 的箭头节点合并，并绘制工作 G，如图 4-18(c)所示。

(4)再按题意将工作 B 的箭线断开增加虚箭线，合并 BC 绘制工作 F；将工作 E 后增加虚箭线和 F 的箭头节点合并，并绘制工作 H，如图 4-18(d)所示。

(5)将没有紧后工作的箭线合并，得到终点节点，如图 4-18(e)所示。

(6)检查各施工过程的逻辑关系，并对图形进行调整，使其美观对称，最后进行编号，得到完整的网络图，如图 4-18(f)所示。

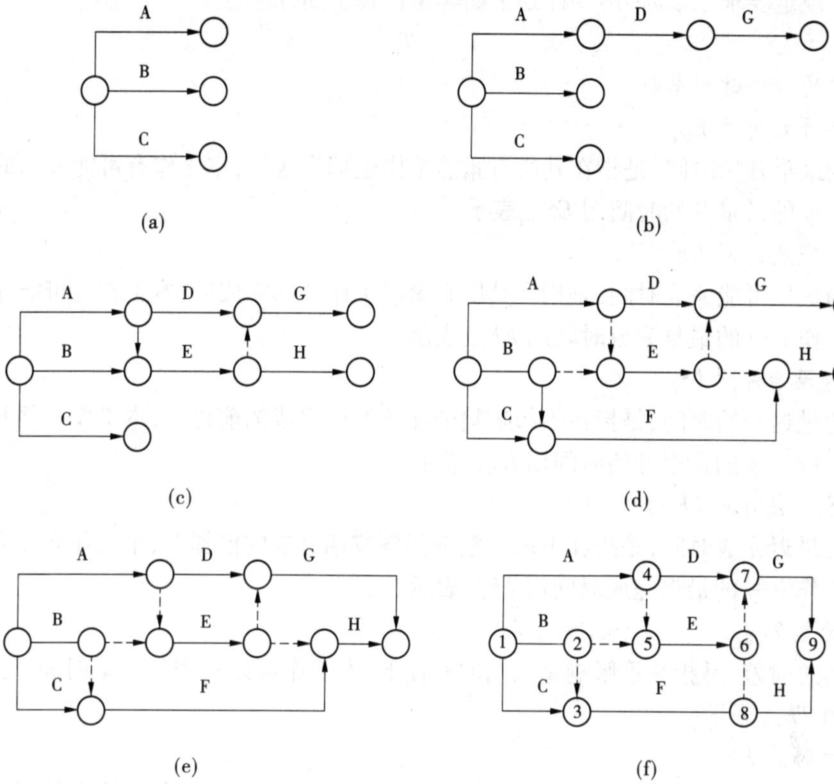

图 4-18　双代号网络图

4.2.3　网络计划时间参数的计算

网络计划时间参数是指网络图、工作及节点所具有的各种时间值。通过计算各项工作时间参数，以确定网络计划的关键工作、关键线路和计划工期等，为网络计划的优化和执行提供明确的依据。

4.2.3.1　网络计划时间参数及其符号

1. 工作持续时间 D_{i-j}

工作持续时间也称作业时间，是指一项工作从开始到完成的时间。在双代号网络计划中，工作 $i-j$ 的持续时间用 D_{i-j} 表示。

2. 工期 T

工期是指完成一项任务所需要的时间。在网络计划中，工期一般有以下三种：

(1)计算工期。是根据网络计划时间参数计算而得到的工期(或合同工期)，用 T_c

表示。

(2)要求工期。是任务委托人所提出的指令性工期,用 T_r 表示。

(3)计划工期。是指根据要求工期和计算工期所确定的作为实施目标的工期,用 T_p 表示。

①当已规定了要求工期时,计划工期不应超过要求工期,即

$$T_p < T_r \tag{4-1}$$

②当未规定要求工期时,可令计划工期等于计算工期,即

$$T_p = T_c \tag{4-2}$$

3. 工作的六个时间参数

1)最早开始时间 ES_{i-j}

工作的最早开始时间,是指在其所有紧前工作全部完成后,本工作有可能开始的最早时刻。工作 i—j 的最早开始时间用 ES_{i-j} 表示。

2)最早完成时间 EF_{i-j}

工作的最早可能完成时间,是指在其所有紧前工作全部完成后,本工作有可能完成的最早时刻。工作 i—j 的最早完成时间用 EF_{i-j} 表示。

3)最迟开始时间 LS_{i-j}

工作的最迟开始时间,是指在不影响整个任务按期完成的前提下,本工作必须开始的最迟时刻。工作 i—j 的最迟开始时间用 LS_{i-j} 表示。

4)最迟完成时间 LF_{i-j}

工作的最迟完成时间,是指在不影响整个任务按期完成的前提下,本工作必须完成的最迟时刻。工作 i—j 的最迟完成时间用 LF_{i-j} 表示。

5)总时差 TF_{i-j}

工作的总时差,是指在不影响总工期的前提下,本工作可以利用的机动时间。工作 i—j 的总时差用 TF_{i-j} 表示。

6)自由时差 FF_{i-j}

工作的自由时差,是指在不影响其紧后工作最早开始时间的前提下,本工作可以利用的机动时间。工作 i—j 的自由时差用 FF_{i-j} 表示。

4.2.3.2 时间参数的计算方法

网络计划时间参数的计算,通常有图上计算法、表上计算法、矩阵法和电算法等。本节主要介绍图上计算法。图上计算法是在网络图图上直接计算的一种较直观、简便的方法。图上计算法可以按工作计算法计算,也可以按节点计算法计算。本章仅介绍工作计算法。工作计算法的标注方法如图 4-19 所示。

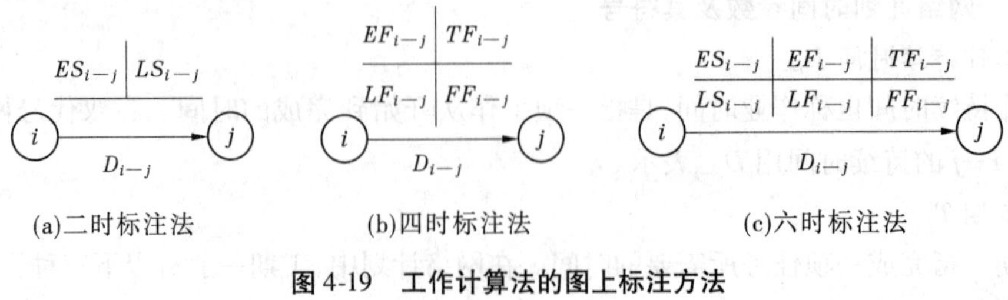

(a)二时标注法　(b)四时标注法　(c)六时标注法

图 4-19　工作计算法的图上标注方法

下面举例说明工作计算法计算时间参数的过程。

【例 4-2】 计算图 4-20 所示网络图计划各工作的时间参数。

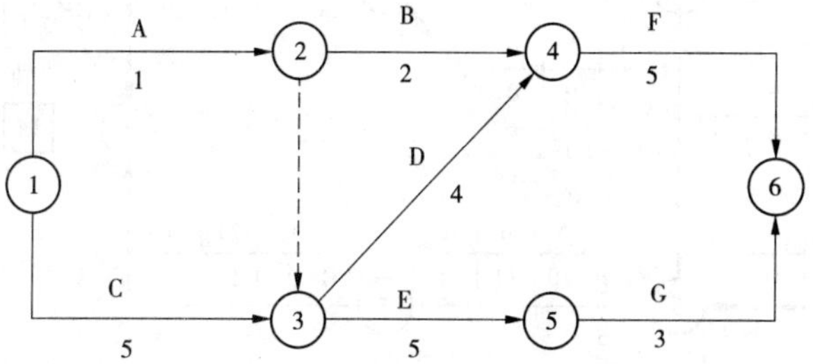

图 4-20 双代号网络计划

解 (1)最早开始时间和最早完成时间的计算。

①计算顺序。从网络图的起点节点开始,顺箭线方向逐项进行,直到终点节点为止。

②计算方法。凡与起点节点相连的工作都是计划的起始工作,当未规定其最早开始时间 ES_{i-j} 时,其值都定为零。其余工作的最早开始时间用"沿线累加,逢圈取大"的计算方法求得,即从网络计划的起点节点开始,沿每一条线路将各工作的作业时间累加起来,在每一个圆圈(节点)处取到达该圆圈的各条线路累计时间的最大值,就是以该节点为开始节点的各工作的最早开始时间,即

$$EF_{h-i} = ES_{h-i} + D_{h-i} \tag{4-3}$$

$$ES_{i-j} = \max(ES_{h-i} + D_{h-i}) \tag{4-4}$$

或

$$ES_{i-j} = \max(EF_{h-i}) \tag{4-5}$$

本例中各项工作的最早开始时间和最早完成时间为

$$ES_{1-2} = ES_{1-3} = 0$$

$$EF_{1-2} = 0 + 1 = 1$$

$$EF_{1-3} = 0 + 5 = 5$$

$$ES_{2-3} = ES_{2-4} = EF_{1-2} = ES_{1-2} + D_{1-2} = 0 + 1 = 1$$

$$EF_{2-3} = ES_{2-3} + D_{2-3} = 1 + 0 = 1$$

$$EF_{2-4} = ES_{2-4} + D_{2-4} = 1 + 2 = 3$$

$$ES_{3-4} = ES_{3-5} = \max(EF_{1-3}, EF_{2-3}) = \max\{5, 1\} = 5$$

$$EF_{3-4} = ES_{3-4} + D_{3-4} = 5 + 4 = 9$$

$$EF_{3-5} = ES_{3-5} + D_{3-5} = 5 + 5 = 10$$

$$ES_{4-6} = \max(EF_{2-4}, EF_{3-4}) = \max\{3, 9\} = 9$$

$$EF_{4-6} = ES_{4-6} + D_{4-6} = 9 + 5 = 14$$

$$ES_{5-6} = EF_{3-5} = 10$$

$$EF_{5-6} = ES_{5-6} + D_{5-6} = 10 + 3 = 13$$

将各项工作的的最早开始时间和最早完成时间计算结果标注在箭线上方各工作图例对应的位置上(见图 4-21)。

(2)计算工期 T_c。

网络计划的计算工期等于以网络计划的终点节点为箭头节点的各个工作的最早完成时间的最大值。当网络计划的终点节点的编号为 n 时,其计算工期为

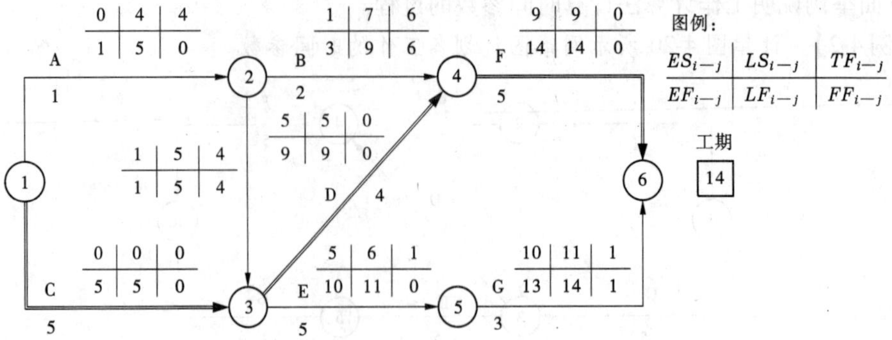

图 4-21　用工作计算法计算工作的时间参数

$$T_c = \max(EF_{i-n}) \tag{4-6}$$

本例中

$$T_c = \max(EF_{4-6}, EF_{5-6}) = \max(14,13) = 14$$

当无要求工期的限制时，通常取计划工期等于计算工期，即取 $T_p = T_c = 14$。

(3)最迟开始时间与最迟完成时间的计算。

①计算顺序。工作的最迟时间参数受到紧后工作的约束，故应从网络图的终点节点开始，逆着箭线方向朝起点节点依次逐项计算。

②计算方法。网络计划中最后(结束)工作 $i—n$ 的最迟完成时间 LF_{i-j} 应按计划工期 T_c 确定，即

$$LF_{i-n} = T_c \tag{4-7}$$

其他工作的最迟时间等于各紧后工作最迟时间的最小值。计算公式为

$$LF_{i-j} = \min(LF_{j-k} - D_{j-k}) = \min(LS_{j-k}) \tag{4-8}$$

$$LS_{i-j} = \min(LS_{j-k} - D_{i-j}) \tag{4-9}$$

本例中各项工作的最迟开始时间和最迟完成时间为

$$LF_{5-6} = LF_{4-6} = 14$$
$$LS_{5-6} = LF_{5-6} - D_{5-6} = 14 - 3 = 11$$
$$LS_{4-6} = LF_{4-6} - D_{4-6} = 14 - 5 = 9$$
$$LF_{3-5} = LS_{5-6} = 11$$
$$LS_{3-5} = LF_{3-5} - D_{3-5} = 11 - 5 = 6$$
$$LF_{3-4} = LF_{2-4} = LS_{4-6} = 9$$
$$LS_{3-4} = LF_{3-4} - D_{3-4} = 9 - 4 = 5$$
$$LS_{2-4} = LF_{2-4} - D_{2-4} = 9 - 2 = 7$$
$$LF_{2-3} = LF_{1-3} = \min(LS_{3-5}, LS_{3-4}) = \min(6,5) = 5$$
$$LS_{2-3} = LF_{2-3} - D_{2-3} = 5 - 0 = 5$$
$$LS_{1-3} = LF_{1-3} - D_{1-3} = 5 - 5 = 0$$
$$LF_{1-2} = \min(LS_{2-4}, LS_{2-3}) = \min\{7,5\} = 5$$
$$LS_{1-2} = LF_{1-2} - D_{1-2} = 5 - 1 = 4$$

将最迟时间的计算结果标注在箭线上方各工作图例对应的位置上，见图 4-21。

(4)计算工作的总时差 TF_{i-j}。

工作的总时差可采用“迟早相减，所得之差”的计算方法求得，即工作的总时差等于工作的最迟开始时间减去工作的最早开始时间，即

$$TF_{i-j} = LS_{i-j} - ES_{i-j} \tag{4-10}$$

或

$$TF_{i-j} = LF_{i-j} - EF_{i-j} \tag{4-11}$$

图4-20中各工作的总时差为

$$TF_{1-2} = LS_{1-2} - ES_{1-2} = 4 - 0 = 4$$

$$TF_{1-3} = LS_{1-3} - ES_{1-3} = 0 - 0 = 0$$

$$TF_{2-3} = LS_{2-3} - ES_{2-3} = 5 - 1 = 4$$

$$TF_{2-4} = LS_{2-4} - ES_{2-4} = 7 - 1 = 6$$

$$TF_{3-4} = LS_{3-4} - ES_{3-4} = 5 - 5 = 0$$

$$TF_{3-5} = LS_{3-5} - ES_{3-5} = 6 - 5 = 1$$

$$TF_{4-6} = LS_{4-6} - ES_{4-6} = 9 - 9 = 0$$

$$TF_{5-6} = LS_{5-6} - ES_{5-6} = 11 - 10 = 1$$

将计算结果标注在箭线上方各工作图例对应的位置上，如图4-21所示。

(5)确定关键工作及关键线路。

通过工作总时差的计算，可以方便地找出网络图中的关键工作和关键线路。在图4-21中，最小的总时差为0，所以凡总时差为0的工作均为关键工作。由关键工作所构成的线路，就是关键线路。该例中关键线路是①→③→④→⑥。关键线路用双线标注，如图4-21所示。

(6)计算工作的自由时差 FF_{i-j}。

自由时差受到紧后工作最早开始时间的约束，在此范围内，变动工作开始时间或增加持续时间，不会影响其紧后工作的开始时间。自由时差是独立的，它不会影响其他工作的完成时间。

①当工作 $i—j$ 有紧后工作 $j—k$ 时，其自由时差应为

$$FF_{i-j} = ES_{j-k} - EF_{i-j} \tag{4-12}$$

②对无紧后工作，以终点节点为结束节点的工作 $i—n$，其自由时差为

$$FF_{i-n} = T_{\mathrm{p}} - EF_{i-n} = T_{\mathrm{p}} - ES_{i-n} - D_{i-n} \tag{4-13}$$

图4-21中各工作的自由时差为

$$FF_{1-2} = ES_{2-3} - EF_{1-2} = 1 - 1 = 0$$

$$FF_{1-3} = ES_{3-4} - EF_{1-3} = 5 - 5 = 0$$

$$FF_{2-3} = ES_{3-5} - EF_{2-3} = 5 - 1 = 4$$

$$FF_{2-4} = ES_{4-6} - EF_{2-4} = 9 - 3 = 6$$

$$FF_{3-4} = ES_{4-6} - EF_{3-4} = 9 - 9 = 0$$

$$FF_{3-5} = ES_{5-6} - EF_{3-5} = 10 - 10 = 0$$

$$FF_{4-6} = T_{\mathrm{p}} - EF_{4-6} = 14 - 14 = 0$$

$$FF_{5-6} = T_{\mathrm{p}} - EF_{5-6} = 14 - 13 = 1$$

将计算结果标注在箭线上方各工作图例对应的位置上，如图4-21所示。

4.2.4 双代号时标网络计划

4.2.4.1 双代号时标网络计划的特点

时标网络计划是以时间坐标为尺度编制的网络计划。它通过箭线的长度及节点的位置,可明确表达工作的持续时间及工作之间恰当的时间关系,是目前工程中常用的一种网络计划形式。

双代号时标网络图计划是无时标网络计划与横道计划的有机结合。它是在横道计划的坐标轴上用网络计划的表示方法表达各工作的逻辑关系。这样既解决了横道计划中各施工过程关系表达不明确的问题,又解决了网络计划时间表达不直观的问题。

双代号时标日历网络计划具有以下特点:

(1)能够清楚地展现计划的时间进程。

(2)直接显示各项工作的开始时间与完成时间、工作的自由时差和关键线路。

(3)可以通过叠加确定各个时段的材料、机具、设备及人力等资源的需要。

(4)由于箭线的长度受到时间坐标的制约,故绘图比较麻烦。

4.2.4.2 双代号时标网络计划的绘制要求

(1)时标网络计划需绘制在带有时间坐标的表格上。

(2)节点中心必须对准时间坐标的刻度线,以避免误会。

(3)以实箭线表示工作,以虚箭线表示虚工作,以水平波形线表示自由时差或与紧后工作之间的时间间隔。

(4)箭线宜采用水平箭线或水平段与垂直段组成的箭线形式,不宜采用斜箭线。虚工作必须用垂直虚箭线表示,其自由时差应用水平波形线表示。

(5)时标网络计划宜按最早时间编制,以保证实施的可靠性。

4.2.4.3 双代号时标网络计划的绘制方法

双代号时标网络计划的编制方法有间接法和直接法两种。

1. 间接绘制法

先编制出无时标网络计划,计算各工作的最早时间参数,再根据最早时间参数在时标计划表上确定节点的位置,连接完成。

【例 4-3】 某施工网络计划及每天资源需用量如图 4-22 所示,试绘制时标网络图。

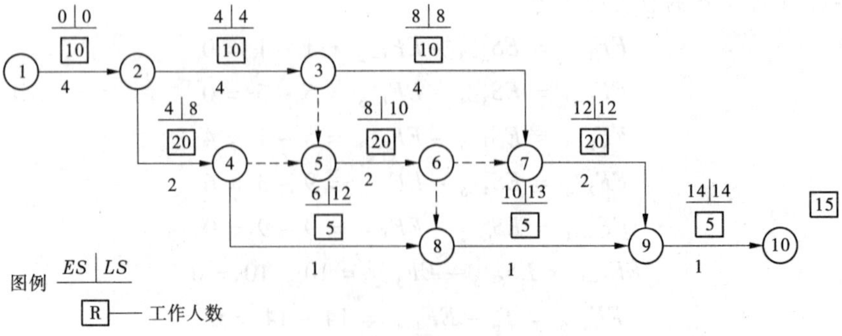

图 4-22 某工程施工网络计划

解 间接绘制法是先计算网络计划的时间参数,再根据时间参数在时间坐标上进行绘制的方法。其按最早时间绘制的步骤和方法如下:

(1)绘制无时标网络计划草图,计算时间参数,确定关键工作及关键线路。

(2)根据需要确定时间单位并绘制时标横轴。时标可标注在日历网络图的顶部或底部,时标的长度单位必须注明。

(3)根据网络图中各工作的最早开始时间(或各节点的最早开始时间),从起点节点开始将各节点(或各工作的开始节点)逐个定位在时间坐标的纵轴上。

(4)依次在各节点后面绘出各箭线的长度。

箭线最好画成水平箭线或由水平线段和竖直线段组成的折线箭线,以直接表示其持续时间。如箭线画成斜线,则以其水平投影长度为其持续时间。如箭线长度不够与该工作的结束节点直接相连,则用波形线补足,箭头画在波形线与节点连接处。波形线的水平投影长度即为该工作的自由时差。

在日历网络计划中,有时会出现虚箭线的投影长度不等于零的情况,其水平投影长度为该虚工作的自由时差。

(5)把时差为零的箭线从起点节点到终点节点连接起来,并用粗箭线或双箭线或彩色箭线表示,即形成日历网络计划的关键线路,如图 4-23 所示。

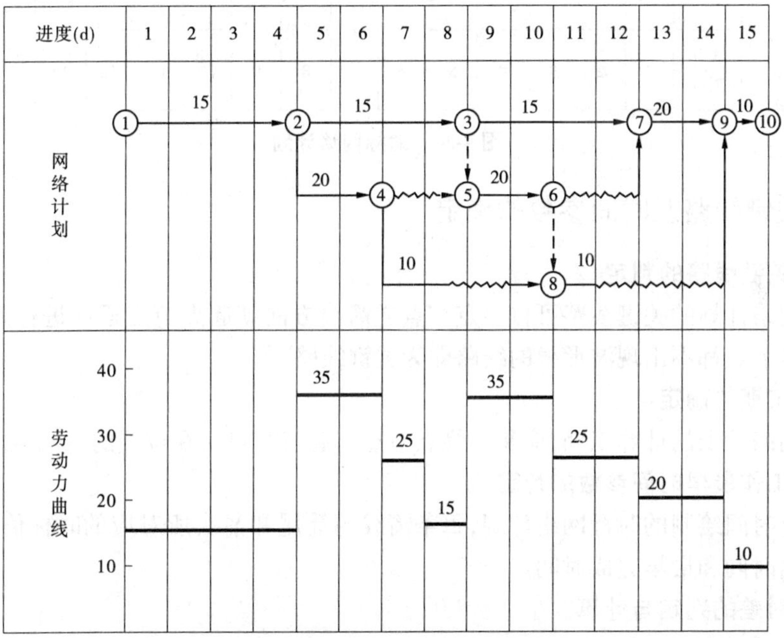

图 4-23 按最早时间绘制的日历网络图

2. 直接绘制法

直接绘制法是根据网络计划中各工作之间的逻辑关系及各工作的持续时间,直接在时标计划表的基础上编制时标网络计划。

【例 4-4】 某装修工程有三个楼层,有吊顶、顶墙涂料和铺木地板三个施工过程。其中每层吊顶确定为三周、顶墙涂料为两周、铺木地板为一周完成。试直接绘制时标网络计划。

解 其绘制步骤和方法如下:

(1)将起点节点定位在时间坐标横轴为零的纵轴上。

(2)按工作持续时间在时间坐标上绘制起点节点的外向箭线。

(3)除起点节点以外的其他节点必须在其所有内向箭线绘出以后,定位在这些内向箭线中最早完成时间最迟的箭线末端。其他内向箭线长度不足以到达该节点时,用波形线补足。

(4)用上述方法自左至右依次确定其他节点位置,直至终点节点定位绘完,如图4-24所示。

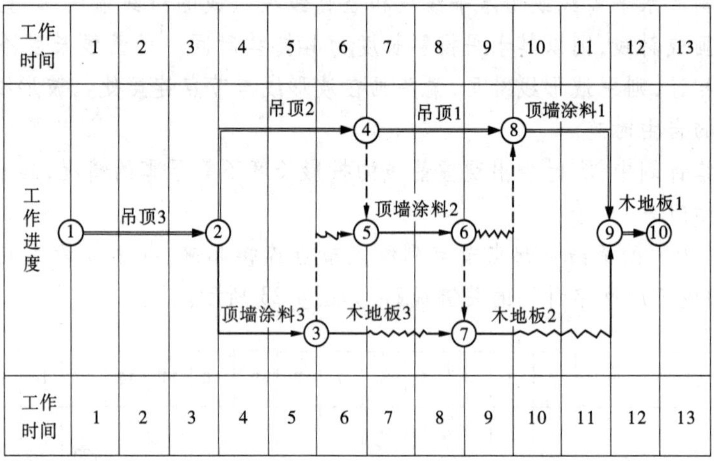

图4-24 时标网络计划

4.2.5 关键线路及时间参数的确定

4.2.5.1 关键线路的判定

时标网络计划的关键线路可自终点节点逆箭线方向朝起点节点逐次进行判定,自终点节点至起点节点都不出现波形线的线路即为关键线路。

4.2.5.2 工期的确定

时标网络计划的计算工期,应是其终点节点与起点节点所在位置的时标值之差。

4.2.5.3 工作最早时间参数的判定

按最早时间绘制的时标网络计划,每条箭线的箭尾和箭头所对应的时标值即为该工作的最早开始时间和最早完成时间。

4.2.5.4 时差的判定与计算

1. 自由时差

时标网络图中,波形线的水平投影长度即为该工作的自由时差。

2. 工作总时差

工作总时差不能从图上直接判定,需要分析计算。计算应逆着箭头的方向自右向左进行,计算公式为

$$TF_{i-j} = \min(TF_{j-k}) + FF_{i-j} \tag{4-14}$$

4.3 单代号网络图

单代号网络图是网络计划的另一种表示方法，它是用一个圆圈或方框代表一项工作，将工作代号、工作名称和完成工作所需要的时间写在圆圈或方框里面，箭线仅用来表示工作之间的顺序关系。用这种表示方法把一项计划中所有工作按先后顺序将其相互之间的逻辑关系，从左至右绘制而成的图形，就叫单代号网络图，用这种网络图表示的计划叫作单代号网络计划。图4-25是一个简单的单代号网络图。

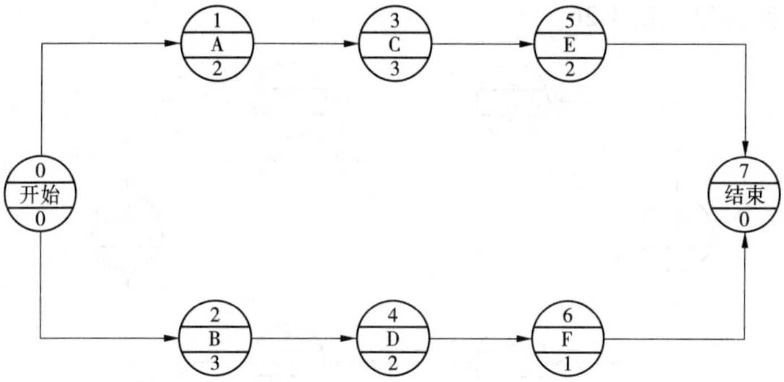

图4-25　单代号网络图示例

4.3.1 组成单代号网络图的基本要素

单代号网络图由节点、箭线、线路三个基本要素组成。

4.3.1.1 节点

在单代号网络图中节点表示工作。节点可以采用圆圈，也可以采用方框。工作名称或内容、工作代号、工作所需的时间及有关的工作时间参数都可以写在圆圈上或方框内，如图4-25所示。

4.3.1.2 箭线

在单代号网络图中，箭线只将代表工作的各节点联系起来，表示工作之间的逻辑关系。箭线既不占用时间，也不消耗资源。箭线的箭头表示工作的前进方向，相对于箭头和箭尾来说，箭头节点表示紧后工作，箭尾节点表示紧前工作。单代号网络图中一般不用虚箭线。

4.3.1.3 线路

单代号网络图的线路同双代号网络图的线路的含义是相同的，即从网络计划起点节点到终点节点之间持续时间最长的线路称为关键线路，其余称为非关键线路。

4.3.2 单代号网络图的绘制

4.3.2.1 绘制规则

单代号网络图的绘图规则与双代号网络图的绘图规则基本相同，主要区别在于：当网络图中有多项开始工作时，应增设一项虚拟的工作(S)，作为该网络图的起点节点；当网络图中有多项结束工作时，应增设一项虚拟的工作(F)，作为该网络图的终点节点。

4.3.2.2 绘图示例

【例4-5】 根据表4-3中各施工过程的逻辑关系，绘出单代号网络计划图。

表 4-3　某施工过程逻辑关系

工作名称	持续时间	紧前工作	紧后工作
A	2	—	BC
B	3	A	D
C	2	A	DE
D	1	B、C	F
E	2	C	F
F	1	D、E	—

解　单代号网络图见图 4-26。

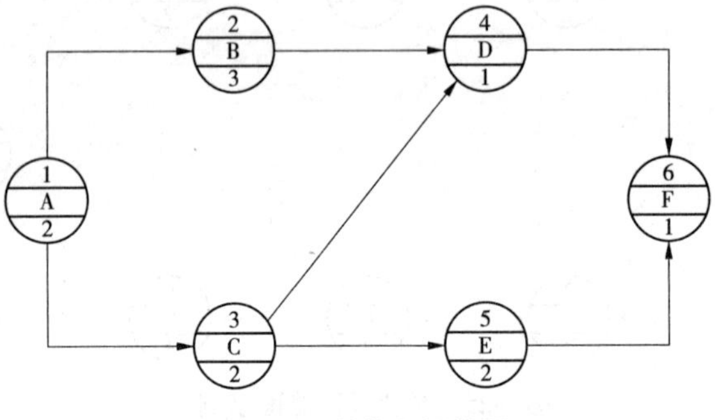

图 4-26　单代号网络图

4.3.3　单代号网络图时间参数的计算

因单代号网络图的节点代表工作，所以它的时间参数计算的内容、方法和顺序等与双代号网络图的工作时间参数计算相同。

4.3.3.1　时间参数表示方法

单代号网络图工作时间参数关系示意图，如图 4-27 所示。

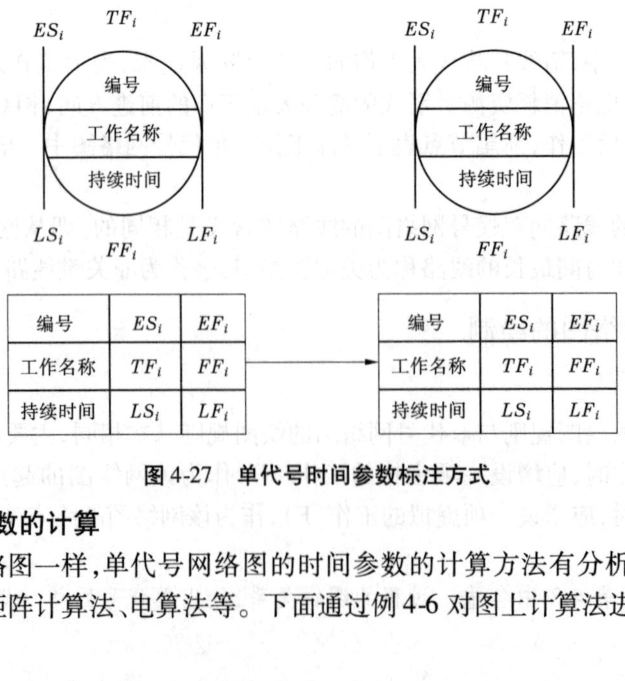

图 4-27　单代号时间参数标注方式

4.3.3.2　时间参数的计算

和双代号网络图一样，单代号网络图的时间参数的计算方法有分析计算法、图上计算法、表上计算法、矩阵计算法、电算法等。下面通过例 4-6 对图上计算法进行说明。

【例 4-6】 用图上法计算如图 4-28 所示的单代号网络图的时间参数。

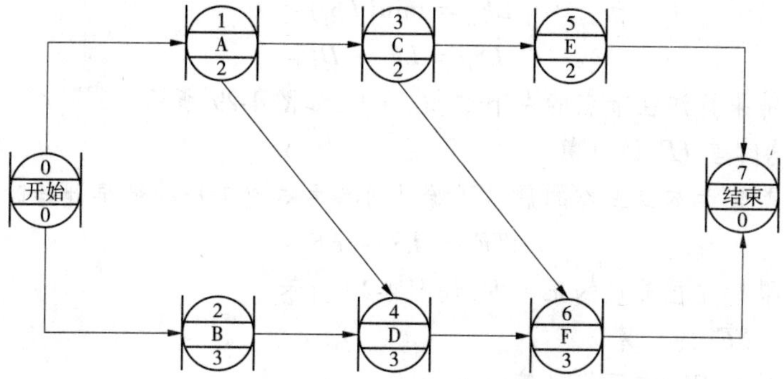

图 4-28 单代号初始网络图

解 (1)工作最早开始时间 ES_i 和最早完成时间 EF_i。

工作最早时间包括工作最早开始时间 ES_i 和最早完成时间 EF_i 的计算。

工作最早时间的计算应从起点节点开始,顺着箭头方向按节点标号递增的顺序逐项计算,直至终点节点。

规定起点节点的最早开始时间为零,其余节点的最早开始时间均等于紧前工作的最早结束时间的最大者,即

$$ES_i = \max(EF_h) \tag{4-15}$$

$$EF_i = ES_i + D_i \tag{4-16}$$

将上述计算结果标注在节点的左上方、右上方,如图 4-29 所示。

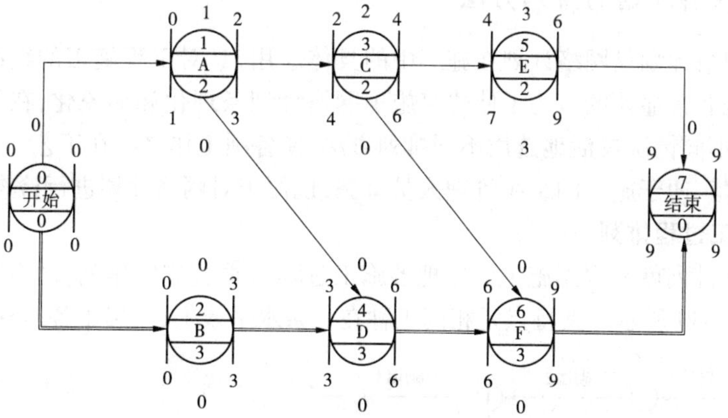

图 4-29 单代号网络计划时间参数计算

(2)计算网络计划的工期 T_c。

网络计划的计算工期等于最后工作节点的最早完成时间,即

$$T_c = EF_n \tag{4-17}$$

(3)工作最迟时间的计算。

工作最迟时间包括最迟完成时间 LF_i 和最迟开始时间 LS_i。

工作最迟时间的计算应从网络计划的终点节点开始,逆着箭线方向按编号递减的顺序依次逐项计算。

终点节点的最迟完成时间等于计划工期或规定工期。其余节点的最迟完成时间等于紧

后工作(或节点)最迟开始时间的最小者,即

$$LF_i = \min(LS_j) \tag{4-18}$$

$$LS_i = LF_i - D_i \tag{4-19}$$

将上述计算结果标注在节点的左下方、右下方,如图4-29所示。

(4)工作的总时差 TF_i 的计算。

工作的总时差等于本道工作的最迟开始时间减去本道工作的最早开始时间,即

$$TF_i = LS_i - ES_i \tag{4-20}$$

将其计算结果标注在节点的正上方,如图4-29所示。

(5)自由时差 FF_i 的计算。

工作的自由时差 FF_i 按下式计算:

$$FF_i = \min(ES_j - EF_i) \tag{4-21}$$

$$FF_i = \min(ES_j - ES_i - D_i) \tag{4-22}$$

将其计算结果标注在节点的正下方,如图4-29所示。

(6)确定关键线路。

在图中找出总时差最小的工作就是关键工作,从起点节点到终点节点由关键工作连成的线路就是关键线路,用双线标注,如图4-29所示。

4.4 施工网络计划的应用

4.4.1 施工网络计划的排列方法

建筑施工网络计划是网络计划在施工中的具体应用,其对工程施工的组织、协调、控制和管理的作用是非常显著的。为了使建筑施工网络计划条理化和形象化,在编制网络计划时,应根据各自不同情况灵活地选用不同排列方法,使各项工作之间在工艺上和组织上的逻辑关系准确、清楚,便于施工的组织管理人员掌握,也便于对网络计划进行检查和调整。

4.4.1.1 按施工过程排列

按施工过程排列就是根据施工顺序把各施工过程按垂直方向排列,而将施工段按水平方向排列,如图4-30所示。其特点是相同工种在一条水平线上,突出了各工种间的关系。

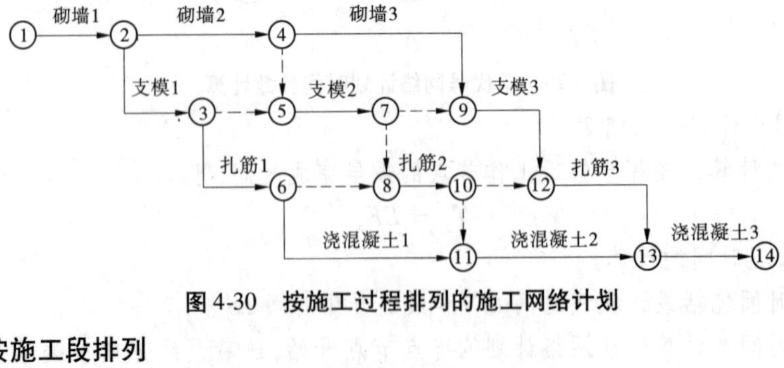

图4-30 按施工过程排列的施工网络计划

4.4.1.2 按施工段排列

按施工段排列就是将同一施工段上的各施工过程按水平方向排列,而将施工段按垂直方向排列,如图4-31所示。其特点是同一施工段上的各施工过程(工种)在一条水平线上,

突出了各工作面间的关系。

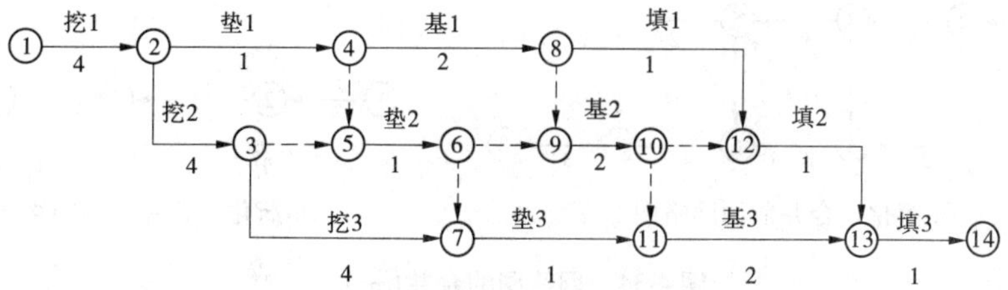

图 4-31 按施工段排列的施工网络计划

4.4.1.3 按楼层排列

按楼层排列就是将同一楼层上的各施工过程按水平方向排列，而将楼层按垂直方向排列，如图 4-32 所示。其特点是同一楼层上的各施工过程(工种)在一条水平线上，突出了各工作面(楼层)的利用情况，使得较复杂的施工过程变得清晰明了。

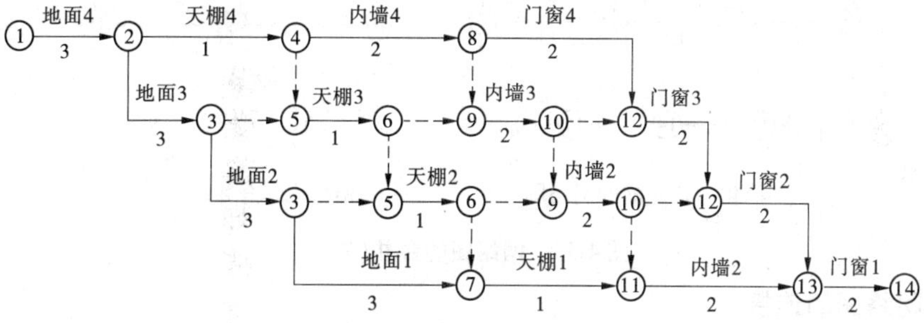

图 4-32 按楼层排列的施工网络计划

4.4.1.4 混合排列

在绘制单位工程网络计划等一些较复杂的网络计划时，也常常采用以一种排列为主的混合排列，如图 4-33 所示。

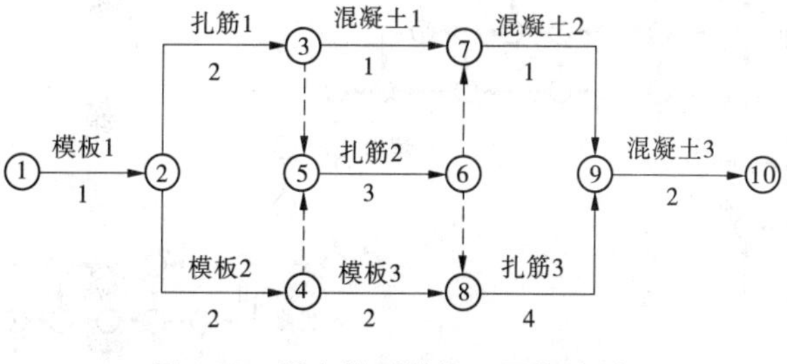

图 4-33 混合排列的施工网络计划

4.4.2 网络图的合并、连接及详略组合

4.4.2.1 网络图的合并

为了简化网络图，可以将某些相对独立的网络图合并成只有少量箭线的简单网络图。网络图合并(或简化)时，必须遵循下述原则：

(1)用一条箭线代替原网络图中某一部分网络图时，该箭线的长度(工作持续时间)应为“被简化部分网络图”中最长的线路长度，合并后网络图的总工期应等于原来未合并时网络图的总工期，如图 4-34 所示。

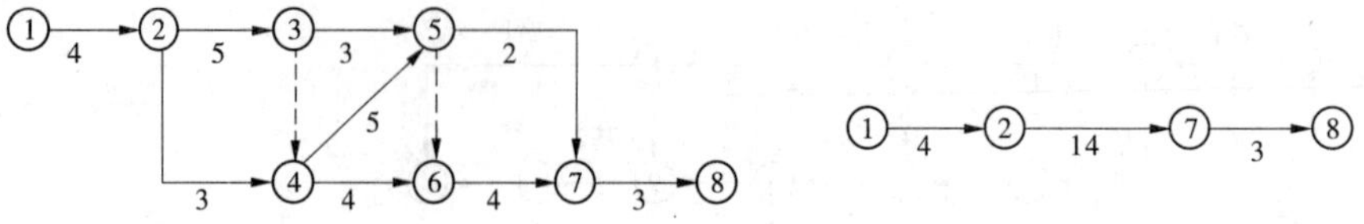

(a)简化、合并前的网络图　　(b)简化、合并后的网络图

图 4-34　网络图的合并(一)

(2)网络图合并时，不得将起点节点、终点节点和与外界有联系的节点简化掉，如图 4-35所示。

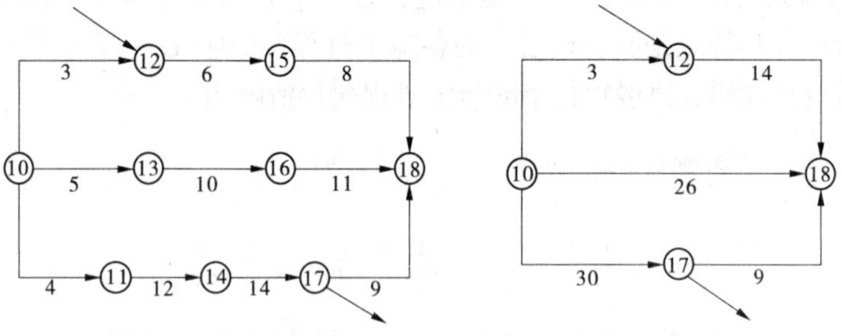

(a)简化、合并前的网络图　　(b)简化、合并后的网络图

图 4-35　网络图的合并(二)

4.4.2.2　网络图的连接

采用分别流水法编制一个单位工程网络计划时，一般应先按不同的分部工程分别编制出局部网络计划，然后按各分部工程之间的逻辑关系，将各分部工程的局部网络计划连接起来成为一个单位工程网络计划，如图 4-36 所示，基础按施工过程排列，其余按施工段排列。

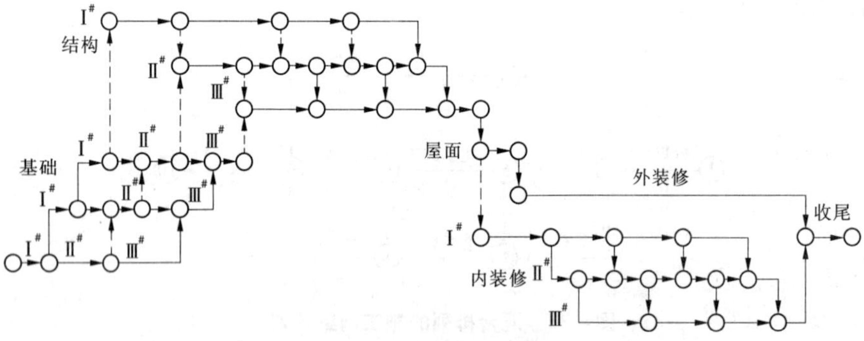

图 4-36　网络图的连接

为了便于把分别编制的局部网络图连接起来，各局部网络图的节点编号数目要留足，确保整个网络图中没有重复的节点编号；也可采用先连接，然后统一进行节点编号的方法。

4.4.2.3　网络图的详略组合

在一个施工进度计划的网络图中，应以“局部详细，整体粗略”的方式，突出重点；或采用某一阶段详细，其他相同阶段粗略的方法来简化网络计划。这种详略组合的方法在绘制标准层施工的网络计划时最为常用。

例如，某项四单元六层砖混结构住宅的主体工程，每层分两个施工段组织流水施工，因为二～五层为标准层，所以二层应编制详图，三～五层均可采用一个箭线的略图，如图 4-37 所示。

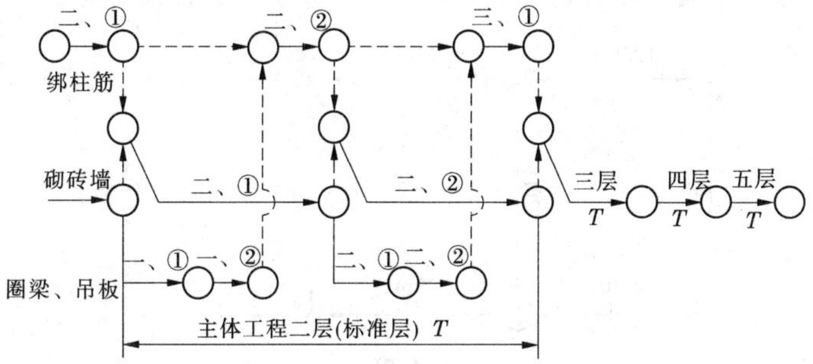

图 4-37　网络图的详略组合

4.5　网络计划优化

网络计划的绘制和时间参数的计算只是完成网络计划的第一步，得到的只是初始方案，是一种可行方案，但不一定是最优方案。由初始方案变成最优方案，就必须进行网络计划的优化。

网络计划的优化，就是在满足既定约束条件下，按选定目标通过不断改进网络计划寻求满意方案。网络计划优化分为工期优化、费用优化、资源优化。

4.5.1　工期优化

工期优化是指在满足既定约束条件下，按要求目标工期，通过延长或缩短计算工期以达到要求的工期目标，保证按期完成工程任务。

若计算工期小于合同工期不多或两者相等，一般可不必优化。计算工期大于合同工期时，可通过压缩关键工作的作业时间满足合同工期，与此同时，必须相应增加被压缩作业时间的关键工作的资源需求量。

工期优化的计算，应按下述步骤进行：

(1)计算并找出初始网络计划的计算工期、关键线路及关键工作。

(2)按要求工期计算应缩短的时间 ΔT，$\Delta T = T_c - T_r$。

(3)确定各关键工作能缩短的时间。

(4)选择关键工作，压缩其持续时间，并重新计算网络计划的计算工期。

在选择缩短持续时间的关键工作宜考虑下列因素：

①缩短持续时间对质量和安全影响不大的关键工作；

②有充足备用资源的关键工作；

③缩短持续时间所需增加的费用最少的关键工作。

(5)当计划工期仍超过要求工期时，则重复以上步骤(1)～(4)，直到满足工期要求或工期已不能再缩短为止。

(6)当所有关键工作的持续时间都已达到其能缩短的极限而工期仍不能满足要求时，应遵照规定对计划的原技术方案、组织方案进行调整或对要求工期重新审定。

下面结合例 4-7 说明工期优化的计算步骤。

【例 4-7】 已知某网络计划初始方案如图 4-38 所示，图中箭杆上数据为工作正常作业时间，括号内数据为工作最短作业时间，假定合同工期为 146 d，试对其进行工期优化。

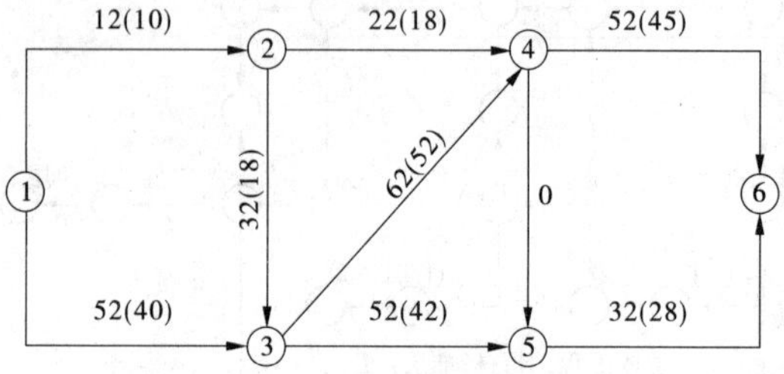

图 4-38

解 假设③—④工作有充足的资源，且缩短时间对质量无太大影响；④—⑥工作缩短时间所需费用最省，且资源充足；①—③工作缩短时间的有利因素不如③—④工作与④—⑥工作。

第一步，根据工作正常时间计算各个节点的最早时间和最迟时间，并找出关键工作及关键线路。计算结果如图 4-39 所示。图中①—③—④—⑥为关键线路。

第二步，计算需缩短的工期，根据图 4-39 计算工期为 166 d，合同工期为 146 d，需要缩短 20 d。

第三步，关键工作①—③可缩短 12 d，③—④可缩短 10 d，④—⑥可缩短 7 d。共计可缩短时间 29 d。

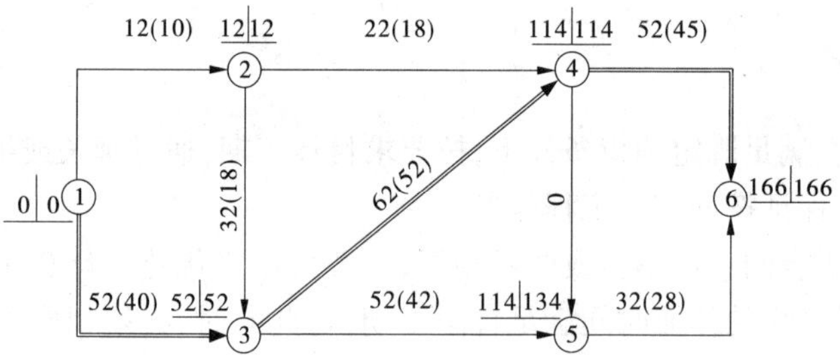

图 4-39

第四步，选择关键工作，考虑选择因素。由于④—⑥工作缩短时间所需费用最省，且资源充足，所以优先考虑压缩其工作时间，由原 52 d 压缩为 45 d，即得网络计划图 4-40。

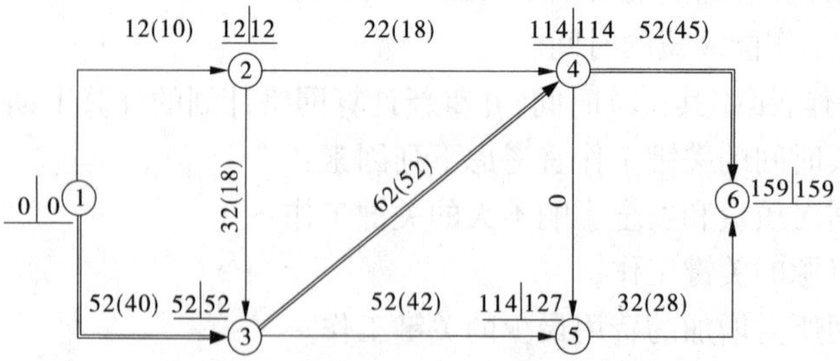

图 4-40 缩短④—⑥工作后的网络计划图

图 4-40 中计算工期为 159 d，与合同工期 146 d 相比尚需压缩 13 d，考虑选择因素，选择③—④工作，因为有充足的资源，且缩短工期对质量无太大的影响，由原 62 d 压缩为 52 d，即得网络计划图 4-41。

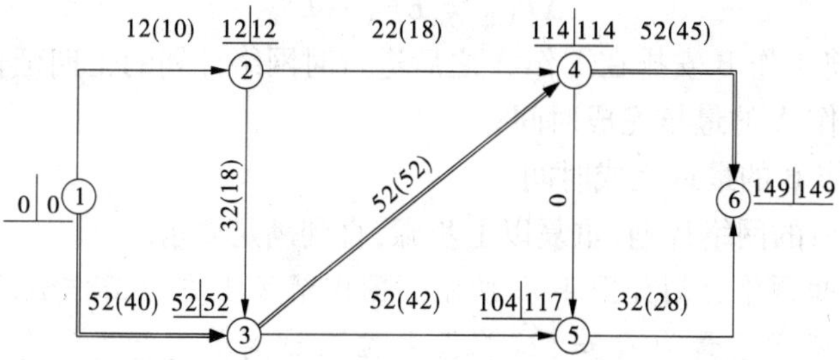

图 4-41　缩短③—④工作后的网络计划图

图 4-41 中计算工期为 149 d,与合同工期 146 d 相比还需压缩 3 d,考虑选择因素,选择①—③工作。由原 52 d 压缩为 49 d,即得网络计划图 4-42。

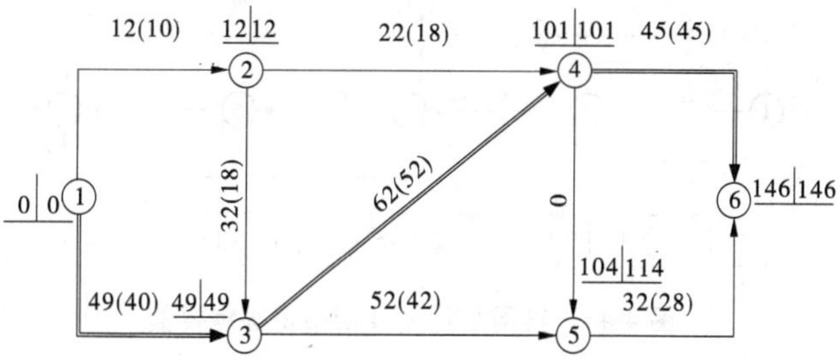

图 4-42　优化后的网络计划图

4.5.2　资源优化

资源是完成一项任务所需的人力、材料、机械设备和资金等的统称。由于完成一项工作所需用的资源基本上是不变的,所以资源优化是通过改变工作的开始时间和完成时间使资源均衡。一般情况下网络计划的优化分为两种:资源有限 - 工期最短和工期固定 - 资源均衡。资源优化的前提如下:

(1)不改变网络计划中各工作之间的逻辑关系。

(2)不改变各工作的持续时间。

(3)除规定可中断的工作外,一般不允许中断工作。

4.5.2.1　资源有限 - 工期最短

资源有限 - 工期最短的优化,是在以满足有限资源的条件下,通过调整某些工作的计划安排,使工期不延误或延误最少的过程。优化步骤如下:

(1)绘制时标网络计划,逐时段(资源需用量相同的时间区段)计算资源需用量。

(2)从计划开始日期起,逐段检查资源需用量是否超过资源限量 R_a。如果在整个工期范围内每个时段的资源需用量均难满足资源限量的要求,则初始可行方案即编制完成;否则,必须转入下一步进行计划的计算调整。

(3)分析超出资源限量的时段。如果在该时段内有几项工作平行作业,则采取将某项工作安排在与之平行的另一项工作之后进行的方法,以降低该时段的资源需要量。假设在双代号网络计划中将平行进行的两项工作 A 和 B,改变为工作 B 在工作 A 之后进行,新的顺序使工期延长的时间按下列公式计算:

$$\Delta T_{A,B} = EF_A - LS_B \tag{4-23}$$

式中　$\Delta T_{A,B}$——将工作 B 安排在工作 A 之后进行时网络计划的工期延长值；

EF_A——工作 A 的最早完成时间；

LS_B——工作 B 的最迟完成时间。

(4)绘制调整后的网络计划，重复以上步骤，直到满足要求。

【例 4-8】　已知网络计划如图 4-43 所示。图中箭线上方为工作资源强度，箭线下方为持续时间(天)，若资源限量为 $R_a = 12$(资源单位)，试对其进行资源有限 - 工期最短的优化。

解　(1)计算每日资源需用量，如图 4-43 所示。

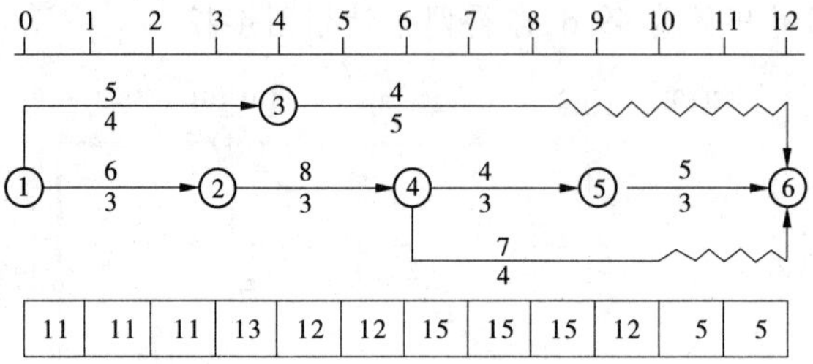

图 4-43　某网络计划及初始资源需要量

(2)从计划开始之日起，逐段检查资源需用量，发现在(3,4)时段，$(R_{3,4} = 13) > (R_a = 12)$，故需进行调整。

(3)第一次调整。

①资源超限时段内有工作 1—3 和工作 2—4 两项，分别计算 $\Delta T_{A,B}$ 值。

$$\Delta T_{1-3,2-4} = EF_{1-3} - LS_{2-4} = 4 - 3 = 1$$

$$\Delta T_{2-4,1-3} = EF_{2-4} - LS_{1-3} = 6 - 3 = 3$$

②考虑将工作 2—4 安排在工作 1—3 之后进行，绘出其网络计划如图 4-44 所示，并重新计算资源需要量。

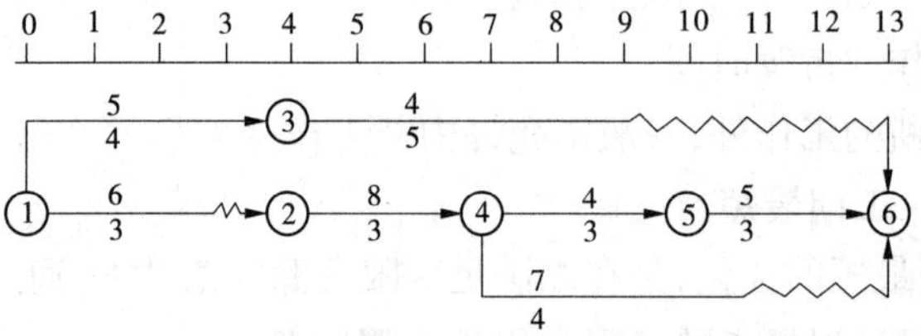

图 4-44　第一次调整后的网络计划及资源需要量

(4)第二次调整。

①资源超限时段内的工作有 3—6、4—5、4—6 三项。分别计算，见表 4-4。

②选择方案 2，将工作 3—6 安排在工作 4—6 之前进行，绘出其网络计划如图 4-45 所示，此时工期没有增加，仍为 13 d，并重新计算资源需要量。

(5)继续逐段检查资源需用量，均能满足要求，故图 4-45 为最优计划。

表 4-4　超过资源限量的时段的工作时间参数

工作代号	最早完成时间	最迟开始时间	工作顺序	方案 1	方案 2	方案 3	方案 4	方案 5	方案 6
3—6	9	8	之前工作	3—6	3—6	4—5	4—5	4—6	4—6
4—5	10	7	之后工作	4—5	4—6	3—6	4—6	3—6	4—5
4—6	11	9	$\Delta T_{A,B}$	2	0	2	1	3	4

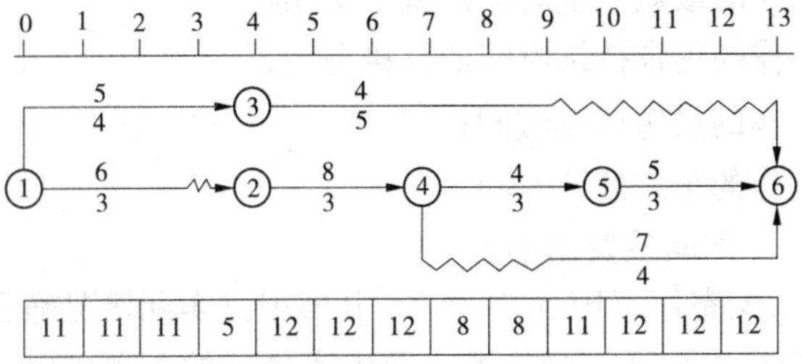

图 4-45　第二次调整后的网络计划及资源需要量

4.5.2.2　工期固定 - 资源均衡

工期固定 - 资源均衡的优化是指在保持工期不变的条件下，调整工程施工进度计划，使资源需要量尽可能地均衡，即整个工程每单位时间的资源需要量不出现过多的高峰和低谷。这样可大大减少施工现场各种临时设施的规模，不仅有利于工程建设的组织与管理，也可以降低工程施工费用。

工期固定 - 资源均衡的优化方法，如方差值最小法、极差值最小法、削高峰法（利用时差降低资源高峰值）等。

4.5.3　费用优化（工期成本优化）

费用优化是通过不同工期及其相应工程费用的比较，寻求与工程费用最低相对应的最优工期。

4.5.3.1　费用和工期的关系

建筑安装工程费用主要由直接费用和间接费用两部分组成。一般情况下，缩短工期会引起直接费用的增加和间接费用的减少，延长工期则会引起直接费用的减少和间接费用的增加。

施工项目的总费用和工期的关系曲线如图 4-46所示。图中的总费用曲线上的最低点（A 点）就是工程计划的最优方案，此方案工程费用最低，其相应的工期称为最优工期。在实际操作中，要达到这一点很困难，在这点附近一定范围内都可算作最优计划。

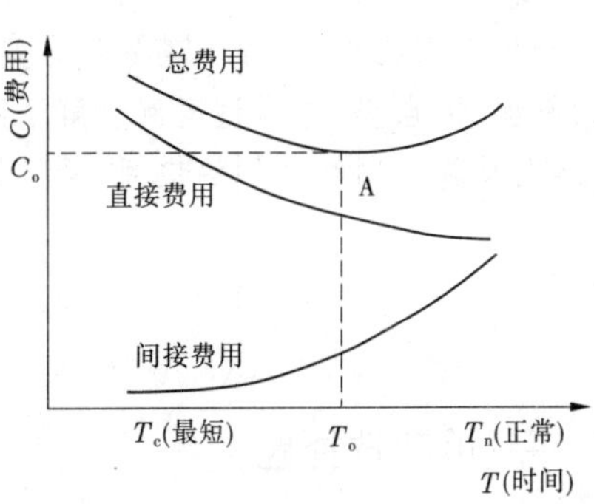

图 4-46　工程成本与工期关系曲线

4.5.3.2　费用优化的方法与步骤

进行费用优化，应首先求出不同工期下最低直接费用，然后考虑相应的间接费的影响和工期变化带来的其他损益,包括效益增量和资金的时间价值等,最后通过叠加求出最低工程总成本。

费用优化应按下列步骤进行:

(1)按工作正常持续时间画出网络计划,找出关键工作及关键线路。

(2)计算各项工作的直接费用率 ΔC_{i-j}^{O}:

$$\Delta C_{i-j}^{O} = \frac{C_{i-j}^{C} - C_{i-j}^{N}}{D_{i-j}^{N} - D_{i-j}^{C}} \tag{4-24}$$

式中 ΔC_{i-j}^{O}——$i—j$ 工作的直接费用率;

C_{i-j}^{C}——$i—j$ 工作的最短持续时间的直接费用;

C_{i-j}^{N}——$i—j$ 工作的正常持续时间的直接费用;

D_{i-j}^{C}——$i—j$ 工作的最短持续时间;

D_{i-j}^{N}——$i—j$ 工作的正常持续时间。

(3)确定出各项工作的间接费用率。

工作 $i—j$ 的间接费的费用率用 ΔC_{i-j}^{k}表示,其值根据实际情况确定。

(4)在网络计划中找出直接费率或组合费用率最低的一项关键工作或一组关键工作,作为缩短持续时间的对象,其缩短值必须符合:①不能压缩为非关键工作。②缩短后的持续时间不小于最短持续时间。

(5)计算缩短后的总费用 C'_T:

$$C'_T = C_T + \Delta T_{i-j}(\Delta C_{i-j}^{O} - \Delta C_{i-j}^{k}) \tag{4-24}$$

式中 C'_T——将工期缩短后的总费用;

C_T——工期缩短前的总费用;

ΔT——工期缩短值;

其余符号意义同前。

(6)重复本条(3)~(5)款的步骤,一直计算到总费用最低为止。

网络计划的优化过程是一项非常复杂的过程,计算工作量十分巨大,用手工计算很难实现,必须借助电子计算机。随着计算机技术的快速发展,采用计算机专业软件,网络计划的优化工作已变成一项很容易的事情了。

小 结

网络计划技术是一种以网络图形来表达计划中各项工作之间相互依赖、相互制约的关系,分析其内在规律,寻求其最优方案的计划管理技术。本章介绍了网络计划技术的基本概念、原理、优点等,并通过案例讲解了网络图的绘制、网络计划时间参数的计算、双代号时标网络图及施工网络计划的应用、网络计划优化等内容。

能力训练

一、单项选择题

1. 在网络计划中,关键工作是指(   )。

A. 总时差最小的工作　　B. 自由时差最小的工作

C. 时标网络计划中无波形线的工作　　D. 持续时间最长的工作

2. 双代号网络图中虚线表示(　　)。

A. 资源消耗程度　　B. 工作的持续时间

C. 工作之间的逻辑关系　　D. 非关键工作

3. 在某工程单代号网络计划中,错误的说法是(　　)。

A. 关键线路只有一条

B. 在计划实施过程中,关键线路可以改变

C. 关键工作的机动时间最少

D. 相邻关键工作之间的时间间隔为零

4. 在工程网络计划中,如果某项工作拖延时间超过自由时差,则(　　)。

A 必定影响其紧后工作的最早开始时间　　B. 必定影响总工期

C. 该项工作必定变为关键工作　　D. 对其后续工作及工程总工期无影响

5. 关于自由时差和总时差,下列说法中错误的是(　　)。

A. 自由时差为零,总时差必定为零

B. 总时差为零,自由时差必为零

C. 不影响总工期的前提下,工作的机动时间为总时差

D. 不影响紧后工序最早开始的前提下,工作的机动时间为自由时差

6. 当计划工期等于计算工期时,(　　)的工作就是关键工作。

A. 自由时差为零　　B. 总时差为零

C. 持续时间为零　　D. 总时差等于自由时差

7. 当网络图中某一非关键工作的持续时间拖延Δ,且大于该工作的总时差TF时,网络计划总工期因此将拖延(　　)。

A. $\Delta - TF$　　B. $\Delta + TF$　　C. Δ　　D. $TF - \Delta$

8. 某工程网络计划中工作M的总时差和自由时差分别为5 d和3 d,该计划执行过程中经检查发现只有工作M的实际进度拖后4 d,则工作M的实际进度(　　)。

A. 既不影响总工期,也不影响其后续工作的正常进行

B. 将其紧后工作的最早开始时间推迟1 d,并使总工期延长1 d

C. 不影响其后续工作的正常进行,但使总工期延长1 d

D. 不影响总工期,但将其紧后工作的最早开始时间推迟1 d

9. 某工程双代号时标网络计划如图4-47所示,其中工作A的总时差和自由时差(　　)周。

A. 均为0　　B. 分别为1和0　　C. 分别为2和0　　D. 均为4

二、多项选择题

1. 关于网络计划,说法正确的是(　　)。

A. 双代号网络图可用于表达复杂的逻辑关系

B. 双代号网络图只允许一个起点节点,但可以有多个终点节点

C. 单代号网络图应只有一个起点节点和一个终点节点

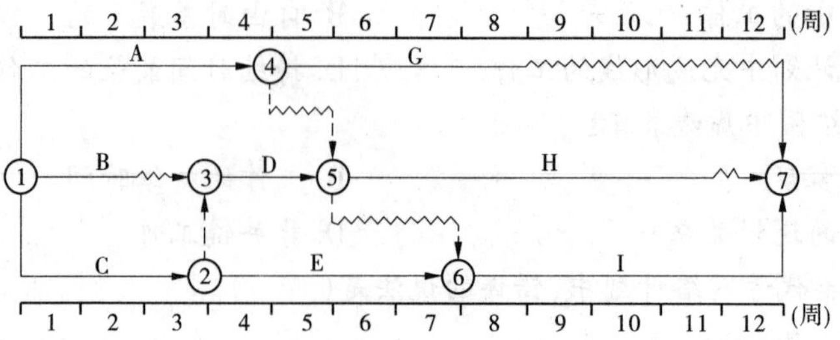

图 4-47

D. 工作自由时差，是指在不影响其紧后工作按最迟开始时间开始的前提下本工作可以利用的机动时间

E. 从起点节点开始到终点均为关键工作的线路，为单代号网络计划的关键线路

2. 网络图的绘图规则有(　　)。

A. 不允许出现代号相同的节点　　B. 不允许出现无箭头的节点

C. 不允许出现多个起始节点　　D. 不允许间断标号

E. 不需要出现多个既有内向箭线，又有外向箭线的节点

3. 某分部工程双代号网络图如图 4-48 所示，其绘图错误表现为(　　)。

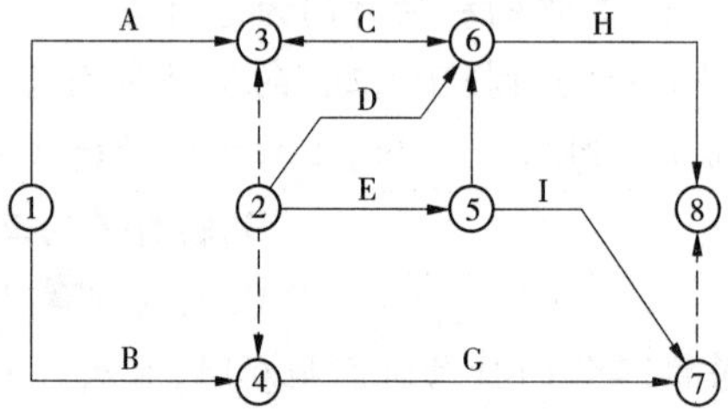

图 4-48

A. 有多个起点节点　　B. 有多个终点节点

C. 节点编号错误　　D. 存在循环回路

E. 有多余虚工作

4. 确定关键线路的依据是(　　)。

A. 从起点节点开始到终点节点为止，各工作的自由时差都为零

B. 从起点节点开始到终点节点为止，各工作的总时差都为零

C. 从起点节点开始到终点节点为止，线路时间最长

D. 从起点节点开始到终点节点为止，各工作的总时差最小

E. 从起点节点开始到终点节点为止，各工作的自由时差最小

5. 进行费用优化时，当需要缩短关键工作的持续时间时，其缩短值的确定必须符合的原则是(　　)。

A. 缩短后工作的持续时间不能小于其最短持续时间

B. 缩短持续时间的工作不能变成非关键工作

C. 被压缩对象的直接费用率或组合直接费用率大于工程间接费用率

D. 被压缩对象的直接费用率或组合直接费用率等于工程间接费用率

E. 被压缩对象的直接费用率或组合直接费用率小于工程间接费用率

6. 工程网络计划的资源优化是指(　　)的过程。

A. 在工期保持不变的条件下,使资源强度最小

B. 在满足资源限制条件下,使工程总成本最低

C. 在满足资源限制条件下,使工期延长最少

D. 在工期保持不变的条件下,使资源需用量尽可能均衡

E. 在资源强度保持不变的条件下,使资源需用量最少

7. 在下列给定的工作的先后顺序,哪些是属于工艺关系(　　)

A. 先室内装修,再室外装修　　B. 先支模,后扎筋　　C. 先做基槽,再做垫层

D. 先设计,再施工　　E. 先基础,后主体

三、简答题

1. 网络计划方法的基本原理是什么?

2. 什么叫双代号网络图?什么叫单代号网络图?

3. 组成双代号网络图的三要素是什么?试述各要素的含义和特性。

4. 什么叫虚箭线?它在双代号网络图中起什么作用?

四、绘图与计算

1. 根据表4-5中各工作的逻辑关系,绘制双代号网络图。

表4-5

工作名称	A	B	C	D	E	F
紧前工作	—	A	A	B、C	C	D、E
紧后工作	B、C	D	D、E	F	F	—

2. 如图4-49所示某工程双代号网络计划,用图上(六时标注)计算法计算时间参数,分别指出图中的关键工作、关键线路,并把它改绘成时标网络图。

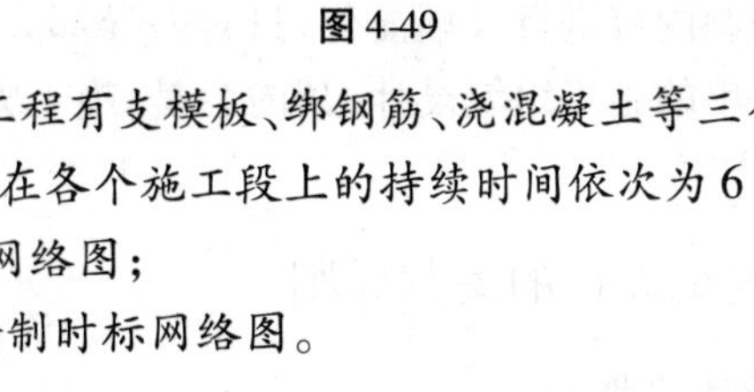

图4-49

3. 某现浇钢筋混凝土工程有支模板、绑钢筋、浇混凝土等三个分项工程组成;它们划分为四个施工段;各分项工程在各个施工段上的持续时间依次为6 d、4 d、2 d。

问题:(1)绘制双代号网络图;

(2)计算时间参数并绘制时标网络图。

5 施工组织设计的编制

【学习目标】

通过本章学习，了解单位工程施工组织设计的编制程序和依据；熟悉单位工程施工组织设计编制的内容和方法，能够根据具体施工图纸，选择经济合理的施工方案，编制施工进度计划表，进行平面图规划，制订施工管理计划。

施工组织设计是由施工企业编制，用以指导施工过程的技术、组织、经济活动的综合文件。通过施工组织设计的编制，可以全面考虑工程实施全过程的各种施工条件，扬长避短地拟订合理的施工方案，确定施工顺序、选择施工方法、劳动组织和技术经济的组织措施，拟订施工进度计划，保证工程按期交付使用；可以使施工企业提前掌握人力、材料和机具使用的先后顺序，合理安排资源的供应与消耗，合理地确定临时设施的数量、规模和用途；可以预计施工过程中可能发生的各种情况，可能使用的各种新技术，事先做好准备和预防，为施工企业实施施工准备工作和施工计划提供依据；可以保证拟建工程施工的顺利进行，取得好、快、省和安全的效果，使基本建设投资早日发挥经济效益和社会效益。

本章主要介绍单位工程施工组织设计的编制。

5.1 单位工程施工组织设计概述

5.1.1 单位工程施工组织设计的编制内容

单位工程施工组织设计的编制内容，视工程的规模大小、复杂程度及用途（投标用或实施用）略有不同。投标用的单位工程施工组织设计（即“技术标”），其内容与格式应满足招标文件中对技术标编制的要求，重视对评标办法的符合性、完整性，强调对业主要求的响应性，满足评委的可读性。实施用的单位工程施工组织设计则应按《建筑施工组织设计规范》（GB/T 50502—2009）的要求编制。已编制施工组织总设计的单位工程施工组织设计，其工程概况、施工部署、施工准备等内容可适当简化，但施工进度计划、资源配置计划、主要施工方案、施工平面布置和施工管理计划等内容则应更详细、更具体；群体工程中的单位工程施工组织设计，则可对相同编制内容进行大幅简化，只对差异部分进行详细、具体的描述。如果工程规模较小，可编制简单的施工组织设计，其内容是：施工方案、施工进度计划、施工平面图，简称“一图、一表、一方案”。

5.1.2 单位工程施工组织设计的编制原则

（1）符合施工组织总设计的要求。

（2）合理安排施工程序和施工顺序，做好技术、物资资源、劳动力、施工机械设备和施工现场的施工准备工作。

(3)采用先进的施工技术和施工组织手段。

(4)考虑各专业工种之间的密切配合。

(5)施工方案的选择应作技术经济比较。

(6)确保工程质量和施工安全。

(7)文明施工与环境保护。

5.1.3 单位工程施工组织设计的编制依据

单位工程施工组织设计的编制依据有如下几个方面:

(1)建筑施工合同的要求,如开竣工日期、施工日期、施工期限、质量要求等。

(2)施工组织总设计、施工图及图纸会审资料对施工的要求。

(3)预算文件提供的工程量和预算成本数据。

(4)建设单位可提供的施工用地、施工用房、水、电等条件。

(5)施工现场具体情况:地形,地上、地下障碍物,水准点,工程与水文地质,气象,交通运输道路等。

(6)劳动力配备情况、材料、构件和加工品的供应情况,主要施工机具的配备情况等。

(7)设备安装进场时间和对土建的要求。

(8)建设用地征购、拆迁情况,施工许可证办理情况。

(9)国家相关技术规定、规范、规程和定额等。

5.1.4 单位工程施工组织设计的编制程序

单位工程施工组织设计编制程序见图5-1。

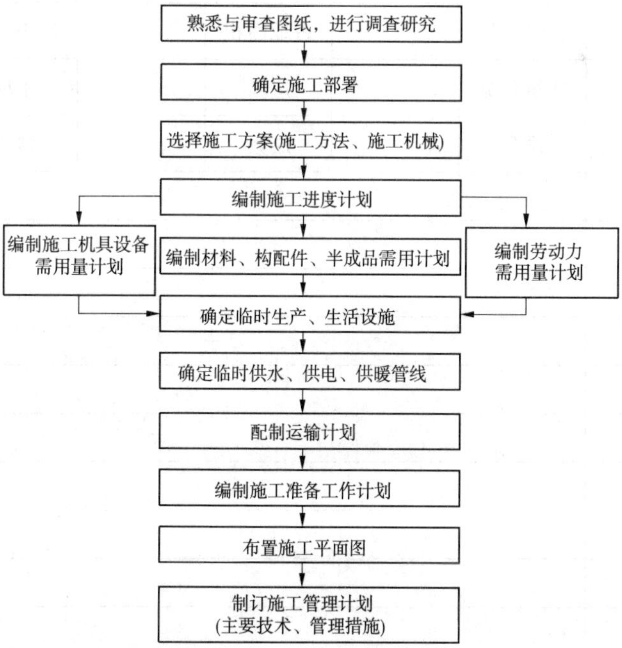

图5-1 单位工程施工组织设计编制程序

(1)熟悉施工图,会审施工图,到现场进行实地调查并收集有关施工资料。

(2)确定施工目标,包括工期、质量、成本、环境和安全等目标。

(3)拟定该项目的组织机构以及项目的施工方式。

(4)施工进度安排和空间组织。

(5)拟订施工方案,进行技术经济比较并选择最优施工方案。

(6)分析拟采用的新技术、新材料、新工艺的措施和方法。

(7)编制施工进度计划,进行方案比较,选择最优方案。

(8)根据施工进度计划和实际条件编制施工准备工作计划及资源需用量计划。

(9)计算施工及生活用临时建筑数量和面积,如材料仓库及堆场面积、工地办公室及临时工棚面积。

(10)计算和设计施工临时用水、供电、供气的用量,加压泵等的规格和型号。

(11)拟订材料运输方案和制订供应计划。

(12)布置施工平面图,进行方案比较,选择最优施工平面方案。

(13)拟订保证工程质量、安全、降低工程成本和确保工期等技术管理措施。

5.2 工程概况

工程概况应包括工程主要情况、各专业设计简介和工程施工条件等。工程概况的内容应尽量采用图表进行说明,见表5-1。

表5-1 工程概况

<table>
<tr><td colspan="3">工程名称</td><td></td><td>工程地址</td><td></td><td>建筑面积</td><td></td><td>开工日期</td><td></td></tr>
<tr><td colspan="3">建设单位</td><td></td><td>建筑总长</td><td></td><td>占地面积</td><td></td><td>竣工日期</td><td></td></tr>
<tr><td colspan="3">设计单位</td><td></td><td>建筑总宽</td><td></td><td>层高</td><td></td><td>工期</td><td></td></tr>
<tr><td colspan="3">施工单位</td><td></td><td>檐高</td><td></td><td>层数</td><td></td><td>造价</td><td></td></tr>
<tr><td rowspan="12">工程设计特点</td><td colspan="2">基础</td><td colspan="7"></td></tr>
<tr><td rowspan="2">墙体</td><td>外</td><td colspan="7"></td></tr>
<tr><td>内</td><td colspan="7"></td></tr>
<tr><td colspan="2">柱</td><td colspan="7"></td></tr>
<tr><td colspan="2">梁</td><td colspan="7"></td></tr>
<tr><td colspan="2">板</td><td colspan="7"></td></tr>
<tr><td rowspan="2">地面</td><td>垫层</td><td colspan="7"></td></tr>
<tr><td>面层</td><td colspan="7"></td></tr>
<tr><td colspan="2">楼面</td><td colspan="7"></td></tr>
<tr><td colspan="2">屋面</td><td colspan="7"></td></tr>
<tr><td colspan="2">门窗</td><td colspan="7"></td></tr>
</table>

续表 5-1

<table>
<tr><td rowspan="9">工程设计特点</td><td rowspan="3">装饰</td><td>天棚</td><td></td></tr>
<tr><td>内装饰</td><td></td></tr>
<tr><td>外装饰</td><td></td></tr>
<tr><td rowspan="6">水电设备</td><td>给水</td><td></td></tr>
<tr><td>排水</td><td></td></tr>
<tr><td>空调</td><td></td></tr>
<tr><td>采暖</td><td></td></tr>
<tr><td>消防</td><td></td></tr>
<tr><td>弱电</td><td></td></tr>
<tr><td colspan="3">气象条件</td><td></td></tr>
<tr><td colspan="3">工程地质</td><td></td></tr>
<tr><td colspan="3">水文地质</td><td></td></tr>
<tr><td colspan="3">施工条件</td><td></td></tr>
<tr><td colspan="3">其他</td><td></td></tr>
</table>

5.2.1 工程主要情况

(1)工程名称、性质和地理位置。

(2)工程的建设、勘察、设计、监理和总承包等相关单位的情况。

(3)工程承包范围和分包工程范围。

(4)施工合同、招标文件或总承包单位对工程施工的重点要求。

(5)其他应说明的情况。

5.2.2 各专业设计简介

(1)建筑设计简介。应依据建设单位提供的建筑设计文件进行描述，包括建筑规模、建筑功能、建筑特点、建筑耐火、防水及节能要求等,并应简单描述工程的主要装修做法。

(2)结构设计简介。应依据建设单位提供的结构设计文件进行描述,包括结构形式、地基基础形式、结构安全等级、抗震设防类别、主要结构构件类型及要求等。

(3)机电及设备安装专业设计简介。应依据建设单位提供的各相关专业设计文件进行描述,包括给水、排水及采暖系统、通风与空调系统、电气系统、智能化系统、电梯等各个专业系统的做法要求。

5.2.3 工程施工条件

(1)项目建设地点气象状况。简要介绍项目建设地点的气温、雨、雪、风和雷电等气象变化情况以及冬、雨期的期限和冬季土的冻结深度等情况。

(2)项目施工区域地形和工程水文地质状况。简要介绍项目施工区域地形变化和绝对标高,地质构造、土的性质和类别、地基土的承载力,河流流量和水质,最高洪水和枯水期水位,地下水位的高低变化,含水层的厚度、流向、流量和水质等情况。

(3)项目施工区域地上、地下管线及相邻的地上、地下建(构)筑物情况。

(4)与项目施工有关的道路、河流等状况。

(5)当地建筑材料、设备供应和交通运输等服务能力状况。简要介绍建设项目的主要材料、特殊材料和生产工艺设备供应条件及交通运输条件。

(6)当地供电、供水、供热和通信能力状况。根据当地供电、供水、供热和通信情况,按照施工需求描述相关资源提供能力及解决方案。

(7)其他与施工有关的主要因素。

5.3 施工部署

5.3.1 施工部署的内容

单位工程施工部署是在对拟建工程的工程概况、建设要求、施工条件等进行充分了解的基础上,对工程涉及的任务、资源、时间、空间的总体安排,并确定工程施工重大问题的方案。

施工部署的各项内容,应能综合反映施工阶段的划分和衔接、施工任务的划分与协调、施工进度的安排与资源供应、组织指挥系统与调控机制。其主要内容通常包括:

(1)确定工程施工主要目标,包括进度、质量、安全、环境和成本等目标。

(2)确定工程施工管理的组织机构形式。

(3)确定施工进度安排和空间组织。施工进度安排和空间组织包括划分施工任务、落实施工队伍、明确总分包职责;确定工程施工程序、施工段划分及施工流向,流水施工、交叉作业及季节性施工措施的安排。

(4)分析工程施工的重点和难点。

(5)对工程施工中开发和使用的新技术、新工艺提出部署,对新材料和新设备提出技术与管理要求。

(6)简要说明分包工程施工单位的选择要求和管理方式、施工组织安排等。

5.3.2 工程施工目标

工程施工目标应根据施工合同、招标文件以及本单位对工程管理目标的要求确定,包括进度、质量、安全、环境和成本等目标。各项目标应满足施工组织总设计中确定的总体目标。工程施工目标可用表格体现,如表5-2所示。

表5-2 施工项目管理目标

项目管理目标名称	目标值
成本目标	
工期	
质量目标	
安全目标	
环保施工、CI目标	

5.3.3　项目管理组织机构

施工单位应根据施工目标建立合理的施工项目管理机构形式，并确定项目经理部的工作岗位设置及其职责划分。项目管理的组织机构应采用框图的形式，见图 5-2。

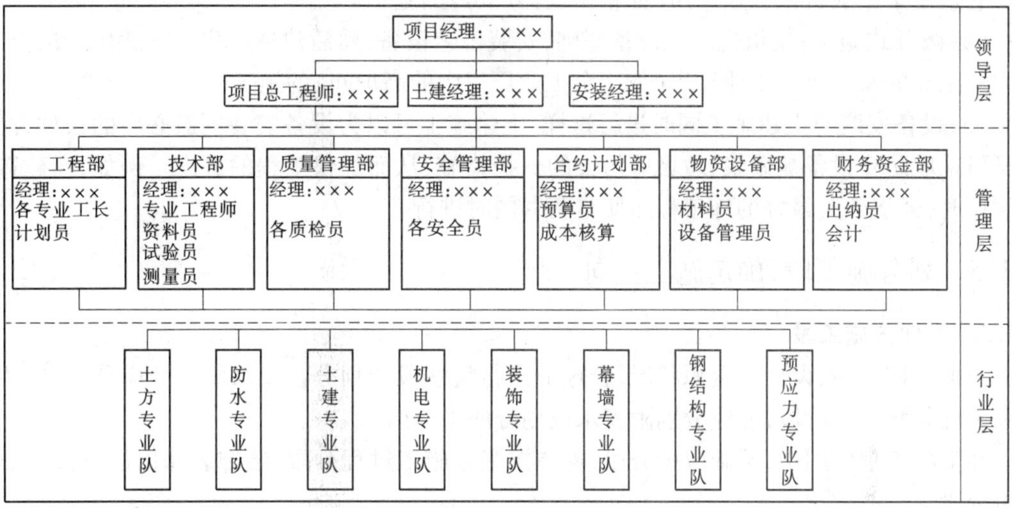

图 5-2　施工项目管理机构

5.3.4　确定施工程序

施工程序是指单位工程中各分部工程或施工阶段的先后次序，主要是从总体上确定单位工程各主要分部工程的施工顺序。单位工程施工阶段的划分一般包括施工准备、基础施工、主体结构施工、屋面与装饰装修工程施工、水电安装施工和竣工验收六个阶段。在确定施工程序时应考虑以下原则。

5.3.4.1　“先地下后地上”“先土建后设备”“先主体后围护”“先结构后装饰”的原则

“先地下后地上”，指的是在地上工程开始之前，尽量把管线、线路等地下设施和土方及基础工程做好或基本完成，以免对地上部分工程施工有干扰，带来不便，造成浪费，影响质量。

“先土建后设备”，就是说不论是工业建筑还是民用建筑，土建与水、暖、电、卫设备的关系都需要摆正，尤其在装修阶段，要从保质量、讲成本的角度处理好两者的关系。

“先主体后围护”，主要是指框架结构应注意在总的程序上有合理的搭接。一般来说，多层建筑的主体结构与围护结构以少搭接为宜，而高层建筑则应尽量搭接施工，以便有效地节约时间。

“先结构后装饰”，是指对一般情况而言，有时为了压缩工期，也可以部分搭接施工。

但是，由于影响施工的因素很多，故施工程序并不是一成不变的，特别是随着建筑工业化的不断发展，有些施工程序也将发生变化。例如，考虑季节性影响，冬季施工前应尽可能完成土建和围护结构，以利防寒和室内作业的开展。

5.3.4.2　合理安排土建施工与设备安装的施工程序

工业厂房的施工很复杂，除要完成一般土建工程外，还要同时完成工艺设备和工业管道等的安装工程。为了使工厂早日投产,不仅要加快土建工程施工速度,为设备安装工程提供作业面,而且应该根据设备性质、安装方法、厂房用途等因素,合理安排土建工程与工艺设备安装工程之间的施工程序。根据所采用的施工方法不同,一般有以下三种程序:

(1)封闭式施工:是指土建主体结构完成之后(或装饰工程完成之后),即可进行设备安装。它适用于一般机械工业厂房(如精密仪器厂房)的施工。

(2)敞开式施工:是指先施工设备基础,安装工艺设备,然后建造厂房。它适用于冶金、电力等工业的某些重型工业厂房(如冶金工业厂房中的高炉间)的施工。

(3)设备安装与土建施工同时进行这样,土建施工可以为设备安装创造必要的条件,同时又可采取防止设备被砂浆、垃圾等污染的保护措施,从而加快工程的进度。例如,在建造水泥厂时,经济效益最好的施工程序便是两者同时进行。

5.3.5 划分施工段,确定施工流向

5.3.5.1 划分施工段

根据工期目标、设计和资源状况,合理地进行流水段的划分。流水段划分应分基础、主体和装饰装修三个阶段,并应分别附流水段划分的平面图。

在实际工程应用中,基础应少分段,主体按主导施工过程分段,装饰装修以层分段或每层再分段。

5.3.5.2 确定施工起点流向

施工起点流向是指单位工程在平面上和竖向空间上施工开始部位和进展方向。单层建筑要确定分段(跨)在平面上的施工流向,多层建筑除确定每层在平面上的施工流向外,还应确定每层或单元在竖向上的施工流向。其决定因素包括:

(1)单位工程生产工艺要求。

(2)业主对单位工程投产或交付使用的工期要求。

(3)单位工程各部分复杂程度,一般从复杂部位开始。

(4)单位工程高低层并列,一般从并列处开始。

(5)如基础深度不同,一般先从深基础部分开始。

(6)分部工程或施工阶段的特点及其相互关系。

基础工程由施工机械和施工方法决定其平面的施工起点和流向;主体结构工程从平面上看,从哪一边先开始都可以,但竖向应自下而上施工;装饰工程竖向的流向比较复杂,室外装饰一般采用自上而下的流向,室内装饰则有自上而下、自下而上及自中而下再自上而中三种流向,见图5-3。管道工程施工时,为了保证其分期使用,排水管道应按“先下游后上游”的顺序施工,而给水管道应按“先上游后下游”的顺序施工,并应符合“先干管后支管,先深后浅”的原则。

在流水施工中,施工起点流向决定了各施工段的施工顺序。因此,确定施工起点流向的同时,应当将施工段的划分和编号确定下来。

5.3.6 确定施工顺序

施工顺序是指单位工程内部各分部分项工程之间的先后施工顺序。施工顺序合理与否,将直接影响工种间配合、工程质量、施工安全、工程成本和施工速度。

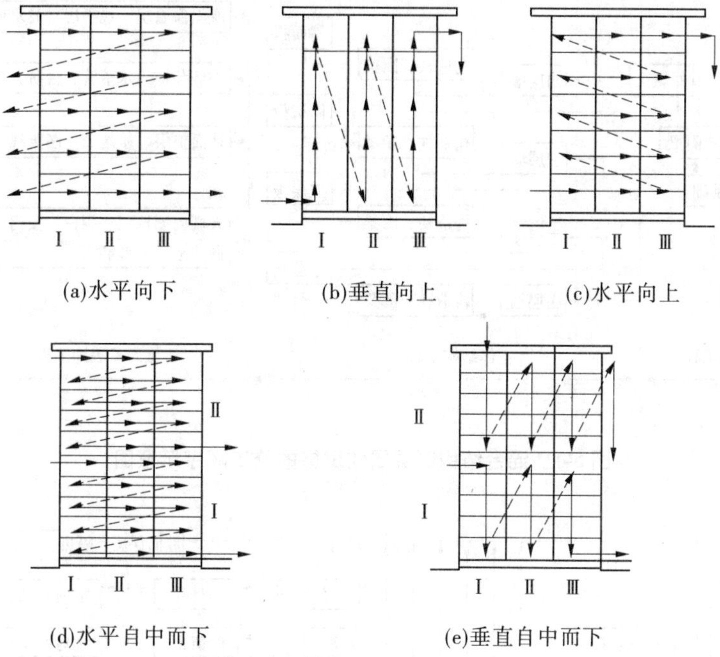

(a)水平向下 (b)垂直向上 (c)水平向上

(d)水平自中而下 (e)垂直自中而下

图 5-3 室内装饰工程施工流向

5.3.6.1 确定施工顺序的原则

各分项工程之间有着客观联系,但也非一成不变,确定施工顺序时,一般应考虑以下原则:

(1)遵循施工程序。

(2)符合施工工艺及构造要求。

(3)与施工方法及施工机械相协调。

(4)符合施工组织(工期、人员、机械)的要求。

(5)有利于施工安全和质量要求。

(6)考虑当地气候条件。

5.3.6.2 几种常见结构类型的施工顺序

1. 多层混合结构居住房屋的施工顺序

多层混合结构居住房屋是当前面广量大的建筑工程,其中住宅房屋的比重最大,这种房屋的施工,一般可划分为基础工程、主体结构工程、屋面及装饰工程三个施工阶段。图 5-4 为混合结构四层居住房屋的施工顺序示意图。

2. 多层全现浇钢筋混凝土框架结构房屋的施工顺序

钢筋混凝土框架结构多用于多层民用房屋和工业厂房,也常用于高层建筑。这种房屋的施工,一般可划分为基础工程、主体结构工程、围护工程和装饰工程四个施工阶段。图 5-5 为九层现浇钢筋混凝土框架结构房屋施工顺序示意图。

3. 装配式钢筋混凝土单层工业厂房的施工顺序

单层工业厂房由生产工艺的需要进行设计,故无论在厂房类型、建筑平面、造型上或在结构构造上都与民用建筑有很大差别,具有设备基础和各种管网。因此,单层工业厂房的施工要比民用建筑复杂。装配式钢筋混凝土单层工业厂房的施工可分为基础工程、预制工程、

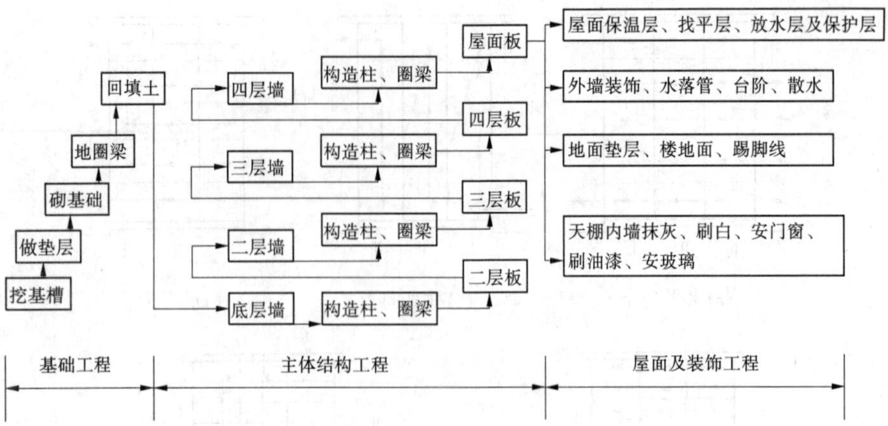

图 5-4　混合结构四层居住房屋的施工顺序示意图

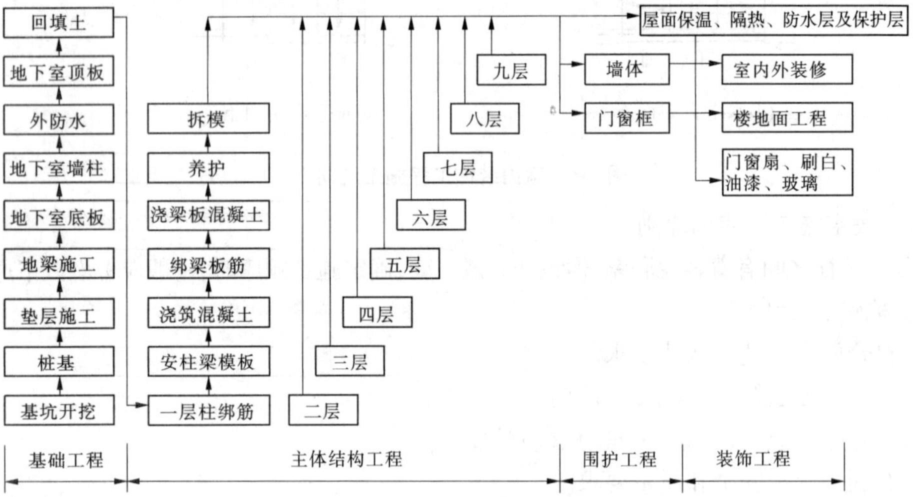

注:主体二～九层的施工顺序同一层

图 5-5　九层现浇钢筋混凝土框架结构房屋施工顺序示意图

结构安装工程、围护工程和屋面装饰工程五个施工阶段。图 5-6 为装配式钢筋混凝土单层

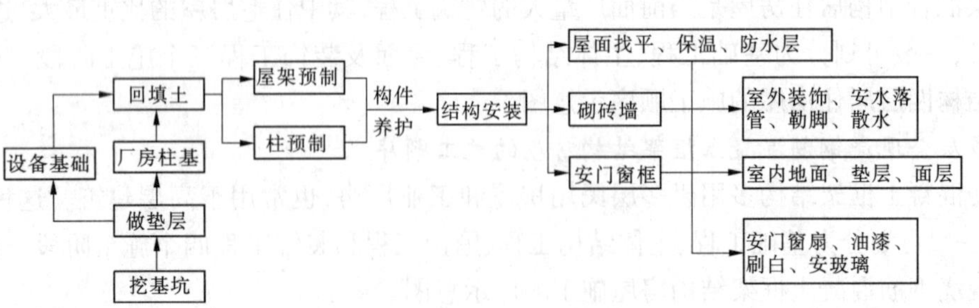

图 5-6　装配式钢筋混凝土单层工业厂房施工顺序示意图

工业厂房施工顺序示意图。

对于厂房的设备基础,由于其与厂房柱基础施工顺序不同,常常会影响到主体结构的安装方法和设备安装投入的时间。因此,需根据具体情况决定其施工顺序,通常有以下两种方案:

(1)当厂房柱基础的埋置深度大于设备基础的埋置深度时,则采用"封闭式"施工,即厂房柱基础先施工,设备基础后施工。一般来说,当厂房施工处于冬季或雨季施工时,或设备基础不大,且在厂房结构安装后对厂房结构的稳定性并无影响时,或对于较大、较深的设备基础采用了特殊的施工方法(如沉井)时,可采用"封闭式"施工方法。

(2)当设备基础的埋置深度大于厂房柱基础的埋置深度时,通常采用"开敞式"施工,即设备基础与厂房柱基础同时施工。如果设备基础与厂房柱基础埋置深度相同或接近,那么两种施工顺序均可随意选择。只有当设备基础较大、较深,其基坑的挖土范围已经与厂房柱基础的基坑挖土范围连成一片或深于厂房柱基础,以及厂房柱基础所在地土质不佳时,才采用"开敞式"施工。

单层工业厂房结构构件的预制方式,一般可采用加工厂预制和现场预制相结合的方法。在具体确定预制方案时,应结合构件技术特征、当地加工厂的生产能力、工程的工期要求、现场施工及运输条件等因素,经过技术经济分析之后确定。通常,对于尺寸大、自重大的大型构件,因运输困难而带来较多问题,所以多采用在拟建厂房内部就地预制,如柱、托架梁、屋架、鱼腹式预应力吊车梁等;对于种类及规格繁多的异形构件,可在拟建厂房外部集中预制,如门窗过梁等;对于数量较多的中小型构件,可在加工厂顶制,如大型屋面板等标准构件、木制品及钢结构构件等。加工厂生产的预制构件应随着厂房结构安装工程的进展陆续运往现场,以便安装。

5.3.7 工程施工重点和难点分析

分析工程设计情况、合同文本情况、当地环境情况等,提出重点和难点,并且提出简要的应对措施,可采用表格形式表述,见表5-3。

表5-3 工程施工重点与难点分析

序号	管理内容	重点、难点	具体分析	应对措施

5.3.8 新技术应用要求

工程施工项目应用的新技术包括两方面:一是住房与城乡建设部推广应用的十项新技术,要积极推广应用,在施工布署时要充分予以考虑;二是根据前面分析的一些工程难点,需要开发新的技术来解决,在施工部署时要有所考虑。此部分内容不必叙述很多,可以采用表格形式表述,见表5-4。

表5-4 新技术应用要求

序号	新技术名称	应用部位	应用要点	应用时间	责任人

5.4 施工方案

5.4.1 施工方案的内容及编制要求

施工方案是单位工程施工组织设计的核心内容,应结合工程的具体情况,遵循先进性、可行性和经济性兼顾的原则进行。

施工方案编制应按照施工布署确定的施工程序,明确施工方法、选定施工机械。对施工过程来讲,不同的施工方法与施工机械,其施工效果和经济效果是不相同的,它直接影响施工进度、施工质量、工程造价及生产安全等。因此,正确选用施工方法和施工机械,在施工组织设计中占有相当重要的地位。

根据《建筑施工组织设计规范》(GB/T 50502—2009)要求,施工方案的编制应符合以下要求:

(1)单位工程应按照《建筑工程施工质量验收统一标准》(GB 50300)中分部、分项工程的划分原则,对主要分部、分项工程制订施工方案。

(2)对脚手架工程、起重吊装工程、临时用水用电工程、季节性施工等专项工程所采用的施工方案应进行简要的说明。

(3)对临时用水用电工程施工方案还应进行简要的计算。

(4)重要的分部、分项工程、特殊过程、关键过程,应确定其施工方法,具体内容则另行编制详细的施工方案。

5.4.2 施工方法与施工机械的选择

施工方法在施工方案中具有决定性的作用。施工方法一经确定,施工机具、施工组织只能按确定的施工方法进行。确定施工方法时,首先考虑该方法在施工中是否有实现的可能,是否符合国家技术政策,经济上是否合算。其次须考虑对其他工程施工的影响。确定施工方法时须进行多方案比较,力求降低施工成本。

施工方法与施工机械是紧密联系的。在现代建筑施工中,施工机械选择是确定施工方法的中心环节。在技术上是解决各施工过程的施工手段,在施工组织上是解决施工过程的技术先进性和经济合理性的统一。施工机械的选择应遵循切合需要、实际可能、经济合理的原则。具体应考虑以下主要因素:

(1)首先选择主导施工机械,如地下工程的土石方机械、桩工机械,主体结构工程的垂直和水平运输机械,结构工程吊装机械等。

(2)辅助机械与主导施工机械相配套。除主导施工机械须满足施工需要外,配套的辅助机械要有利于发挥主导施工机械效率。

(3)在现有的或可能获得的机械中进行选择。适用性优先、一机多用,减少机械类型,简化机械的现场管理和维修工作。

5.4.3 主要分部分项工程施工方案

5.4.3.1 施工测量方案

施工测量方案包括测量控制网的建立、平面和高程控制测量方法的选择、测量精度控制、沉降与变形观测方案。

5.4.3.2 **土方与基础工程施工方案**

(1)土方工程施工的开挖方式(机械还是人工)、开挖顺序、边坡留设、坑壁支护、回填与压实方法,确定挖、填、运、压所需的机械设备的型号和数量。

(2)大型土方工程的土方调配方案与挖填平衡安排,如基坑(槽)开挖排除地面水、降低地下水的方法。

(3)基础工程的施工方法、施工顺序、选择,如沟渠、集水井和井点的布置和所需设备。

5.4.3.3 **砌筑工程施工方案**

砌筑工程施工方案包括砌筑工艺选择、组砌方式、间断处的留槎与钢筋拉结,芯柱、构造柱的槎口留设与浇筑方法等。

5.4.3.4 **脚手架及垂直运输工程**

脚手架及垂直运输工程包括脚手架的搭设方案,塔吊、提升机等垂直运输设施的选型、布置和安全使用措施,如何周转等。

5.4.3.5 **混凝土和钢筋混凝土施工方案**

(1)模板类型和支模方法:根据不同结构类型、现场条件确定模板的类型及支模方法,按使用部位列出加工数量,说明加工制作和安装要点、周转次数、水平及垂直运输方案等。

(2)钢筋加工、运输和安装方法。选择钢筋连接方法或焊接工艺,确定钢筋骨架成型、运输及安装方法,提出钢筋机械计划。

(3)混凝土搅拌和运输方法。选择混凝土原材料及外加剂、外掺料的规格、品种和计量方法,确定搅拌机类型、型号和搅拌制度,确定混凝土水平及垂直输送方法,提出混凝土机具需用计划。

(4)混凝土浇筑和养护方法。确定混凝土浇筑顺序、流向、工作班次,说明混凝土布料方法、分层厚度、振捣方法及养护制度;确定施工缝留设方法及位置。钢筋工程应确定钢筋加工方式、钢筋接头方式等。

5.4.3.6 **结构吊装方案**

(1)按构件的外形尺寸、质量和安装高度,建筑物外形和周围环境,选定所需的吊装机械类型、型号和数量。

(2)确定结构吊装方法(分件吊装还是节间综合吊装),安排吊装顺序、停机位置和行驶路线,以及制作、绑扎、起吊、对位和固定的方法。

(3)构件运输、装卸、堆放方法,确定吊装机械的型号和数量。

5.4.3.7 **装饰工程施工方案**

装饰工程施工方案包括一般抹灰、装饰抹灰、饰面砖镶贴、吊顶及隔断、门窗及幕墙、裱糊及涂饰工程的工艺流程与流水施工的安排,施工方法和质量控制要点,装饰材料的场内运输方案等。

5.4.3.8 **防水工程施工方案**

防水工程施工方案包括地下室及屋面的防水材料选择、施工工艺和质量控制要点等。

5.4.3.9 **节能保温工程施工方案**

节能保温工程施工方案包括外墙及屋面的工艺流程、节点处理和施工方法等。

5.4.3.10 **水、电设备安装施工方案**

(1)室内给水系统工程。包括各部位采用的材料,确定总体施工程序,管道布置要点和敷设方法,管材间的连接方式,特殊部位(如穿墙、穿楼板等)施工要点,新材料的施工要点等。

(2)电气照明安装工程。包括采用的配电柜、灯具、插座、开关、配线导线材质、型号规格等,确定总体施工程序,不同配电柜、灯具等安装方法,大(重)型灯具等施工要点,调试运行安排等。

5.4.3.11 **其他施工技术方案**

(1)季节施工技术方案。包括冬雨期和高温季节的施工技术方案。

(2)新技术应用施工方案。包括拟采用的新技术、新工艺、新材料的技术特点、工艺流程、试验及施工方法、质量控制与检验等内容。

(3)重点、难点分部(分项)工程施工方案。工程中的重点、难点及危险性较大的分部(分项)工程施工前应编制专项施工方案,对超过一定规模的危险性较大的分部(分项)工程,承包商应组织专家对专项方案进行论证。

5.5 施工进度计划的编制

单位工程施工进度计划是根据规定的工期和各种资源供应条件,对各项施工过程的施工顺序、起止时间和相互衔接关系作出统筹策划和安排。小型工程可用横道图绘制,大中型工程宜采用网络图绘制,计算时间参数,找出关键线路,选择最优方案。

5.5.1 施工进度计划的编制依据和程序

5.5.1.1 施工进度计划的编制依据

编制单位工程施工进度计划主要依据下列资料:

(1)经审批的建筑总平面图、施工图及其他技术资料。

(2)合同要求的开工日期、竣工日期及工期控制点。

(3)施工组织总设计对本单位工程的有关规定。

(4)施工条件,劳动力、大型施工机械及材料、半成品、构件等资源的供应情况,分包商的实力及履约能力,建筑地区的工程地质、水文、气象等技术经济资料。

(5)主要分部分项工程的施工方案。

(6)工期定额、劳动定额及机械台班定额。

5.5.1.2 施工进度计划的编制程序

单位工程施工进度计划的编制程序如图 5-7 所示。

5.5.2 进度计划的编制

5.5.2.1 确定施工项目

编制施工进度计划时,首先应按照图纸和施工顺序将拟建单位工程的各个施工过程列出,并结合施工方法、施工条件、劳动组织等因素,加以适当调整,使之成为编制施工进度计划所需的施工项目。施工项目是包括一定工作内容的施工过程,它是施工进度计划的基本

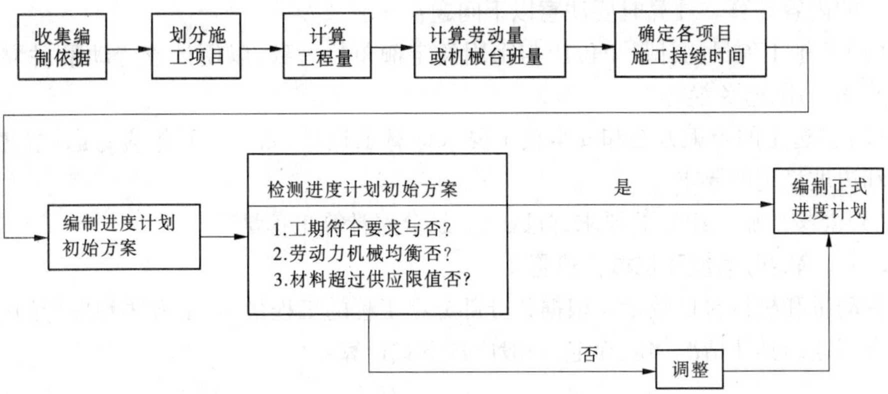

图 5-7 单位工程施工进度计划的编制程序

组成单元。

单位工程施工进度计划的施工项目仅包括现场直接在建筑物上施工的施工过程,如砌筑、安装等,而对于构件制作和运输等施工过程,则不包括在内。但对现场就地预制的钢筋混凝土构件的制作,不仅单独占有工期,且对其他施工过程的施工有影响,或构件的运输需要与其他施工过程的施工密切配合,如楼板随运随吊,这时仍需将这些制作和运输过程列入施工进度计划。

在确定施工项目时,应注意以下几个问题:

(1)施工项目划分的粗细程度,应根据进度计划的需要来确定。对控制性施工进度计划,项目划分得粗一些,通常只列出分部工程,如混合结构居住房屋的控制性施工进度计划,只列出基础工程、主体工程、屋面工程和装饰工程四个项目;而对实施性施工进度计划,项目划分要细一些,应明确到分项工程或更具体,以满足指导施工作业的要求,如屋面工程应划分为找平层、隔汽层、保温层、防水层等分项工程。

(2)施工项目的划分要结合所选择的施工方案。如结构安装工程,若采用分件吊装方法,则施工项目的名称、数量和内容及其吊装顺序应按构件来确定;若采用综合吊装方法,则施工项目应按施工单元(节间或区段)来确定。

(3)适当简化施工进度计划的内容,避免施工项目划分过细、重点不突出。因此,可考虑将某些穿插性分项工程合并到主要分项工程中去,如门窗框安装可并入砌筑工程;而对于在同一时间内由同一施工班组施工的过程可以合并,如工业厂房中的钢窗油漆、钢门油漆、钢支撑油漆、钢梯油漆等可合并为钢构件油漆一个施工项目;对于次要的、零星的分项工程,可合并为“其他工程”一项列入。

(4)水、暖、电、卫和设备安装等专业工程不必细分具体内容,由各个专业施工队自行编制计划并负责组织施工,而在单位工程施工进度计划中只要反映出这些工程与土建工程的配合关系即可。

(5)所有施工项目应大致按施工顺序列成表格,编排序号,避免遗漏或重复,其名称可参考现行的施工定额手册上的项目名称。

5.5.2.2 计算工程量

工程量的计算应严格按施工图和工程量计算规则进行。若已有预算文件且施工项目的划分又与施工进度计划一致,可直接利用其预算工程量;若某些项目不一致,则应结合工程项目栏的内容计算。计算时要注意以下问题：

(1)各施工项目的计量单位应与采用的定额单位一致,以便计算劳动量、材料、机械台班时直接套用,避免换算。

(2)按选定的施工方法和安全技术要求计算工程量,如土方开挖应考虑坑(槽)的挖土方法和边坡稳定的要求。

(3)要按照施工组织的要求,分区、分段、分层计算工程量。

5.5.2.3 **确定劳动量和机械台班量**

劳动量和机械台班数量应根据各分部分项工程的工程量、施工方法和现行的施工定额,并结合当地的具体情况加以确定,一般应按下式计算：

$$P = \frac{Q}{S} \tag{5-1}$$

或

$$P = QH \tag{5-2}$$

式中 P——完成某施工过程所需的劳动量,工日,或机械台班数量,台班;

Q——完成某施工过程的工程量;

S——某施工过程所采用的产量定额;

H——某施工过程所采用的时间定额。

【例 5-1】 已知某单层工业厂房的柱基坑土方量为 3 240 m^3,采用人工挖土,每工产量定额为 3.9 m^3,计算完成挖基坑所需的劳动量。

$$P = \frac{Q}{S} = \frac{3\ 240}{3.9} = 830(\text{工日})$$

若已知时间定额为 0.256 工日/m^3,则完成挖基坑所需劳动量为

$$P = QH = 3\ 240 \times 0.256 = 830(\text{工日})$$

经常还会遇到施工进度计划所列项目与施工定额所列项目的工作内容不一致的情况,其具体处理方法如下：

(1)若施工项目由两个或两个以上的同一工种,但材料、做法或构造都不同的施工过程合并而成,可用其加权平均定额来确定劳动量或机械台班量。加权平均产量定额的计算可按下式进行：

$$\overline{S}_i = \frac{\sum_{i=1}^{n} Q_i}{\sum_{i=1}^{n} P_i} \tag{5-3}$$

$$\left.\begin{aligned} \sum_{i=1}^{n} Q_i &= Q_1 + Q_2 + Q_3 + \cdots + Q_n \\ \sum_{i=1}^{n} P_i &= \frac{Q_1}{S_1} + \frac{Q_2}{S_2} + \frac{Q_3}{S_3} + \cdots + \frac{Q_n}{S_n} \end{aligned}\right\} \tag{5-4}$$

式中 $\overline{S}_i$——某施工项目加权平均产量定额;

$Q_1, Q_2, Q_3, \cdots, Q_n$——同一工种,但施工做法、材料或构造不同的各个施工过程的工程量;

$S_1, S_2, S_3, \cdots, S_n$——与上述施工过程相对应的产量定额。

(2)对于有些采用新技术、新材料、新工艺或特殊施工方法的施工项目,其定额在施工定额手册中未列入,可参考类似项目或实测确定。

(3)对于“其他工程”项目所需劳动量,可根据其内容和数量,并结合施工现场的具体情况,以占总劳动量的百分比(一般为10% ~20%)计算。

(4)水、暖、电、卫设备安装等工程项目,一般不计算劳动量和机械台班需要量,仅安排与一般土建单位工程配合的进度。

【例5-2】 某学校的教学楼外墙面抹灰装饰有干粘石、贴饰面砖、剁假石三种施工做法,其工程量分别是684.5 m²、428.7 m²、208.3 m²,所采用的产量定额分别是4.17 m²/工日、2.53 m²/工日、1.53 m²/工日。试计算加权平均产量定额。

$$\overline{S} = \frac{Q_1 + Q_2 + Q_3}{\frac{Q_1}{S_1} + \frac{Q_2}{S_2} + \frac{Q_3}{S_3}} = \frac{684.5 + 428.7 + 208.3}{\frac{684.5}{4.17} + \frac{428.7}{2.53} + \frac{208.3}{1.53}} = 2.81(\text{m}^2/\text{工日})$$

5.5.2.4 确定各项目的施工持续时间

施工项目的施工持续时间的计算方法一般有定额计算法、倒排计划法和经验估计法等。

1. 定额计算法

这种方法就是根据施工定额或企业定额确定施工项目需要的劳动量或机械台班量(式(5-1)、式(5-2)),以及配备的工人人数或机械台数,来确定其工作的持续时间。其计算公式为

$$t = \frac{Q}{RSN} = \frac{P}{RN} \tag{5-5}$$

式中 t——项目施工持续时间,按进度计划的粗细,可以采用小时、日或周;

Q——项目的工程量,可以用实物量单位表示;

R——拟配备的工人或机械的数量,用人数或台数表示;

S——产量定额,即单位工日或台班完成的工程量;

N——每天工作班制;

P——劳动量(工日)或机械台班量(台班)。

【例5-3】 某工程砌筑砖墙,需要总劳动量110工日,一班制工作,每天出勤人数为22人(其中瓦工10人、普工12人),计算施工持续时间。

解

$$t = \frac{P}{RN} = \frac{110}{22 \times 1} = 5(\text{工日})$$

在安排每班工人人数和机械台数时,应综合考虑各施工过程的工人班组中的每个工人或每台施工机械都应有足够的工作面(不能小于最小工作面),以发挥效率并保证施工安全;各施工过程在进行正常施工时,所必须的最低限度的工人班组人数及其合理组合,不能小于最小劳动组合,以达到最高的劳动生产率。

2. 倒排计划法

首先根据规定的合同工期或工期定额及施工经验,确定各分部工程的施工工期,然后利用全等节拍工期计算原理,确定各分部工程中主导施工过程的流水节拍值,再确定其他施工

过程的流水节拍值(应小于等于主导施工过程流水节拍值);最后利用式(5-5)计算各分项工程所需的工人数或机械台数,并根据实际资源情况进行调整。

【例 5-4】 某单位工程的土方工程采用机械化施工,需要 87 个台班完成,试计算当工期为 11 d 时,所需挖土机的台数。

$$R = \frac{P}{tN} = \frac{87}{11 \times 1} \approx 8(\text{台})$$

在具体工程中,还应根据现场工作面、现有劳动力、机械供应情况对计算结果进行调整。

3. 经验估计法

施工项目的持续时间最好是按正常情况确定,这时它的费用一般是较低的。待编制出初始进度计划并经过计算后再结合实际情况作必要的调整,这是避免因盲目抢工而造成浪费的有效办法。根据过去的施工经验并按照实际的施工条件来估算项目的施工持续时间是较为简便的办法,现在一般也多采用这种办法。这种办法多适用于采用新工艺、新技术、新材料等无定额可循的工种。在经验估计法中,有时为了提高其准确程度,往往采用"三时估计法",即先估计出该项目的最长、最短和最可能的三种施工持续时间,然后据它求出期望的施工持续时间,作为该项目的施工持续时间。其计算公式为

$$t = \frac{A + 4C + B}{6} \tag{5-6}$$

式中 t——项目施工持续时间;

A——最长施工持续时间;

B——最短施工持续时间;

C——最可能施工持续时间。

5.5.2.5 编制施工进度计划的编制

流水施工是组织施工、编制施工进度计划的主要方式,在流水施工基本原理一章中已作了详细介绍。编制施工进度计划时,必须考虑各分部分项工程的合理施工顺序,尽可能组织流水施工,力求主要工种的施工班组连续施工。绘制施工进度计划图时应注意以下几点:

(1)首先确定主导分部工程,组织其中的主导分项工程连续施工,将其他分项工程尽可能与主导分项工程穿插配合、搭接或平行作业。

(2)在主导分项工程中,首先安排主导施工过程,再安排其他施工过程。如现浇混凝土框架结构施工,由支模、扎筋、浇筑混凝土、养护、拆模等施工过程组成,应优先安排柱、梁板的支模、扎筋、混凝土浇筑主导施工过程的施工进度,再安排养护、拆模等施工过程的施工进度。

(3)各分部工程之间按施工顺序或施工组织的要求,将相邻分部工程的分项工程,按流水施工要求或配合关系搭接起来,组成单位工程进度计划的初始方案。

(4)检查和调整施工进度计划初始方案,绘制正式进度计划。

【例 5-5】

某学院教学楼框架结构工程施工进度计划

1 工程背景

某学院教学楼工程为六层现浇钢筋混凝土框架结构,总建筑面积 6 218.68 m^2,建筑物长 52 m,宽 20.8 m,总高度 23.95 m,室内外高差 0.85 m,一层层高 4 m,二层以上层高 3.6

m(其平面简图见图5-8)。该工程投资530多万元,采用公开招标。施工合同已签订,计划2013年2月1日开工,2013年10月底竣工。工期220天(日历天数)。

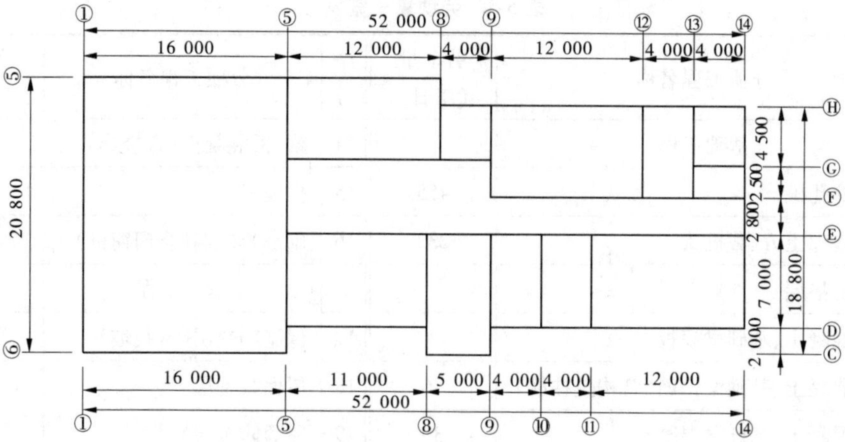

图5-8 教学楼平面图 (单位:mm)

2 各阶段工期目标的控制

为保证整体工程工期目标、优质完成施工任务,必须对各阶段设置工期目标。根据合同工期及工程特点,各阶段的工期控制要求为:

(1)施工准备15 d。

(2)桩基础工程15 d。

(2)土方与基础工程25 d。

(3)主体工程80 d。

(4)屋面及装饰工程110 d。

(5)水电设备安装及收尾15 d(装饰工程之后)。

3 施工组织安排

本工程划分为基础、主体及屋面装修三个施工阶段,水电设备安装与各阶段交叉与配合施工。基础施工阶段划分为两个施工段,自西向东施工,见图5-9;主体工程同一平面上划分为两个施工段,六层共12段,自下而上分层施工;屋面工程不分段,顺序施工;室外装饰工程不分段,自上而下完成;室内装饰一层一段,自上而下进行。由于合同工期只有220 d,扣除施工准备15 d,收尾15 d,实际施工工期只能按190 d安排施工进度计划。因此,不同的分部分项工程之间可组织平行、搭接、立体交叉流水作业,屋面工程、墙体工程、地面工程应密切配合。外脚手架应配合主体工程,且在室外装饰之后、做散水之前拆除。

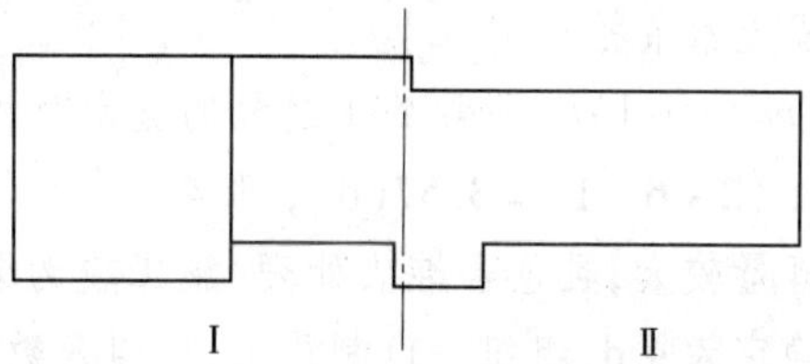

图5-9 基础与主体阶段施工段划分

4 施工项目划分及劳动量计算

根据施工预算资料分析,主要分项工程的劳动量如表5-5所示。

表5-5 劳动量一览表

序号	分项工程名称	劳动量(工日)	序号	分项工程名称	劳动量(工日)
	基础工程		14	梁、板混凝土(含楼梯)	756
1	人工挖孔桩	455	15	拆模	396
2	开挖基础土方、截桩头	232	16	砌空心砖墙(含门窗框)	1 101
3	混凝土垫层			屋面工程	
4	承台混凝土、基础梁模板	137	17	保温隔热层(含找坡)	118
5	承台混凝土、基础梁钢筋(含构造柱筋)	86	18	屋面找平层	89
6	承台混凝土、基础梁混凝土	39	19	屋面防水层	124
7	砖基础	79		装饰工程	
8	回填土	258	20	顶棚墙面中级抹灰	1 645
	主体工程		21	外墙面砖	521
9	脚手架	237	22	楼地面及楼梯地砖	846
10	柱筋	345	23	门窗扇安装	365
11	柱、梁、板模板(含楼梯)	3 468	24	油漆、涂料	798
12	柱混凝土	298	25	室外散水、台阶等	62
13	梁、板筋(含楼梯)	1 080		水、电	

5 编制施工进度计划

5.1 基础工程

5.1.1 桩基础工程

桩基础不分段。根据控制工期要求,桩基础施工持续时间为15 d,需要安排人数为:455 ÷ 15 = 30(人)。

5.1.2 土方与基础工程

根据施工方案,基础工程划分两段组织流水施工的特点,故组成流水施工的施工项目有六个,即挖土,垫层、承台、基础梁模板,承台、基础梁钢筋,混凝土,砖基础和回填土。

5.1.2.1 计算主导施工过程流水节拍

由工期计算公式 $T_L = (m + n - 1)t$,主导施工过程的流水节拍为

$t = T_L/(m + n - 1) = 25 \div (2 + 6 - 1) = 3.57(\text{d})$,取4 d

本工程中,基础开挖工程量较大,且包含桩头处理,施工较为复杂,应为主导施工过程。因此,将土方开挖流水节拍确定为4 d,组织一班制施工,班组人数为232/8 = 30(人)。

承台及基础梁支模板劳动量为137工日,班组人数为35人,流水节拍为137/(35×2)≈2(d)。

承台及基础梁扎钢筋劳动量为86工日,班组人数为25人,流水节拍为86/(25×2)≈2(d)。

承台及基础梁浇混凝土劳动量为39工日，班组人数为20人，流水节拍为$39/(20\times2)\approx1$(d)。

砖基础及回填土的流水节拍各为2 d，其班组人数分别为20人和30人。

5.1.2.2 工期计算

$$T_1=15+4\times2+2+2+1+2+2=32(\mathrm{d})$$

5.2 主体工程

主体工程每层划分两段，六层共12段。

主体工程包括立柱子钢筋，安装柱、梁、板模板，浇捣柱子混凝土，梁、板、楼梯钢筋绑扎，浇捣梁、板、楼梯混凝土，搭脚手架，拆模板，砌空心砖墙等施工过程，主导施工过程是柱、梁、板模板安装，后三个施工过程属平行穿插施工过程，只要根据施工工艺要求，尽量搭接施工即可，不纳入流水施工。本工程中平面上划分为两个施工段，即$m_0=2$，主体工程施工段数为$M=2\times6=12$。由于有层间关系，要保证主导施工过程流水施工，避免发生层间间断，出现窝工现象，必须处理好每层的施工段数m_0与参与流水施工的施工过程数n之间的合理关系。本工程中，主导施工过程是柱、梁、板模板安装，柱、梁、板、楼梯钢筋绑扎及浇捣混凝土为次要施工过程。为便于组织，将次要施工过程综合为一个施工过程来考虑其流水节拍，且流水节拍之和不得大于主导施工过程的流水节拍，以保证主导施工过程的连续性，因此主体工程参与流水的施工过程数$n=2$个，满足$m_0\geqslant n$的要求。其具体组织如下：

5.2.1 计算流水节拍

柱、梁、板模板劳动量为2 468工日，为主导施工过程，两班制施工，每班人数为24人，流水节拍为6 d。

柱子钢筋劳动量为345工日，一班制施工，施工班组人数为30人，流水节拍为1 d。

柱子混凝土劳动量为298工日，一班制施工，每班人数为25人，流水节拍为1 d。

梁、板钢筋劳动量为1 080工日，一班制施工，每班人数为45人，流水节拍为2 d。

梁、板混凝土劳动量为756工日，一班制施工，班组人数为30人，流水节拍为2 d。

拆模施工过程计划在梁、板混凝土浇捣12 d后进行，施工班组人数为18人，一班制施工，流水节拍为2 d。

5.2.2 工期计算

由于搭脚手架、拆模板，各属平行穿插施工过程，不占工期，因此

$$T_{主体}=6\times12+(1+1+2+2)=72+6=78(\mathrm{d})$$

5.3 围护工程

围护工程包括墙体工程和屋面工程等内容。

5.3.1 墙体工程

砌墙在拆模以后进行，一层一段，共六个施工段。

5.3.1.1 流水节拍的确定

砌墙(含门窗框)劳动量为1 101工日，每层一段，共六段。根据工程特点及以往工程案例，要求其每层工作时间安排为6 d，一班制施工，班组人数为30人。

5.3.1.2 工期计算

$$T_{墙体}=6\times6=36(\mathrm{d})$$

5.3.2 屋面工程

屋面工程包括屋面保温隔热层、找平层和防水层三个施工过程。考虑到屋面防水要求高，所以不分段施工，即采用依次施工的方式。

5.3.2.1　流水节拍的确定

屋面保温隔热层劳动量为118工日，施工班组人数为20人，一班制施工，其施工持续时间为：

$$t_{保温}=118\div 20\approx 6(\mathrm{d})$$

屋面找平层劳动量为89工日，施工班组人数18人，一班制施工，其施工持续时间为：

$$t_{找平}=89\div 18\approx 5(\mathrm{d})$$

屋面找平层完成后，安排7 d的养护和干燥时间，方可进行屋面防水层的施工。

SBS改性沥青防水层劳动量为124工日，安排22人，一班制施工，其施工持续时间为：

$$t_{防水}=124\div 22\approx 6(\mathrm{d})$$

5.3.2.2　工期计算

$$T_{屋面}=6+5+7+6=24(\mathrm{d})$$

5.3.3　装饰工程

装饰工程包括顶棚墙面中级抹灰、外墙贴面砖、地面垫层、楼地面及楼梯铺地砖、铝合金窗扇安装、胶合板门安装，内墙刷涂料、油漆等施工过程。地面垫层可以在模板拆除后穿插施工，不参与流水，因此参与流水的施工过程数为7个。

装修工程采用自上而下的施工起点流向。结合装修工程的特点，把每层房屋视为一个施工段，共六个施工段，其中抹灰工程是主导施工过程，组织有节奏流水施工如下。

5.3.3.1　流水节拍的确定

顶棚、墙面抹灰劳动量为1 645工日，施工班组人数为45人，一班制施工，其流水节拍为6 d。

外墙贴面砖劳动量为521工日，施工班组人数为30人，一班制施工，其施工持续时间为18 d。

楼地面及楼梯铺地砖劳动量为846工日，施工班组人数为28人，一班制施工，其流水节拍为5 d。

门窗扇安装为365工日，施工班组人数为20人，一班制施工，其流水节拍为3 d。

内墙刷涂料、油漆劳动量为789工日，施工班组人数为34人，一班制施工，其流水节拍为4 d。

室外散水、台阶等劳动量为62工日，施工班组人数为15人，施工持续时间为4 d。

5.3.3.2　工期计算

由于外墙面砖与室内抹灰工程平行施工，不影响工期计算，故组入流水施工的施工过程共有6个，即顶棚墙面抹灰，楼地面及楼梯铺地砖，门窗扇安装，胶合板安装，内墙刷涂料、油漆，室外散水等施工过程。

$$T_{装饰}=(t_{抹灰}+t_{地面}+t_{安装}+t_{油漆}+t_{散水})\times 6=(6+3+5+3+4)\times 6=126(\mathrm{d})$$

5.4　绘制施工进度计划表

将基础工程、主体工程、装修工程等三部分施工进度计划进行合理搭接，并在基础工程与主体工程之间加上搭脚手架的工序。在主体工程与装修工程之间，以围护工程作为过渡连接。最后把室外工程和其他扫尾工程考虑进去形成单位工程的施工进度计划，见图5-10。

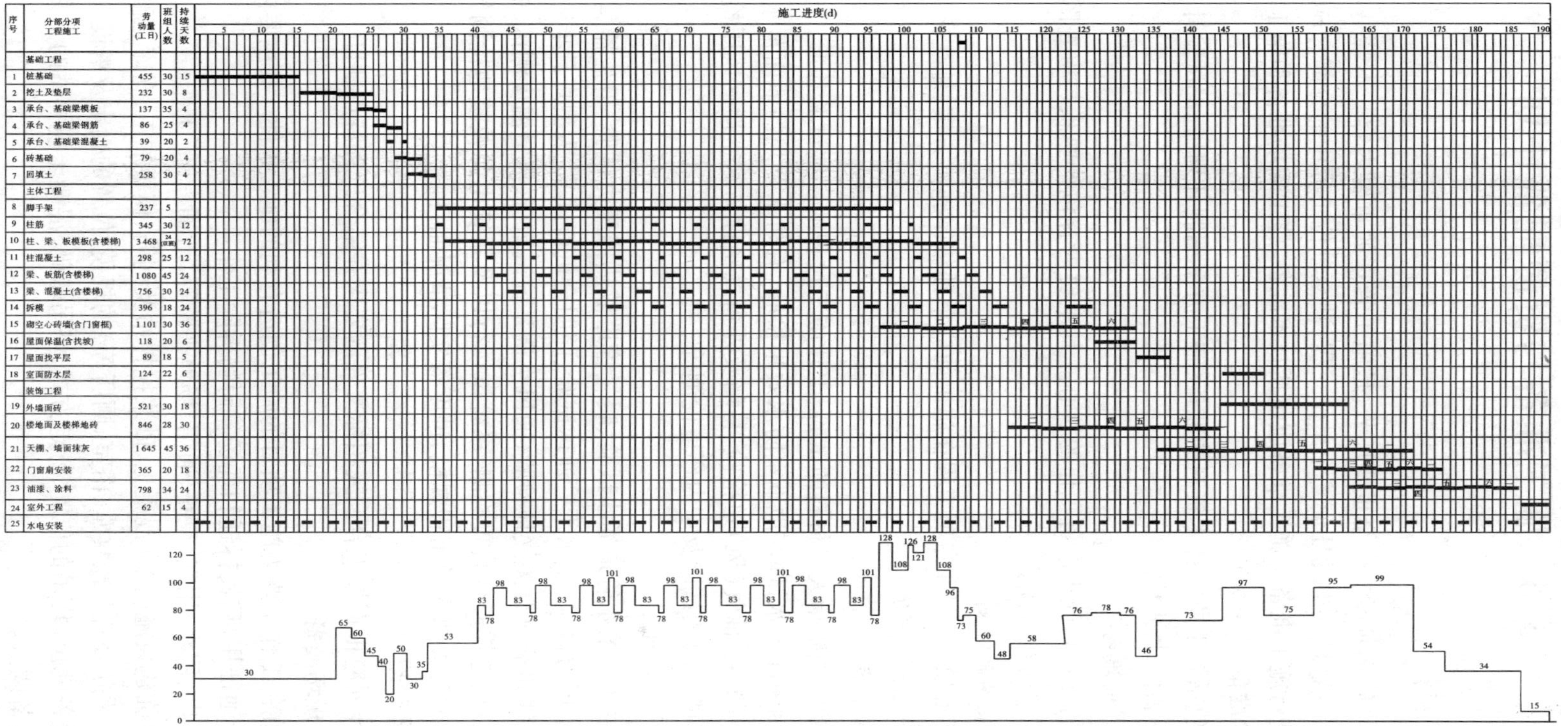

图 5-10　某学院教学楼工程施工进度计划(工期:190 d,劳动力不均衡系数:$K = 1.84$)

5.6 施工准备与资源配备计划

5.6.1 施工准备

施工准备是施工阶段的一个重要环节，是施工管理的重要内容。不管是整个的建设项目或单项工程，或者是其中的任何一个单位工程，甚至单位工程中的分部、分项工程，在开工之前，都必须进行施工准备。施工准备应包括技术准备、施工现场准备和施工条件准备等。

5.6.1.1 技术准备

技术准备包括施工所需技术资料的准备、施工方案编制计划、施工试验计划及设备调试工作计划、样板制作计划等。

1. 技术资料的准备

技术资料的准备是施工准备工作的核心。其主要内容包括熟悉与审查图纸、编制标后施工组织设计、编制施工预算。

2. 施工方案编制计划

主要分部（分项）工程和专项工程在施工前应单独编制施工方案，施工方案可根据工程进展情况，分阶段编制完成。

3. 施工试验计划

施工试验检验主要指大宗材料的试验、土建施工过程的一些试验检验。土建施工过程的试验检验包括屋面淋水试验、地下室防水效果检验、有防水要求的地面蓄水试验、建筑物垂直度标高全高测量、抽气（风）道检验、幕墙及外窗气密性与水密性耐风压检测、建筑物沉降观测测量、节能保温测试以及室内环境检测等。

4. 设备调试工作计划

设备调试主要指给水管道通水试验、暖气管道散热器压力试验、卫生器具满水试验、消防管道燃气管道压力试验、排水干管通球试验、照明全负荷试验、大型灯具牢固性试验、避雷接地电阻测试、线路插座开关接地检验、通风空调系统试运行、风量温度测试、制冷机组试运行调试、电梯运行、电梯安全装置检测、系统试运行以及系统电源及接地检测等。应根据现行规范、标准中的有关要求及工程规模、进度等实际情况制订。

5. 样板制作计划

样板制作计划应根据施工合同或招标文件的要求并结合工程特点制订。

5.6.1.2 施工现场准备

施工现场准备工作主要为施工项目的施工创造有利的施工条件。其主要内容有：

（1）做好土地征用、居民拆迁和现场障碍物拆除工作。

（2）施工用电、用水、用气、道路、通信、场地平整等“五通一平”工作。

（3）生产性临建设施（包括混凝土、砂浆搅拌站及钢筋、模板加工、仓库、配电房等）和生活临建设施（包括办公、宿舍、食堂、浴室、厕所等）的规模、位置的确定及搭设。

（4）施工设备就位（塔吊的位置、行走方式，塔吊基础，混凝土搅拌站的工艺布置及后台上料方式）和设备调试。

（5）施工入口的位置，材料、设备和周转材料的堆场位置及堆放方式，场内交通组织方式及道路的施工。

(6)现场封闭方案(围墙)、七牌一图、防火安全、噪声治理、场地排水及污水处理等。

5.6.1.3 施工条件准备

(1)按施工段的划分编制分层分段的施工预算和人工、材料供应计划,先期开工的分部分项工程所需劳动力、材料、设备就位。

(2)与城市规划(定位、验线)、环卫(渣土外运)、城管(临街工程占道)、交通(城市道路开口)、供电(施工用电增容)、供水(开口及装表)、消防(消防通道)、市政(污水排放)等政府部门接洽,尽早办理申请手续和批准手续。

(3)办理质量、安全受监手续及施工许可证。

(4)向监理公司提交开工申请报告。

为了落实各项施工准备工作,加强对其检查和监督的力度,保证施工全过程的顺利进行,必须根据各项施工准备工作的内容、时间和具体负责人,编制施工准备工作计划。施工准备工作计划如表5-6所示。

表5-6 施工准备工作计划表

序号	准备工作项目名称	准备工作内容	负责单位或负责人	协办单位	完成日期
	技术准备	技术资料准备计划			
		施工方案编制计划			
		施工试验计划			
		⋮			
	施工现场准备				
	施工条件准备				

5.6.2 各项资源配备计划

工程施工进度计划编制确定以后,应根据施工图纸、工程量计算资料、施工方案、施工进度计划等有关技术资料,着手编制主要工种劳动力需用量计划、施工机械需用量计划、主要材料及构配件需用量计划等资源需用量计划,供相关职能部门按计划调配或供应。

5.6.2.1 劳动力需用量计划

将各分部、分项工程所需要的主要工种劳动量叠加,按照施工进度计划的安排,提出每月需要的各工种人数,如表5-7所示。

表5-7 劳动力需用量计划表

序号	工种名称	总工日数	月			月			备注
			上旬	中旬	下旬	上旬	中旬	下旬	

5.6.2.2 施工机械需用量计划

施工机械需要量计划主要用于确定施工机械的类型、数量、进场时间,可据此落实施工机械来源,组织进场。将单位工程施工进度计划表中的每一个施工过程每天所需的机械类型、数量和施工日期进行汇总,按照施工进度计划确定数量和需用时间,提出施工机械需用量计划。其表格形式如表5-8所示。

表5-8 主要施工机械需用量计划表

序号	机械名称	类型、型号	需要量		货源	使用起止时间	备注
			单位	数量			

5.6.2.3 主要材料及构、配件需用量计划

主要材料需用量计划是备料、供料和确定仓库、堆场面积及组织运输的依据,其编制是将施工进度计划表中工程量与定额消耗量相乘,加以汇总,并考虑储备定额计算求出。构件和配件需用量计划根据施工图纸和施工进度计划编制。主要材料及构配件需用量计划的表格形式见表5-9、表5-10。

表5-9 主要材料需用量计划表

序号	材料名称	规格	需要量		供应时间	备注
			单位	数量		

表5-10 构配件需用量计划表

序号	构件、半成品名称	规格	图号、型号	需要量		使用部位	加工单位	供应日期	备注
				单位	数量				

5.7 施工现场平面布置

5.7.1 施工现场平面布置的内容

施工现场平面布置是在施工用地范围内,对各项生产、生活设施及其他辅助设施等进行规划和布置。它是实现文明施工、节约并合理利用土地、减少临时设施费用的先决条件。施工平面图不但要在设计时周密考虑,而且还要认真贯彻执行,这样才会使施工现场井然有序,施工顺利进行,保证施工进度,提高效率和经济效果。

施工现场平面布置图应参照《建筑施工组织设计规范》(GB/T 50520—2009)的规定并结合施工组织总设计,按不同施工阶段分别绘制。施工现场平面布置图应包括下列内容:

(1)工程施工场地状况。

(2)拟建建(构)筑物的位置、轮廓尺寸、层数等。

(3)工程施工现场的加工设施、存贮设施、办公和生活用房等的位置和面积。

(4)布置在工程施工现场的垂直运输设施、供电设施、供水供热设施、排水排污设施和临时施工道路等。

(5)施工现场必备的安全、消防、保卫和环境保护等设施。

(6)相邻的地上、地下既有建(构)筑物及相关环境。

一般单位工程施工平面图的绘制比例为1∶200～1∶500。

5.7.2 施工平面图的设计原则和依据

5.7.2.1 单位工程施工平面图的设计原则

(1)在保证顺利施工的前提下,平面布置要紧凑、少占地,尽量不占用耕地。

(2)在满足施工要求的条件下,临时建筑设施应尽量少搭设,以降低临时工程费用。

(3)在保证运输的条件下,使运输费用最小,尽可能杜绝不必要的二次搬运。

(4)在保证安全生产的条件下,平面布置应满足生产、生活、安全、消防、环保等方面的要求,并符合国家的有关规定。

5.7.2.2 单位工程施工平面图的设计依据

单位工程施工平面布置图设计是在工程项目部施工设计人员勘察现场,并取得现场周围环境第一手资料的基础上,依据相关资料并按施工方案和施工进度计划的要求进行设计的,这些资料包括:

(1)建筑总平面图及施工场地的地质、地形。

(2)工地及周围生活、道路交通、电力电源、水源等情况。

(3)各种建筑材料、预制构件、半成品、建筑机械的现场存储量及进场时间。

(4)单位工程施工进度计划及主要施工过程的施工方法。

(5)现有可用的房屋及生活设施,包括临时建筑物、仓库、水电设施、食堂、锅炉房、浴室等。

(6)一切已建及拟建的房屋和地下管道,以便考虑在施工中利用或影响施工的,则提前拆除。

(7)建筑趋于的属性设计和土方调配图。

5.7.3 设计步骤

施工平面图设计的步骤如图5-11所示。

5.7.4 确定垂直运输机械的布置

常用的垂直运输机械有建筑电梯、塔式起重机、井架、门架等,选择时主要根据机械性能、建筑物平面形状和大小、施工段划分情况、起重高度、材料和构件的质量、材料供应和已有运输道路等情况来确定。其目的是充分发挥起重机械的能力,做到使用安全、方便,便于组织流水施工,并使地面与楼面的水平运输距离最短。一般来讲,多层房屋施工中,多采用轻型塔吊、井架等;而高层房屋施工,一般采用建筑电梯或自升式和爬升式塔吊等作为垂直运输机械。

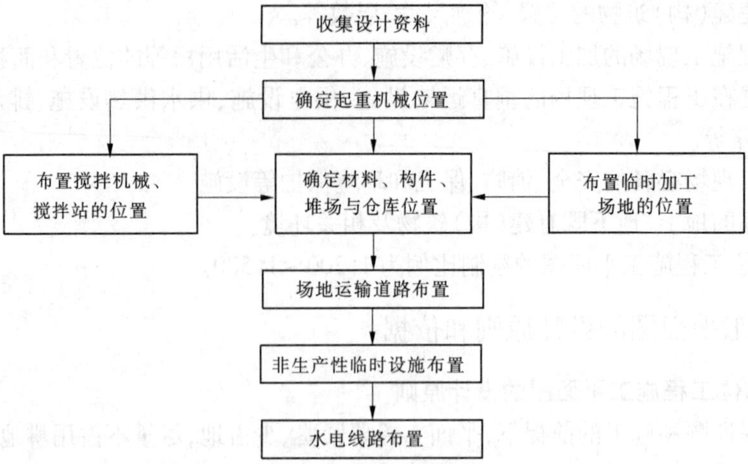

图 5-11　施工现场平面布置图的设计步骤

5.7.4.1　起重机械数量的确定

起重机械的数量应根据工程量大小和工期要求,考虑到起重机的生产能力,按经验公式进行确定:

$$N = \frac{1}{TCK}\sum \frac{Q_i}{S_i} \tag{5-7}$$

式中　N——起重机台数;

T——工期,d;

C——每天工作班次;

K——时间利用参数,一般取0.7~0.8;

Q_i——各构件(材料)的运输量;

S_i——每台起重机每班运输产量。

常用起重机械台班产量见表5-11。

表 5-11　常用起重机械台班产量一览表

起重机械名称	工作内容	台班产量
履带式起重机	构件综合吊装,按每吨起重能力计	5~10 t
轮胎式起重机	构件综合吊装,按每吨起重能力计	7~14 t
汽车式起重机	构件综合吊装,按每吨起重能力计	8~18 t
塔式起重机	构件综合吊装	80~120 吊次
卷扬机	构件提升,按每吨牵引力计	30~50 t
	构件提升,按提升次数计(四、五层楼)	60~100 次

起重运输机械的位置直接影响搅拌站、加工厂、各种材料和构件的堆场或仓库位置、道路、临时设施及水电管线的布置等,因此它是施工现场全局的中心环节,应首先确定。由于各种起重机械的性能不同,其布置位置亦不相同。

5.7.4.2 固定式垂直运输机械的位置

固定式垂直运输机械有固定式塔式起重机、井架(见图 5-12(a))、龙门架(见图 5-12(b))、桅杆式起重机等,这类设备的布置主要根据机械性能、建筑物的平面形状和尺寸、施工段划分的情况、材料来向和已有运输道路情况而定。其布置原则是:充分发挥起重机械的能力,并使地面和楼面的水平运距最小。井架、龙门架布置时应考虑以下几个方面:

(a)井架

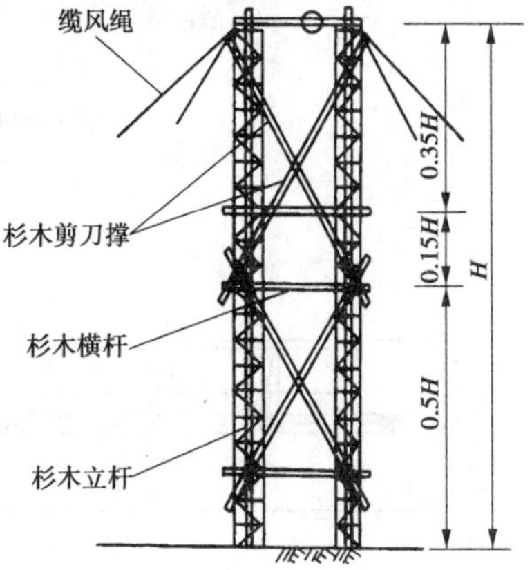

(b)龙门架

图 5-12 固定式垂直运输机械

(1)当建筑物各部位的高度相同时,应布置在施工段的分界线附近;当建筑物各部位的高度不同时,应布置在高低分界线较高部位一侧,以使楼面上各施工段的水平运输互不干扰。

(2)井架、龙门架的位置以布置在窗口处为宜,以避免砌墙留槎和减少井架拆除后的修补工作。

(3)井架、龙门架的数量要根据施工进度、垂直提升构件和材料的数量、台班工作效率等因素计算确定,其服务范围一般为 50 ~ 60 m。

(4)卷扬机的位置不应距离起重机械过近,以便司机的视线能够看到整个升降过程,一般要求此距离大于建筑物的高度,水平距外脚手架 3 m 以上。

5.7.4.3 移动式起重机的布置

1. *有轨式起重机械*

有轨式起重机的轨道一般沿建筑物的长向布置,其位置和尺寸取决于建筑物的平面形状和尺寸、构件自重、起重机的性能及四周施工场地的条件。通常,轨道布置方式有两种:单侧布置和双侧布置,如图 5-13 所示。当建筑物宽度较小、构件自重不大时,可采用单侧布置方式;当建筑物宽度较大、构件自重较大时,应采用双侧布置方式。

轨道布置完成后,应绘制出塔式起重机的服务范围。它是以轨道两端有效端点的轨道中点为圆心,以最大回转半径为半径画出两个半圆,连接两个半圆,即为塔式起重机服务范围,如图 5-14(a)所示。

在确定塔式起重机服务范围时,需考虑两个方面:一方面要考虑将建筑物平面最好包括在塔式起重机服务范围之内,以确保各种材料和构件直接吊运到建筑物的设计部位上去,尽可能避免死角,如果确实难以避免,则要求死角范围越小越好,同时在死角上不出现吊装最

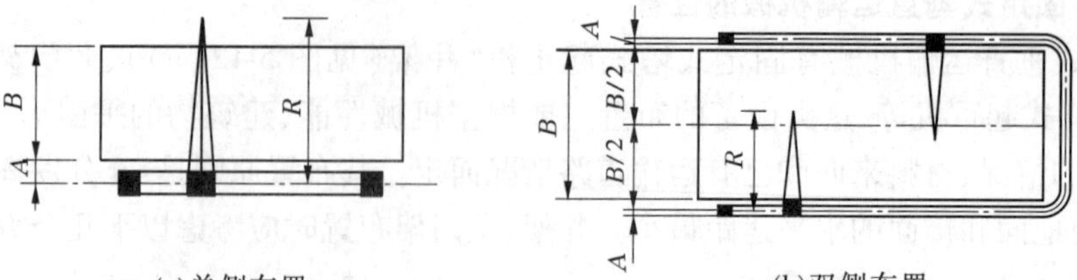

(a)单侧布置　　(b)双侧布置

图 5-13　塔式起重机布置方案

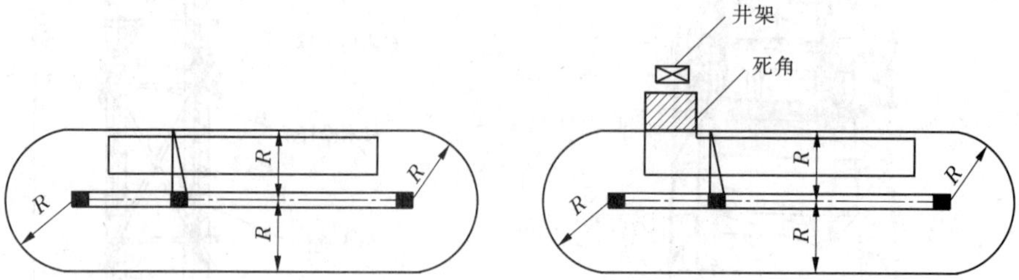

(a)　　(b)

图 5-14　塔式起重机服务范围

重、最高的构件,并且在确定吊装方案时,提出具体的安全技术措施,以保证死角范围内的构件顺利安装。为了解决这一问题,有时还将塔吊与井架或龙门架同时使用,如图 5-14(b)所示,但要确保塔吊回转时无碰撞的可能,以保证施工安全。另外在确定塔式起重机服务范围时,还应考虑有较宽敞的施工用地,以便安排构件堆放及搅拌出料进入料斗后能直接挂钩起吊。主要临时道路也宜安排在塔吊服务范围之内。

2. 无轨自行式起重机的开行路线

无轨自行式起重机分为履带式、轮胎式、汽车式三种起重机。它一般不用作水平运输和垂直运输,专用作构件的装卸和起吊。吊装时的开行路线及停机位置主要取决于建筑物的平面布置、构件自重、吊装高度和吊装方法等。

5.7.5　混凝土泵和泵车布置

5.7.5.1　混凝土输送泵的选择

混凝土输送泵的选择是按输送量的大小和输送距离的远近进行选择的,混凝土输送泵的输送量,可按照下式计算:

$$Q_m > Q_i \tag{5-8}$$

式中　Q_m——混凝土输送泵的输送量,m^3/h;

Q_i——浇筑混凝土时所需的混凝土量,m^3/h。

考虑到混凝土输送泵的输送量与运输距离及混凝土的砂、石级配有关,则

$$Q_m = Q_{max} a E_t \tag{5-9}$$

式中　Q_{max}——混凝土输送泵所标定的最大输送量;

a——与运输距离有关的条件系数,见表 5-12;

E_t——作业系数,一般取0.4~0.5。

表5-12　条件系数 a

换算成水平距离后的运输距离(m)	a
0~49	1.0
50~99	1.0~0.8
100~149	0.8~0.7
150~179	0.7~0.6
180~199	0.6~0.5
200~249	0.5~0.4

混凝土输送泵的输送距离,按下式进行计算:

$$L_m > L_i \tag{5-10}$$

式中　L_m——混凝土输送泵的输送距离,m;

L_i——混凝土应输送的水平距离。

由于常用的混凝土输送管为钢管、橡胶管和塑料软管,直径一般为100~200 mm,且每根管长在3 m左右,还配有各种弯头及锥形管,这样在计算运输距离时,必须将其换算成水平直管的管道状态并按水平管道布置进行计算。水平距离折算表如表5-13所示。

表5-13　水平距离折算表

项目	管径(mm)	水平折算长度(m)
每根垂直管	100	4
	125	5
	150	6
每根锥形管	175~150	4
	150~125	10
	125~100	20
90°弯管	弯曲半径0.5 m	12
	弯曲半径1.0 m	9
塑料橡皮软管	5~8 m	30

5.7.5.2　输送管的选择

一般来讲,合理地选择混凝土输送泵的输送管和精心布置输送管路,是提高混凝土输送泵输送能力的关键。混凝土输送泵的输送管有多种,如支管、锥形管、弯管、软管以及管与管之间连接的管接头。

5.7.5.3　混凝土泵的设置要求

(1)混凝土泵设置处的场地应平整坚实,具有重车行走条件,且有足够的场地,道路畅通,使供料调车方便。

(2)混凝土泵应尽量靠近浇筑地点。

(3)其停放位置接近排水设施,供水、供电方便,便于泵车清洗。

(4)混凝土泵作业范围内,不得有障碍物、高压电线,同时要有防范高空坠物的措施。

(5)当高层建筑采用拉力泵泵送混凝土时,其设置位置应使上、下泵的输送能力匹配,且验算其楼面结构部位的承载力,必要时采取加固措施。

5.7.6 搅拌站及各种材料和构件的堆场或仓库的布置

5.7.6.1 搅拌站的面积计算

$$F = 1.3 \times 每台搅拌设备需用面积 \times 机械台数 + 站台水泥存放棚面积 \qquad (5\text{-}11)$$

其中,每台搅拌设备需用面积,混凝土搅拌机按 20 ~ 25 m^2/台(冬季施工时按 50 m^2/台)计,砂浆搅拌机按 10 ~ 15 m^2/台计;站台水泥存放棚面积应根据是否需要存放水泥而设置,需存放水泥时按存放水泥量 4 m^2/t 考虑。

5.7.6.2 仓库、材料堆场面积计算

$$F = \frac{nkQ}{Tq} \qquad (5\text{-}12)$$

$$k = 日最大消耗量 / 日平均消耗量$$

式中 F——材料储备量;

q——每平方米能存放的材料、半成品或制品的数量,见表 5-14;

n——储备天数,见表 5-14;

k——材料消耗不均衡系数;

Q——计划期内材料总需要量(根据施工准备的资源需用量计划表取用);

T——需要该项材料的施工天数,大于 n。

表 5-14 仓库、材料堆场的面积计算数据参考指标

序号	材料名称	单位	储备天数 n(d)	每 m^2 储备量 q(m^3/m^2)	堆置高度	仓库类别
1	水泥	t	30 ~ 40	2	12 ~ 15 袋	库
2	钢筋(直筋)	t	40 ~ 50	1.8 ~ 2.4	1.2 m	露天
3	钢筋(盘圆)	t	40 ~ 50	0.8 ~ 1.2	1.0 m	棚
4	砂、石(人工堆放)	m^3	10 ~ 30	1.2	1.5 m	露天
5	砂、石(机械堆放)	m^3	10 ~ 30	2.4	3.0 m	露天
6	红砖	千块	10 ~ 30	0.5	1.5 m	露天
7	木材	m^3	40 ~ 50	0.8	2.0 m	露天
8	生石灰(块)	t	20 ~ 30	1.0 ~ 1.5	1.5 m	棚
9	生石灰(袋)	t	10 ~ 20	1.0 ~ 1.3	1.5 m	棚
10	五金	t	20 ~ 30	1.0	2.2 m	库
11	油漆料	桶/ t	20 ~ 30	50 ~ 100/0.3 ~ 0.6	1.5 m	库
12	电线、电缆	t	40 ~ 50	0.3	2.0 m	库或棚
13	玻璃	箱	20 ~ 30	6 ~ 10	0.8 m	棚或库

续表 5-14

序号	材料名称	单位	储备天数 n(d)	每 m^2 储备量 $q(m^3/m^2)$	堆置高度	仓库类别
14	卷材	卷	20~30	15~24	2.0 m	库
15	沥青	t	20~30	0.8	1.2 m	露天
16	木门窗扇	m^2	3~7	30	2.0 m	棚
17	钢门窗	t	10~20	0.6	2.0 m	棚

【例 5-6】 某工程每月需用碎石约 220 m^3,日最大消耗量为 15 m^3,计算碎石堆场面积(人工堆放)。

解 查表 5-14,$n=20$ d,$q=1.2\ m^3/m^2$

每月按 25 工日计算,日平均消耗量为$\frac{220}{25}=8.8(m^3/d)$,则 $k=\frac{15}{8.8}=1.7$

$$F=\frac{nkQ}{Tq}=\frac{20\times1.7\times220}{25\times1.2}=249\ (m^2)$$

所以,碎石堆场的面积为 249 m^2。

5.7.6.3 现场加工作业棚面积确定

现场加工作业棚主要包括各种料具仓库、加工棚等,其面积大小参考表 5-15 确定。

表 5-15 现场加工作业棚面积计算基数和计算指标

序号	名称	面积	堆场占地面积	序号	名称	面积	堆场占地面积
1	木作业棚	2 m^2/人	棚的 3~4 倍	8	电工房	15 m^2	
2	电锯房	40~80 m^2		9	钢筋对焊	15~24 m^2	棚的 3~4 倍
3	钢筋作业棚	3 m^2/人	棚的 3~4 倍	10	油漆工房	20 m^2	
4	搅拌棚	10~18 m^2/台		11	机钳工修理	20 m^2	
5	卷扬机棚	6~12 m^2/台		12	立式锅炉房	5~10 m^2/台	
6	烘炉房	30~40 m^2		13	发电机房	0.2~0.3 m^2/kW	
7	焊工房	20~40 m^2		14	水泵房	3~8 m^2/台	

5.7.6.4 确定搅拌站、各种材料和构件的堆场或仓库的位置

搅拌站、各种材料和构件的堆场或仓库的布置应尽量靠近使用地点,或在塔式起重机服务范围之内,并考虑到运输和装卸的方便。一般应注意以下几点:

(1)当起重机布置位置确定后,再布置材料、构件的堆场及搅拌站。材料堆放应尽量靠近使用地点,减少或避免二次搬运,并考虑运输及卸料方便。基础施工时使用的各种材料可堆放在基础四周,但不宜距基坑(槽)边缘太近,以防压塌土壁。

(2)当采用固定式垂直运输设备时,材料、构件堆场应尽量靠近垂直运输设备。以缩短地面水平运距;当采用轨道式塔式起重机时,材料、构件堆场以及搅拌站出料口等均应布置在塔式起重机有效起吊服务范围之内;当采用无轨自行式起重机时,材料、构件堆场及搅拌站的位置应沿着起重机的开行路线布置,且应在起重臂的最大起重半径范围之内。

(3)预制构件的堆放位置要考虑到吊装顺序。先吊的放在上面，后吊的放在下面，预制构件的进场时间应与吊装就位密切配合，力求直接卸到其就位位置，避免二次搬运。

(4)搅拌站的位置应尽量靠近使用地点或靠近垂直运输设备。有时在浇筑大型混凝土基础时，为了减少混凝土运输，可将混凝土搅拌站直接设在基础边缘，待基础混凝土浇完后再转移。砂、石堆场及水泥仓库应紧靠搅拌站布置。同时，搅拌站的位置还应考虑到使这些大宗材料的运输和装卸较为方便。

(5)加工厂(如木工棚、钢筋加工棚)的位置，宜布置在建筑物四周稍远位置，且应有一定的材料和成品的堆放场地；石灰仓库、淋灰池的位置应靠近搅拌站，并设在下风向；沥青堆放场及熬制锅的位置应远离易燃物品，也应设在下风向。

5.7.7 现场运输道路的布置

现场运输道路应按材料和构件运输的需要，沿着仓库和堆场进行布置。尽可能利用永久性道路，或先做好永久性道路的路基，在交工之前再铺路面。道路宽度要符合规定，通常单行道应不小于3~3.5 m，双行道应不小于5.5~6 m。现场运输道路布置时应保证车辆行驶通畅，有回转的可能，因此最好围绕建筑物布置成一条环形道路，以便运输车辆回转、调头方便。道路两侧一般应结合地形设置排水沟，沟深不小于0.4 m，底宽不小于0.3 m。

5.7.8 行政管理、文化、生活福利用临时设施的布置

办公室、工人休息室、门卫室、开水房、食堂、浴室、厕所等非生产性临时设施的布置，应考虑使用方便，不妨碍施工，符合安全、防火的要求。要尽量利用已有设施或已建工程，必须修建时要经过计算，合理确定面积，努力节约临时设施费用。通常，办公室的布置应靠近施工现场，宜设在工地出入口处；工人休息室应设在工人作业区；宿舍应布置在安全的上风向；门卫室、收发室宜布置在工地出入口处。

行政管理、文化、生活、福利用临时设施的面积可用下式计算：

$$F = N \times P \tag{5-13}$$

式中 F——生活福利用临时设施的修建面积；

N——使用人数；

P——面积指标(见表5-16)。

表5-16 行政管理、临时宿舍、生活福利用临时房屋面积参考

序号	临时房屋名称	参考面积(m^2/人)
1	办公室	3.5
2	单层宿舍(双层床)	2.6~2.8
3	食堂兼礼堂	0.9
4	医务室	0.06(≥30 m^2)
5	浴室	0.10
6	俱乐部	0.10
7	门卫室、收发室	6~8

式(5-13)中,使用人数可为基本工人平均人数或基本工人高峰人数,其计算公式如下:

$$基本工人平均人数\ N = [施工总工日 \times (1 - 缺勤率)] / 施工有效天数 \tag{5-14}$$

$$基本工人高峰人数 = 基本工人平均人数 \times 施工不均匀系数 \tag{5-15}$$

式中,缺勤率一般为5%,施工有效天数为计划施工工期,施工不均匀系数一般为1.1~1.3。

施工总工日数根据施工进度计划中的总工日数计算,或按下式计算:

$$施工总工日数 = 施工工程总建筑面积 \times 概算人工指标 \tag{5-16}$$

办公管理人员约为基本高峰人数的15%。

5.7.9 临时供水管网的布置

工地临时供水,应先进行用水量、管径计算,然后进行布置。

5.7.9.1 用水量 Q 计算

施工现场用水包括施工、生活和消防三方面。

1.现场施工用水 q_1

$$q_1 = K_1 \frac{\sum Q_1 N_1 K_2}{T_1 b \times 8 \times 3\,600} \tag{5-17}$$

式中 q_1——施工工程用水量,L/s;

K_1——未预计的施工用水系数,取1.05~1.15;

Q_1——年(季)度有效工作量(以实物计量单位表示);

N_1——施工用水定额,可以通过查表5-17所得;

T_1——年(季)度有效作业日,d;

b——每天工作班数;

K_2——用水不均衡系数,从表5-18中查。

2.施工机械用水量 q_2

$$q_2 = K_1 \frac{\sum Q_2 N_2 K_3}{8 \times 3\,600} \tag{5-18}$$

式中 q_2——施工机械用水量,L/s;

K_1——未预计的施工用水系数,取1.05~1.15;

Q_2——同一种机械台数,台;

N_2——施工机械台班用水定额,参考表5-19。

K_3——施工机械用水不均衡系数,查表5-18。

3.工地生活用水量 q_3

$$q_3 = \frac{P_1 N_3 K_4}{b \times 8 \times 3\,600} \tag{5-19}$$

式中 q_3——施工工地生活用水量,L/s;

P_1——施工工地高峰昼夜人数;

N_3——施工工地生活用水定额,见表5-20;

K_4——施工工地生活用水不均衡系数,查用水不均衡系数表,见表5-18;

b——每天工作班数。

4. 生活区生活用水量 q_4

$$q_4 = \frac{P_2 N_4 K_5}{24 \times 3\,600} \tag{5-20}$$

式中 q_4——生活区生活用水,L/s;

P_2——生活区居住人数;

N_4——生活区昼夜全部生活用水定额,见表5-20;

K_5——生活区生活用水不均衡系数,查表5-18。

表5-17 施工用水量(N_1)定额

用水名称	单位	耗水量	用水名称	单位	耗水量
浇筑混凝土全部用水	m^3	1 700~2 400	抹灰工程全部用水	m^3	30
搅拌普通混凝土	m^3	250	砌耐火砖砌体(包括砂浆搅拌)	m^3	100~150
搅拌轻质混凝土	m^3	300~350	浇砖	千块	200~250
混凝土自然养护	m^3	200~400	浇硅酸盐砌块	m^3	300~350
混凝土蒸汽养护	m^3	500~700	抹灰(不包括调制砂浆)	m^2	4~6
模板浇水湿润	m^3	10~15	楼地面抹砂浆	m^2	190
搅拌机清洗	台班	600	搅拌砂浆	m^3	300
人工冲洗石子	m^3	1 000	石灰消化	t	3 000
机械冲洗石子	m^3	600	原土地坪、路基	m^2	0.2~0.3
洗沙	m^3	1 000	上水管道工程	m	98
砌筑工程全部用水	m^3	150~250	下水管道工程	m	1 130
砌石工程全部用水	m^3	50~80	工业管道工程	m	35

表5-18 施工用水不均衡系数

系数	用水名称	系数取值
K_2	现场施工用水 附属生产企业用水	1.50 1.25
K_3	施工机械、运输机械 动力设备	2.00 1.05~1.10
K_4	施工现场生活用水	1.30~1.50
K_5	生活区生活用水	2.00~2.50

表5-19 施工机械台班用水量(N_2)定额

机械名称	单位	耗水量	机械名称	单位	耗水量
内燃挖土机	m^3/台班	200~300	拖拉机	台/昼夜	200~300
内燃起重机	t/台班	15~18	汽车	台/昼夜	400~700
蒸汽起重机	t/台班	300~400	锅炉	台/h	1 050

续表 5-19

机械名称	单位	耗水量	机械名称	单位	耗水量
蒸汽打桩机	t/台班	1 000 ~ 1 200	点焊机 50 型	台/h	150 ~ 200
内燃压路机	t/台班	12 ~ 15	点焊机 75 型	台/h	250 ~ 300
蒸汽压路机	t/台班	100 ~ 150	对焊机 - 冷拔机	台/h	300
蒸汽机车	t/昼夜	10 000 ~ 20 000	凿岩机	台/min	8 ~ 12
内燃机动力装置	kW/台班	160 ~ 400	木工场	台/台班	20 ~ 25
空压机	m^3/min 台班	40 ~ 80	锻工场	炉/台班	40 ~ 50

表 5-20　生活用水量(N_3、N_4)定额

用水名称	单位	耗水量	用水名称	单位	耗水量
洗、饮用用水	L/人	25 ~ 40	学校	L/学生	10 ~ 30
食堂	L/人	10 ~ 15	幼儿园、托儿所	L/幼儿	75 ~ 100
沐浴带大池	L/人	50 ~ 60	医院	L/(病床)	100 ~ 150
洗衣房	L/人斤	40 ~ 60	施工现场生活用水	L/人	20 ~ 60
理发室	L/人次	10 ~ 25	生活区全部生活用水	L/人	80 ~ 120

5. 消防用水量 q_5

消防用水量 q_5,可根据消防范围及发生次数查表 5-21 所得。

表 5-21　消防用水量

用水名称	用水范围	火灾同时发生次数	单位	耗水量
居住区消防用水	5 000 人以内	一次	L/s	10
	10 000 人以内	二次	L/s	10 ~ 15
	25 000 人以内	三次	L/s	15 ~ 20
施工现场消防用水	施工现场在 25 hm^2 内	二次	L/s	10 ~ 15
	每增加 25 hm^2			5

6. 施工工地总用水量 Q 取值

当 $q_1+q_2+q_3+q_4 \leqslant q_5$ 时,则

$$Q = q_5 + (q_1 + q_2 + q_3 + q_4)/2 \tag{5-21}$$

当 $q_1+q_2+q_3+q_4 > q_5$ 时,则

$$Q = q_1 + q_2 + q_3 + q_4 \tag{5-22}$$

当工地面积小于 5 hm^2,而且 $q_1+q_2+q_3+q_4 < q_5$ 时,则

$$Q = q_5 \tag{5-23}$$

最后计算出的总用水量还要增加 10%,以补偿不可避免的水管漏水损失。

5.7.9.2 **供水管径计算**

$$d = \sqrt{\frac{4Q}{\pi v \times 1\,000}} \tag{5-24}$$

式中 d——配水管直径,m;

Q——施工工地用水量,L/s;

v——管网中水流速度,m/s,见表5-22。

一般生活及施工用水取1.5 m/s,消防用水取2.5 m/s。

表5-22 临时水管经济流速

管径	流速(m/s)	
	正常时间	消防时间
$d<100$	0.5~1.2	
$d=100\sim500$	1.0~1.6	2.5~3.0
$d>300$	1.5~2.5	2.5~3.0

当管网中水流速度确定后,供水管径也可以查表选用。一般5 000~10 000 m^2 的建筑物,其施工用水主管直径为50 mm,支管直径为15~25 mm。

实际工程应用中,单位工程施工组织设计的供水计算和设计可以简化或根据经验进行安排,一般5 000~10 000 m^2 的建筑物,施工用水的总管径为100 mm,支管径为40 mm或25 mm。

5.7.9.3 **临时供水管网的布置**

1. 施工供水水源选择

临时供水水源,可用现成的给水管、地下水(如井水)及地面水(如河水、湖水等)等。在选择水源时,应该注意:水量能满足最大需水量的需要,生活用水的水质应符合卫生要求,搅拌混凝土及灰浆用水的水质应符合搅拌用水的要求。

临时供水方式有三种情况:利用现有的城市给水或工业给水系统;在新开辟地区没有现成的给水系统时,在可能条件下,应尽量先修建永久性给水系统;当没有现成的给水系统,而永久性给水系统又不能提前完成时,应设立临时性给水系统。

2. 管网布置

临时供水管网布置的原则是:在保证连续供水的情况下,管道铺设越短越好。分期分区施工时,应按施工区域布置,并同时还应考虑到在工程进展中各段管网应便于移置。高层建筑的施工用水应设置蓄水池和加压泵,以满足高空用水的需要。消防用水一般利用城市或建设单位的永久消防设施。如自行安排,应按有关规定设置,消防水管线的直径应不小于100 m,消火栓间距应不大于120 m,布置应靠近十字路口或道边,距道边应不大于2 m,距建筑物外墙不应小于5 m,也不应大于25 m,且应设有明显的标志,周围3 m以内不准堆放建筑材料。

5.7.10 施工用电线网的布置

施工用电的设计应包括用电量计算、电源选择、电力系统选择和配置。

如果是扩建的单位工程，可计算出施工用电总数以供建设单位参考，一般不另设变压器；单独的单位工程施工，要计算出现场施工用电和照明用电的数量，选择变压器和导线的截面及类型。变压器应布置在现场边缘高压线接入处，距地面高度应大于30 cm，在2 m以外四周用高度大于1.7 m的铁丝网围住，以确保安全，但不宜布置在交通要道口处。

5.7.10.1　用电需要量的确定

工地用电量包括电动机用电量、电焊机用电量、室内和室外照明用电量。总用电量可按下式计算，即

$$P = 1.05 \sim 1.1\left(K_1 \frac{\sum P_1}{\cos\varphi} + K_2 \sum P_2 + K_3 \sum P_3 + K_4 \sum P_4\right) \tag{5-25}$$

式中 P——供电设备总需要容量，kVA；

P_1——电动机额定功率，kW；

P_2——电焊机额定容量，kVA；

P_3——室内照明功率，kW；

P_4——室外照明功率，kW；

$\cos\varphi$——电动机的平均功率因数（施工现场最高为0.75～0.78，一般为0.65～0.75）；

K_1、K_2、K_3、K_4——需要系数，参见表5-23。

表5-23　施工用电需要系数

用电名称	台数	需要系数		说明
		K	数值	
电动机	3～10台 11～30台 30台以上	K_1	0.7 0.6 0.5	如施工中需要电热，应将其用电量计算进去
电焊机	3～10台 10台以上	K_2	0.6 0.5	
室内照明		K_3	0.8	
室外照明		K_4	1.0	

在实际工程施工中，各种机型设备及室外照明用电定额可查《施工手册》。由于照明用电量所占比重较动力用电要少得多，所以在估算总用电量时可以简化，只要在动力用电量之外再加10%作为照明用电量即可。单班施工时，用电量的计算可不考虑照明用电。

5.7.10.2　临时供电电源选择

选择工地临时供电电源时，一般应考虑：建筑工地及设备安装工程的工程量和施工进度；各阶段的电力需用量；施工现场的大小，用电设备在建筑工地上的分部情况和距离电源的远近情况；咸阳电气设备的容量情况等。

临时供电电源的选择方案有以下几种：

（1）借用施工现场附近的变压器。

（2）利用工地的电力网，设置临时变电所和变压器。

(3)工地位于边远地区,没有电力系统时,电力完全由临时电站供给。

5.7.10.3 **变压器的选择**

$$P = K\left(\frac{\sum P_{max}}{\cos\varphi}\right) \tag{5-26}$$

式中 P——变压器输出功率,kVA;

K——功率损失系数,取1.05;

$\sum P_{max}$——各施工区最大计算负荷,kW;

$\cos\varphi$——功率因数。

5.7.10.4 **配电导线的选择**

在选择配电导线时,导线截面应满足机械强度、允许电流强度、允许电压降三方面的要求。选择导线截面时应同时满足上述三项要求,即以求得的三个截面面积中最大者为准,从导线的产品目录中选用线芯。通常先根据负荷电流的大小选择导线截面,然后以机械强度和允许电压降进行复核。在小负荷的架空线路中,往往以机械强度选定。

1. 三相五线制线路上的电流

$$I = \frac{P}{\sqrt{3}V\cos\varphi} \tag{5-27}$$

2. 二线制线路上的电流

$$I = \frac{P}{V\cos\varphi} \tag{5-28}$$

式中 I——电流值,A;

P——功率,W;

V——电压,V;

$\cos\varphi$——功率因数,临时电网取0.7~0.75。

3. 按容许电压降确定的导线断面面积

$$S = \frac{\sum PL}{C\varepsilon} \tag{5-29}$$

式中 S——导线断面面积,mm^2;

P——负荷电功率或线路输送的电功率,kW;

L——送电路的距离,m;

C——系数,视导线材料、送电电压及配电方式而定;

ε——容许的相对电压降(即线路的电压损失百分比),照明电路中容许电压降不应超过2.5%~5%。

5.7.10.5 **布置配电线路**

布置配电线路尽量利用原有的高压电网及已有变压器。变压器应布置在现场边缘高压线接入处,离地应大于3 m,四周设有高度大于1.7 m的铁丝网防护栏,并有明显的标志。不要把变压器布置在交通道口处。线路应架设在道路一侧,距建筑物应大于1.5 m,垂直距离应在2 m以上,电杆间距一般为25~40 m,分支线及引入线均应由杆上横担处连接。线路应布置在起重机械的回转半径之外;否则必须搭设防护栏,机械运转时还应采取相应措施,以确保安全。现场机械较多时,可采用埋地电缆代替架空线路,以减少互相干扰。供电线路跨过材料、构件堆场时,应有足够的安全架空距离。各种用电设备的闸刀开关应单机单闸,不容许一闸多机使用,闸刀开关的安装位置应便于操作。配电箱等在室外时,应有防雨措施,严防漏电、短路及触电事故。

5.7.11 施工平面图规划

5.7.11.1 施工平面图绘制

在完成各项布置后,再经过分析、比较、优化、调整修改,形成施工平图草图;然后按规范规定的线型、线条、图例等对草图进行加工,并作必要的文字说明,标上图例、比例、指北针等,则成为正式的施工平面图。施工平面图图例见表5-24。

表5-24 施工平面图图例

序号	名称	图例
一、地形及控制点		
1	三角点	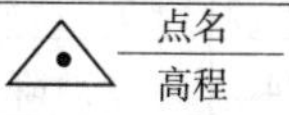
2	水准点	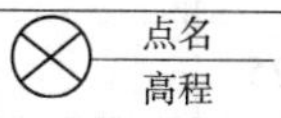
二、建筑物、构筑物		
1	原有房屋	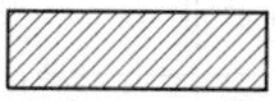
2	拟建房屋	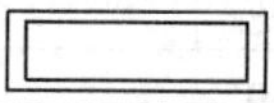
3	施工期间利用的拟建正式房屋	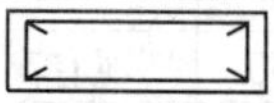
4	将来拟建的正式房屋	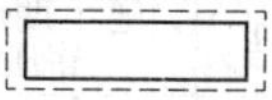
5	临时房屋:密闭式 敞棚式	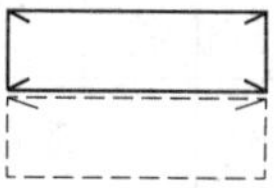
6	拟建的各种材料围墙	
7	临时围墙	
8	建筑工地地界线	
9	工地内的分区线	
10	烟囱	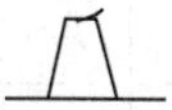
11	水塔	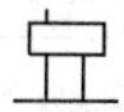
12	房角坐标	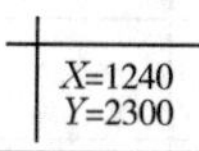
13	室内、外地面水平标高	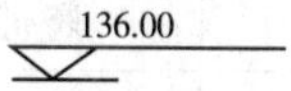

序号	名称	图例
三、交通运输		
1	现有永久性公路	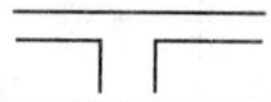
2	拟建永久性公路	
3	临时施工公路	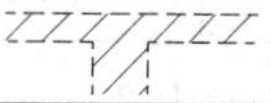
4	现有大车道	
5	现有标准轨铁路	
6	拟建标准轨铁路	
7	施工期间利用拟建标准轨铁路	
8	现有轨铁路	
9	施工期间利用拟建窄轨铁路	
四、材料、构件堆场		
1	临时露天堆场	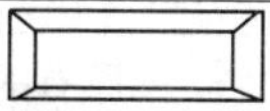
2	施工期间利用永久堆场	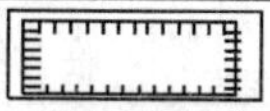
3	土堆	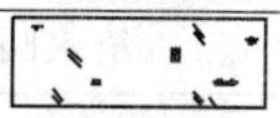
4	砂堆	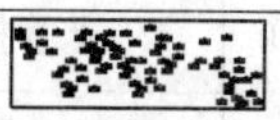
5	砾石、碎石堆	
6	块石堆	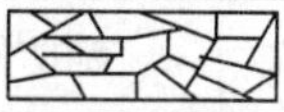
7	砖堆	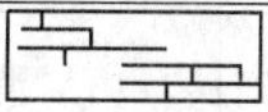
8	钢筋堆场	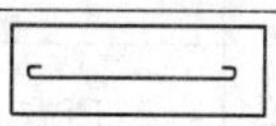

续表 5-24

序号	名称	图例
9	型钢堆场	
10	铁管堆场	
11	钢筋成品堆场	
12	钢结构堆场	
13	屋面板存放场	
14	砌块存放场	
15	矿渣、灰渣堆	
16	废料堆场	
17	脚手架模板堆场	
五、动力设施		
1	临时水塔	
2	临时水池	
3	贮水池	
4	永久井	
5	临时井	
6	加压站	
7	原有的上水管线	—▪—▪—
8	临时给水管线	—S— S—
9	给水阀门（水嘴）	
10	支管接管位置	—S—
11	消防栓（原有）	
12	消防栓（临时）	
13	消防栓	
14	原有上下水井	
15	拟建上下水井	
16	临时上下水井	
17	原有排水管线	
18	临时排水管线	—P—
19	临时排水沟	
20	原有化粪池	
21	拟建化粪池	
22	水源	
23	电源	
24	总降压变电站	
25	发电站	
26	变电站	
27	变压器	
28	投光灯	
29	电杆	
30	现有高压 6 kV 线路	—WW_5—WW_5—
31	施工期间利用的永久高压 6 kV 线路	—LWW_6—LWW_6—
32	临时高压 3 ~ 5 kV 线路	—$W_{3.5}$—$W_{3.5}$—
33	现有低压线路	—VV—VV—
34	施工期间利用的永久低压线路	—LVV—LVV—
35	临时低压线路	—V—V—
36	电话线	—·∘·—·∘·—
六、施工机械		
1	塔轨	
2	塔吊	
3	井架	
4	门架	
5	卷扬机	
6	履带式起重机	
7	汽车式起重机	

绘制施工平面图的要求是：比例要准确，要标明主要位置尺寸，要按图例或编号注明布置的内容、名称，线条粗细分明，字迹工整、清晰，图面清楚、美观。

5.7.11.2 施工平面图的管理

施工平面图是保证工期、质量、安全和降低成本的重要手段。加强施工现场管理对合理使用场地，保证现场运输道路、给水、排水、电路的畅通，建立连续均衡的施工秩序，具有重要意义。一般可采取下述管理措施：

(1)严格按施工平面图布置道路、水电管网、机具、堆场和临时设施。

(2)道路、水电应有专人管理维护。

(3)准备施工阶段和施工过程中应做到工完、料净、场清。

(4)施工平面图须随着施工的进展及时调整补充，实施动态管理。

必须指出，建筑施工是一个复杂多变的生产过程，各种施工材料、构件、机械等随着工程的进展而逐渐进场，又随着工程的进展而不断消耗、变动，因此在整个施工生产过程中，现场的实际布置情况是在随时变动着的。因此，对于大型工程、施工期限较长的工程或现场较为狭窄的工程，就需要按不同的施工阶段来分别布置几张施工平面图，以便能把在不同的施工阶段内现场的合理布置情况全面反映出来。

【例 5-7】

某学校教学楼施工平面图设计

工程背景资料：该工程位于某校园内。施工场地狭小，拟建工程的南面距 1 号教学楼较近，东面紧挨教师生活区主要道路，西面紧邻篮球场，业主提供给承包商的施工场地在拟建建筑物的北侧与南侧，东西宽约 15 m，南北长约 70 m。场内交通组织困难。

1 起重运输机械布置位置

由于施工场地狭小，且南面离教学区较近，主体施工阶段选用一台 QTZ－40 型固定式塔吊，安装在建筑物的北面。

2 搅拌站、作业棚及工具棚的布置

本工程采用商品混凝土，故现场不设置混凝土搅拌站。

(1)钢筋棚及堆场。每个钢筋工需作业棚 3 m^2，堆场面积为其 2 倍，因此按高峰时钢筋工人数 25 人计算，需钢筋棚 $3\times25=75(m^2)$，堆场 $75\times2=150(m^2)$。

(2)木工棚及堆场。每个木工需作业棚 2 m^2，堆场面积为其 3 倍，按高峰时木工 10 人计算，另加一台圆锯所需面积 40 m^2，则木工棚为 $2\times10+40=60(m^2)$，堆场为 60 m^2。

3 生活临时设施

办公室：按 10 名管理人员考虑，每人 3 m^2，则办公室面积为 $3\times10=30(m^2)$。

工人宿舍：主体施工阶段最高峰人数为 105 名，由于建设单位已提供了 60 个床位的工人宿舍，因此现场还需搭设 55 名工人宿舍，每人 3 m^2，则工人宿舍面积为 $33\times5=165(m^2)$。

食堂及茶炉房总面积 30 m^2，厕所面积 10 m^2。

4 临时道路

利用原有道路及将来建成后的永久性道路位置作为临时道路，工程结束后再修筑。

5 临时供水、供电

供水：供水线路按枝状布置，根据现场总用水量要求，总管直径为 100 mm，支管直径取 40 mm。

供电：直接利用建筑物附近建设单位的变压器。现场设一配电箱，通向塔吊的电缆线埋地设置。

以上平面图设计成果详见图5-15。

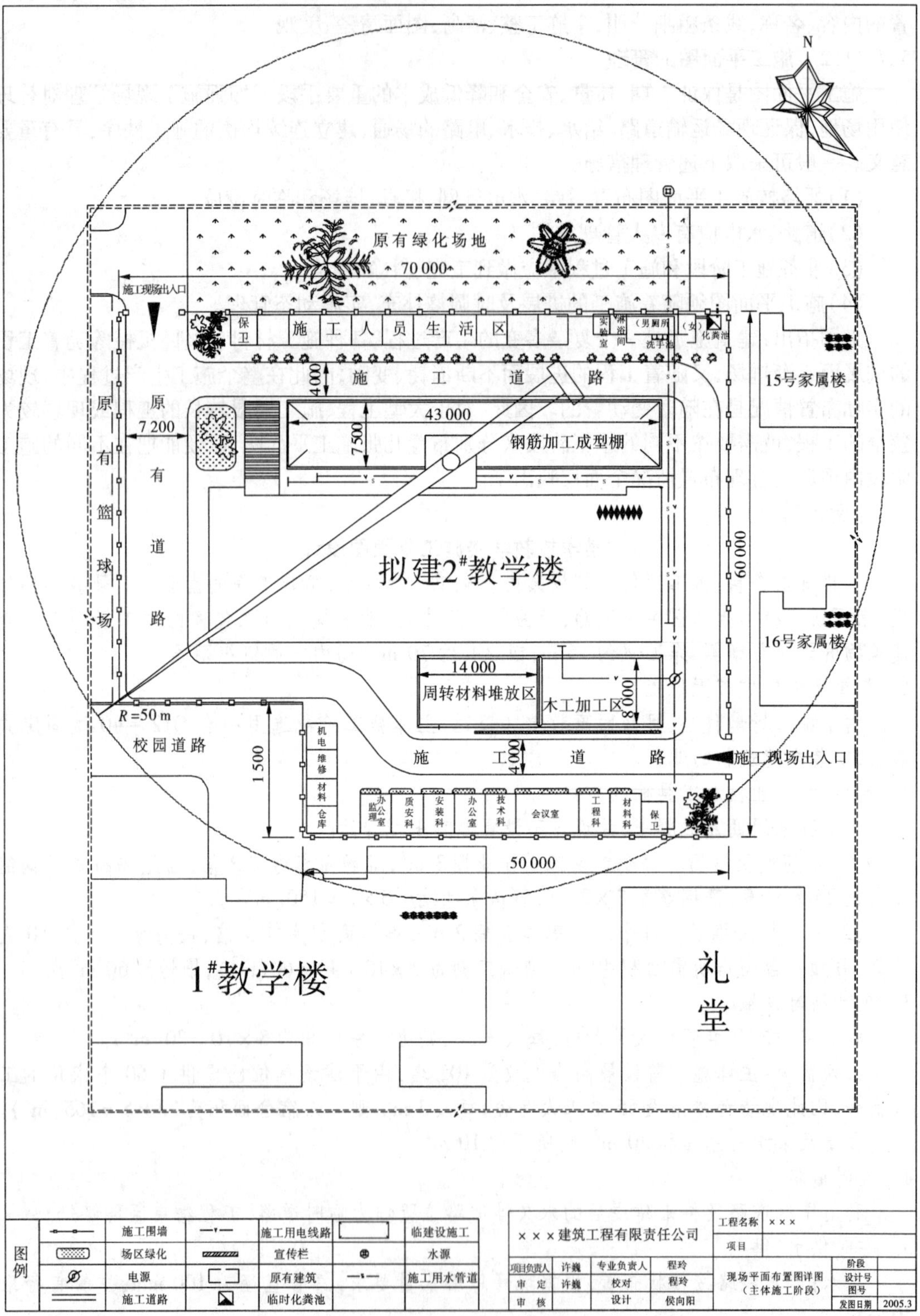

图5-15 某学校教学楼工程主体施工阶段施工平面图设计

5.8 施工管理计划

施工管理计划多以管理和技术措施编制在施工组织设计中。主要施工管理计划一般包括进度管理计划、质量管理计划、安全管理计划、环境保护管理计划、成本管理计划等内容。

施工管理计划是施工组织设计必不可少的内容,但可根据工程的特点有所侧重或加以取舍。在编制施工组织设计时,各项管理计划一般单独成章。

5.8.1 进度管理计划

进度管理计划是对进度计划的执行及偏差进行测量、分析,采取必要的控制手段和管理措施,保证实现工程进度目标的管理计划。其主要包括以下内容:

(1)对工程施工进度计划进行逐级分解,通过阶段性目标的实现保证最终工期目标的完成。

(2)建立施工进度管理的组织机构并明确职责,制定相应管理制度。

(3)针对不同施工阶段的特点,制订进度管理的施工组织措施、技术措施和合同措施等。

(4)建立施工进度动态管理机制,及时纠正施工过程中的进度偏差,并制订特殊情况下的赶工措施。

(5)根据项目周边环境特点,制订相应的协调措施,减少外部因素对施工进度的影响。

5.8.2 质量管理计划

质量管理计划包括制订、实施所需的组织机构、职责、程序以及采取的措施和资源配置等。

质量管理计划可参照《质量管理体系　要求》(GB/T 19001—2008)要求,在施工质量管理体系的框架内编制。质量管理计划应包括下列内容:

(1)制定项目质量目标,尽可能量化和分解,并建立阶段性目标。

(2)建立项目质量管理体系,并明确岗位职责、落实资源配置。

(3)制订符合项目特点的技术保障和资源保障措施,通过可靠的预防控制措施,确保项目质量目标的实现。

(4)建立质量过程检查、验收以及质量责任制等相关制度,对质量检查和验收标准做出规定,保障各工序和过程的质量。

5.8.3 安全管理计划

安全管理计划是保证实现工程施工中职业健康、安全目标的管理计划,包括制订、实施所需的组织机构、职责、程序及采取的措施和资源配置等。

安全管理计划应针对项目的实际情况,参照《职业健康安全管理体系　要求》(GB/T 28001—2011),在企业安全管理体系的框架内编制。安全管理计划应包括下列内容:

(1)制定项目职业健康安全管理目标。

(2)建立项目安全管理组织机构并明确职责。

(3)根据项目特点进行职业健康安全方面的资源配置。

(4)制定安全生产管理制度和职工安全教育培训制度。

(5)确定项目重要危险源,针对高处坠落、机械伤害、物体打击、坍塌倒塌、火灾爆炸、触电、窒息中毒等七类建筑施工易发事故制订相应的安全技术措施;对超过一定规模的危险性较大的分部(分项)工程的作业制订专项安全技术措施。

(6)制订季节性施工的安全措施。

(7)建立现场安全检查制度,对安全事故的处理做出规定。

5.8.4 环境保护管理计划

环境保护管理计划是保证实现项目施工环境目标的管理计划。环境保护管理计划应针对项目的实际情况,参照《环境管理体系 要求及使用指南》(GB/T 24001—2004),在企业环境管理体系的框架内进行编制。环境保护管理计划应包括下列内容:

(1)制定项目环境管理目标。

(2)建立项目环境管理的组织机构并明确职责。

(3)根据项目特点进行环境保护方面的资源配置。

(4)确定项目重要环境因素,针对大气污染、建筑垃圾、噪声及振动、光污染、放射性污染、污水排放等六类污染源进行识别、评价,制订相应的控制措施和应急预案。

(5)建立现场环境检查制度,对环境事故的处理做出的规定。

5.8.5 成本管理计划

成本管理计划是保证实现项目施工成本目标的管理计划,包括成本预测、实施、分析、采取的必要措施和计划变更等。成本管理计划应以项目施工预算和施工进度计划为依据编制。成本管理计划应包括下列内容:

(1)根据项目施工预算,制定施工成本目标。

(2)根据施工进度计划,对施工成本目标进行分解。

(3)建立成本管理的组织机构并明确职责,制定管理制度。

(4)采取合理的技术、组织和合同等措施,控制施工成本。

(5)确定科学的成本分析方法,制订必要的纠偏措施和风险控制措施。

正确处理成本与进度、质量、安全和环境等目标之间的关系。

5.8.6 其他管理计划

其他管理计划宜包括绿色施工管理计划、防火保安管理计划、合同管理计划、组织协调管理计划、创优质工程管理计划、质量保修管理计划及对施工现场人力资源、施工机具、材料设备等生产要素的管理计划等。其他管理计划可根据项目的特点和复杂程度加以取舍。各项管理计划的内容均应有目标、组织机构、资源配置、管理制度和技术、组织措施等。

【例5-8】

某学院图书馆工程施工组织设计

1 编制依据

(1)国家有关工程建设的法律、法规及地方建设规章。

(2)施工承包合同、招标投标文件及有关答疑。

(3)某学院图书信息楼工程设计文件。

(4)某学院图书信息楼工程地质勘察报告。

(5)国家现行有关工程建设的标准、规范、规程。

(6)公司有关ISO9001质量管理体系、ISO14001环境管理体系和GB/T28001职业健康安全管理体系的程序文件。

(7)企业工法和有关作业指导书。

2　编制说明

玻璃幕墙、钢网架施工方案另行编制。本施工组织设计未尽事宜严格按照国家有关规范、规定执行。

3　工程概况

3.1　工程主要情况

3.1.1　工程名称

工程名称为某学院图书信息楼建安工程。

3.1.2　建设地点

建设地点在某学院新校区院内。

3.1.3　建设规模

本工程占地面积24 190 m^2,由主楼、圆形和扇形裙楼组成,总建筑面积31 388 m^2(其中主楼地上11层、地下1层,建筑面积15 975 m^2;裙楼4层,建筑面积15 463 m^2,含1 450座报告厅一座),建筑总高度48.2 m,藏书规模80万册以上。其剖面简图如图5-16所示。

3.1.4　参与建设单位

本工程由某勘测设计研究院承担工程地质勘察,某省建筑设计院承担施工图设计,某监理公司承担工程监理,某工程有限公司总承包施工。

3.1.5　承包方式

承包方式为包工包料。

3.1.6　承包范围

土建工程:土方工程、临湖挡土墙、桩基承台及地梁、地下室及结构主体工程、防水工程、屋面工程、门窗工程及初装修工程等。

安装工程:室内给水系统、消火栓系统、排水系统;消防和地下室通风系统,电气、照明系统,防雷接地系统。

弱电工程:室内电视、电话、宽带网络系统、火灾自动报警系统完成线管、箱、盒的预留预埋及末端面板。

3.1.7　施工合同要求

质量标准:按质量评定及验收标准一次验收达到合格标准。

建设工期:480个日历工作天。

工程保修:按国务院279号令《建设工程质量管理条例》执行。

3.2　各专业设计简介

各专业设计简介见表5-25。

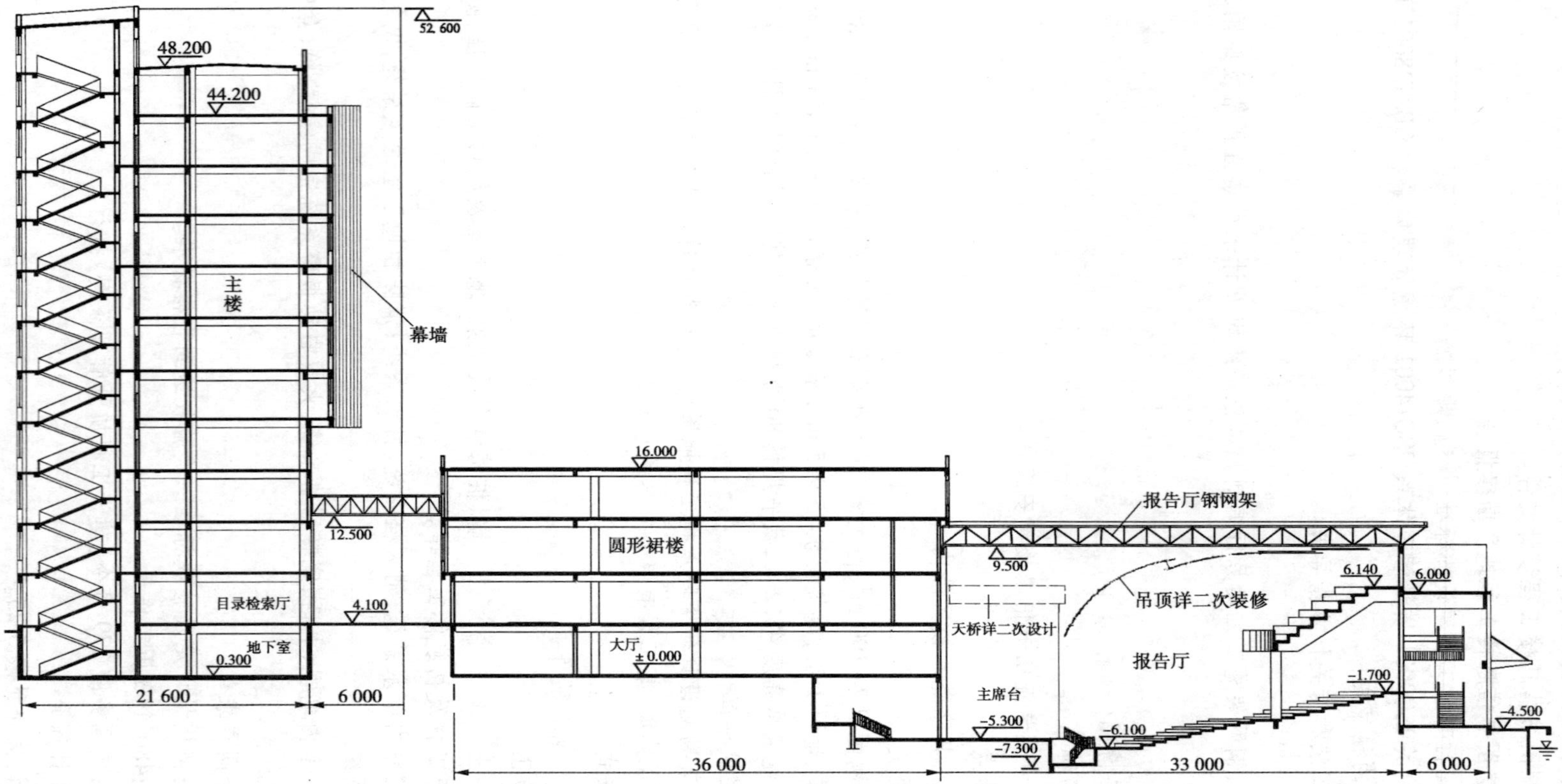

图 5-16　某学院图书馆工程剖面简图

表 5-25　专业设计简介

序号	内容	说明与要求
		建筑设计简介
1	建筑面积	主楼 15 975 m^2，裙楼 15 463 m^2，总建筑面积 31 388 m^2
2	层数、层高及总高	主楼地下 1 层，层高 3.9 m，地上 11 层，层高 4.0 m，建筑总高 52.6 m；裙楼 ±0.000以下局部 1 层，±0.000 以上四层，层高 4.0 m，建筑总高 17.6 m
3	建筑功能	主楼：地下室为变配电房、空调机房、风机房、自行车库，一楼为检索厅、目录厅、馆长室、编目室等，二楼以上为分类图书阅览室和藏书库。 圆形裙楼：一楼为大厅、总服务台、自由阅览区及打印、复印等服务用房，二楼、三楼为电子阅览室，四楼为展览室。弧形裙楼除布置有 1 100 座报告厅外，其余为电子阅览室
4	设计标准	建筑分类和耐火等级：一类二级；抗震设防丙类，按 6 度设防；设计使用年限：50 年以上
5	内墙面	除主楼一层目录厅和圆形裙楼一层大厅墙面、圆柱面贴花岗岩，卫生间、开水间贴瓷砖外，其他内墙面均为混合砂浆打底，刮仿瓷涂料，面刷乳胶漆
6	外墙面	干挂花岗石、铝塑板、玻璃幕墙、外墙面砖
7	楼地面	主楼一层目录厅和圆形裙楼一层大厅为花岗岩楼地面，卫生间为陶砖地面，主楼地下室为水泥砂浆地面，其他均为水磨石楼地面
8	顶棚	卫生间为防水 PVC 扣板吊顶；风机房、电梯机房为吸声顶棚；地下室、开水间、工具室、藏书库、储藏室为混合砂浆打底，刮仿瓷涂料，面刷乳胶漆；主楼一层目录厅和圆形裙楼一层大厅为轻钢龙骨石膏板吊顶，其他顶棚均为 T 型铝合金龙骨金属装饰板吊顶
9	门窗幕墙	外窗采用双玻铝塑窗，内门采用实木门，外门采用铝塑门以及防盗门。北立面设有全隐框玻璃幕墙
10	防水做法	地下室底板、墙面为自防水混凝土加改性沥青卷材二道设防，水泥膨胀珍珠岩找坡、高分子卷材防水、刚性防水层、面贴防滑地砖为水泥聚苯板保温地缸砖面层
11	油漆	金属面采用醇酸磁漆，木材面采用丙烯酸清漆
		结构设计简介
1	基础	人工挖孔桩基础（已完），垫层混凝土 C10，桩帽、地梁混凝土 C35，地基基础设计等级乙级
2	结构形式	现浇框架结构。四层以下墙柱 C35，梁、板 C30；四层以上墙柱 C30，梁、板 C30
4	砌体	±0.000 以下采用 M7.5 水泥砂浆、MU 标砖；±0.000 以上外墙、楼梯间、电梯井砖砌体采用 240 mm 厚 MU7.5 多孔砖；内墙采用 200 mm 厚 MU3.0 加气混凝土砌块，用 M5.0 混合砂浆砌筑
5	钢筋	结构受力主筋为新Ⅲ级钢，其他为 HRBⅡ级钢、HPBⅠ级钢
6	网架屋盖	报告厅、采光天井及主楼入口挑雨棚均采用螺栓球网架

续表 5-25

序号	内容	说明与要求
		水电设备安装简介
1	给排水安装	本工程的室内生活给水管道采用PP－R塑料给水管，室外采用PE管，均采用热熔连接；消防栓系统给水管道采用热镀锌钢管，$DN \leqslant 100$ mm采用丝扣连接，$DN >$ 100 mm采用卡箍连接；室内排水管、雨水管采用UPVC排水管，黏接接口
2	空调系统	空调系统由定风量全空气系统、空气－水系统、独立空调机组、独立风冷恒温恒湿空调系统等多种方式组成，通风系统设有机械排风系统、过度季排风系统、机械排烟系统
3	消防系统	自动报警喷淋、消火栓、送风排烟
4	强电系统	本工程为多层公共建筑。其中所有用电设备均为三级负荷。电源从室外采用YJV22－型电缆引来。设计光源采用T5荧光灯和紧凑型荧光灯。照明干线采用BV－450/750 V型铜芯导线穿钢管埋地，埋墙敷设，照明分支配线均采用BV－450/750V－2.5 mm^2 导线穿钢管暗敷
5	弱电系统	有线电视系统采用远地前端系统模式，信号从学校总前端机房引来。在教室等场所设置电视出线口；综合布线系统用于支持建筑物内语音、数据和图文信息的传输，传输频率为100 MHz；电话系统在一层设总电话箱，其余每层设电话分线箱
6	防雷、接地系统	本工程按三类防雷建筑物设计。在屋面沿女儿墙明敷Φ12镀锌圆钢壁垒带作为接闪器，利用结构柱内主筋作为引下线，接地极利用建筑物基础内钢筋

3.3 工程施工条件

3.3.1 建设地点气象状况

(1) 温度：极端最高温度为40.6 ℃，极端最低温度为－11.3 ℃，年平均气温为16.9 ℃。

(2) 湿度：最热月平均相对湿度为73%，最冷月平均相对湿度为79%。

(3) 降水量：年平均降水量为1 400.6 mm，日最大降水量为149.3 mm。

(4) 风向及风速：夏季主导风向为S、ES，冬季主导风向为EN，平均风速为1.7(冬季)～2.2 m/s(夏季)。

(5) 其他：基本风荷载为0.35 kN/m^2，基本雪荷载为0.35 kN/m^2，地震基本烈度为6度。

3.3.2 地形特征

本工程位于××市××路××大学校园内，主干道东侧的人工湖畔，操场西侧，综合楼东侧，原始地形为丘陵山坡地，西北高、东南低，地质情况一般。基础深度范围内无地下水，冬期施工时间为每年的11月15日至次年3月15日，雨期施工时间为每年的6月15日至9月15日。

3.3.3 施工条件

现场已实现三通一平，桩基础已完成。当地交通运输条件良好，能保证资源的供应，施工机械、劳动力已基本落实。项目管理实行内部承包，现场临时设施，供水、供电问题已解决。

3.3.4　施工特点

(1)施工场地狭小、竖向高差大:业主提供给承包商的施工场地在拟建建筑物的西侧,东西宽约60 m,南北长约100 m,施工场地狭小;拟建工程的东、西、北向室外地面标高分别为241.50 m、245.50 m和249.90 m,场地竖向高差大,场内交通组织困难。

(2)临湖施工难度大:拟建工程的东侧设有140 m长消防车道(兼作亲水平台),需修建临湖钢筋混凝土挡土墙,地下室结构施工前期需抢建临湖挡土墙并及时回填,以形成场内环形施工道路。

(3)场外交通受限多:新校区外与国道相接,校区内能提供两条施工进场道路,但现场西侧主干道需修建200 m施工临时道路与之相接,且校方要求限时使用(休息日及夜间使用);东侧进场道路高出±0.000,标高达3.9 m,且因一座石砌拱桥需限载使用(汽15、拖40)。

(4)裙楼单层面积大、技术要求高:本工程周转材料投入量大,需分段流水施工;本工程的施工特点是立面造型独特、复杂、高低错落;裙楼单层面积大,圆柱、不同半径的曲梁多;报告厅的舞台、观众席台外的通道等标高多变、结构复杂,既有斜面曲板,又有圆弧梁、悬挑梁、折梁等;建筑物功能齐全,综合性强,施工协调难度大。

(5)由于消防设备安装、防盗报警设备安装、广播系统设备安装、电梯安装、电脑网络安装、室外构筑物及建筑小品等多道工序,在后期施工时可能有多家施工队现场同时施工,对现场管理、文明施工管理、成品保护等造成一定难度。

(6)安全、环境要求高:本工程位于校区中心地带,业主对现场封闭、安全文明施工和环境卫生、施工噪声控制要求高。

4　施工部署

4.1　施工管理目标

4.1.1　工程质量目标

确保工程质量一次验收达到合格标准,争创"市优质工程"。所有分项工程合格率100%,主体工程、装饰工程均符合优良标准。

4.1.2　工期目标

确保总工期为470 d(日历工作天)。

4.1.3　安全与文明施工目标

无重大伤亡事故,一般事故频率控制在1.5‰以下,争创市"文明现场标准化工地"和"安全标准化工地"。

4.2　施工组织机构及岗位职责

4.2.1　项目部组织机构

本工程实行项目法管理,设立直线职能制项目经理部。项目经理由公司一级项目经理、注册一级建造师担任,代表公司全权对该工程施工进行指挥和人、财、物的调度,全面履行施工承包合同条款和工期、质量、安全、文明施工的承诺。项目部组织机构见图5-17。

4.2.2　项目部主要管理岗位人员职责

(1)项目经理:主持全面工作,主管经营管理,负责工程、进度、质量目标按计划实现。

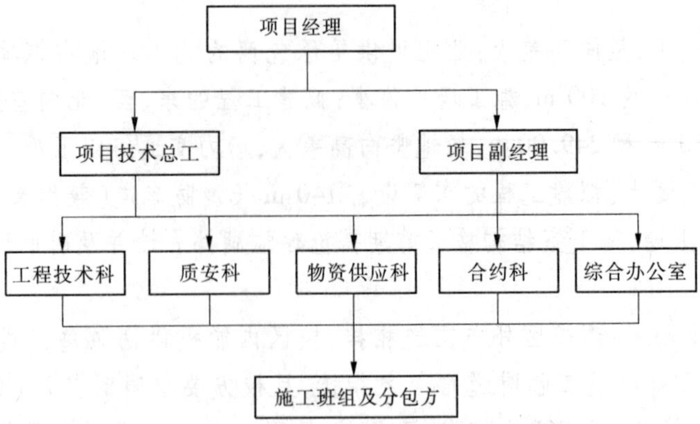

图 5-17　项目部组织机构

(2)项目副经理:全面负责项目部的施工技术与质量、安全技术的管理工作。

(3)项目技术总工:全面负责项目技术质量日常管理,具体协调质量计划实施及质量过程管理事务,负责制订项目质量计划,督促检查项目质量计划的实施,施工组织设计的编制,施工过程中的全面质量监控,加强施工过程监控能力,按规定对紧急放行事宜进行控制。

(4)工程技术科:负责图纸审核、施工准备、生产调度、施工方案编制、测量放线、技术交底、技术复核、技术资料管理、技术培训。

(5)质安科:负责质量检查监督、评定、验收,安全监督,材料及成品检测试验及统计技术分析。

(6)合约科:负责合同管理;工程月结算、最终决算;财务管理、成本核算,收支往来结算。

(7)物资供应科:负责材料采购、管理、发放,设备调度、维修。

(8)综合办公室:现场文明施工管理;医疗、食堂管理,生活设施、文件、信函收发;对外关系协调、生活、办公用品及用具。

4.3　施工总体安排

4.3.1　施工程序

(1)基础施工阶段:先地下、后地上。将临湖挡土墙、裙楼、主楼三部分分别组织施工,重点是抢建临湖挡土墙,裙楼和主楼的桩帽、地梁按先深后浅的原则组织内部流水施工。

(2)主体结构施工阶段:主楼和裙楼采用平面分段、立面分层,先结构、后维护、再装修的原则组织施工。裙楼围护墙体在主体封顶后施工,主楼围护墙体则在五层主体结构完成后插入施工,为缩短工期,主体中检安排二次验收,以及时插入内抹灰打底。

(3)装饰工程阶段:装饰工程在屋面防水施工后进行,抹灰施工先外墙后内墙,先顶棚、墙面,后地面,外装饰工程自上而下连续作业,一次完成;内装饰工程先房间后走廊,再楼梯和门厅。

4.3.2　施工段的划分

为优化劳动组合,实现缩短工期、均衡施工的目的。本工程施工段竖向以层分段;平面划分为四个施工段,即报告厅为第一施工段、扇形裙楼为第二施工段、圆形裙楼为第三施工段、主楼为第四施工段。各施工段内组织流水施工。

4.3.3 施工顺序及流向

(1)基础施工阶段:重点抢建临湖挡土墙,基础工程按先深后浅的原则,按报告厅→扇形裙楼→圆形裙楼→主楼的施工顺序组织依次流水施工,见图5-18。

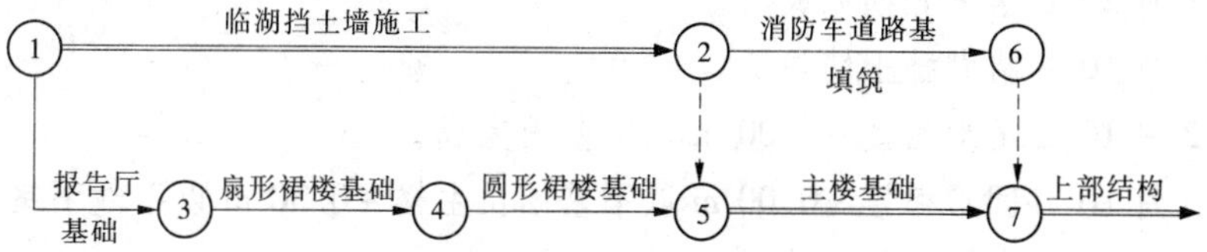

图5-18 基础施工阶段施工顺序

(2)主体施工阶段:以主楼为主线组织报告厅、扇形裙楼、圆形裙楼的平行流水施工,主楼按不等节拍流水,其他施工段穿插流水,见图5-19。

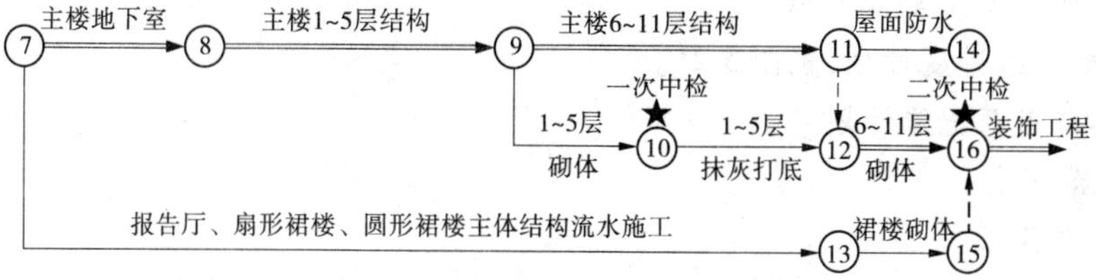

图5-19 主体施工阶段施工顺序

(3)装饰施工阶段:组织装饰工程与安装工程的立体交叉施工,见图5-20。

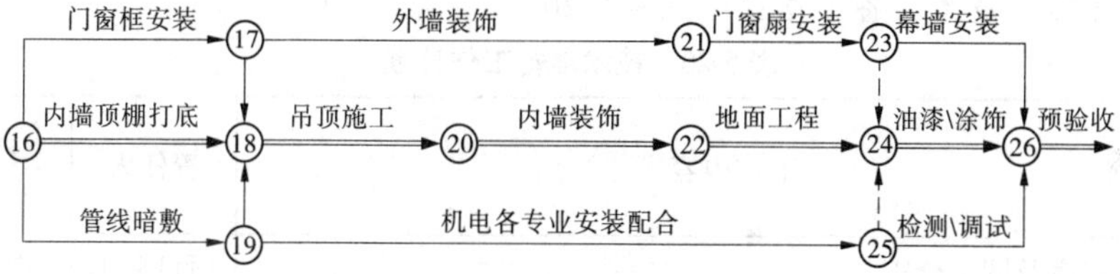

图5-20 装饰施工阶段施工顺序

为了使各专业工种能够连续作业,本着力所能及、留有余地的原则,需要采用主体结构和水电安装立体交叉施工,结构分阶段验收提前插入二次结构装修施工。一般情况下,顶板留洞及预埋件的留置应在顶板下铁绑扎完毕后进行,墙体留洞及预埋件应在墙体钢筋绑扎完毕后进行,待洞口构造措施完毕后,才可进行钢筋分项工程的验收。

4.3.4 任务划分及队伍安排

(1)自行完成任务:基础及地下室工程、混凝土主体结构工程、砌体工程、脚手架及垂直运输工程、初装饰工程、给排水及强电安装工程等均由项目部组织劳务队伍自行完成。

(2)专业队伍:钢筋的对焊、竖焊、三元乙丙及SBS防水卷材施工由公司专业作业队承包完成,玻璃幕墙工程由公司下属幕墙公司承包完成。

(3)分包工程安排:网架制安、电梯安装、采暖通风、火灾自动报警系统及室内电视、电话、宽带网络系统等由项目部会同监理、业主进行招标,择优选定具备资质的专业队伍承包施工。

5　施工进度计划

本工程国家定额工期 562 d。合同工期要求 480 d,确定计划总工期为 470 d。计划 2011 年 12 月 20 日开工,2008 年 3 月 30 日前竣工。主要的工期控制点如下:

2012 年 1 月 20 日土方开挖完成。

2012 年 2 月 10 日临湖挡土墙竣工。

2012 年 2 月 10 日扇形裙楼 -4.00 m 以下基础完成。

2012 年 3 月 10 日圆形裙楼 ±0.00 m 以下基础及主楼 +0.30 m 以下地下室底板完成。

2012 年 7 月 10 日主楼主体结构封顶。

2013 年 1 月 30 日内外装饰工程完成。

2013 年 2 月 28 日室外工程完成。

2013 年 3 月 12 日预验收。

2013 年 3 月 30 日竣工验收。

绘出时标网络进度计划,见图 5-21。

6　施工准备与资源配置计划

6.1　施工准备工作

6.1.1　技术准备工作

开工前,各专业施工员、质检员、技术员熟悉图纸,审查施工图纸是否完整、齐全,各专业尺寸、标高是否统一,各组成部分之间有无矛盾或错误,施工图纸是否符合有关标准与规范,并会同建设单位、设计单位,做好图纸会审工作,熟悉质量验收标准、施工规范、操作规程,技术交底认真、仔细。技术准备工作计划见表 5-26。

表 5-26　技术准备工作计划

序号	工作内容	责任人	完成时间(年-月-日)
1	设计交底及图纸会审	项目总工	2011-12-15
2	施工组织设计编制、报审	项目总工	2011-12-20
3	坐标桩、水准点的移交、引测和保护,建立测量控制网,进行桩基础轴线,标高的验收,对超规范的误差制订处置方案	项目总工	2011-12-20
4	进行混凝土、砂浆的试件试配,出具配合比通知单	试验员	2011-12-20
5	按施工段的划分,计算分层分段工程量,提出材料供应计划和劳动力进场计划	预算员	2011-12-20
6	沿湖钢筋混凝土墙专题施工方案的编制、交底	项目总工	2011-12-8
7	工人进场安全教育	安全员	2011-12-20

6.1.2　现场施工准备工作

开工前,对施工场地进行平整,修筑施工道路,硬化部分场地,选择合理的电缆电线及水

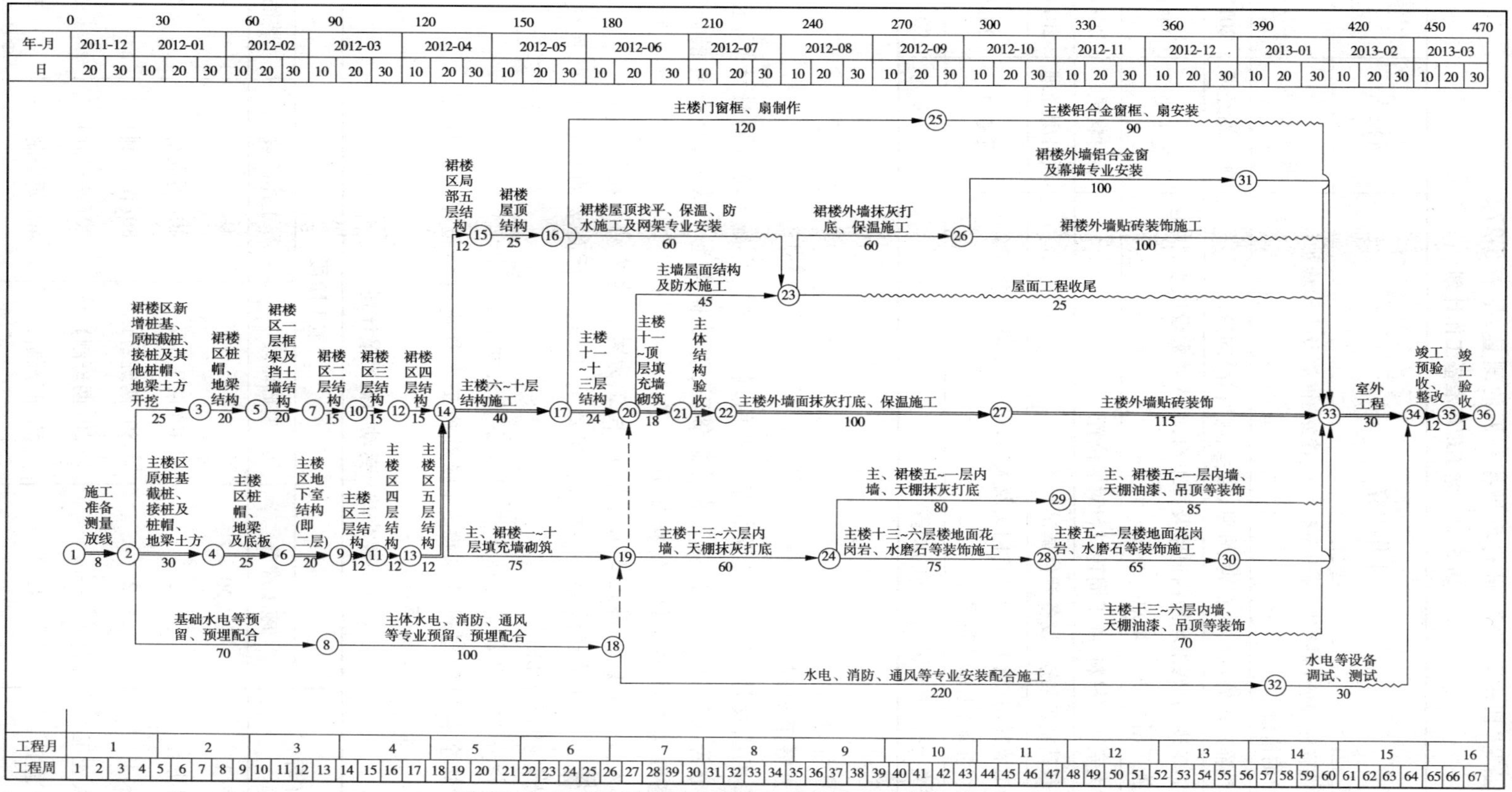

0	30	60	90	120	150	180	210	240	270	300	330	360	390	420	450	470

年-月	2011-12	2012-01	2012-02	2012-03	2012-04	2012-05	2012-06	2012-07	2012-08	2012-09	2012-10	2012-11	2012-12	2013-01	2013-02	2013-03
日	20 30	10 20 30	10 20 30	10 20 30	10 20 30	10 20 30	10 20 30	10 20 30	10 20 30	10 20 30	10 20 30	10 20 30	10 20 30	10 20 30	10 20 30	10 20 30

图 5-21　某学院图书信息楼工程网络进度计划(工期:470 d)

管,架设施工用电线路,埋设施工用水管道。根据施工总平面布置及临时用地计划,搭设各种临时设施,实现“四通一平”,进行现场控制网的测量,见表5-27。

表5-27 施工现场准备工作计划

序号	工作内容	责任人	完成时间(年-月-日)
1	生产性临时设施(砂浆混凝土及砂浆搅拌站、钢筋及木模板加工、仓库等)的搭设	项目副经理	2011-12-20
2	生活性临建设施(办公、宿舍、食堂、浴室、厕所等)的搭设	项目副经理	2011-12-10
3	清理施工现场、修筑场地内道路及排水沟,引入并敷设供水、供电管线至施工用水、用电地点	施工员	2011-12-20
4	安排大宗地方材料、施工周转材料对场位置	材料员	2011-12-20
5	塔吊基础施工、施工设备就位调试	项目副经理	2011-12-20
6	现场围墙封闭、施工入口设置门头及大门,安排“七牌一图”,洗车槽污水沉淀池、工地消防设施	设备员	2011-12-25
7	截桩或接桩,桩头锚固钢筋的剥露	施工员	2011-12-20

6.2 资源配置计划

6.2.1 劳动力需用计划

根据施工组织设计、施工进度及施工任务的划分,积极准备劳动力安排计划,合理组织劳动力进场,分阶段进行,实施劳动力的动态管理,有效提高生产效率,公司将根据工程量、工期实际调整劳动力资源。具体安排如下:

(1)施工人员采取以公司正式工种为主、民工为补充的劳动力组织方式。

(2)做好施工人员进场的安全、文明施工教育工作,进行必要的岗前培训,关键特殊技术工种人员必须持证上岗。

(3)施工作业前按规定必须进行三级安全技术交底。

(4)建立健全各项管理规章制度,加强对施工人员进行遵纪守法的教育。

劳动力需用量计划见表5-28。

表5-28 劳动力需用量计划

序号	工种	施工阶段			
		施工准备	基础阶段	主体阶段	装饰阶段
1	石工	20	5	—	—
2	钢筋工	2	40(两班制)	40(两班制)	5
3	木工	2	80(两班制)	80(两班制)	10
4	混凝土工	—	20(两班制)	20(两班制)	5
5	普通工	15	50(两班制)	40(两班制)	30
6	防水工	—	10	—	10

续表 5-28

序号	工种	施工阶段			
		施工准备	基础阶段	主体阶段	装饰阶段
7	泥工	8	20	50	50
8	架子工	—	10	20	20
9	机械操作工	2	6	10	10
10	抹灰工	2	—	30	70
11	装修工	—	—	—	60
12	油漆工	2	2	5	15
13	机修工	1	2	2	2
14	电焊工	1	4	6	6
15	水电工	4	6	10	30
合计		59	255	313	323

6.2.2 施工机械设备使用计划

根据工程实际情况编制所需机具使用计划，包括机械设备的型号、规格、数量、生产能力等，并按计划组织进场，所有进场机械设备应经检验方可投入使用。主要施工机具需用量计划见表 5-29。

表 5-29 主要施工机具需用量计划

序号	设备名称	型号规格	数量	功率(kW)	生产能力	进场时间
1	反铲液压挖土机	WY160	2 台	55		
2	塔式起重机	TC5616 型 臂长 56 m	2 台	31.7	80 t · m	垂直、水平运输
3	门式升降机	SSE100	5 台	9.5		垂直运输
4	混凝土泵送车	三一重工 HBT－60	2 台	55	70 m^3/h	混凝土工程
5	砂浆搅拌机	200 L	4 台	5	10 m^3/h	砌体、装饰
6	插入式振动器	ϕ50 mm/30 mm	15/8	2.2	25 m^3/h	基础、主体
7	平板振动器	ZWB2.2	4 台	2.2	50 m^3/h	基础、主体
8	交流电焊机	KD2－50	6 台	38.6		电渣压力焊接
9	电渣压力焊	HYS－630	2 台	22	14～36 mm	电渣压力焊接
10	闪光对焊机	UN2－100	2 台	100		钢筋连接
11	钢筋调直机	GJ4－4/14	2 台	7.5	54 m/min	钢筋加工
12	钢筋切断机	GQ40	2 台	2.2	32 次/min	钢筋加工
13	钢筋成型机	GW40－1	2 台	7.5	11 r/min	钢筋加工
14	卷扬机	11/2 t	各 2	16/21.6		主体、装修

续表 5-29

序号	设备名称	型号规格	数量	功率(kW)	生产能力	进场时间
15	木工平刨床	MB504A	2台	2.2		模板工程
16	木工圆锯机	MJ104	2台	2		模板工程
17	木工开榫机	MX2112	2台	1.1		模板工程
18	振动夯土机	HZD250	2台	12		土方回填
19	手电刨	锐奇 KEN	6台	0.6		模板施工
20	手电锯	博世 GBM350	6台	1.1		装饰施工
21	柴油发电机	玉柴 GF－120	2	120		发电备用
22	电动套丝机	SQ－100	1台	0.5		安装工程
23	电锤	M32	3把	0.5		安装工程
24	砂轮切割机	BX2－500	2台	1.0		安装工程
25	全站仪	索佳 SET220K	1台		精度2″	施工测量
26	电子经纬仪	南方 DT－02	1台		精度2″	施工测量
27	水准仪	南方 NL－24	3台		精度2 mm/km	施工测量
28	电脑	联想	3台	1		现场管理

6.2.3 主要材料、构件使用计划

施工用的全部材料和构件必须采用符合合同规定和工程要求的品种及质量等级。对于施工用的全部材料、构件进行检查和检验，结果存在缺陷或不符合合同要求时，要立即用书面文件通知供货责任单位，由责任方进行修整和调换合格产品，经建设方、监理方批准后方准使用。材料和构件的贮存按本公司制定的产品入场、验收、保管与发放的管理规定执行。主要材料及构件需用量计划见表5-30。

表 5-30 主要材料及构件需用量计划

序号	材料、构件名称	型号规格	单位	数量	进场时间(月-日)
1	钢筋	Φ6.5～Φ32	t	1 980.6	11-12～12-06
2	水泥	P·O 32.5/42.5	t	7 987.6	11-12～12-12
3	中砂	中砂	m^3	9 753.6	11-12～12-12
4	卵石	5～40 mm	m^3	12 452	11-12～12-06
5	页岩石	240×115×53	千块	1 250.8	11-12～12-06
6	红青砖	240×115×53	千块	132.6	11-12～12-06
7	混凝土小型空心砌块	390×190×190	m^3	1 536.6	12-02～06
8	轻质墙板		m^2	3 756	12-06
9	花岗岩板	300×600	m^2	8 320	12-07

续表 5-30

序号	材料、构件名称	型号规格	单位	数量	进场时间(月-日)
10	外墙面砖	300×450	t	7 865	12-08
11	块料石板	各规格		5 002.1	12-10
12	广场砖	150×150	m^2	4 358.2	12-12
13	防滑地砖	300×300	m^2	1 462.6	12-10
14	铝板	1 200×300	m^2	572.2	12-08
15	石棉吸声板	240×115×53	m^2	50.8	12-09
16	防水卷材	SBS 三元乙丙	m^2	5 632.6	12-01～05
17	PVC 塑料排水管	各规格	m	536.6	12-11
18	防火门		m^2	456	12-08
19	平板玻璃	6 mm	m^2	4 320	12-08
20	石膏板	12 mm	m^2	1 457.3	12-10
21	焊接钢管	各规格	t	137.3	12-08
22	乳胶漆		kg	3 430	12-09

6.2.4 现场施工用水

(1)工程施工用水量 q_1 计算。

工程施工用水以混凝土养护用水为大，主楼地下室底板混凝土约 325 m^3，养护用水 300 L/m^3，取 $K_1=1.1$，考虑季节因素，K_2 取 1.35，则工程施工用水量为

$$q_1 = K_1 \times \frac{\sum Q_1 N_1 K_2}{t \times 8 \times 3\,600} = 1.1 \times \frac{325 \times 300 \times 1.35}{1 \times 8 \times 3\,600} = 5.03\ (L/s)$$

(2)施工机械用水量 q_2 计算。

以高峰期 3 台混凝土搅拌机同时用水计算，搅拌机生产能力 126 m^3/台，C35 混凝土搅拌用水 200 L/m^3，K_3 取 1.4，则施工机械用水量为

$$q_2 = K_1 \times \frac{\sum Q_2 N_2 K_3}{8 \times 3\,600} = 1.1 \times \frac{3 \times 200 \times 126 \times 1.4}{8 \times 3\,600} = 4.04 (L/s)$$

(3)生活用水量 q_3 计算。

现场高峰期工地人数为 350，考虑到民工不在现场住宿，N_3 取 40 L/(人·d)，$K_4=1.5$，则生活用水量为

$$q_3 = \frac{P N_3 K_4}{24 \times 3\,600} = \frac{350 \times 40 \times 1.5}{24 \times 3\,600} = 0.24 (L/s)$$

(4)消防用水 q_4。取 $q_4=10$ L/s。

(5)总用水量。因 $q_1+q_2+q_3<q_4$。

所以 $$Q = \frac{1}{2} \times (q_1+q_2+q_3) + q_4 = \frac{1}{2} \times (5.03+4.04+0.24) + 10 = 14.66 (L/s)$$

(6)配水管径计算:

$$d = \sqrt{\frac{4Q}{1\ 000\pi v}} = \sqrt{\frac{4 \times 14.66}{3.14 \times 1.5 \times 1\ 000}} = 0.112$$

所以,现场总用水量为14.67 L/s,选用*DN*125镀锌管即可。

6.2.5 现场施工用电

6.2.5.1 用电量计算

考虑所配备的施工机械不同时使用,按主体结构施工高峰期计算所需用电量。本工程主体结构施工配备的电动机总功率为440.8 kW,照明用电按动力用电的10%考虑,则施工高峰期用电量P_1为:

$$P_1 = 1.1 \times \left(K_1 \frac{\sum P_1}{\cos\varphi}\right) \times 110\% = 1.1 \times \left(0.5 \times \frac{440.8}{0.75}\right) \times 110\% = 355.6(\text{kW})$$

6.2.5.2 变压器用量计算

业主从现场北侧提供1 kV高压线路引入现场,可设变压器降至380 V/220 V。所需变压器容量P_2为:

$$P_2 = 1.05 \times \left(\frac{\sum P_{max}}{\cos\varphi}\right) = 1.05 \times (355.6/0.75) = 497.84(\text{kV} \cdot \text{A})$$

选择一台500 kVA的变压器能满足现场施工用电要求。

6.2.5.3 配电线路总设计

总配电箱进线采用三相五线制,总配电箱到各分配电箱之间采用五芯铜电缆。各分配电箱至用电设备采用相应的五芯电缆。采用TN－S接零保护系统,并重复接地,接地电阻不大于10 Ω。

现场配电线路以架空线为主,塔吊工作半径以内采用埋地电缆。导线截面须满足截流量的要求,同时满足线路末端电压降不超过5%。相线、N线和PE线的颜色标记依序为黄、绿、红、蓝和绿黄双色线。架空线路与脚手架周边最小安全距离大于4 m,与施工道路的最小垂直距离大于6 m。

埋地电缆敷设深度大于0.7 m,尽量避免穿越建(构)筑物、道路与管沟,出地面时须敷设保护套管,接头应在地面的专用接线盒内。

6.2.5.4 配电箱的布置

配电箱均采用正规厂家生产的标准配电箱,并在箱体上标识和编号。分配电箱设在用电量相对集中的地方,分配电箱与设备开关箱的距离不超过30 m,开关箱与其所控制的用电设备水平距离不大于3 m。

7 主要分部分项工程施工方案

7.1 工程测量放线

7.1.1 建立施工测量控制网

根据业主移交的坐标控制桩和水准基桩建立施工测量控制网,平面控制网的边长相对中误差不大于1/15 000,测角中误差不大于15″,轴线起始点的定位误差不大于2 cm,测角中误差的4倍大于角度闭合差。建筑物的高程控制采用水准测量,水准点的个数不少于5

个,测量精度不低于四度水准。

控制点、水准点应设置固定标桩,选择通视良好、土质坚实、利于保护、便于引测的地方,用ϕ120~150的硬木桩,打入地下不小于1 m,桩顶在轴线上钉固钉标志,并在标桩外加以保护。

7.1.2 施工放样

(1)桩基验收:用经纬仪根据控制桩直接对各轴线进行投测,验收桩基轴线,允许偏差±10 mm,超过允许偏差的桩基础应提出处置方案并报告监理批准;用水准仪结合5 m塔尺进行桩顶高程测量验收,计算出各桩的截桩或接桩尺寸。

(2)轴线竖向投测:主楼地下室和裙楼工程的轴线测设,采取“外引外控”法进行;主楼±0.000以上轴线测设,使用激光经纬仪采用辅助轴线天顶准直法进行。轴线竖向投测允许偏差每层不大于3 mm,总高不大于10 mm。

(3)标高竖向传递:采用悬挂钢尺的水准测量方法进行,并对钢尺读数进行温度、尺长和拉力修正。传递点数目:裙楼不少于4处,主楼不少于3处。标高竖向传递允许偏差每层小于±3 mm,总高小于±10 mm。

7.2 土方与基础工程

施工顺序:土方开挖→挡土墙施工→条形承台拉梁及地下室底板施工→地下室墙、柱、梁、顶板施工→外防水施工→回填土。

挡土墙施工比较复杂,应另编制专项施工方案。

7.2.1 土方开挖

根据地质资料,地质勘察时未发现地下水,基坑最大开挖深度按-4.05 m考虑,不考虑基坑降水。

(1)根据本工程特点,主要采用机械挖土,先将地下室基坑土方采用大开挖的方式进行,机械挖土至地下室底板底标高以上30 cm后,停止机械挖土,改用人工开挖,以免造成超挖和干扰基底土质。挖土线路为反铲挖土机从一端放坡开挖,实行沟端开挖,后退挖土,同时汽车在挖土机后面运土至临时堆放点,备用回填。余土外运。基坑内设坡道,便于汽车运输土方至堆土场。

(2)人工修土应及时用小推车将余土运至挖掘机工作范围内,以便及时将土方运出。挖土机沿挖方边缘移动时,机械距离边坡上缘的宽度不得小于开挖深度的1/2。在开挖过程中,应随时检查坑壁和边坡的状态。深度大于1.5 m时的基坑(槽)或管沟,根据土质情况,应作好支撑的准备,以防坍塌。基坑底部修理平后,就进行质量检查验收。本工程在场地内设临时堆土点,开挖基坑(槽)的土方,根据计算回填需用的土的工程量;预留回填的土,其他多余的土方,应全部运走。

7.2.2 桩头处理

(1)截桩。土方开挖后首先进行桩头清理,对于高于标高的桩头进行截桩处理,方法是确定桩顶标高位置后,采用电动无齿锯进行沿桩外圆切割,切截时应敲掉或凿去多余的桩头混凝土,并调直预留的主筋,保持主筋表面洁净。将保留桩头混凝土和桩头钢筋加以保护,如钢筋有锈蚀必须处理。

(2)桩与承台的连接。桩与承台采用刚接。在桩头的桩管内填充1.1 m高与承台同强度等级细石混凝土,并在混凝土中均分插入钢筋与承台连接。后灌混凝土中应掺入UEA型膨胀剂,并振捣密实,以保证桩头质量。混凝土灌注前必须将桩头清理干净并洒水湿润。

7.2.3 条形承台拉梁及地下室底板施工

条形承台外侧采用组合钢模板,用Φ48 钢管做支撑,内侧砌砖模(120 mm 墙)。拉梁两侧砌 120 mm 墙做砖模。

条形承台拉梁及底板浇筑采用泵送混凝土(详见混凝土工程)。分段流水施工。底板钢筋用马凳架设,马凳形状见图 5-22。

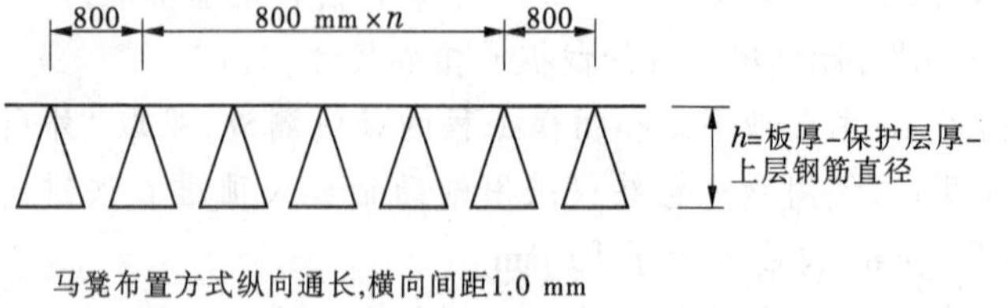

图 5-22 底板马凳架设方式

7.2.4 地下室结构施工

7.2.4.1 地下室墙

(1)模板施工。地下室墙体模板采用 70 系列钢框竹模板,用Φ48 双根钢架管做横竖钢楞;模板间用Φ14 防水对拉螺栓控制墙体厚度,用"3"形扣件连接螺栓和钢楞,支撑采用Φ48钢管;外墙外侧搭设双排脚手架,并在边坡上加斜撑,斜撑下部垫5 cm 厚木脚手板。地下室顶板模板采用大片覆塑竹胶合板,用碗扣式架管和早拆顶托搭设满堂红脚手架,用 100 mm×100 mm 方木做主楞,50 mm×100 mm 方木做次楞,地下室墙体模板支设见图 5-23。

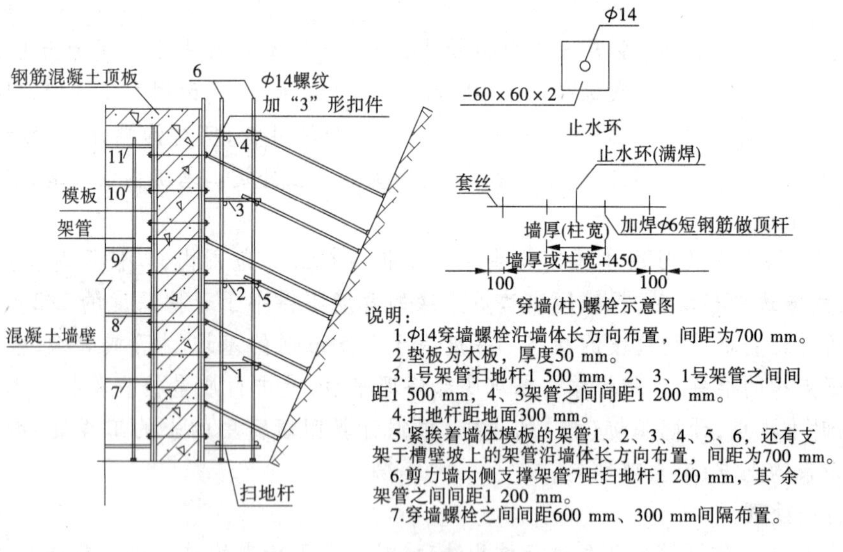

图 5-23 地下室墙体模板支设

(2)钢筋施工。地下室墙体钢筋生根于条形承台上。依据节点大样图要求,外墙水平施工缝留置于条形承台上 200 mm 处,条形承台和水平施工缝下墙体同时浇筑,墙体插筋留设时先在承台梁上部主筋上绑扎横向短钢筋(Φ12@200,L=1 300 mm),然后将墙体插筋与短钢筋绑扎牢固,以保证插筋位置准确,地下室墙体钢筋网片之间绑扎"井"字支架做支撑，支架用ϕ14 钢筋焊成，间距 1 000 mm，梅花形布置，以保证墙体钢筋位置正确。

(3)混凝土。地下室外墙混凝土分层连续浇筑，每层厚度不超过 60 cm，分三个施工段，竖向施工缝处加设两层钢板网(孔径 0.5 cm)和钢板止水带；必要时内外墙交接处亦留垂直施工缝。

地下室柱、梁、砌体施工同主体结构柱、梁、砌体施工方法。

7.2.4.2 临湖挡土墙施工

临湖挡土墙施工应编制专项施工方案。

7.2.5 地下室外防水施工

本工程地下室防水有两道，一道是地下室现浇混凝土墙体自防水，然后在外墙外侧再做一道柔性防水层，施工中重点做好拐角处防水接头的处理，使其符合设计要求。柔性防水层外侧砌筑 120 mm 墙保护。

7.2.6 土方回填

地下室防水完成后，施工单位应会同有关部门进行基础验收，做好隐蔽记录，合格后方能进行回填土。工艺流程：坑底清理→检验土质→分层铺土、耙平→夯打密实→找平验收。在回填土之前应将基坑底部的垃圾和所有的杂物清理干净，必须清理到基础底面标高。回填土质必须符合施工规范规定，使用前要过筛，其最大粒径不得超过 50 mm，并要严格控制土壤含水率。回填时要分层铺摊和夯实，每层铺土厚度为 200 ~ 250 mm，每层夯打三遍，要求一夯压半夯。回填土每层填实后，应按规范规定进行环刀取样，测出干土的质量密度，达到要求后，再进行上一层的铺土。填土全部完成后，应进行表面拉线找平，凡高出允许偏差的地方，及时依线铲平；凡低于标准高程的地方，应补土夯实。

7.3 主体框架结构施工方案

7.3.1 钢筋工程

7.3.1.1 原材料要求

进场钢筋必须具备出厂质量证明书和试验报告单，每捆钢筋有标牌。对进场钢筋按规范的标准抽样做机械性能试验或化学分析，合格后方可使用。进场的钢筋和加工好的钢筋，根据钢筋的牌号分类堆放在砖砌成的间距为 2 m、高为 30 cm 的地垄墙上或者枕木旁，以避免泥土或污垢的污染，严禁随意堆放。钢筋的场内水平运输采用双轮车，楼层垂直运输和水平运输采用塔吊。钢筋运至所需部位，采用人工绑扎成型入模。

7.3.1.2 钢筋加工

钢筋加工前，需严格按照施工图纸有关规范要求，并结合工程实际情况进行钢筋翻样和编制配料表。钢筋配料单中应注明每个构件中钢筋的部位、型号、长度、根数等参数，以便优质、高效、准确无误地保证钢筋制作质量。对运输过程中产生弯曲变形的钢筋进行调直或切割处理。加工成型钢筋应分组挂牌，整体地堆放在现场指定的地点，运输和吊装时应按一定的先后顺序进行，严禁随意随地堆放无牌号的钢筋。

钢筋加工顺序：钢筋进场→取样、试验(合格)→切断配料→分组对焊(合格)→弯曲成型→挂牌堆放→标识。

7.3.1.3 钢筋的连接

钢筋接头的位置、构件同区段内钢筋接头的数量及绑扎接头的搭接长度须符合规范规定和设计要求。凡直径不小于 18 mm 的水平、竖向钢筋均采用闪光接触对焊和电渣竖向压力焊。焊工须持证上岗,正式焊接前先进行试焊,焊件试验合格后,方可正式焊接。

7.3.1.4 钢筋的绑扎

钢筋绑扎前,应核对成品钢筋的钢号、形状、尺寸、直径和数量等是不是与配料单一致。如有不对的地方,应及时纠正增补钢筋;为了使钢筋绑扎的位置准确,应先画出钢筋位置线。根据本工程的具体情况,楼板筋在模板上画线;柱箍筋在四根对称竖向筋上画点;梁的箍筋在架立筋上画点。

1. 框架柱钢筋绑扎

工艺流程:套柱箍筋→搭接竖向受力筋→画箍筋间距线→绑箍筋。

按图样要求间距计算好每根柱箍筋数量,先将柱箍套在下层伸出的搭接筋上,然后立柱子钢筋,主筋接头的位置依设计要求错开,在立好的柱子竖向钢筋上,用粉笔画出箍筋间距,然后将已套好的箍筋往上移动,由上往下宜采用缠扣绑扎。箍筋与主筋要垂直,箍筋转角与主筋交点均要绑扎,主筋与箍筋非转角部分的相交点呈梅花交错绑扎,柱上、下两端箍筋应加密,加密区长度及箍筋的间距均应符合设计要求,保护层塑料环圈卡在外竖筋上,间距1 000 mm。

2. 梁筋绑扎(模内绑扎)

工艺流程:画主、次梁箍筋间距→放主、次梁箍筋→穿主梁底层纵向筋并与箍筋固定住→穿次梁底层纵向筋并与箍筋固定住→穿主梁上层纵向架立筋及弯起钢筋→按箍筋间距绑扎牢→绑主梁底层纵向→穿次梁上层纵向筋→按箍筋间距绑牢。

梁筋主要是负筋二排筋易坠落和梁侧保护层厚度不均,负筋二排筋绑完后用20号铁丝与梁上层面筋绑牢,保护层控制主要应处理好梁、柱节点主筋交叉摆放问题。梁纵向筋采用双层排列时,两排钢筋之间应垫以直径不小于25 mm的短钢筋,以保持其设计距离。箍筋开口位置接头应交错布置在梁架立钢筋上。梁箍筋加密范围必须符合设计要求,对钢筋特别密的梁、柱节点,要放样确定绑扎顺序。板的钢筋绑扎短向在下面,应注意板上的负筋位置,上下排筋用马凳固定,以防止被踩下,在板、次梁和主梁交叉处,应板筋在上、次梁钢筋居中、主梁的钢筋在下。

3. 板筋绑扎

工艺流程:清理模板杂物→在模板上画主筋、分布筋间距线→先放主筋后分布筋→下层筋绑扎→放置马凳筋及垫块→上层筋绑扎。

在平台底板上用墨线弹出控制线,并用红油漆或粉笔在模板上标出每根钢筋的位置。按画好的钢筋间距,先排放受力主筋,后放分布筋,预埋件、电线管、预留孔等。下层筋不得在跨中搭接,上层筋不得在支座处搭接,搭接处应在中心和两端绑牢,I级钢筋绑扎接头的末端应做弯钩。板钢筋网的绑扎施工时,四周两行交叉点应每点扎牢,中间部分每隔一根相互呈梅花式扎牢,双向主筋的钢筋必须将全部钢筋相互交叉扎牢,邻绑扎点的钢螺纹要呈八字形绑扎(右左扣绑扎)。为保证上下层钢筋位置的正确和两层间距离,上下层筋之间用马凳筋架立。板、次梁与主梁交叉处,板的钢筋在上,次梁的钢筋在中层,主梁的钢筋在下,当有圈梁或垫梁时,主梁钢筋在上。

4. 楼梯钢筋绑扎

工艺流程:画位置线→绑主筋→绑分布筋→绑踏步筋。

首先在楼梯段底模上画主筋和分布筋的位置线,根据设计图样先绑扎焊接主筋,后绑扎分布筋，楼梯休息平台钢筋和现浇混凝土墙体上的预埋件焊接在一起（先浇混凝土墙时不再预留钢筋，埋件长同平台板边长）。

7.3.1.5　钢筋保护层厚度的控制

(1)柱钢筋下部采用定位箍筋控制柱钢筋的位移，定位箍筋采用ϕ12 圆钢制作，与楼板上层筋点焊牢固；柱钢筋上部采用新型塑料卡环在柱子的中部和上部定位。

(2)梁中上下双层筋采用同梁宽的ϕ25 短钢筋分隔，间距 0.5 m，确保梁双层钢筋的排距；梁底、板底钢筋保护层均采用塑料卡环控制，塑料卡环呈梅花形布置，间距 600 mm；梁侧面保护层采用塑料卡环控制。

7.3.2　模板工程

本工程模板均采用双面覆塑竹胶合模板，采用分施工段整体支模方式，施工工艺流程：柱模板→楼梯间、电梯间墙模板→梁、板模板。模板的地面运输使用双轮车，模板的楼层垂直和水平运输使用塔吊将其运至所需部位。

7.3.2.1　柱模板

工艺流程：弹柱位置线→抹找平层作定位墩→安装柱模板→安柱箍→调整固定→办预检。

本工程多为方柱，少量ϕ600 圆柱。方柱模板采用竹胶合面板，50 mm×100 mm 背方间距不大于 150 mm，模板卡具使用双 8 号槽钢制作，间距 400 mm；圆柱模板采用半圆形定型钢模板对拼，柱箍采用短钢管卡具，间距 500 mm。柱模板采用ϕ48 钢管架支撑系统。柱模板构造见图 5-24。

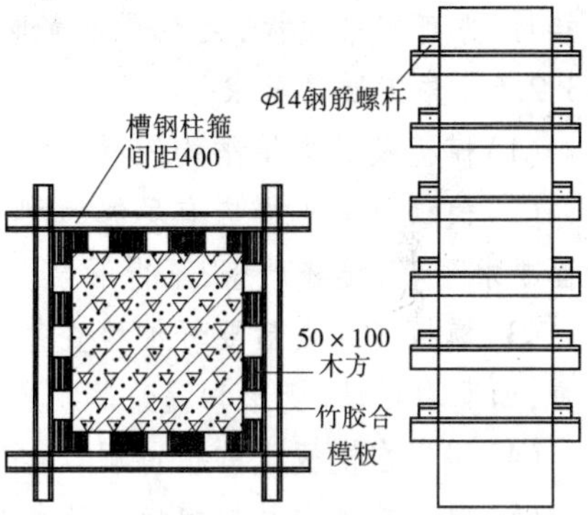

图 5-24　柱模板构造示意图

7.3.2.2　楼梯模板

本工程楼梯拟采用架空法支模工艺施工，底模板采用竹胶合模板，异形模板采用刨光木模板，楞木与ϕ48 钢管架支撑系统，见图 5-25。

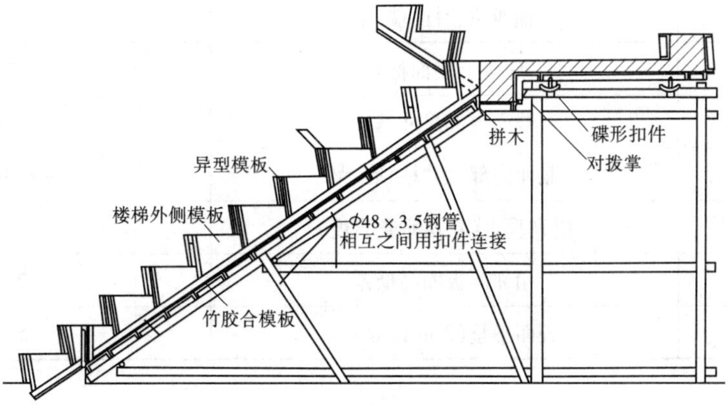

图 5-25　楼梯架空法支模示意图

7.3.2.3　电梯井道模板

电梯井道内模采用铰链收分筒子模板，配以提升平台施工，作业面下方封闭，既方便快捷，且具有可靠的施工安全性。电梯井道外侧采用竹胶合大模板，对拉螺栓采用ϕ25～ϕ32

倒拔式大小头螺杆拧紧,井道内侧采用双向丝杠拉紧。

7.3.2.4 混凝土梁板模板

梁模板以定型钢模板为主,楼板的模板以覆塑竹胶合板为主。梁、板模板采用满堂Φ48钢管扣件和配有早拆头的可调式钢管立柱构成的早拆支撑体系。钢管架子立杆纵横距不大于900 mm,并按规定设置剪刀撑。最上部钢管平杆下使用双扣件(即在立杆紧上部的扣件下加一个扣件),防止上部杆件下滑。

7.3.2.5 拆模

模板支撑拆除实行申请制度,严格按施工规范要求及现场施工方案执行。后浇带两侧梁、板模板支撑在后浇带混凝土浇筑完并达到强度后方可拆除。

模板的拆除顺序按模板设计要求进行。各个紧固构件依次拆除后,应轻轻将模板撬离墙体,而且要十分注意对拉螺栓孔眼的保护;必须在确认混凝土结构与模板之间没有任何的连接后,方可起吊模板,且不得碰撞混凝土成品。

7.3.2.6 施工质量要求

(1)模板及其支撑结构的材料、质量,应符合相关规定和设计要求。

(2)模板及其支撑应有足够的刚度、强度和稳定性,不要下沉与不允许变形,模板的内侧面要求平整,接缝严密,不得漏浆。

(3)模板安装之后要仔细检查每一个构件是否牢固,在浇灌混凝土过程中要不断的去检查,如发现松动、变形和漏浆等现象,要及时修整加固。

(4)固定在模板上的预留洞口和预埋件均不得遗漏,安装必须牢固而且位置要准确。

(5)现浇整体式结构模板安装所允许的偏差,应符合表5-31的规定。

表5-31 现浇整体式结构模板安装允许偏差

项次	项目	允许偏差(mm)
1	轴线位置基础	5
2	轴线位置柱、墙、梁	5
3	底模上表面标高	±5
4	截面内部尺寸基础	+10
5	截面内部尺寸柱、墙、梁	+4,-5
6	层高垂直(每层垂直直度)	6
7	相邻两板面高低差	2
8	表面平整(2 m长度上)	5

7.3.3 混凝土工程

本工程混凝土采用商品混凝土,混凝土搅拌至浇筑的时间不得超过2 h,运输期间严禁加水,每车混凝土运到现场后要随机取样测定坍落度,搅拌站同时做交货检验混凝土试块,合格后方可使用。搅拌车的转速应按搅拌站对装料、搅拌、卸料等不同要求或搅拌车产品说明书要求进行转动,以保证产品质量。现场用混凝土输送泵承担水平及垂直运输,混凝土入模后采用机械振捣密实。

7.3.3.1　混凝土浇筑顺序及方法

(1)主体框架结构混凝土的浇筑顺序:墙、柱→楼梯→梁、楼板。

(2)框架柱混凝土采取分层浇筑,每层厚度不大于500 mm,使用插入式振捣器振捣密实。框架柱混凝土浇筑时,除内部不断用振动棒振捣外,下面应有人随时敲打模板。框架柱混凝土必须一次浇筑完毕,浇筑过程中应有专人查看柱模及卡箍情况,发现问题及时处理。混凝土浇筑完后应立即将伸出的钢筋清理干净,柱头不准留有松散混凝土。

(3)楼层梁板混凝土采用由远离输送泵的一边平行向另一边推进、连续浇筑施工。梁板混凝土用插入式振捣器采用二次振捣法振捣密实,并用木抹子抹压压实,并加强二次抹压,以消除因天气炎热而导致混凝土表面出现的干缩裂缝。楼板板面的平整与标高利用测设于柱筋上的标志拉线予以控制。混凝土楼板表面采用塑料布覆盖养护,墙柱混凝土采用刷养护剂的方法养护。

(4)楼梯混凝土应自下而上浇筑,先振实底板混凝土,达到踏步位置时再与踏步混凝土一起浇筑,不断向上推进;楼梯踏步表面应随时用木抹子找平,其找平方法同板混凝土找平方法;楼梯施工缝应留置在楼梯段1/3的部位,且必须与梯段板面垂直。

7.3.3.2　施工缝与后浇带

(1)施工缝的留置:地下室外墙的施工缝留在地板上300 mm处和楼板上平处;地下室内墙和主体结构剪力墙(电梯井道)的施工缝留在地板上平处和每层楼板的下平处;框架柱的施工缝应留在地板顶面和楼板上平处;梁、板原则上不留施工缝,如遇特殊情况可按现行规范规定要求留设垂直施工缝;楼梯的施工缝宜留在每层第一梯跑跨中1/3范围内。防水混凝土施工缝处按设计留设止水钢板。

(2)施工缝的处理:施工缝处理时,应先将混凝土表面松动的石子和浮尘等杂物清除干净,提前1 d浇水充分湿润,浇筑混凝土前先注入30~50 mm厚与混凝土同配比的水泥砂浆,接缝处的混凝土应仔细振捣密实。

(3)后浇带:本工程主、附楼之间设有一道后浇带,施工时先施工主楼,后施工附楼。后浇带内钢筋按设计要求按原配筋50%加密,为防止锈蚀,表面刷108胶水泥浆保护。底板后浇带同膨胀加强带用密目钢丝网代替侧模。其两侧模板支撑待后浇带混凝土达到强度后方可拆除。后浇带内混凝土浇筑前按施工缝要求对两侧混凝土进行处理。

7.3.3.3　混凝土质量检查及控制

(1)混凝土正式施工前应对水泥、砂、外加剂等材质进行复试,确保达到国家规定的验收标准。

(2)做好现场混凝土搅拌站混凝土取样工作,要求标记明确,不得混淆。

(3)为保证混凝土成品不出现胀模、蜂窝麻面、漏筋等不良情况,必须加强现场施工控制。

7.3.4　砌筑工程

本工程地下室采用标准砖,地上部分外墙采用页岩砖,内墙采用200 mm厚空心砌块。

砌体工程工艺流程:施工准备(放线、立皮数杆等)→排砖摞底→拌制砂浆→砌空心砖墙→自检、检验评定。

墙体砌筑前,基础墙或楼层表面应清扫干净,洒水湿润,然后根据墙体各个部位情况,认真排砖摞底，砌砖时组砌方法应正确，上下错缝，水平灰缝厚度不宜大于 15 mm，且应饱满，垂直通顺，竖缝砂浆应填实。砌块墙在室内地坪和楼面上，先砌 3 皮实心砖，后砌砌块至吊顶底，待上部光管线施工完后再砌至梁底或板底，用实心砖斜砌挤紧，并用砂浆堵塞严密。砌块墙中的各种预留孔洞及预埋件应按设计标高位置和尺寸准确留置，避免凿墙打洞。门窗框两侧用实心砖砌筑，每边不少于 24 cm，内墙拐角处及纵横墙交接处应同时砌筑，不得留直槎或斜槎，其高度不超过 1.2 m。砌块墙拉通线砌筑，并随砌随吊靠，确保墙体垂直平整，砖应提前 1 ~ 2 d 浇水，湿润程度以砖面含水达到基本饱和状态为宜。砌筑砂浆应有良好的和易性，其分层度不宜大于 3 cm，砂浆稠度宜为 7 ~ 9 cm。

7.4 脚手架工程

主体施工阶段，外墙外侧搭设双立杆脚手架(三层及以上各层搭设单立杆)将外轴梁侧模加固到外皮架体上，外皮架体与主体各层的满堂红架体连接为一体，外皮架体参数如下：立杆间距 1.5 m，步距 1.7 m。由于架体超高，需进行专门稳定性验算。装修用的架体在主体架体的基础上变为双皮外架子，随外装修逐步拆除。

7.5 屋面工程

屋面防水等级为Ⅱ级，为非上人屋面，保温层采用 60 mm、65 mm 厚挤塑聚苯板，1∶8 水泥珍珠岩找坡，防水层采用 3 + 3 mm 两道 SBS 改性沥青防水卷材，粘贴防滑地砖。防水施工由专业分包单位完成。

7.5.1 屋面保温隔热层施工

工艺流程：基层清理→堵孔、固定→弹线找坡度→保温层铺设拍平→填补板缝→检查验收。

(1) 所用材料的表观密度、含水率、导热系数等技术性能必须符合设计要求和施工规范的规定，应有质量证明文件。保温材料的运输、存放应注意防潮，防止损伤和污染，雨天作业要防止水浸或雨淋。

(2) 铺设前应将基层表面尘土、杂物等清理干净。

(3) 穿过屋面的结构层管根部位，应用豆石混凝土填塞密实，将管根固定。

(4) 铺设水泥聚苯板块，应铺平垫稳。分层铺设的板块，其上下两层的接缝应错开。各层板间的缝隙，应用同类材料的碎屑嵌填密实，表面应与相邻两板的高度一致。

(5) 已铺完的板块保温层要平整，不得在其上行走、运输小车和堆放重物。

7.5.2 屋面找平层施工

工艺流程：基层清理→管根堵孔、固定弹线找坡度→洒水湿润→打底找坡→抹水泥砂浆→养护→验收。

(1) 找平层施工前，屋面保温层应进行隐蔽工程检查验收，办理手续。

(2) 各种穿过屋面的预埋管件根部，女儿墙根部应按图样及规范要求作好处理。

(3) 根据设计规定的坡度，弹线找好规矩，并进行彻底清扫。

(4) 洒水湿润，在抹找平层之前，应对基层洒水湿润，但不能用水浇透，宜适当掌握，以达到找平层、保温层能牢固结合为度。

(5) 冲筋贴灰饼，根据坡度要求拉线找坡贴灰饼，顺排水方向冲筋，冲筋的间距为 1.5 m，在排水沟、雨水口处找出泛水，冲筋后进行找平层抹灰。

(6) 找平层要分格缝，分格缝兼作排气屋面的排气道，缝宽 20 mm，纵缝的最大间距为

6 m。

(7)天沟、拐角、根部等处应在大面积抹灰前先做,有坡度要求的部位,必须满足排水要求。

(8)用木抹子压第一遍,铁抹子压第二遍、第三遍,当水泥砂浆开始凝结,人踩上去有脚印但不下陷时,用铁抹子压第二遍,要注意防止漏压,并将死坑、死角、砂眼抹平,当抹子压不出抹纹时,即可找平、压实,完成第三遍抹压,这道工序,宜在砂浆终凝前进行。砂浆的稠度应控制在7 cm左右。

(9)找平层抹平、压实后,24 h后浇水养护,养护时间不少于7 d,干燥后即可进行防水层施工。

7.5.3 屋面防水层施工

(1)所用卷材及其他材料的质量、技术性能必须符合设计要求,产品有合格证,并做复试。

(2)施工前审核图样,编制防水工程施工方案,并进行技术交底,屋面防水必须由专业队施工,持证上岗。

(3)铺贴防水层的基层表面,应将尘土、杂物彻底清扫干净,表面残留的灰浆硬块及突出部分应清除干净,不得有空鼓、开裂及起砂、脱皮等缺陷。

(4)基层放坡符合设计要求,表面应保持干燥,含水率不大于9%。

(5)防水所用的卷材、胶黏剂、基层处理剂,存放和操作应远离火源,在通风、干燥的室内存放,防止发生意外。

(6)铺贴卷材时,先将卷材摊开在平整、干净的基层上清扫干净,用长把滚刷将底胶均匀涂在卷材表面。

(7)基层涂布胶黏剂:已涂的基层底胶干燥后,在其表面涂刷CX404胶,涂刷要用力适当,防止形成凝聚块。

(8)铺贴时从流水坡度的下坡开始,按先远后近的顺序进行,使卷材长向与流水坡度垂直,搭接顺流水方向。

(9)卷材末端收头:为使卷材末端收头粘贴牢固,防止翘边和渗水、漏水,聚氨酯密封膏等密封材料封闭严密后,再涂刷一层聚氨酯防水涂膜。

(10)卷材铺贴完后应做蓄水试验。

7.6 装饰工程

装饰工程是多工种、多工序配合施工的复杂过程,各分项工程开始施工前,应组织有关人员编制技术措施,其内容包括施工准备、操作工艺、质量标准及成品保护等,应先做样板间,经各方检验确认后,方可进行大面积的施工。装饰工程阶段采用物料提升机作为垂直运输机械,水平运输采用双轮手推车。

其施工流向:先室内,后室外;室外装饰自上而下。

室内装修的施工顺序:天棚、墙面抹灰→墙面釉面砖→楼地面抹灰→门窗框、扇安装→油漆、涂料→玻璃安装。

7.6.1 室内抹灰工程

工艺流程:基层清理→挂钢丝网→浇水润湿墙面→吊垂直、套方、抹灰饼、冲筋→弹灰层控制线→抹底层砂→抹罩面灰→养护。

(1)抹灰前要求所有配套专业如水电、消防、宽带、综合布线、煤气等专业的穿墙管线、预埋线盒等工序必须全部施工完毕,穿过楼板的管线周围缝隙填塞密实,做到天棚抹灰一次成活,避免抹灰后的打补丁现象。

(2)抹灰层与基层之间及各抹灰层之间必须黏接牢固。清除基层上的浮灰等悬挂物,堵好墙面上的各种孔洞。如为混凝土基层则刷素水泥浆一遍,基层为陶粒时应撒水湿润。陶粒砌体应适当浇水,保证面层稍湿,洒水均匀即可。内墙抹灰分三层抹灰成活。每层厚度5~7 mm,每层应待前一层凝结后施工。室内的墙面、地面和门窗洞口的阳角,用1:2水泥砂浆抹出护角,高度2.0 m。每侧宽度不小于5 cm,并用专用工具做出直角。

7.6.2 楼地面工程

(1)楼地面采用统+50 cm基准线,楼地面施工时,基层必须清理干净并提前1 d浸水湿润,铺设时随打随抹,如基层表面光滑,还应凿毛,确保混凝土与基层黏结牢固,不起鼓。

(2)水磨石楼地面施工宜用机械磨石机研磨,小面积、边角处可使用小型手提式磨机研磨,对局部无法使用机械研磨时,可用手工研磨。开磨前应试磨,若试磨后石粒不松动,即可开磨。磨光作业应采用"二浆三磨"方法进行,即整个磨光过程分为磨光三遍,补浆二次。

(3)块料面层的铺设应在室内装饰工程基本完工后进行镶贴,同种材料、同种规格要尽量通缝,排转合理。

一层大厅与目录室花岗岩地面铺贴前先将基层上冲洗干净,刷带肢的素水泥浆,边铺边刷,不铺不刷,其上铺1:3干拌水泥砂浆厚40 mm。操作时采用退步法,用木括尺赶平,铁抹修整,砂面超高8 mm,预摆板材,并压实砂层,对准拉线,木锤敲击,使板顶平整,板底密实。若遇不平,可揭开修补。平实后揭开石材,砂面上灌1:10白水泥纯浆,以砂面浆不外溢为度,四角均匀安放块板,用四角尺、水平尺反复检修,直至合格为止。板块铺完后养护3 d再嵌缝,用篷布埋盖一周,并禁止通行,认真保养。

(4)卫生间厨房地面陶瓷砖的镶贴,要做到坡度明显。

(5)楼梯踏步在施工期间容易损坏,安排在末期施工。

7.6.3 门窗工程

本工程窗均采用塑钢窗,内门采用木门,外门有塑钢门、防火门等。塑钢窗配5 mm厚透明玻璃,塑钢门配6 mm厚透明玻璃。

7.6.3.1 塑钢门窗安装

(1)塑钢门窗安装工作应在室内粉刷和室外粉刷找平、刮糙等湿作业完成后进行。塑钢门窗工艺流程:弹线找规矩→门窗洞口处理→门窗洞口内埋设连接软件→塑钢门窗安装拆包检查→按图纸编号运至安装地点→检查塑钢保护膜→塑钢门窗安装→门窗口四周嵌缝、填保温材料→清理→安装五金配件→安装门窗密封条→质量检验→纱扇安装。

(2)塑钢门窗框实行后装工艺,用膨胀螺栓与墙体固定,固定点间距、数量须符合规范规定,确保与墙体间固定牢固。窗框与墙面间的缝隙用岩棉分层填塞,缝隙外表留5~8 mm的槽口,填嵌密封材料,确保塑钢窗与墙体的弹性连接。

7.6.3.2 内门安装工程

安装工艺流程:施工准备→门框安装→门框、门扇检查与处理→安装合页→安装门扇→安装门锁、把手、闭门器→验收。

室内门框应根据图纸位置和标高安装,为保证安装的牢固,应提前检查预埋木砖数量是否满足。木门安装前刷底油防潮,框对墙面刷沥青漆防腐。木门框安装应在地面工程和墙面抹灰施工以前完成。门框与墙体之间的缝隙,用沥青麻丝分层填塞后再塞灰。缝隙经填嵌后应做到缝平直、光洁、不开裂、不漏嵌,四周缝隙均匀。3 d 内不得碰撞门框。

7.6.3.3 油漆、涂料工程

1. 乳胶漆工程

施工顺序:基层验收交接→清理基层、钉眼防锈→补缝、满刮腻子→打磨→第二次满刮腻子→打磨→第三次满刮腻子→打磨→检查平整度(阴阳角顺直)→补刮腻子→打磨→刷第一遍乳胶漆→找补腻子→打磨→刷第三遍乳胶漆→交工。

乳胶漆是室内装修施工中最后一道工序,直接对整个工程装修观感效果、质量产生影响。为确保乳胶漆质量,在施工中,严格按工艺程序和操作规程施工,各道工序严格把关,层次分明,上下工序交接清楚、明确。大面积施工前,必须先做样板,供有关方面确认后封样,照样板施工和验收。

墙面进行乳胶漆施工前必须检查墙身是否干燥,并经隐蔽验收确认,基层要保证含水率符合要求,并对上道工序实行交接,在上述条件具备后才能施工。

天棚进行乳胶漆施工前必须检查饰面板与龙骨和周边连接是否牢固,有无松动,各预留位置有无遗漏,灯孔、喷淋孔、风口、检查口等位置是否开口设置,天棚面板的安装质量是否达到规范规定标准要求。

2. 油漆工程

工艺顺序:清扫、起钉子、除油污→铲去脂囊、修衬平整→磨砂纸→节疤处点漆片→干性油打底→局部刮腻子磨光→刷底漆→第一遍油漆→复补腻子→磨光→湿布擦净→第二遍油漆。油漆严格按操作程序施工,保证不透底、不流坠、无刷痕裹边、无起皮皱纹、无咬色和五金污染现象,表面应光洁,手感柔滑。外墙窗框安装前先对窗口弹线找规矩,在顶层找出外窗口中线后,以窗中心为标准用线坠及经纬仪向下引各窗中线,并在各层窗口划线标记,向两边返窗边线,对个别不顺的窗口要进行处理,窗口水平位置以楼层 50 cm 水平线为准,往上返量出窗下皮标高,窗的进出位置则以内墙上事先做出的灰饼为依据,返尺寸安装,以确保窗台的尺寸一致。

7.6.4 外墙装修

本工程外墙装饰包括干挂石材、玻璃幕墙工程。

(1)外墙面干挂花岗石施工方法。

墙面干挂花岗石的施工工艺流程:基层清扫→墙上弹标高线,垫层上弹边带线、中带线→试排试拼→铺 1:3干拌水泥砂浆厚40 mm→铺花岗石反复检查密实性→压实砂面上灌1:10白水泥浆→反复敲击拉线修整→1:10 纯水泥浆灌缝→养护 3 d→缝内补嵌同色水泥浆→清理养护→打蜡。

墙面采用自下而上、自阳角向阴角水平排列十字接缝的施工方法。第一层为基准板,校正后上部插入钢销并锚固板,下部用 C20 混凝土填满板下空隙。

(2)玻璃幕墙由专业队伍分包,在施工前编制专项施工方案以指导施工,应另行编制“玻璃幕墙专业施工方案”。

7.7 水电设备安装工程

为了确保整体工程从基础施工到最后全面交付,安装施工队伍必须协调好土建的施工进度和配合工作,从基础施工即插入配合,步步跟上土建进度,抓紧后期设备、器件的安装和系统的调试工作,以确保总工期的完成。土建主体施工完成后,对棚内的工作应抢先进行,并分区作好试压工作,以确保土建装修工程的顺利进行。装修工程开始后安装积极配合土建进行穿线、安装器具等工作,土建装修完成后所有灯具、器具均应完成并分区进行试验,照明灯具和配电设备使用临时电源进行单体调试工作,最后半个月便开始单体和联动试车工作,最后随土建收尾完成交工。

具体施工做法应另行编制专业施工方案(略)。

8 施工平面图布置

8.1 现场施工临时设施的布置

8.1.1 主入口及围墙

根据建筑红线走向,在红线范围内的施工现场修建2 m高的全封闭的围墙。施工现场主入口设在西南角,宽6 m,布置"七牌一图",即工程概况牌、施工人员概况牌、安全六大纪律牌、安全生产技术牌、十项安全措施牌、防火须知牌、卫生须知牌与现场平面布置图。次入口设在现场西侧,为材料入口。

8.1.2 场内交通

场内施工主干道沿永久性道路走向铺筑,宽4.5 m,场内布置成环形道路,主干道与砂石堆场、水泥库、钢筋堆场、模板堆场之间修建3 m宽混凝土施工次干道。裙楼东侧利用消防车道做施工道路,车辆调头利用近端的回车坪。

8.1.3 生产性临建设施

(1)混凝土搅拌站:考虑工期较紧,在主楼及裙楼西侧各设置一座混凝土搅拌站,4台(3用1备)500 L强制式搅拌机现场搅拌,2台HBT60混凝土输送泵输送。

(2)钢筋、模板加工及堆场:主楼的钢筋及模板加工车间设在主楼南侧,裙楼的钢筋及模板加工车间设在现场西北侧,钢筋原材料堆场和钢筋、模板成品堆场均与加工车间就近布置,且安排在塔吊工作半径之内。

(3)垂直运输设备:主体施工阶段,主楼南侧及报告厅西侧各布置TC5616塔吊一台,布置SSE门式升降机4台。装饰阶段,拆除裙楼的塔吊,在裙楼的东南侧增设1台门式升降机。

(4)砂浆搅拌站:装修阶段将混凝土搅拌站改为砂浆搅拌站,设置4台(3用1备)200 L砂浆搅拌机,利用原水泥库和砂堆场。

8.1.4 办公及生活设施

在现场西侧空地内设置彩钢活动板房2座,为现场办公、会议室及管理人员宿舍等;食堂、娱乐室、小卖部、厕所和浴室等设在现场西北角;配电房、养护室等生产辅助用房设置在现场中部。民工宿舍统一安排在业主提供的新教学楼1 000 m^2 地下室内。

8.1.5 附属设施

沿主干道设置排水沟,雨水集中排至人工湖;混凝土及砂浆搅拌站设置污水沉淀池,现场厕所设化粪池,沉淀后统一排入校内污水管网。为减少施工中的光污染,光源统一设在塔吊上,并调整照射角度射向场内,同时外架满挂竹篱笆,最低限度地减少光污染。在建筑物东北角和西北角、西南角及东南角各设置消防栓一个。现场配备泡沫灭火和干粉灭火两种灭火器,间距宜控制为20~30 m。

8.2 绘制施工平面图

基础与主体施工阶段平面规划图见图5-26,装饰施工阶段平面规划图见图5-27。

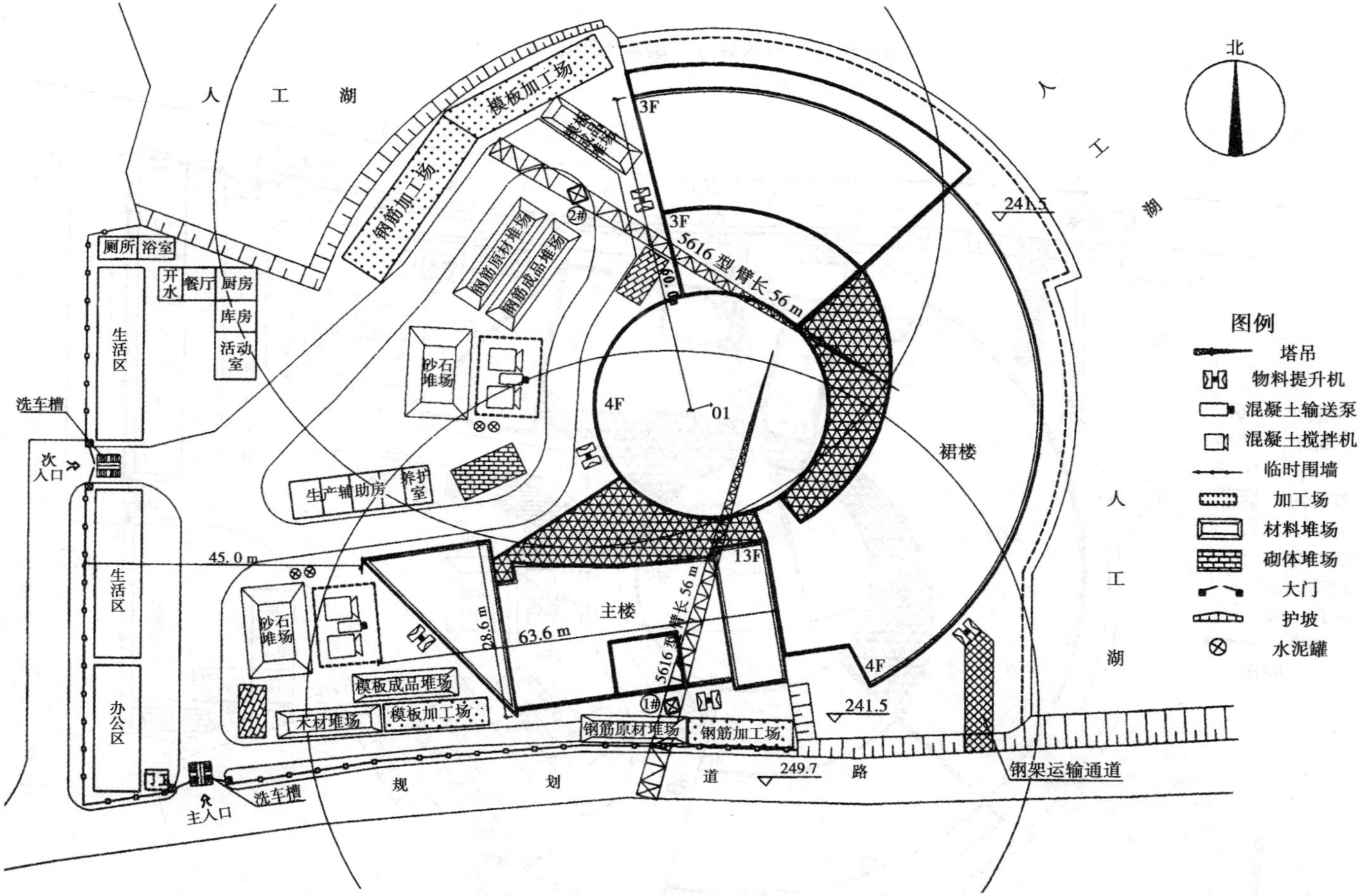

图 5-26 某学院图书馆工程基础与主体施工阶段平面规划图

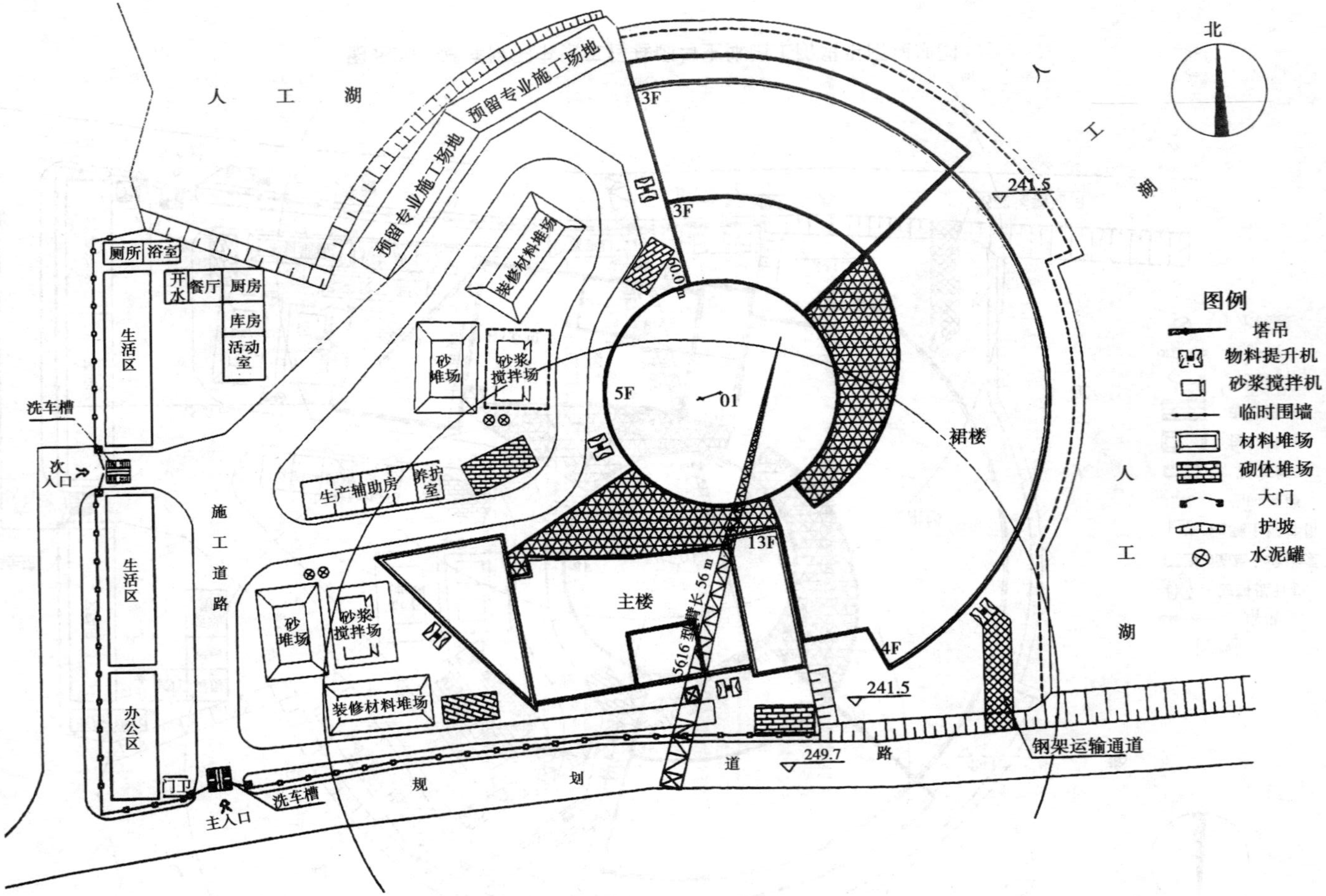

图 5-27　某学院图书馆工程装饰施工阶段平面规划图

9　主要施工管理计划

9.1　进度管理计划

9.1.1　工期目标

工期目标为470日历天。

9.1.2　保证工期措施

9.1.2.1　组织管理措施

(1)本工程由我公司委派获得过“优秀项目经理”担任本工程项目经理，并在全公司范围内优选项目班子，实行现场指挥管理。同时，实施全员参与、全面保证、全力以赴，确保指挥管理系统的全面优化，达到确保项目全面顺利进行的目的。

(2)公司与项目部，项目部与各作业班组，层层签订保工期合同，实行重奖重罚，并根据需要撤换责任人或作业队，随时补充优秀的作业人员参战，确保工程顺利进行。

(3)坚持每月25日向业主、监理提交工程进度报告和下月生产计划，如实际和计划有差异，分析产生的原因，提出调整的措施与方案，报请业主、监理审批后实施。建立每周例会制度，举行有业主、监理及施工单位参加的联席会议，及时解决施工中在项目上及项目与各分包单位之间可能会出现的问题。

(4)加强季节性施工管理，针对不同自然条件，采取相应的技术组织管理，为确保工期质量目标而创造条件。

(5)充分发挥经济杠杆作用，将工程结算单价与施工进度计划的完成情况挂勾，促使各作业队从根本上重视施工进度计划，人人都能发挥主观能动性。

(6)建立项目土建、安装、装修施工协调会议制度，由项目各部门负责人及各专业队负责人参加会议。在土建保安装、安装保装修、装修保交工的原则下，及时处理好各工序、各工种在交叉、搭接作业时所面临和存在问题。

施工进度计划控制流程详见图5-28。

9.1.2.2　资源保证措施

(1)充分发挥我公司设备先进、装备精良的优势，实施科学、合理的投入，尽最大可能提高工程施工的机械化程度。

(2)按本施工组织设计的要求，为该项目配备素质高、作风好的项目管理班子和本公司自有的经验丰富、操作技术水平高、责任心强的作业队伍进场施工。

(3)施工期间遇节假日，我公司将根据节假日的分布情况，预先对项目人员和作业队伍进行合理的轮休、倒休，以保证施工队伍的稳定，施工不受节假日的影响。

(4)现场配备微机，并由专门人员应用工程项目管理软件，对工期网络和资源优化进行动态控制，使节点工期得到有效的控制，从而确保关键工序和总工期的实现。

(5)投入足够数量的周转材料以满足该工程施工进度的需要。

9.1.2.3　技术措施

(1)实施科技示范工程战略，大力推广和应用“四新技术”，施工进度采用“计算机”进行宏观控制，并以先进的技术、工艺、设备来保证工期目标的实现。

(2)充分发挥技术的先导作用，认真做好施工前的技术准备工作。如测量控制网的建立，图纸会审，施工组织设计和作业指导书以及专题施工方案的编制，混凝土、砂浆的现场试配等，以充分有效的技术准备工作来保证工期目标的实现。

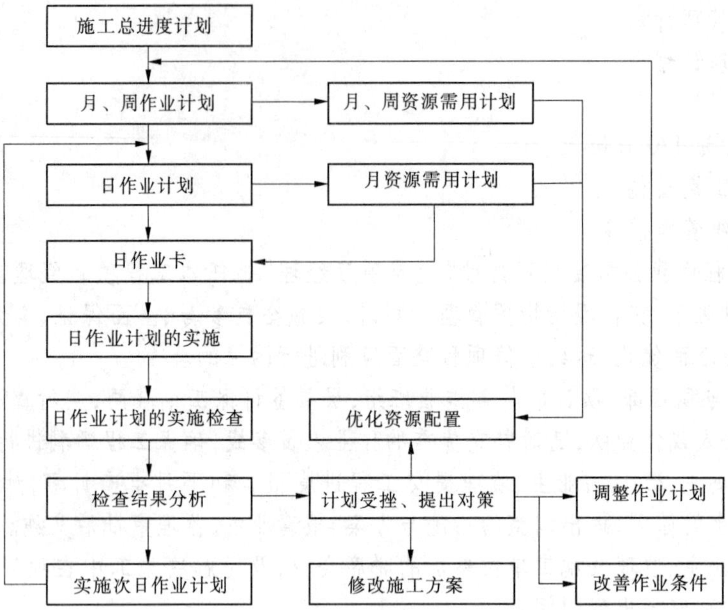

图 5-28　某学院图书馆工程施工进度计划控制流程

(3)提高机械设备的完好率和利用率,充分发挥施工设备的作用。

9.1.2.4　资金保障

由公司积极筹措资金,从专项备用流动资金中抽用一部分,并针对此项目成立专项资金筹备小组,以确保该项目优质、高效完成。

9.2　质量管理计划

为保证本工程施工质量,在施工过程中要以质量目标为中心、经济约束为手段、工序控制为重点,加强工程质量管理和工程质量的内部监督,使工程质量处于有效的控制之中,确保质量目标的实现。

9.2.1　质量目标

质量目标:确保达到省优质工程,争创鲁班奖。

9.2.2　质量管理组织措施

9.2.2.1　建立质量管理责任保证体系

(1)配好项目班子。建立精干高效的项目班子是搞好工程项目管理的关键。选派具有丰富创优经验、承担过多项大型工程的项目经理担任本工程施工任务,同时根据本工程结构特点、技术难度和工程规模较大的情况,确定项目部岗位和人数,确保精兵强将到一线,调整、健全和充实项目班子。

(2)质量管理实行"双线"控制。一条是以项目经理为首,项目技术负责人负责的由项目各管理人员、班组长和班组质量检查员组成的项目质量管理体系,对项目全过程质量实行自控。另一条是由公司总技术负责人领导下的公司质量监督组对项目工程质量实行强制的内部监督。该监督组与项目管理班子分离,单独行使"停工权""奖罚权""限令整改权"等权限,其工作职责和权限等依照公司内部专门文件中的有关规定执行。

质量管理保证体系见图 5-29。

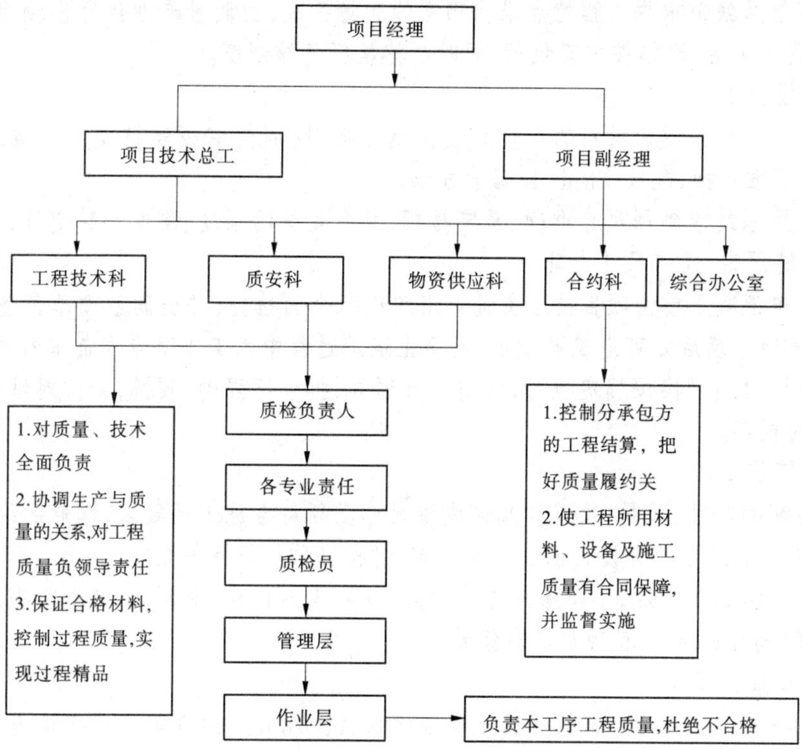

图 5-29　某学院图书馆工程质量管理保证体系

9.2.2.2　完善质量管理制度

(1)以人为本,实行“质量论证制”。每道工序完工后,由项目经理部的质检部及时进行检查验收,并评定分项工程质量。质量达不到规定要求的必须返工,直到符合设计与规范要求为止。项目经理部质检部评定的管理等级,必须作为工人结算的依据。

(2)实行“质量工资制”。项目管理人员的工资一律与工程质量挂勾。生产班组的工人实行优质优价。经质检部门验收评定为优良的分项工程,结算单价比合格工程高10%～20%,不合格的分项工程必须进行返工,且返工损失费由责任者承担。

(3)签订“质量目标责任状”。工程开工前,项目经理同公司签订“创优目标责任状”,同时各专业工程队伍同项目经理签订“创优目标责任状”,并明确奖罚措施。实行创优目标的给予重奖,未实现目标的将从严处罚。

(4)严格质量检测制度。贯彻以预防为主,坚持班组自检、互检和项目部初检,监理方与质监部门复检的“三检”制度,坚持贯彻执行质量检测监督管理方法、质量评定办法。

(5)加强协调。由项目经理牵头,召开每周一次的质量协调会,由监理、业主及各工种班组参加,提出施工存在困难,明确施工质量要求,以及各工种相应进度计划要求,每次会议形成文件,并由参加会议各方签名确认。

9.2.3　保证质量的技术措施

9.2.3.1　测量工程

(1)本工程的测量设备在投入使用前,均经法定计量检测所进行检测,合格者方可应用于本工程,施工期间,所有测量设备均按期周检。

(2)测量放线前根据工程特点采取相宜的测量手段,由测量专业组写出测量实施方案,经各方一致认可后,严格按方案执行,同时严格执行复核制度。

9.2.3.2 模板工程

(1)首先要确保模板材料的质量和模板制作质量,周转模板要做成定型清水混凝土模板,装拆时不准乱扔、乱放、乱甩,应码放成堆。

(2)支撑系统应确保尺寸准确、易装易拆,具有足够的强度、刚度和稳定性,不致发生变形,模板拼缝严密,几何尺寸准确。

(3)浇筑混凝土前由项目技术负责人组织进行全面检查,并会同监理单位复查,认可合格并办好隐检手续后方可浇筑混凝土,混凝土浇筑过程中木工班派专人负责看护模板。

(4)拆模时间严格按规定执行,由施工员通知,拆模不强砸、硬撬,以防对结构混凝土造成不必要的损坏。

9.2.3.3 钢筋工程

(1)钢筋的品种、数量、位置和几何成型尺寸必须符合施工图要求,钢筋的绑扎、主筋接头位置和搭接长度应符合设计图和规范规定,并按部位垫好保护层。

(2)钢筋绑扎完毕后,不得随意踩踏钢筋,以防钢筋位移、变形,浇筑混凝土时钢筋班派专人负责看护钢筋,有不良现象及时修整。

9.2.3.4 混凝土工程

(1)混凝土的配合比严格按实验室配合比执行。混凝土浇灌前应严格检查模板尺寸和支撑、钢筋数量和位置,做好隐蔽工程记录,并严格执行浇筑令制度。捣制混凝土派专人负责配料,过称计量,并按规定留置试块。

(2)混凝土浇捣完毕12 h后派专人根据气候、温度条件对混凝土进行养护。

9.2.3.5 砌体工程

砌筑工程的砂浆严格按照实验室配合比执行。墙体砌筑时必须采用双面挂线,严格按皮数杆砌筑,对门窗口高度进行严格控制,并按设计要求留槎,埋设墙身拉结筋。

9.2.3.6 防水工程

屋面、天沟、卫生间等防水工程做好蓄水和淋水试验,并做好检验记录,以保证屋面无一点渗漏。

9.2.3.7 装饰工程

(1)装饰工程正式施工前,做好样板墙和样板间,以此为标准带动装饰工程的全面质量管理。

楼地面和墙面抹灰工程预先制订防止空鼓、开裂等质量通病的技术措施,做到基层清理彻底、砂浆配合比准确、和易性适度,要分层赶平压实,做好养护和成品保护措施。

(2)门窗洞口的预埋木砖、铁件应安装牢固,预埋件应预先作防腐、防锈蚀处理。门窗框的安装要水平通线,保证左右窗在同一水平线上,上、下窗在同一垂线上,门窗框与门窗洞口之间必须留有粉饰位置。注意门窗安装质量,小五金应规格一致,安装位置方式统一。

9.2.3.8 油漆、涂料工程

油漆涂刷前应清扫剔除基层表面的浮渣、毛刺、油污和铁锈,基层干燥,符合要求方可进行。涂刷油漆时应做到横平竖直、纵横交错、均匀一致,并按规定程序上油灰、丁砂纸、刮腻子,打磨砂纸,涂刷要色调均匀、光泽明亮,不显刷纹。

9.2.3.9　安装工程

(1)严格按设计图纸及国家标准进行材料采购,并对材料商进行评审,评审合格后方可采购。

(2)所有阀门安装前应抽样进行测试,合格后方可安装。对“三无”材料、检验不合格材料一律退货,不准进入施工现场。

(3)对特殊材料,如配电箱等仪表要抽送检测部门计量合格,并经业主认可,方可采购。

(4)水电预埋预留与土建方体施工同时进行,确保预埋位置、型号、数量准确无误,安装规则整齐、高度一致、牢固可靠,严格事后凿墙打洞,安装工程与土建、装修穿插进行,配线暗管管口干齐,管端入箱(盒)。上下水道支架牢固。

9.3　安全管理计划

9.3.1　安全目标

按住建部颁发的《建筑施工安全检查标准》(JGJ 59—2011)进行管理,组织施工,确保该工程为省级“安全文明工地”,确保安全无事故。

9.3.2　安全保证措施

(1)根据安全生产的需要以及我公司项目施工管理的经验,建立如图5-30所示的安全监督体系。

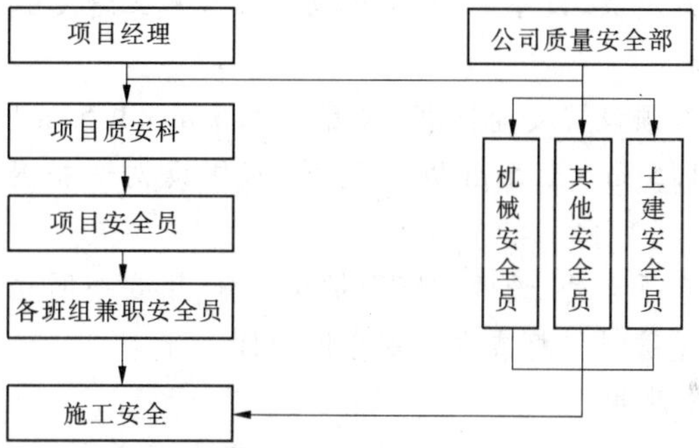

图5-30　安全监督体系

(2)成立由项目经理、项目施工员、技术员、设备员、项目专职安全员、项目兼职安全员组成的安全管理小组,负责本工程的施工安全管理工作。

(3)制定安全生产岗位责任制,明确各部门和岗位人员的安全职责。

(4)施工现场的各项安全管理工作采取专职与兼职相结合、定期和不定期检查相结合的方法。

(5)实行逐级安全技术交底制度,强化职工安全教育,坚持每周一班前1 h和每班前安全交底制,经常开展各种形式的安全活动,提高职工的安全意识和自我防护意识。建立严格的安全管理制度和奖罚条例,严格执行公司的《主要安全管理文件汇编》中的各项条款。

(6)严禁违章指挥、违章作业;管理人员和各类操作工人戴不同颜色的安全帽,以示区别。

(7)施工现场设置安全生产宣传标语,在主要施工部位、作业点、危险区、主要通道口挂有安全警示牌,设置安全防护通道。

9.3.3 安全技术措施

9.3.3.1 脚手架等使用安全防护

(1)脚手架的搭设必须按施工组织设计或施工方案的要求进行,并经项目技术负责人、项目专职安全员及专业施工队负责人组织验收合格后,方可使用。

(2)上部结构的外脚手架满挂安全网,进行全封闭施工,进料平台临空的三方须设拦杆和安全网封闭,平台支撑须稳固可靠。人员上下的人行梯宽1.2 m以上,并设防滑条和防护栏杆。施工用地范围设置明显标志,非施工人员不准进入施工现场。

(3)脚手架的操作层须满铺脚手板,离墙面不得大于20 cm,不得有空隙,探头板、跳板、脚手板下层兜设水平网,操作架外侧设两道护身栏和一道挡脚板。

9.3.3.2 高处作业安全防护

(1)高处作业人员须经医生体验合格,凡患有不适宜从事高空作业疾病的人员,一律禁止从事高空作业。

(2)高空作业区域划出禁区,并设置围栏,禁止行人,禁止闲人通行闯入。在建筑场地的出入口,搭设长3~6 m宽度大于通道两侧各1 m的防护棚,棚顶满铺脚手板作为安全通道。临近施工区域,对人和物构成威胁的地方,亦支搭防护棚。

(3)高空作业应有足够的照明设备和避雷措施。

(4)高空作业所需的料具、设备等,必须根据本工程施工进度随用随运,禁止超负荷。

9.3.3.3 楼层安全防护

(1)楼层内所有孔口须设置安全防护,尺寸在1.5 m×1.5 m以下孔洞,洞口预埋通长钢筋网或加固定盖板;1.5 m×1.5 m以上孔洞,四周设两道护身栏杆,其间支挂水平安全网。

(2)楼梯跑步及休息平台处,设两道牢固护身栏杆,用安全网立挂防护。

(3)楼层边缘设两道防护栏杆或立挂安全网封闭。

9.3.3.4 临时用电安全防护

(1)场内用电按平面图统一布置。临时用电方案由甲方和监理审批后实施,所有动力用电线路均采用三相五线制,并主要采用埋设方式进行敷设,以确保安全用电。所有机械需有接零接地保护,配电箱设漏电保护器,所有配电箱保证一闸一保险,并派专人管理,楼梯间用低压电源,夜间有足够的照明。

(2)配电线路按用电平面布置图的规定架设整齐,架空线应采用绝缘线,不得采用塑胶软线,不得成束架空敷设或沿地面明敷。

(3)室内、外线路均应与施工机具、车辆及行人至少保持规范规定的最小安全距离。

9.3.3.5 施工机具安全防护

(1)塔吊必须在检查验收手续办完后方可使用,其"四限位,两保险"安全装置必须齐全,灵敏、可靠。

(2)砂浆搅拌机须搭设防砸、防雨操作棚。

(3)混凝土泵支腿下方应垫方木,泵车应水平,将支腿油缸调平后锁好,防止泵车偏移造成翻车,当混凝土输送管内有压力时,其接头部位严禁拆卸,否则应先反泵回吸再拆卸。

9.4 文明施工与环境保护计划

(1)成立施工现场环境保护组织机构,建立相应有效的环境保护自我保证体系和环保信息网络,并监控。

(2)主楼、裙楼施工现场都应做到“五牌一图”齐全,构件、材料分门别类堆放整齐,临时设施整齐有序,争创文明施工样板工地。

(3)土方开挖期间,所有开挖机械和运输机械操作时间控制在06:00~22:00。运土沿途还需派专人对道路遗洒土方及时清理干净。

(4)冲洗土方车辆、混凝土泵和罐车之污水。通过排水沟排入沉淀池,经二次沉淀后排入市政管网,并经常清淘池内沉淀物。

(5)现场临时食堂及民工食堂均采用煤气灶,场内严禁熬沥青和烧杂物,以防止大气污染。

(6)建立健全控制人为噪声的管理制度,尽量避免人为的人声喧哗。现场所有强噪声机具均应避免夜间施工。木工电锯、电刨搭设封闭式木工棚,尽量远离居民区,机具运行将门窗以盖布封闭,最大限度减少干扰。

(7)施工作业面建筑垃圾及时清理,现场内施工道路及现场周围道路视天气情况,派专人定时或不定时洒水降尘,洒水采用专门洒水机及手推车改装而成。

小 结

单位工程施工组织设计是以单位(子单位)工程为主要对象,具体指导其施工全过程各项活动的技术、经济文件,是施工单位编制季度、月度施工作业计划、分部分项工程施工设计及劳动量、材料、构件机具等供应计划的主要依据,是指导施工现场施工的法规。本章立足于应用角度主要介绍单位工程施工组织设计编制内容、依据、步骤和方法。它包括工程概况、施工方案、施工进度计划、施工准备工作及各项资源需要量计划、施工平面图、施工管理计划,并以具体工程案例叙述了单位工程施工组织设计的编制内容和方法。

能力训练

一、单项选择题

1. 单位工程施工组织设计的核心是(　　)。

A. 施工进度计划　　B. 施工方案

C. 施工平面图设计　　D. 技术组织措施和各项经济指标

2. 标后施工组织设计是由施工企业的(　　)负责编制。

A. 决策层　　B. 经营层　　C. 管理层　　D. 作业层

3. 施工方案的内容包括确定施工顺序、起点流向以及(　　)。

A. 材料的堆放布置　　B. 现场准备工作

C. 施工方法及施工机械　　D. 技术和组织措施

4. 多层混合结构房屋的施工,一般划分为三个阶段,即基础工程、主体结构工程及(　　)。

A. 预制工程　　B. 围护工程　　C. 安装工程　　D. 屋面及装修工程

5. 对水暖电卫、设备安装项目,一般应(　　)。

A. 计算劳动量　　　　　　　　　　B. 安排与土建工程配合的进度

C. 计算机械台班量　　　　　　　　D. 确定施工天数

6. 下述准备工作中，不属于劳动组织准备工作的内容是（　　）。

A. 选定施工队伍　　　　　　　　　B. 建立健全规章制度

C. 现场临时设施建设　　　　　　　D. 筹建工程施工管理机构

7. 单位工程施工平面图设计，应首先布置（　　）。

A. 水电线路　　B. 材料堆放　　C. 临时设施　　D. 垂直运输机械

8. 布置施工平面图时，砂、石等大宗材料，应考虑放到（　　）附近。

A. 塔吊　　B. 搅拌站　　C. 临时设施　　D. 构件堆场

二、多项选择题

1. 施工方案是编制（　　）的依据。

A. 工程概况　　B. 施工准备工作计划　　C. 施工进度计划

D. 资源供应计划　　E. 施工平面图

2. 选择施工机械时应着重考虑以下几方面（　　）。

A. 首先选择适宜主导工程的施工机械　　B. 辅助机械应与主导机械协调配套

C. 力求机械的种类和型号少一些　　D. 发挥施工单位现有机械的能力

E. 尽量采用塔式起重机

3. 施工现场临时供水系统规划时应满足（　　）水的需要。

A. 施工生产　　B. 施工机械　　C. 生活　　D. 消防　　E. 办公

4. 根据国家有关规定，对以下（　　）工程需要单独编制专项施工方案。

A. 现场临时用电工程　　B. 脚手架工程　　C. 起重吊装工程

D. 开挖深度超过 5 m（含 5 m）的基坑、槽支护与降水工程

E. 现场临时用水工程

5. 某高校由于扩招，需要对该校进行扩建。某施工单位中标承接该扩建工程，工程内容包括一栋 5 层教学楼和一栋 6 层办公楼。教学楼建筑面积 14 000 m^2，办公楼建筑面积 8 000 m^2，其中教学楼采用整体预应力装配式板柱结构体系，建筑构造也比较复杂；办公楼为普通钢筋混凝土框架结构。施工单位在施工组织设计的施工部署中确定了项目管理组织结构和管理人员相应的职责、明确了施工项目管理目标等。由于建设单位资金需要分阶段供应，两栋楼只能先后施工，合同规定的扩建工程竣工日期为 2012 年 8 月 25 日。

问题：

（1）施工部署的内容包括（　　）。

A. 项目的质量、进度、成本及安全目标

B. 拟投入的最低人数和平均人数

C. 分包计划、劳动力使用计划、材料供应计划、机械设备供应计划

D. 施工程序

E. 项目管理总体计划

（2）单位工程施工组织设计中所涉及的技术组织措施应包括（　　）。

A. 降低成本措施　　B. 节约工期措施　　C. 季节性施工措施

D. 防止环境污染措施　　E. 保证资源供应措施

(3) 该办公楼的施工可分为(　　)个阶段。

A. 土方开挖工程　　B. 钢筋工程　　C. 主体结构工程

D. 基础工程　　E. 二次结构围护工程和装饰装修工程

(4) 由于工期紧张,工程较合理的安排是(　　)。

A. 工程主体结构安排两栋楼同时施工

B. 安排两个装饰装修施工劳务队,A 座、B 座同时进行内装修的施工

C. 主体结构完成一半左右时,装修施工插入,自下向中施工,待主体结构封顶后,再自上向中完成内装修施工

D. 主体结构完成几层后,即插入内装修施工,自下而上进行施工

E. 主体施工同时进行内装修

三、简答题

1. 简述单位工程施工组织设计的编制原则和程序。

2. 简述施工部署的主要内容。

3. 多层混合结构民用房屋的施工特点及施工阶段如何划分?

4. 简述多层全现浇钢筋混凝土框架结构房屋的施工顺序。

四、案例

1. 某砖混结构住宅的抹灰工程,已知内墙抹灰 4 108 m^2,时间定额为 0.088 工日/m^2;外墙抹灰 1 866 m^2,时间定额为 0.119 工日/m^2。每天出勤人数为 29 人,采用一班制,试计算:

(1) 内墙,外墙抹灰工程的劳动量。

(2) 综合时间定额。

(3) 抹灰工程的持续时间。

2. 某建筑工程,地下 1 层,地上 16 层。总建筑面积 28 000 m^2,首层建筑面积 2 400 m^2,建筑红线内占地面积 6 000 m^2,该工程位于闹市中心,现场场地狭小。

施工单位为了降低成本,现场只设置了一条 3 m 宽的施工道路兼作消防通道。现场平面呈长方形,在其斜对角布置了两个消火栓,两者之间相距 86 m,其中一个距拟建建筑3 m,另一个距边 3 m。

为了迎接上级单位的检查,施工单位临时在工地大门入口处的临时围墙上悬挂"五牌""一图",检查小组离开后,项目经理立即派人将之拆下运至工地仓库保管,以备再查时用。

问题:(1) 该工程设置的消防通道是否合理? 请说明理由。

(2) 该工程设置的临时消火栓是否合理? 说明理由。

(3) 该工程还需考虑哪些类型的临时用水? 在该工程临时用水总量中,起决定性作用的是哪种类型临时用水?

(4) 该工程对现场"五牌""一图"的管理是否合理? 请说明理由。

3. 某公司承接了某办公楼的装饰工程,平面如图 5-31 所示,该楼共 6 层,首层为大堂和会议用房,2 层为出租用房,4 层为待租用房,4 层以上为办公用房。合同装饰范围为:办公、首层全部进行装饰、待租用房只进行隔墙、门安装和公共部分(包括走道)的施工;出租用房

由租凭单位自行装修。该工程结构、初装修、水、电已施工完成，通过竣工验收，并完成了备案。

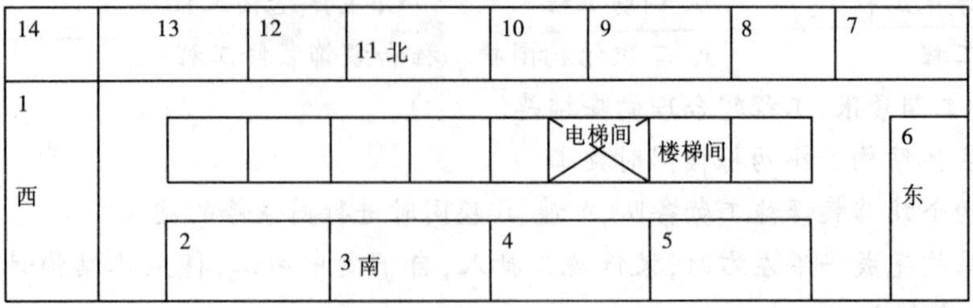

图 5-31

问题：(1)如果由你来布置库房和现场临时办公室，你认为应该布置在哪层？为什么？

(2)该楼房北侧为居民楼，为防止施工噪声扰民，要求北侧窗在施工时一律用纸面石膏板进行临时封闭。临设要求布设房间有水专业库房、电专业库房、通风专业库房、各分包库房、装饰材料库房和贵重物品库房 2 间、办公室 3 间、间会议室 1 间，你认为办公室、会议室，贵重物品库房应布置在图中什么位置(按图中的编号答)。

4. 某 6 层框架结构教学楼工程，建筑面积 4 369. 81 m^2，建筑平面布局为由东向西为一狭长矩形(见图 5-32)，其主体施工阶段劳动量及班组人数安排见表 5-32，根据以上资料编制主体工程阶段的施工进度计划。

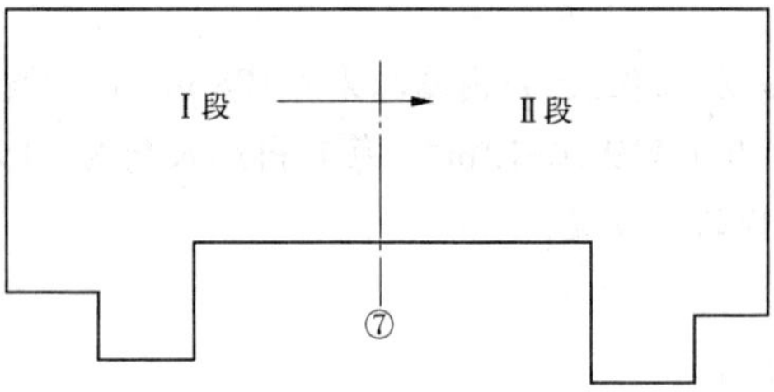

图 5-32　某教学平面简图(⑦轴处有一沉降缝)

表 5-32　主体施工阶段劳动量及班组人数安排

序号	分项工程名称	劳动量(工日)	班组人数	说明
1	柱筋	203	18	一班制施工
2	柱、梁、板模板(含楼梯)	3 003	42	一班制施工
3	柱混凝土	298	25	一班制施工
4	梁、板筋(含楼梯)	1 353	60	两班制施工
5	梁、板混凝土(含楼梯)	1 265	36	两班制施工

6　施工项目进度管理

【学习目标】

通过本章学习,要求学生了解施工进度管理的概念,了解进度管理的过程及方法,了解影响进度管理的因素,了解施工项目进度目标及施工进度计划的编制要求,熟悉施工项目进度计划的实施与检查的内容,掌握进度计划检查与调整的方法。

6.1　施工项目进度管理概述

6.1.1　施工项目进度管理的概念

施工项目进度管理是为实现预定的进度目标而进行的计划、组织、指挥、协调和控制等活动。在限定的工期内,编制出最优的施工进度计划,在执行该计划的施工中,经常检查施工实际进度情况,并将其与计划进度相比较,若出现偏差,便分析产生的原因和对工期的影响程度,找出必要的调整措施,修改原计划,不断地如此循环,直至工程竣工验收。

施工项目进度管理的基本过程如图 6-1 所示。

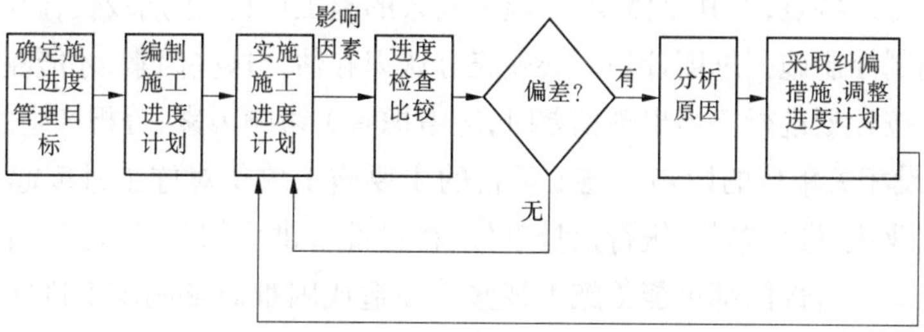

图 6-1　施工项目进度管理的基本过程

6.1.2　施工项目进度管理的方法、任务

6.1.2.1　施工项目进度管理的方法

施工项目进度管理的方法主要是规划、控制和协调。

(1)规划是指确定施工项目总进度管理目标和分进度管理目标,并编制其进度计划。

(2)控制是指在施工项目实施的全过程中,进行施工实际进度与施工计划进度的比较,出现偏差及时采取措施调整。

(3)协调是指协调与施工进度有关的单位、部门和工作队组之间的进度关系。

6.1.2.2　施工项目进度管理的措施

施工项目进度管理的主要措施有组织措施、技术措施、合同措施、经济措施和信息管理措施等。

(1)组织措施。主要是指落实各层次的进度控制的人员、具体任务和工作人员；建立进度控制的组织系统；按着施工项目的结构、进展的阶段或合同结构等进行项目分解，确定其进度目标，建立控制目标体系；确定进度控制工作制度，如检查时间、方法、协调会议时间、参加人等；对影响进度的因素分析和预测。

(2)技术措施。主要是指采取加快施工进度的技术方法。

(3)合同措施。是指对分包单位签订施工合同的合同工期与有关进度计划目标相协调。

(4)经济措施。是指实现进度计划的资金保证措施。

(5)信息管理措施。是指不断地收集施工实际进度的有关资料进行整理统计与计划进度比较，定期地向建设单位提供比较报告。

6.1.2.3 施工项目进度管理的任务

(1)编制施工总进度计划并控制其执行，按期完成整个施工项目的任务。

(2)编制单位工程施工进度计划并控制其执行，按期完成单位工程的施工任务。

(3)编制分部分项工程施工进度计划，并控制其执行，按期完成分部分项工程的施工任务。

(4)编制季度、月(旬)作业计划，并控制其执行，完成规定的目标等。

6.1.3 影响施工项目进度的因素

由于工程施工的特点，尤其是体积大、施工复杂的施工项目，工期较长，影响施工进度的因素较多。在编制控制施工进度计划时必须充分认识和估计这些因素，才能克服其影响，使施工进度尽可能按计划进行。当出现偏差时，应考虑有关影响因素，分析产生的原因。

(1)工程建设相关单位的影响。施工项目的主要施工单位对施工进度起决定性作用，但是建设单位或业主、设计单位、银行信贷单位、材料设备供应部门、运输部门、供水和供电部门及政府的有关主管部门都可能给施工某些方面造成困难而影响施工进度。其中，设计单位提供图纸不及时和图纸有错误以及有关部门或业主对设计方案的变动，是经常发生和影响最大的因素。材料和设备不能按期供应，或质量、规格不符合要求，都将使施工停顿。资金不能保证也会使施工进度中断或速度减慢等。

(2)施工条件的变化。施工中工程地质条件和水文地质条件与勘察设计的不符，如地质断层、溶洞、地下障碍物、软弱地基以及恶劣的气候、暴雨、高温和洪水等都可对施工进度产生影响，造成临时停工或破坏。

(3)技术失误。施工单位采用技术措施不当，施工中发生技术事故，应用新技术、新材料、新结构缺乏经验等，都会影响施工进度。

(4)施工组织管理不利。流水施工组织不合理、劳动力和施工机械调配不当、施工平面布置不合理等，将影响施工进度计划的执行。

(5)意外事件的出现。施工中如果出现意外的事件，如战争、严重自然灾害、火灾、重大工程事故、工人罢工等都会影响施工进度计划。

6.2 施工项目进度管理目标与进度计划

6.2.1 施工项目进度管理目标

如果一个施工项目没有明确的进度目标,施工项目的进度就无法控制,也根本不需要控制。因此,为了有效地控制施工进度,首先要将施工进度总目标从不同角度进行层层分解,形成施工进度控制目标体系,从而作为实施进度控制的依据。

6.2.1.1 施工项目进度管理目标体系

按照《建设工程项目管理规范》(GB/T 50326—2006)的规定,企业管理层根据经营方针在《项目管理目标责任书》中确定项目经理部的进度管理目标。项目经理部根据这个管理目标在《施工项目管理实施规划中》中编制施工进度计划,确定计划进度管理目标,并进行进度目标分解。项目进度管理目标应按项目实施过程、专业、阶段或实施周期进行分解。

进行施工进度总目标分解主要有以下几种类型:

(1)按项目组成分解,确定各单位工程开工及动用日期。

(2)按承包单位分解,明确分工条件和承包责任。

(3)按施工阶段分解,划定进度控制分界点。

(4)按计划期分解,组织综合施工。

6.2.1.2 施工项目进度管理目标的确定

为了制订出一个科学、合理、符合施工实际的施工进度控制目标,在确定施工进度管理目标时,还要考虑下列因素:

(1)对于大型工程建设项目,应集中力量分期、分批建设,以便尽早投入使用,尽快发挥投资效益。因此,要处理好前期准备和后期建设的关系、每期工程中主体工程与辅助及附属工程之间的关系、地下工程与地上工程之间的关系、场外工程与场内工程之间的关系,等等。

(2)合理安排土建与设备的综合施工要根据它们各自的特点,合理安排土建施工与设备基础、设备安装的先后与设备的综合施工要根据它们各自的特点,合理安排土建施工与设备基础、设备安装的先后顺序及搭接、交叉或平行作业,明确设备工程对土建工程要求和土建工程为设备工程提供施工条件的内容与时间。

(3)结合本工程的特点,参考同类工程建设的经验来确定施工进度目标,避免只按主观愿望盲目确定进度目标,从而在施工过程中造成进度失控。

(4)做好资金供应能力、施工力量配备、物资(材料、构配件、设备)供应能力与施工进度需要的平衡工作,确保工程进度目标的要求而不使其落空。

(5)考虑外部协作条件的配合情况,包括施工进程中及项目竣工动用所需的水、电、气、通信、道路及其他社会服务项目的满足程序和满足时间。它们必须与有关项目的进度目标协调。

6.2.2 施工项目进度计划

施工项目进度计划是进度管理的依据。因此,如何编制施工进度计划以提高进度管理的质量便成为进度管理的关键问题。根据进度计划的作用不同,施工进度计划分为控制性进度计划和作业性进度计划两类,应依据合同文件、项目管理规划文件、资源条件与内外部约束条件编制项目进度计划。

6.2.2.1 **控制性施工进度计划**

控制性施工进度计划是整个项目施工进度控制的纲领性文件,是组织和指挥施工的依据。控制性施工进度计划编制的主要目的是通过计划的编制,以对施工承包合同所规定的施工进度目标进行再论证,并对进度目标进行分解,确定施工的总体部署,并确定为实现进度目标的里程碑事件的进度目标(或称其为控制节点的进度目标),作为进度控制的依据。控制性进度计划由企业管理层编制,包括整个项目的总进度计划、分阶段进度计划、子项目进度计划和单体进度计划、年(季)度计划。

6.2.2.2 **作业性施工进度计划**

作业性施工进度计划是用于直接组织施工作业的计划,它是实施性施工进度计划。作业性进度计划由项目经理部编制,包括分部分项工程进度计划和月(旬)作业计划。旬施工作业计划是月度施工计划在一个旬中的具体安排。作业性进度计划的编制应结合工程施工的具体条件,并以控制性施工进度计划所确定的里程碑事件的进度目标为依据。

进度计划编制可使用文字说明、里程碑表、工作量表、横道计划、网络计划等方法。其编制方法与内容见第5章。

6.3 施工项目进度计划的实施

施工项目进度计划的实施,实际上是按施工进度计划开展施工活动、落实和完成计划。施工项目进度计划逐步实施的过程就是项目施工逐步完成的过程。为保证项目各项施工活动,按施工进度计划所确定的顺序和时间进行,以及保证各阶段进度目标和总进度目标的实现,应做好下面的工作。

6.3.1 检查各层次的计划,并进一步编制作业计划

施工项目的各级施工进度计划都是围绕一个总任务而编制的,它们之间的关系是高层次计划为低层次计划提供依据,低层次计划是高层次计划的具体化。在其贯彻执行时,应当首先检查是否协调一致,计划目标是否层层分解、互相衔接,组成一个计划实施的保证体系,以施工任务书的方式下达施工队,保证施工进度计划的实施。

为实施施工进度计划,项目经理部将规定的任务与现场实际施工条件和施工的实际进度相结合,在施工开始前和实施中不断编制分部工程及月(旬)作业计划,从而使施工进度计划更具体、更切合实际、更适应不断变化的现场情况和更可行。在月(旬)计划中要明确本月(旬)应完成的施工任务、完成计划所需的各种资源量,提高劳动生产率,保证质量和节约的措施。

作业计划的编制,要进行在不同项目间同时施工的平衡协调,确定对施工项目进度计划分期实施的方案。施工项目要分解为工序,以满足指导作业的要求,并明确进度日程。

6.3.2 进行综合平衡,做好主要生产要素的优化配置

施工项目不是孤立完成的,它必须由人、财、物(材料、机具、设备等)诸生产要素在特定

地点有机结合才能完成。同时,项目对诸生产要素的需要又是错落起伏的,因此施工企业应在各项目进度计划的基础上进行综合平衡,编制企业的年度、季度、月旬计划,将施工生产要素在项目间动态组合、优化配置,以保证满足项目在不同时间对生产力诸要素的需求,从而保证施工项目进度计划的顺利实施。

6.3.3 签订承包合同与施工任务书,落实施工任务

按前面已检查过的各层次计划,以承包合同和施工任务书的形式分别向分包单位、承包队和施工班组下达施工进度任务。其中,总承包单位与他包单位、施工企业与项目经理、项目经理部与各承包队和职能部门、承包队与各作业班组间应分别签订承包合同,按计划标明规定合同工期、相互承担的经济责任、权限和利益。

另外,要将月(旬)作业计划中的每项具体任务通过签发施工任务书的方式向班组下达施工任务书。施工任务书是向班组下达任务、实行责任承包、全面管理原始记录综合性文件。它明确了各工作班组具体的施工任务、技术措施、质量要求、劳动量、完成时间等内容,并建立相应的责任制,促使各班组采取措施,保证能按作业计划完成任务。

施工任务书一般以表格的形式下达,具体包括施工队组应完成的工程项目、工程量、完成任务的起止日期和施工日历进度表,资源需用量,采用的施工方法、技术组织措施,工程质量、安全和节约措施的各项指标等。施工任务书见表 6-1。

表 6-1 施工任务书

任务书编号: 签发时间:

<table>
<tr><td colspan="2">单位工程名称</td><td colspan="3"></td><td colspan="2">执行班组</td><td colspan="2"></td><td>班组长</td><td colspan="3"></td></tr>
<tr><td rowspan="2">定额编号</td><td rowspan="2">部位及项目</td><td rowspan="2">计量单位</td><td colspan="4">计划</td><td colspan="3">实际</td><td colspan="3" rowspan="2">措施及要求</td></tr>
<tr><td>工程量</td><td>时间定额</td><td>每工产量</td><td>定额工日</td><td>工程量</td><td>定额工日</td><td>实际用工</td></tr>
<tr><td></td><td></td><td></td><td></td><td></td><td></td><td></td><td></td><td></td><td></td><td colspan="3" rowspan="2">验收意见</td></tr>
<tr><td></td><td></td><td></td><td></td><td></td><td></td><td></td><td></td><td></td><td></td></tr>
<tr><td></td><td></td><td></td><td></td><td></td><td></td><td></td><td></td><td></td><td></td><td rowspan="3">效率</td><td>定额用工</td><td></td></tr>
<tr><td></td><td></td><td></td><td></td><td></td><td></td><td></td><td></td><td></td><td></td><td>实际用工</td><td></td></tr>
<tr><td></td><td></td><td></td><td></td><td></td><td></td><td></td><td></td><td></td><td></td><td>工效</td><td></td></tr>
</table>

6.3.4 做好施工进度记录,填好施工进度统计表

在计划任务完成的过程中,各级施工进度计划的执行者都要跟踪做好施工记录,及时记载计划中的每项工作开始日期、每日完成数量和完成日期,记录施工现场发生的各种情况、干扰因素的排除情况;跟踪做好形象进度、工程量、总产值、耗用的人工、材料和机械台班等的数量统计与分析,为施工项目进度检查和控制分析提供反馈信息。因此,要求实事求是地记载,并填好上报统计报表。

6.3.5 做好施工中的调度工作

施工中的调度是组织施工中各阶段、环节、专业和工种的互相配合、进度协调的指挥核心。调度工作是使施工进度计划顺利实施的重要手段。其主要任务是掌握计划实施情况，协调各方面关系，采取措施，排除各种矛盾，加强各薄弱环节，实现动态平衡，保证完成作业计划和实现进度目标。

调度工作主要包括以下内容：

(1)监督作业计划的实施，调整、协调各方面的进度关系。

(2)监督检查施工准备工作。

(3)督促资源供应单位按计划供应劳动力、施工机具、运输车辆、材料构配件等，并对临时出现的问题采取调配措施。

(4)按施工平面图管理施工现场，结合实际情况进行必要的调整，保证文明施工。

(5)随时掌握气候、水、电、气的情况，采取相应的防范和保证措施。

(6)及时发现和处理施工中各种事故和意外事件，调节各薄弱环节。

(7)定期、及时地召开现场调度会议，贯彻施工项目主管人员的决策，发布调度令。

6.3.6 预测干扰因素，采取预控制措施

在项目实施过程中，应经常根据所掌握的各种数据资料，对可能致使项目实施结果偏离进度计划的各种干扰因素进行预测，并分析这些干扰因素所带来的风险程度的大小，预先采取一些有效的控制措施，把可能出现的偏离尽可能消灭于萌芽状态。

6.4 施工进度计划的检查与调整

6.4.1 施工进度计划的检查

6.4.1.1 跟踪检查工程实际进度

跟踪检查工程实际进度是项目进度控制的关键措施，其目的是收集实际施工进度的有关数据。跟踪检查的时间和收集数据的质量，直接影响控制工作的质量和效果。一般检查的时间间隔与工程项目的类型、规模、施工条件和对进度执行要求程度有关。通常可以确定每月、半月、旬或周进行一次。若施工中遇到天气、资源供应等不利因素的严重影响，检查的时间间隔可临时缩短，次数应频繁，甚至可以每日进行检查，或派人员驻现场督阵。

检查和收集资料的方式一般采用进度报表方式或定期召开进度工作汇报会。根据不同需要，检查的内容包括：

(1)工作量的完成情况。

(2)工作时间的执行情况。

(3)资源使用及与进度的匹配情况。

(4)上次检查提出问题的处理情况。

6.4.1.2 整理、统计跟踪检查的数据

收集到的工程项目实际进度数据，要进行必要的整理，按计划控制的工作项目进行统

计,形成与计划进度具有可比性的数据、相同的量纲和形象进度。一般可以按实物工程量、工作量和劳动消耗量及累计百分比整理和统计实际检查的数据,以便与相应的计划完成量相对比。

6.4.1.3 对比实际进度与计划进度,确定偏差数量

将收集的资料整理和统计成具有与计划进度可比性的数据后,用工程项目实际进度与计划进度的比较方法进行比较。通过比较得出实际进度与计划进度一致、超前、拖后三种情况。通常用的比较方法有横道图比较法、S 形曲线比较法、"香蕉"形曲线比较法、前锋线比较法和列表比较法等。

6.4.2 施工项目进度计划的调整

6.4.2.1 分析进度偏差对后续工作及总工期的影响

在工程项目实施过程中,当通过实际进度与计划进度的比较,发现有进度偏差时,需要分析该偏差对后续工作及总工期的影响,从而采取相应的调整措施对原进度计划调整,以确保工期目标的顺利实现。进度偏差的大小及其所处的位置不同,对后续工作和总工期的影响程度是不同的,分析时需要利用网络计划中工作总时差和自由时差的概念进行判断。进度偏差对后续工作和总工期影响分析过程见图 6-2。

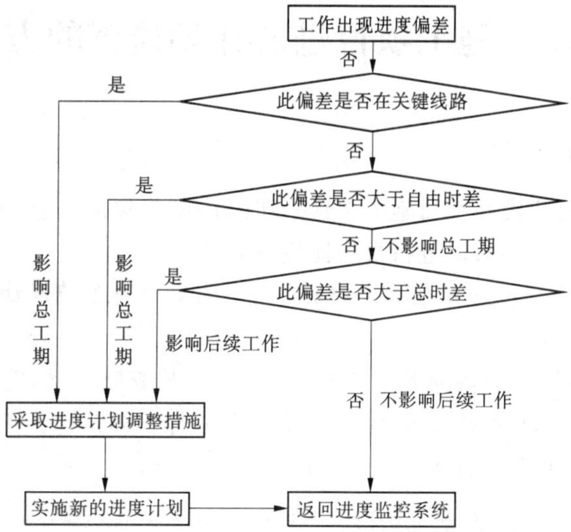

图 6-2 进度偏差对后续工作和总工期影响分析过程

(1)分析出现进度偏差的工作是否为关键工作。如果出现进度偏差的工作位于关键线路上,即该工作为关键工作,则无论偏差有多大,都将对后续工作和总工期产生影响,必须采取相应的调整措施;如果出现偏差的工作是非关键工作,则需要根据进度偏差值与总时差和自由时差的关系作进一步分析。

(2)分析进度偏差是否超过总时差。如果工作的进度偏差大于该工作的总时差,则此进度偏差必将影响其后续工作和总工期,必须采取相应的调整措施;如果工作的进度偏差未超过该工作的总时差,则此进度偏差不影响总工期。至于对后续工作的影响程度,还需要根据偏差值与其自由时差的关系作进一步分析。

(3)分析进度偏差是否超过自由时差。如果工作的进度偏差大于该工作的自由时差,

则此进度偏差对其后续工作产生影响,此时应根据后续工作的限制条件确定调整方法;如果工作的进度偏差未超过该工作的自由时差,则此进度偏差不影响后续工作,因此原进度计划可以不作调整。

6.4.2.2　**进度计划的调整**

当实际进度偏差影响到后续工作、总工期而需要调整进度计划时,其调整方法主要有以下几种:

(1)改变某些工作间的逻辑关系。在工作之间的逻辑关系允许改变的条件下,可改变逻辑关系,达到缩短工期的目的。如将依次施工改为平行施工、搭接施工、流水施工等,都可以达到缩短工期的目的。这种方法的特点是不改变工作的持续时间,而只改变工作的开始时间和完成时间。

(2)缩短某些工作的持续时间。特点是不改变工作之间的先后顺序关系,而通过缩短网络计划中关键线路上工作的持续时间来缩短工期。

(3)资源供应的调整。如果资源供应发生异常(供应满足不了需要),应采用资源优化方法对计划进行调整,或采取应急措施,使其对工期影响最小化。

(4)增减工程量。主要是指改变施工方案、施工方法,从而导致工程量的增加或减少。

(5)必要的目标调整。

6.5　施工项目进度计划检查的方法

6.5.1　横道图比较法

横道图比较法,是指把在项目施工中检查实际进度收集的信息经整理后直接用横道线与原计划的横道线标在一起,以进行直观比较的方法。

【例6-1】　某混凝土基础工程施工的实际进度与计划进度情况如图6-3所示,分析在第8 d末的进度偏差情况。

分析　分析图6-3可知,在第8 d末进行施工进度检查时,支模板工作已经完成;绑扎钢筋的工作按计划进度应当完成,而实际施工进度只完成了83%的任务,已经拖后了17%;浇混凝土工作已完成了40%的任务,施工实际进度与计划进度一致。

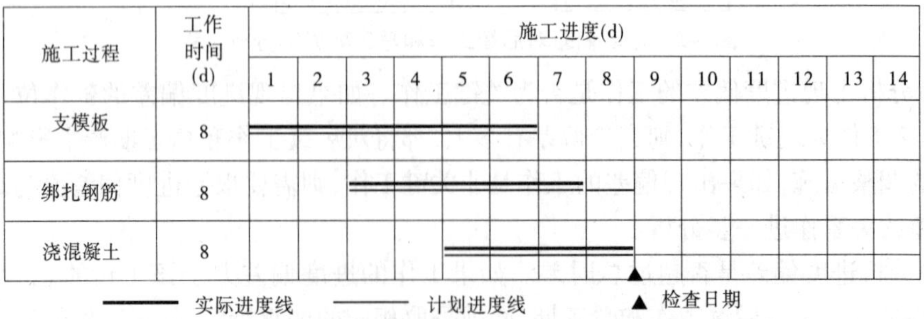

图6-3　某基础混凝土工程实际进度与计划进度的比较

通过上述记录与比较,可以明确地得知各施工过程的实际进度与计划进度之间的偏差,为施工进度控制者采取的计划调整措施提供了充分的数据。这是工程施工中进行施工进度控制最常用的一种简单、形象直观的方法。但这种横道图比较法只适用于施工中的各项工作都是按均匀的速度施工的情况，即每项工作在单位时间里完成的任务量（工程量、劳动量或工作量）都是相等的。

在实际工程施工中，各施工过程的施工速度并不一定是相同的。因此，应根据各施工过程的施工速度是否变化，可分别采用以下几种横道图比较法：

（1）匀速施工横道图比较法。匀速施工是指项目施工中每项工作的施工进展都是匀速的，即在单位时间内完成的任务量都是相等的，累计完成的任务量与时间呈直线变化，如图6-4所示。

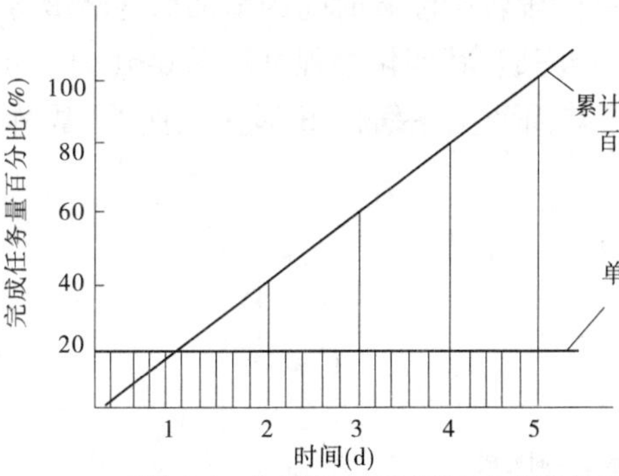

图6-4　匀速施工时间与完成任务量曲线

（2）双比例单侧横道图比较法。当施工工程在不同的单位时间内的进展速度不同时，累计完成的任务量与时间的关系不是呈直线变化关系，而是呈折线变化关系。这种情况的进度比较可以采用双比例单侧横道图比较法。

双比例单侧横道图比较法是在变速施工的某一施工过程计划进度横道线的一侧，用涂黑粗线表示施工实际进度的同时，在横道线的上、下方分别标注不同时刻计划进度要求应累计完成任务量的百分比和时间进度累计完成任务量的百分比，将两者相比较，判断某一施工过程施工的实际进度与计划进度之间的关系的一种方法。

【例6-2】　根据图6-5，分析实际进度与计划进度的偏差情况。

分析　从图6-5可以看出，该工作在第一周末实际进度比计划进度拖后1%，在第二、三周末实际进度均比计划进度累计超前2%，在第四周末实际进度与计划进度一致。

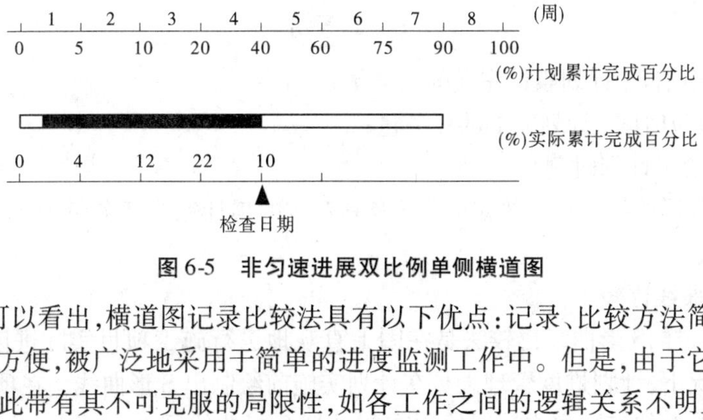

图6-5　非匀速进展双比例单侧横道图

综上所述可以看出，横道图记录比较法具有以下优点：记录、比较方法简单，形象直观，容易掌握，应用方便，被广泛地采用于简单的进度监测工作中。但是，由于它以横道图进度计划为基础，因此带有其不可克服的局限性，如各工作之间的逻辑关系不明显，关键工作和关键线路无法确定，当某些工作进度产生偏差时，难以预测其对后续工作和整个工期的影响及确定调整方法。

6.5.2 S形曲线比较法

S形曲线是以横坐标表示进度时间、纵坐标表示累计完成任务量，而绘制出的一条按计划时间累计完成任务量的曲线，它是将施工项目的各检查时间实际完成的任务量与S形曲线进行实际进度与计划进度相比较的一种方法。

对于大多数工程项目来说，从整个施工全过程来看，其单位时间消耗的资源量通常是中间多而两头少，即资源的投入开始阶段较少随着时间的增加而逐渐增多，在施工中的某一时期达到高峰后又逐渐减少直至项目完成，其变化过程可用图6-6(a)表示。而随时间进展累计完成的任务量便形成一条中间陡而两头平缓的S形变化曲线，故称S形曲线，如图6-6(b)所示。

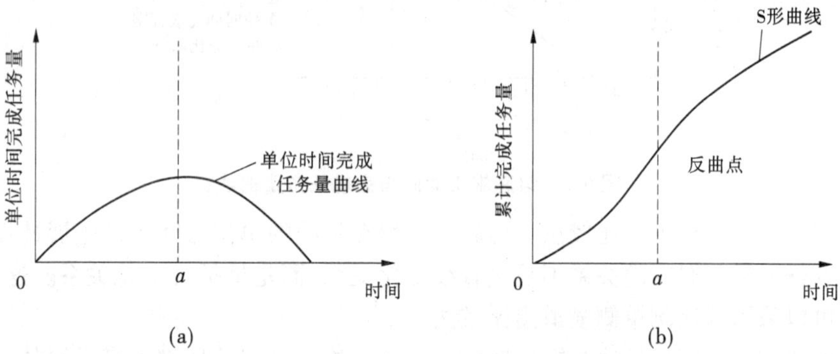

图6-6 时间与完成任务量关系曲线

6.5.2.1 S形曲线的绘制步骤

(1) 确定工程进展速度曲线。在实际工程中，很难找到定性分析的连续曲线，但可以根据每单位时间内完成的实物工程量或投入的劳动力与费用，计算出计划进度的单位时间量值 q_j，q_j 为离散型的，如图6-7(a)所示。

(2) 计算规定时间 j 计划累计完成的任务量。其计算方法等于各单位时间完成的任务量累加求和，计算公式为

$$Q_j = \sum q_j \tag{6-1}$$

式中 Q_j——某时间 j 计划累计完成的任务量；

q_j——单位时间 j 计划完成的任务量；

j——某规定计划时刻。

(3) 绘制S形曲线。按各规定时间 j 及其对应的累计完成任务量 Q_j 绘制S形曲线，如图6-7(b)所示。

6.5.2.2 S形曲线比较

同横道图一样，S形曲线比较法是在图上直观地进行施工项目实际进度与计划进度相比较。一般情况下，计划进度管理人员在计划实施前绘制出S形曲线。在项目施工过程中，按规定时间将检查的实际完成情况绘制在与计划S形曲线同一张图上，可得出实际进度S

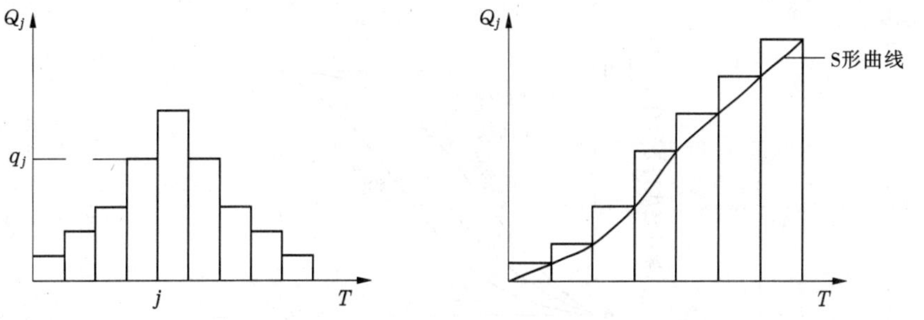

(a)　　　　　　　　　　(b)

图 6-7　实际工程中时间与完成任务量关系曲线

形曲线,比较两条 S 形曲线可以得到如下信息:

(1)项目实际进度与计划进度比较。若实际工程进展点落在计划 S 形曲线左侧,则表示此时实际进度比计划进度超前;若落在其右侧,则表示拖后;若刚好落在其上,则表示两者一致。

(2)项目实际进度比计划进度超前或拖后的时间如图 6-8 所示, ΔT_a 表示 T_a 时刻实际进度超前的时间,ΔT_b 表示 T_b 时刻实际进度拖后的时间。

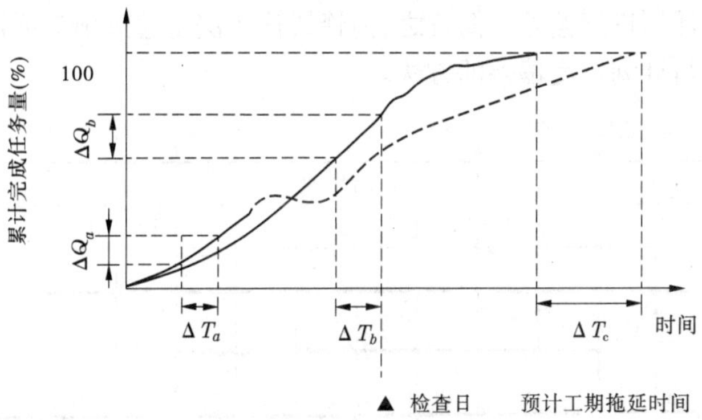

图 6-8　S 形曲线比较图

(3)项目实际进度比计划进度超额或拖欠的任务量如图 6-8 所示,ΔQ_a 表示 T_a 时刻超额完成的任务量;ΔQ_b 表示在 T_b 时刻拖欠的任务量。

(4)预测工程进度。后期工程按原计划进度进行,则工期拖延预测值为 ΔT_c。

6.5.2.3　“香蕉”曲线比较法

“香蕉”曲线实际上是两条 S 形曲线组合成的闭合曲线,如图 6-9 所示。一般情况下,任何一个施工项目的网络计划都可以绘制出两条具有同一开始时间和同一结束时间的 S 形曲线:其一是计划以各项工作的最早开始时间安排进度所绘制的 S 形曲线,简称 ES 曲线;其二是计划以各项工作的最迟开始时间安排进度所绘制的 S 形曲线,简称 LS 曲线。由于两条 S 形曲线都有相同的开始点和结束点,因此两条曲线是封闭的。除此之外,ES 曲线上各点均落在 LS 曲线相应时间对应点的左侧,由于这两条曲线形成一个形如“香蕉”的曲线,故称此为“香蕉”曲线。只要实际完成量曲线在两条曲线之间,就不影响总的进度。

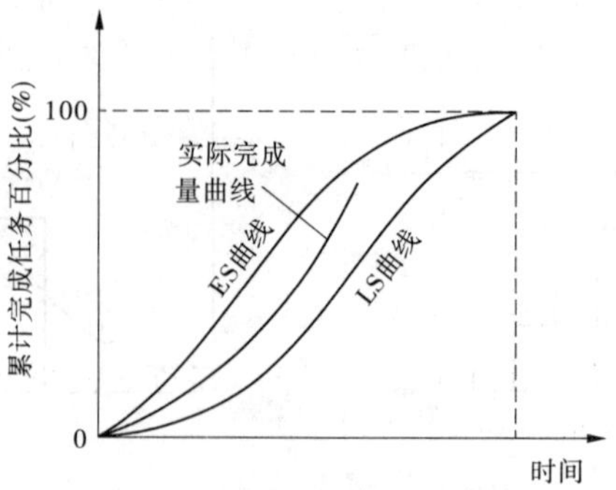

图 6-9 “香蕉”曲线比较图

6.5.3 前锋线比较法

施工项目的进度计划用时标网络计划表达时，还可以采用实际进度前锋线进行实际进度与计划进度比较，如图 6-10 所示。图中的折线是实际进度前锋线，在记录日期左边的点，表明进度拖后；在记录日期右边的点，表明提前完成进度计划。

前锋线比较法是从计划检查时间的坐标点出发，用点画线依次连接各项工作的实际进度点，最后到计划检查时间的坐标点为止，形成前锋线。按前锋线与工作箭线交点的位置判定施工实际进度与计划进度偏差。简言之，前锋线比较法是通过施工项目实际进度前锋线，判定施工实际进度与计划进度偏差的方法。

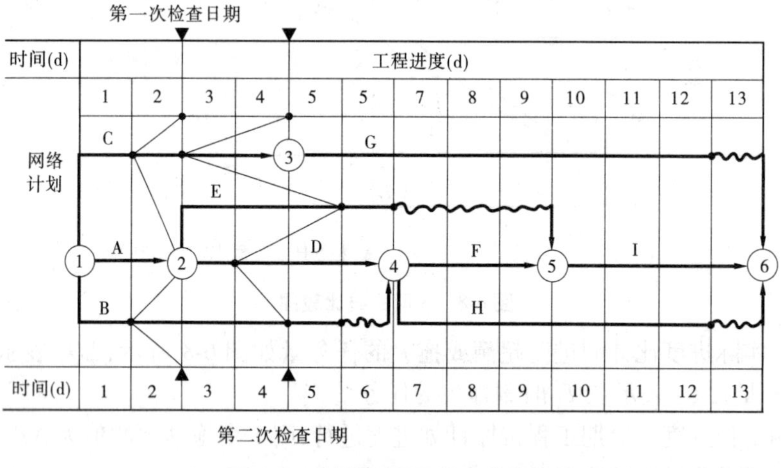

图 6-10 某施工项目进度前锋线图

【例 6-3】 根据图 6-10，分析进度偏差及对工期目标的影响。

分析 (1)第 2 d 末检查情况分析。

从图 6-10 中可以看出，该计划执行到第 2 d 时，A 工作已按计划完成全部工作内容；B、C 工作分别完成计划任务量的 25% 和 20%，工作进度各自拖后 1 d。由于 B、C 工作有 1 d 的自由时差，C 工作有 1 d 的总时差，故不影响工期，可暂不调整。

(2)第 4 d 末检查情况分析。

该计划执行到第 4 d 末时，B 工作完成任务量的 80%，实际进度与计划进度一致；E 工作完成计划任务量的 75%，且比计划进度提前 2 d；D 工作已完成计划任务量的 25%，且比计划进度拖后 1 d,因其在关键线路上,如不调整,将导致工期拖后 1 d;C 工作已完成计划任务量的 50%,且工作进度拖后 2 d。因 C 工作有 1 d 的工作总时差,如不调整,将导致工期延长 1 d。

因此,如果不采取措施加快进度,该工程项目的总工期将延长 1 d。

6.5.4 列表比较法

列表比较法实际是在利用“实际进度前锋线”法计量实际进度的前提下,对数据进行列表来反映项目实际进度情况的一种分析方法。

【例 6-4】 根据图 6-10,用列表法对检查情况进行分析。

分析 根据工程项目计划进度及实际进度检查结果,计算出检查日期应进行工作的尚需作业时间、原有总时差及尚有总时差等,计算结果列在表 6-2 中。

表 6-2 施工进展情况检查比较

工作名称	工作代号	检查计划时尚需作业天数	到计划最迟完成时尚有天数	原有总时差	尚有总时差	情况判断
C	①—③	2	1	1	-1	拖后 2 d,影响工期 1 d
B	①—④	1	2	1	1	与计划进度一致,不影响工期
D	②—④	3	5	0	-1	拖后 1 d,影响工期 1 d
E	②—⑤	1	4	3	4	提前 1 d,不影响工期

小 结

本章首先介绍了施工项目进度管理的概念、方法、任务及影响因素,在此基础上讲述了进度计划的编制、实施与调整,并通过案例介绍横道图比较法、S 形曲线比较法、香蕉曲线比较法、前锋线比较法和列表比较法等几种检查进度的方法。

能力训练

一、单项选择题

1. 项目进度控制的目的是通过控制以实现工程项目的(　　)。

A. 计划工期　　B. 进度目标　　C. 合同目标　　D. 成本目标

2. 当关键工作出现偏差,且偏差值大于自由时差时,则影响(　　)。

A. 紧后工作的开始时间　　B. 工期

C. 紧后工作和工期　　D. 均无影响

3. 采用非匀速进展横道图比较法比较工作实际进度与计划进度时,涂黑粗线的长度表示该工作的(　　)。

A. 计划完成任务量　　B. 实际完成任务量

C. 实际进度偏差　　　　　　D. 实际投入的时间

4. 在工程施工网络计划实施中，某项工作实际进度拖延的时间超过其总时差时，如果不改变工作之间的逻辑关系，则调整进度计划的方法是(　　)。

A. 减小关键线路上该工作后续工作的自由时差

B. 缩短关键线路上该工作后续工作的持续时间

C. 对网络计划进行“资源有限、工期最短”的优化

D. 减小关键线路上该工作后续工作的总时差

5. 当施工项目实际施工进度拖后，而需要调整施工进度计划时，可采取的组织措施之一是(　　)。

A. 改进施工工艺和施工技术　　B. 采用更先进的施工机械

C. 改善外部协作配合条件　　D. 增加劳动力和施工机械的数量

6. 当利用S形曲线比较实际进度与计划进度时，如果检查日期实际进展点落在计划S形曲线的左侧，则该实际进展点与计划S形曲线在纵坐标方向的距离表示工程项目(　　)。

A. 实际进度超前的时间　　　B. 实际进度拖后的时间

C. 实际超额完成的任务量　　D. 实际拖欠的任务量

7. (　　)是以横坐标表示进度时间，纵坐标表示累计完成任务量，绘制出一条按计划时间累计完成任务量的曲线，将实际完成任务量与其比较的方法。

A. S曲线比较法　　　　B. 香蕉曲线比较法

C. 前锋线比较法　　　　D. 网络图比较法

8. 采用列表比较法进行进度计划比较时，若尚有总时差小于原有总时差，但仍为正值，则说明(　　)。

A. 实际进度比计划进度计划提前，对总工期无影响 。

B. 实际进度比计划进度计划拖后，对总工期有影响，应当调整

C. 实际进度比计划进度计划拖后，对总工期无影响

D. 实际进度比计划进度计划提前，应当调整总工期

二、多项选择题

1. 通过实际进度前锋线与原进度计划中各工作箭线交点的位置可(　　)。

A. 判断实际进度与计划进度的偏差　　B. 判定进度偏差对后续工作影响程度

C. 判定进度偏差对总工期影响程度　　D. 合理安排项目进度计划

E. 预测后期工程进展趋势

2. 施工进度检查的方法有(　　)。

A. 横道图比较法　　　　B. S型曲线比较法

C. 网络计划比较法　　　D. 香蕉曲线比较法

E. 前锋线比较法

3. 采用列表比较法进行实际进度与计划进度的比较时，下列讨论正确的是(　　)。

A. 如果工作尚有总时差与原有总时差相等，说明该工作实际进度与计划进度一致

B. 如果工作尚有总时差大于原有总时差，说明该工作实际进度超前

C. 如果工作尚有总时差小于原有总时差,说明该工作实际进度拖后

D. 如果工作尚有总时差小于原有总时差,该工作实际进度是否拖后,应根据工作尚有总时差是否为负值确定

E. 如果工作尚有总时差大于原有总时差,超前的时间为二者之差

4. 某工程双代号时标网络计划执行到第 3 周末和第 9 周末时,检查其实际进度如图 6-11 前锋线所示,检查结果表明(　　)。

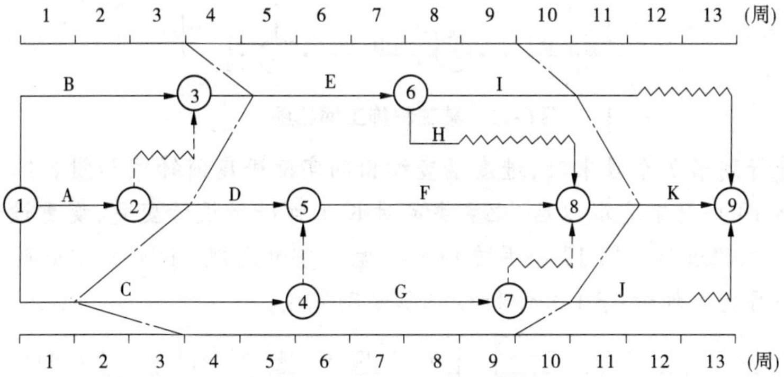

图 6-11　某工程进度前锋线

A. 第 3 周末检查时,工作 E 拖后 1 周,但不影响工期

B. 第 3 周末检查时,工作 C 拖后 2 周,将影响工期 2 周

C. 第 3 周末检查时,工作 D 进度正常,不影响工期

D. 第 9 周末检查时,工作 J 拖后 1 周,但不影响工期

E. 第 9 周末检查时,工作 K 提前 1 周,不影响工期

5. 作业性进度计划包括(　　)。

A. 单位工程施工进度计划　　B. 分部分项工程进度计划

C. 月(旬)作业计划　　D. 年度施工进度计划

E. 季度施工进度计划

三、简答题

1. 施工项目进度管理的过程包括哪几个方面?

2. 施工项目进度计划的类型有哪些?

3. 检查实际施工进度的方式有哪些?

4. 如何分析进度偏差对后续工作及总工期的影响?

四、案例分析题

1. 背景:某项目的网络计划如图 6-12 所示,在第 5 d 检查时发现工作 A 已完成,工作 B 进行了 1 d,工作 C 进行了 2 d,工作 D 还未开始。

问题:试用前锋线法和列表比较法分析实际进度与计划进度的关系。

2. 某工程施工总承包合同工期为 20 个月。在工程开工之前,总承包单位向总监理工程师提交了施工总进度计划,各工作均匀进行(如图 6-13 所示)。该计划得到总监理工程师的

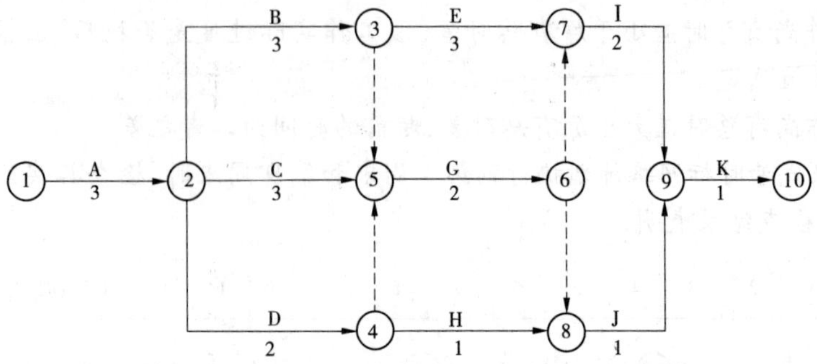

图 6-12　某工程施工网络图

批准。当工程进行到第 7 个月末时,进度检查绘出的实际进度前锋线如图 6-13 所示。E 工作和 F 工作于第 10 个月末完成以后,业主决定对 K 工作进行设计变更,变更设计图纸于第 13 个月末完成。工程进行到第 12 个月末时,进度检查时发现:①H 工作刚刚开始;②I 工作仅完成了 1 个月的工作量;③J 工作和 G 工作刚刚完成。

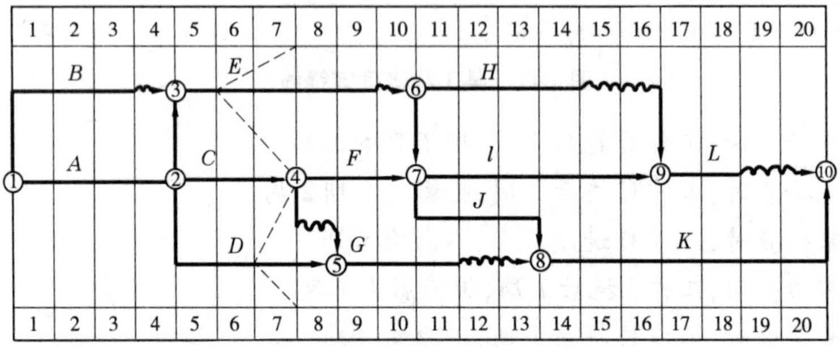

图 6-13　某工程施工网络图

问题:(1)为了保证本工程的建设工期,在施工总进度计划中应重点控制哪些工作?

(2)根据第 7 个月末工程施工进度检查结果,分别分析 E、C、D 工作的进度情况及对其紧后工作和总工期产生的影响。

(3)根据第 12 个月末进度检查结果,绘出进度前锋线。此时总工期为多少个月?

7　施工项目质量管理

【学习目标】

通过本章的学习,掌握质量及项目质量管理的概念,了解质量管理的发展及质量体系,熟悉质量管理的基础工作、基本原则,掌握质量管理的工作程序,熟悉施工项目质量管理的实施过程,掌握施工各阶段质量控制的内容及方法,了解施工质量事故处理的程序、要求、方法。

7.1　施工项目质量管理概述

7.1.1　施工项目质量及其特征

7.1.1.1　质量的基本概念

国家标准《质量管理体系　基础和术语》(GB/T 19000—2008)对质量的定义是:质量是指一组固有特性满足要求的程度。在这个定义中,术语“质量”可从以下四个方面来理解:

(1)质量不仅是指产品质量,还包括过程质量和工作质量。因此,可以说质量就是产品、过程或服务满足规定要求的优劣程度。

(2)固有特性是指某事或某物中本来就有的,尤其是那种永久性的特性。就工程质量而言,其固有特性通常包括使用功能、寿命以及可靠性、安全性、经济性等。

(3)满足要求就是指应满足明示的(如合同、规范、标准、文件、图纸中明确规定的)、通常隐含的(如组织的惯例、一般规定)或必须履行的(如法律、法规、行业规则)需要和期望。与要求相比,满足要求的程度才反映为质量的好坏。

(4)顾客和其他相关方对产品、过程体系的质量要求是动态的、发展的和相对的。质量要求随时间、地点、环境的变化而变化。

7.1.1.2　施工项目质量

施工项目质量是指工程满足业主需要的,符合国家法律、法规、技术规范标准、设计文件及合同规定的综合特性。

施工项目作为一种特殊的产品,除具有一般产品共有的质量特性,如性能、寿命、可靠性、安全性、经济性等满足社会需要的使用价值及其属性外,还具有特定的内涵。

施工项目质量的特性主要表现为以下六个方面:

(1)适用性,即功能。是指工程满足使用目的的各种性能,包括理化性能(如尺寸、规格等)、结构性能(如结构的强度、刚度和稳定性等)、使用性能(如住宅满足居住、厂房满足生产等)。

(2)耐久性,即寿命。是指工程在规定的条件下,满足规定功能要求使用的年限,也就是工程竣工后的合理使用寿命周期。

(3)安全性。是指工程建成后在使用过程中保证结构安全、保证人身和环境免受危害的程度。如结构安全度、抗震、耐火及防火能力等是否达到特定的要求等。

(4)可靠性。是指工程在规定的时间和规定的条件下完成规定功能的能力。如工程上的防洪与抗震能力,防水隔热能力;工业生产用的管道防“跑、冒、滴、漏”等,都属可靠性的范畴。

(5)经济性。是指工程从规划、勘察、设计、施工到整个产品使用周期内成本和消耗的费用。

(6)环境的协调性。是指工程与其周围生态环境协调、与所在地区经济环境协调以及与周围已建工程相协调,以适应可持续发展的要求。

7.1.2 质量管理

7.1.2.1 质量管理基本概念

国家标准《质量管理体系 基础和术语》(GB/T 19000—2008)对质量管理的定义是:在质量方面指挥和控制组织的协调的活动。通常包括制定质量方针和质量目标以及质量策划、质量控制、质量保证和质量改进。

(1)质量方针是指“由组织的最高管理者正式发布的该组织总的质量宗旨和方向。”它体现了该组织(项目)的质量意识和质量追求,是组织内部的行为准则,也体现了顾客的期望和对顾客作出的承诺。如一汽大众的质量宗旨和方向为:用户的满意和期望是一汽大众对质量始终不渝的追求;沃尔玛的质量宗旨和方向为:第一项,顾客永远是对的;第二项,如果顾客错了,请参考第一项。

(2)质量目标是指“在质量方面所追求的目的”,它是落实质量方针的具体要求,它从属于质量方针,应与利润目标、成本目标、进度目标等相协调。质量目标必须明确、具体,尽量用定量化的语言进行描述,保证质量目标容易被沟通和理解。质量目标应分解落实到各部门及项目的全体成员,以便实施、检查、考核。

(3)质量策划是质量管理的一部分,致力于制定质量目标并规定必要的运行过程和相关资源,以实现质量目标。

(4)质量控制是质量管理的一部分,致力于满足质量要求。质量控制的目标就是确保项目质量能满足有关方面所提出的质量要求(如适用性、可靠性、安全性等)。质量控制的范围涉及项目质量形成全过程的各个环节。质量控制的工作内容包括专业技术和管理技术两方面。

(5)质量保证是指为使人们确信某实体能满足质量要求,在质量体系内所开展的并按需要进行证实的有计划和系统的全部活动。

从质量管理的定义可以说明,质量管理是企业(项目)围绕着使产品质量能满足不断更新的质量要求,而开展的策划、组织、计划、实施、检查和监督、审核等所有管理活动的总和。它是企业(项目)各级职能部门领导的职责,而由企业最高领导(或项目经理)负全责,应调动与质量有关的所有人员的积极性,共同做好本职工作,才能完成质量管理的任务。

7.1.2.2 质量管理的发展

质量管理的发展可分为三个阶段:第二次世界大战以前可以看作是第一阶段,人们通常称之为质量检验阶段;第二阶段是从第二次世界大战开始到 20 世纪 50 年代的统计质量控制阶段;第三阶段是从 20 世纪 60 年代开始的全面质量管理阶段。

(1)质量检验阶段。这一阶段主要是通过检验的方式来控制和保证产出或转入下道工序的产品质量。这种做法的目的是通过对最终产品的测试与质量对比,剔除次品,保证出厂产品的质量是合格的。

质量检验是一种“事后把关”型的质量管理,缺乏预防和控制作用,无法把质量问题消灭在产品设计和生产过程中。

(2)统计质量控制阶段。在该阶段,质量管理的重点主要在于确保产品质量符合规范和标准。人们通过对工序进行分析,及时发现生产过程中的异常情况,确定产生缺陷的原因,迅速采取对策加以消除,使工序保持在稳定状态。

这一阶段的主要特点是:从质量管理的指导思想上看,由以前的事后把关转变为事前的积极预防;从质量管理的方法上看,广泛深入地应用了统计学的思考方法和检验方法。但统计质量管理过分强调统计工具,忽视了人的因素和管理工作对质量的影响。

(3)全面质量管理阶段。全面质量管理是在质量检验和统计质量管理的基础上发展起来的,它按照现代生产技术发展的需要,以系统的观点来看待产品质量,注意产品的设计、生产、售后服务全过程的质量管理工作。

全面质量管理的特点是:事前控制,预防为主,能对影响质量问题的各类因素进行综合分析并进行有效控制。

以上三个阶段的本质区别在于:质量检验阶段靠的是事后把关,是一种防守型的质量管理;统计质量管理阶段靠在生产过程中对产品质量进行控制,把可能发生的质量问题消灭在生产过程之中,是一种预防性的质量管理;全面质量管理阶段保留了前者的长处,对整个系统采取措施,从而提高质量,可以说是一种进攻型或全攻全守型的质量管理。

7.1.2.3 质量管理的基础工作

(1)标准化工作。是以制定、修订和贯彻执行标准,从而达到统一为主要内容的活动过程。标准化工作主要有三个方面:一是技术标准,二是管理标准,三是工作标准。管理标准保证了技术标准的贯彻执行,工作标准是管理标准的具体化。

(2)计量工作。是确保工程质量的重要手段和方法。工程质量依靠计量测试来保证。其具体要求是:保证计量用的化验、分析仪器和设备做到配备齐全、完整无损、采值准确。同时要求管理工作强化计量意识,对计量工作认真考核,使数据为决策提供依据。

(3)质量信息工作。质量信息是指在质量管理活动中的各种数据、报表、资料和文件。它包括产品质量、工序质量和工作质量等信息。

(4)质量责任制。是企业质量管理工作有关职责划分的工作制度。建立质量责任制就是把质量管理工作落实到企业的各个部门、各级机构、各个岗位和每个人,规定相应的责任和权力,用规章制度把各项质量管理工作组织起来,形成严密的管理体系。

(5)质量教育工作。人是决定产品质量的关键因素,任何质量管理工作都要依靠人去做。因此,应把对职工的教育和对人的资源开发视为战略任务。质量教育工作一般包括质量意识教育、质量管理知识教育和专业技术教育三方面的内容。

7.1.2.4 质量管理的基本原则

(1)以顾客为关注焦点。组织依存于顾客。因此,组织应理解顾客当前的和未来的需求,满足顾客要求并争取超越顾客期望。本条是质量管理最基本的原则,体现了质量管理中最核心的指导思想。提出顾客是组织一切活动、行为、思维的集中点。一个组织如果遵循以顾客为关注焦点的原则，以增强顾客满意为首要任务，它就能抓住机遇，对市场做出快捷而灵活的反应，在竞争中取得优势，为组织及其相关方带来效益。

(2)领导作用。领导者确立组织统一的宗旨及方向。他们应当创造并保持使员工能充分参与实现组织目标的内部环境。本条是质量管理成败的关键。领导者指的是在组织最高层指挥和控制组织的最高管理者。作为领导者首先要从本组织产品的特点、本组织顾客群体以及所有相关方的利益出发，为本组织确立方向，策划未来，制定质量方针，确定质量目标，建立和实施有效的质量管理体系。实践和理论证明:领导者的素质、管理理念的更新、思想和行动的到位，对质量管理起着决定性的作用。

(3)全员参与。各级人员都是组织之本，只有他们的充分参与，才能使他们的才干为组织带来收益。

本条是质量管理有效运作的基础。组织是指职责、权限和相互关系得到安排的一组人员及设施。组织中的各级人员是组织最根本的组成部分，是组织最重要的资源。他们每个人都在组织中扮演自己的角色，有各自的岗位职责和权限，以使组织成为有机的整体，有序地进行各项活动。

(4)过程方法。将活动和相关的资源作为过程进行管理，可以更高效地得到期望的结果。本条是质量管理八大原则中所提的三个方法中最具特色、最根本的方法。过程是指一组将输入转化为输出的相互关联或相互作用的活动。系统地识别和管理组织所应用的过程，特别是这些过程之间的相互作用，称为“过程方法”。将活动和相关的资源作为过程进行管理，以过程作为质量管理的基本单元，它是引导质量管理入门的最好途径。

(5)管理的系统方法。将相互关联的过程作为系统加以识别、理解和管理，有助于组织提高实现目标的有效性和效率。系统是指相互关联或相互作用的一组要素，要素是构成事物的必要因素。在质量管理中采用系统方法也就是质量管理的体系方法，它注重体系中过程之间的关系和过程网络(系统)的形成。由于将相互关联的过程作为系统加以识别、理解和管理，可以使各过程协调运作，根据组织的总目标来设定各过程的分目标，进行系统管理以最终实现其总的目标，以最少的资源投入达到最佳的结果。

(6)持续改进。持续改进总体业绩应当是组织的一个永恒目标。本条是质量管理中另一个重要的指导思想。它是增强满足顾客要求能力的循环活动，与第一个原则“以顾客为关注焦点”互相呼应，是组织内部环境与外部环境形成良性循环的动力。这是一个周而复始永无止境的螺旋式上升的循环活动，只有坚持持续改进，组织才具有生命力，才能蒸蒸日上，它是每个组织永恒的追求、永恒的动力和永恒的目标。

(7)基于事实的决策方法。有效决策是建立在数据和信息分析的基础上的。本条的关键词是“有效”，强调决策的有效性。如何实现有效策划，就是决策要建立在数据和信息分析的基础上。

(8)与供方互利的关系。组织与供方是相互依存的，互利的关系可增强双方创造价值的能力。供方是指提供产品的组织或个人，如制造商、批发商、产品的零售商或商贩、服务或信息的提供方。它们是组织的合作伙伴，其间是合作互利的关系。这三者形成一个“供方→组织→顾客”的供应链，顾客和供方都是组织的相关方，组织在考虑满足顾客的需求和期望时，也要考虑供方的利益，也就是说要考虑相关方的利益，让供应链上的三者应该都得利，达到“三赢”的结果。

质量管理八项原则是质量管理实践经验和理论的总结,尤其是ISO9000族标准实施的经验和理论研究的总结。实质上也是组织管理的普遍原则,是现代社会发展、管理经验日渐丰富、管理科学理论不断演变发展的结果。因此,使用这八项原则还可以对组织的其他管理活动,如环境管理、职业安全与卫生管理、成本管理等提供帮助和借鉴,真正促进组织建立一个改进其全面业绩的管理体系。

7.1.2.5 质量管理的工作程序

在质量管理中,常用的工作程序是PDCA循环,如图7-1所示。图7-1中P表示计划(Plan),D表示执行(Do),C表示检查(Check),A表示处理(Action),即计划—执行—检查—处理。走完一圈完成一个循环,然后进入新的一次循环。

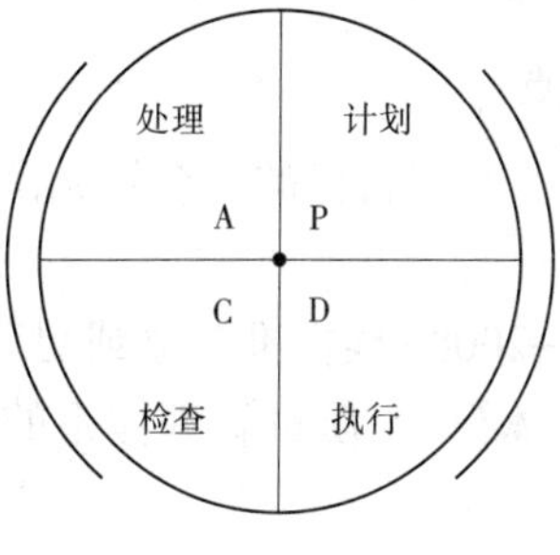

(a)PDCA循环的四个阶段

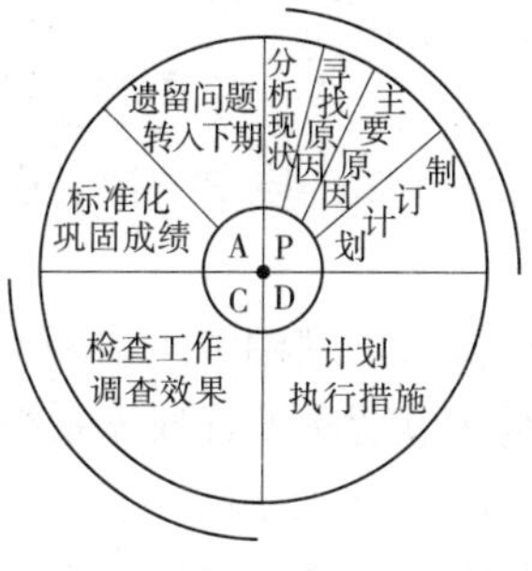

(b)PDCA的八大步骤

图7-1 质量管理的工作程序(PDCA循环)

(1)计划阶段。主要工作任务是确定质量目标、活动计划和管理项目的具体实施措施。本阶段的具体工作是分析现状,找出质量问题及控制对象;分析产生质量问题的原因和影响因素;从各种原因和因素中确定影响质量的主要原因或主要影响因素;针对质量问题及影响质量的主要因素制订改善质量的措施及实施计划,并预计效果。

在制订计划时,要反复分析思考,明确回答以下问题:为什么要提出该计划,采取这些措施;为什么应作如此改进;改进后要达到什么目的,有何效果;改进措施在何处(哪道工序、哪个环节)执行;计划和措施在何时执行和完成;计划由谁执行;用什么方法完成等。

(2)执行阶段。主要工作任务是根据计划阶段制订的计划措施,组织贯彻执行。本阶段要做好计划措施的交底和组织落实、技术落实和物资落实。

(3)检查阶段。主要工作任务是检查实际执行情况,并将实施效果与预期目标对比,进一步找出存在的问题。检查阶段可以使用的工具主要有排列图、直方图和控制图。

(4)处理阶段。主要工作任务是对检查的结果进行总结和处理。其具体工作包括总结经验,纳入标准,即通过对实施情况的检查,明确有效果的措施,制定相应的工作文件、工艺规程、作业标准及各种质量管理的规章制度,总结好的经验,防止问题再次发生。

质量管理的全过程是按照PDCA的循环周而复始地运转,每运转一次,工程质量就提高一步。PDCA循环具有大环套小环、相互促进、螺旋式上升、完整的循环和推动PDCA循环等特点,如图7-2所示。

7.1.3 质量管理体系

质量管理体系是建立质量方针和质量目标并实现这些目标的体系。质量目标是落实质

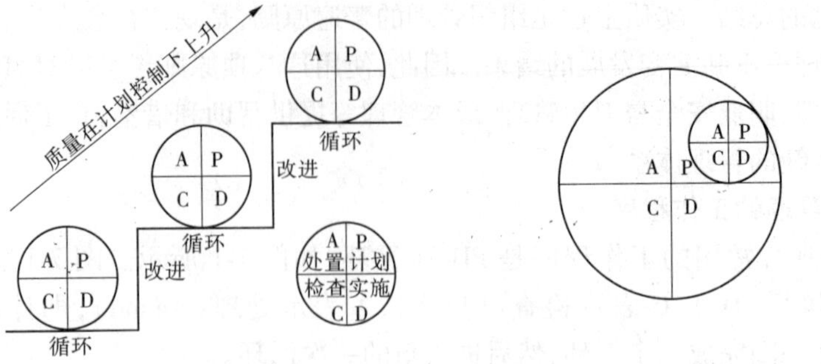

(a)PDCA循环之步步高　　(b)PDCA循环之大环套小环

图 7-2　PDCA 循环的特点

量方针的具体要求，它从属于质量方针。质量目标是企业经营目标的一个组成部分，质量目标应既先进又可行。

按照《质量管理体系　基础和术语》（GB/T 19000—2008）族标准建立或更新完善质量管理体系的程序，通常包括质量管理体系组织策划与总体设计、质量管理体系的文件编制、质量管理体系的运行等三个阶段。

7.1.3.1　质量管理体系的策划与总体设计

最高管理者应确保对质量管理体系进行策划，以满足组织确定的质量目标的要求及质量管理体系的总体要求，在对质量管理体系的变更进行策划时，应保持管理体系的完整性。通过对质量管理体系的策划，确定建立质量管理体系要采用的过程、方法、模式，从组织的实际出发进行体系的策划和实施，明确是否有剪裁的需求并确保其合理性。

7.1.3.2　质量管理体系的文件编制

质量管理体系的文件编制应在满足标准要求、确保控制质量、提高组织全面管理水平的情况下，建立一套高效、简单、实用的质量管理体系文件。质量管理体系文件包括质量手册、质量管理体系程序文件、质量记录等部分。

（1）质量手册。质量是组织质量工作的“基本法”，是组织最重要的质量法规性文件，它具有强制性质。质量手册应阐述组织的质量方针，概述质量管理体系的文体结构，并能反映组织质量管理体系的总貌，起到总体规划和加强各职能部门间协调的作用。对组织内部、质量手册起着确立各项质量活动及其指导方针和原则的重要作用，一切质量活动都应遵循质量手册；对组织外部，它既能证实符合标准要求的质量管理体系的存在，又能向顾客或认证机构描述清楚质量管理体系的状况。同时，质量手册是使员工明确各类人员职责的良好管理工具和培训教材。

（2）质量管理体系程序文件。是质量管理体系的重要组成部分，是质量手册的具体展开和有力支撑。质量管理体系程序文件的范围和详略程度取决于组织的规模、产品类型、过程的复杂程度、方法和相互作用以及人员素质等因素。程序文件不同于一般的业务工作规范或工作标准所列的具体工作程序，而是对质量管理体系的过程方法所需开展的质量活动的描述。对每个质量管理程序来说，都应视需要明确何时、何地、何人、做什么、为什么做、应保留什么记录。

(3)质量记录。是阐明所取得的结果或提供所完成活动的证据文件。它是产品质量水平和企业质量管理体系中各项质量活动结果的客观反映,应如实加以记录,用以证明达到了合同所要求的产品质量,并证明对合同中提出的质量保证要求予以满足要求的程度。如果出现偏差,则质量记录应反映出针对不足之处采取了哪些纠正措施。

7.1.3.3 质量管理体系的运行

质量管理体系的实施运行,是指组织的全体员工依据质量管理体系文件的要求,为实现质量方针和质量目标,在各项工作中按照质量管理体系文件要求操作,保持质量管理体系持续有效的过程。为确保体系有效运行,应当注意以下几个方面:

(1)质量管理体系运行前的培训。

(2)组织协调。

(3)搞好过程控制,严格按规范操作。

(4)监视与测量过程,不断完善体系。

(5)质量管理体系审核。

7.1.4 施工项目质量管理

施工项目质量管理是指致力于满足工程项目质量要求,也就是为了保证工程项目质量满足工程合同、规范标准所采取的一系列措施、方法和手段。

项目质量管理应按图 7-3 所示程序实施。

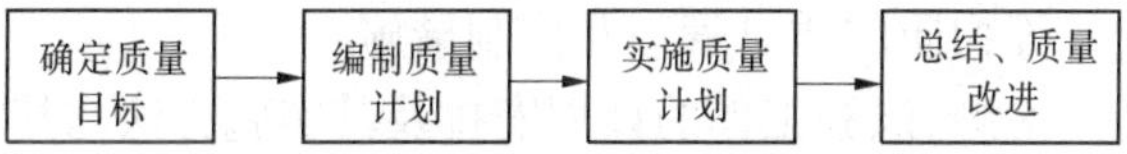

图 7-3 施工项目质量管理的程序

7.1.4.1 进行质量策划,确定项目质量目标

项目质量目标是指项目在质量方面所追求的目的。一般来说,该目的是指质量验收标准的合格要求。国家规定了分项工程、分部工程和单位工程的质量验收标准。国家标准工程施工质量验收规范就是工程项目的质量目标。有时项目质量目标是发包人提出的质量要求。发包人在实施质量标准的前提下,也可以根据自身的经营方针确定计划质量目标。

7.1.4.2 编制项目质量计划

按照《质量管理体系　基础和术语》(GB/T 19000—2008)质量管理体系文件的组成内容,在合同环境下,质量计划是企业向顾客表明质量管理方针、目标及其具体实施的方法、手段和措施的文件,体系企业对质量责任的承诺和实施的具体步骤。对施工项目而言,质量计划主要是针对特定项目所编制的规定程序和相应资源的文件。

7.1.4.3 实施项目质量计划

项目质量计划实施通常是按阶段进行的,包括施工准备阶段的质量控制、施工阶段的质量控制和竣工验收阶段的质量控制。

7.1.4.4 总结项目质量管理工作,提出持续改进的要求

项目质量持续改进指对项目质量增强满足要求的能力的循环活动。该循环活动通过不断制定改进目标和寻求改进机会实现。该过程使用审核发现、审核结论、数据分析、管理评审或其他方法,提出纠正措施或预防措施。项目检查、验证,是对项目质量计划执行情况组

织的检查、内部审核和考核评价,验证实际效果。对考核中出现的问题、缺陷或不合格,应召开有关专业人员参加的质量分析会,并制订整改措施。

7.2 施工项目质量计划的编制

7.2.1 施工项目质量计划的形式与内容

7.2.1.1 施工项目质量计划的形式

目前,我国除已建立质量管理体系的施工企业直接采用施工质量计划的形式外,通常还采用在施工项目施工组织设计或施工项目管理实施规划中包含质量计划内容的形式,因此现行的施工质量计划有以下三种形式:

(1)施工项目质量计划。

(2)施工项目施工组织设计(含施工质量计划)。

(3)施工项目管理实施规划(含施工质量计划)。

7.2.1.2 施工项目质量计划的基本内容

(1)工程特点及施工条件(合同条件、法规条件和现场条件等)分析。

(2)质量总目标及其分解目标。

(3)质量管理机构和职责、人员及资源配置计划。

(4)确定施工工艺与操作方法的技术方案和施工组织方案。

(5)施工材料、设备等物质的质量管理及控制措施。

(6)施工质量检验、检测、试验工作的计划安排及其实施方法与接收准则。

(7)施工质量控制点及其跟踪控制的方式与要求。

(8)质量记录的要求等。

7.2.2 质量计划的编制

施工项目质量计划应由项目经理主持编制。报企业组织管理层批准,并报送项目监理机构核准确认。

编制质量计划应注意以下几点:

(1)由于施工质量计划的重要作用,作为最高领导者的项目经理应亲自主持编制。

(2)施工质量计划应集体编制。编制者应有丰富的知识、实践经验、较强的沟通能力和创造精神。

(3)始终以业主为关注焦点,准确无误地找出关键质量问题,反复征询对质量计划草案的意见以修改完善。

(4)施工质量计划应体现从工序、分项工程、分部工程、单位工程的过程控制,且应体现从资源投入到完成工程质量最终检验和试验的全过程控制,使质量计划成为对外质量保证和对内质量控制的依据。

7.3 施工项目质量控制

施工项目质量控制是指对于项目质量实施过程的监督和管理工作。施工项目质量控制的过程,包括施工准备质量控制、施工过程质量控制、施工验收质量控制。施工方作为质量自控主体必须全过程、全方位加以控制。

7.3.1 施工生产要素的质量控制

影响项目质量形成的主要因素是人、材料、机械、方法和环境等,所以施工质量控制首先必须从影响项目质量形成的五大要素着手:

(1)加强人的质量意识教育,注重培养人的质量能力。加强对项目的作业者、管理者的质量培训和岗位培训,坚持持证上岗制度。

(2)严格控制材料、半成品、工程用品、设备的质量,做好检验试验工作。

(3)加强施工工具、模具、机械设备维修保养,从劳动手段上确保项目施工的良好状态。

(4)加强技术保障,采用先进施工工艺,提高技术措施的水平。

(5)搞好现场施工环境控制:做好降水排水、气象、照明、通风、安全等工作,保证良好的作业环境。

7.3.2 施工准备阶段的质量控制

施工准备阶段的质量控制也称事前控制,是指工程项目开工前的全面施工准备和施工过程中各分部分项工程施工作业准备的质量控制。

(1)施工质量计划的编制与审查。由于施工组织设计已包含了质量计划的主要内容,因此对施工组织设计的审查就包括了对质量计划的审查。

(2)现场施工准备的质量控制。包括工程定位及标高基准的控制、施工平面布置的控制、现场临时设施控制等。

(3)施工材料、构配件订货的控制。

(4)施工机械配置的控制。施工机械设备的选择,除应考虑施工机械的技术性能、工作效率、工作质量、可靠性及维修难易性,以及安全、灵活等方面对施工质量的影响与保证外,还应考虑其数量配置对施工质量的影响与保证条件。

(5)分包单位资格的审核确认。总承包单位选定分包单位后,应向监理工程师提交《分包单位资质报审表》,监理工程师审查时,主要是审查施工承包合同是否允许分包,分包单位是否具有按工程承包合同规定的条件完成分包工程任务的能力。

(6)施工图纸的现场核对。施工承包单位应做好施工图纸的现场核对工作,对于存在的问题,承包单位以书面形式提出,在设计单位以书面形式进行确认后,才能施工。

(7)严把开工关。开工前承包单位必须提交《工程开工报审表》,经监理工程师审查具备开工条件并由总监理工程师予以批准后,承包单位才能开始正式进行施工。

7.3.3 施工阶段的质量控制

施工阶段的质量控制也称事中控制,是指施工作业技术活动的投入与产出过程的质量控制,其内涵包括全过程施工生产及其中各分部分项工程的施工作业过程。

7.3.3.1 技术交底

做好技术交底是确保施工质量的重要措施之一。技术交底的质量控制应注意交底时间、交底分工、交底内容、交底方式(书面、口头、会议、挂牌、样板、示范操作等)和交底资料的归档保存。

7.3.3.2 **测量控制**

项目开工前编制测量控制方案,经项目技术负责人批准后实施。应保存好测量记录,在施工过程中应对设置的测量控制点、线妥善保护,不准擅自移动。同时,在施工过程中还应对原有测量基准点、基准线、参考标高、控制网进行施工测量复核。

7.3.3.3 **计量控制**

计量控制是保证工程项目质量的重要手段和方法,是施工项目开展质量管理的一项重要基础工作。其主要任务是统一计量单位,组织量值传递,保证量值统一;建立计量管理部门和配置计量人员;建立健全和完善计量管理的规章制度;严格按规定有效控制计量器具的使用、保管、维修和检验;监督计量过程的实施,保证计量的准确。

7.3.3.4 **工序质量控制**

施工过程是由一系列相互联系与制约的工序构成的,工序是人、材料、机械设备、施工方法和环境因素对工程质量综合起作用的过程,所以对施工过程的质量控制,必须以工序质量控制为基础和核心。因此,工序的质量控制是施工阶段质量控制的重点。只有严格控制工序质量,才能确保施工项目的实体质量。进行工序质量控制时,应着重于以下四方面的工作:

(1)严格遵守工艺规程。施工工艺和操作规程是进行施工操作的依据和法规,是确保工序质量的前提,任何人都必须严格执行,不得违犯。

(2)主动控制工序活动条件的质量。工序活动条件包括的内容较多,主要是指影响质量的五大因素,即施工操作者、材料、施工机械设备、施工方法和施工环境等。只要将这些因素切实有效地控制起来,使它们处于被控制状态,确保工序投入品的质量,避免系统性因素变异发生,就能保证每道工序质量正常、稳定。

(3)及时检验工序活动效果的质量。工序活动效果是评价工序质量是否符合标准的尺度。为此,必须加强质量检验工作,对质量状况进行综合统计与分析,及时掌握质量动态。一旦发现质量问题,随即研究处理,自始至终使工序活动效果的质量满足规范和标准的要求。

(4)设置工序质量控制点。控制点是指为了保证工序质量而需要进行控制的重点或关键部位或薄弱环节,以便在一定时期内、一定条件下进行强化管理,使工序处于良好的控制状态。一般工业与民用建筑中质量控制点设置的位置,按分项工程给出,见表7-1。

7.3.3.5 **特殊过程的控制**

特殊过程是指该施工过程或工序施工质量不易或不能通过其后的检验和试验而得到充分的验证,或者万一发生质量事故则难以挽救的施工对象。特殊过程的质量控制是施工阶段质量控制的重点,对在项目质量计划中界定的特殊过程,应设置工序质量控制点,抓住影响工序施工质量的主要因素进行强化控制。

7.3.3.6 **工程变更的控制**

工程变更可能导致项目的工期、成本或质量改变,因此必须加强对工程变更的控制和管理。在工程变更实施控制中,一是要分析和确认各方面提出的工程变更的因素和条件;二是做好管理和控制那些能够引起工程变更的因素和条件;三是当工程变更发生时,应对其进行管理和控制;四是分析工程变更而引起的风险。

表 7-1　质量控制点的设置位置

分项工程	质量控制点
工程测量定位	标准轴线桩、水平桩、龙门板、定位轴线、标高
地基基础	基坑尺寸、土质条件、承载力、基础及垫层尺寸、标高、预留洞孔等
砌体	砌体轴线、皮数杆、砂浆配合比、预留孔洞、砌体砌法
模板	模板位置、尺寸、强度及稳定性，模板内部清理及润湿情况
钢筋混凝土	水泥品种、强度等级，砂石质量，混凝土配合比、外加剂比例、混凝土振捣，钢筋种类、规格、尺寸，预埋件位置，预留孔洞，预制件吊装
吊装	吊装设备起重能力、吊具、索具、地锚
装饰工程	抹灰层、镶贴面表面平整度，阴阳角、护角、滴水线、勾缝、油漆
屋面工程	基层平整度、坡度、防水材料等技术指标，泛水与三缝处理
钢结构	翻样图、放大样
焊接	焊接条件、焊接工艺
装修	视具体情况而定

7.3.3.7　成品保护的控制

成品保护，首先要加强教育，提高全体员工的成品保护意识，同时要合理安排施工顺序，采取有效的保护措施。成品保护的措施一般有防护、包裹、覆盖、封闭等几种方法。

7.3.4　施工验收阶段的质量控制

施工验收阶段的质量控制也称事后控制，是指对已完工程验收时的质量控制，即工程产品的质量控制。质量控制的主要工作有收尾工作、竣工资料的准备、竣工验收、施工质量事故的处理、工程质量回访及保修。

7.4　施工项目质量控制统计分析方法

施工项目质量控制统计分析常用方法主要有以下几种。

7.4.1　分层法

分层法又称为分类法，是将零乱的质量数据按照不同的目的加以分类，并进行加工整理和分析影响质量问题的原因的一种方法。分层法常与质量管理的其他方法结合使用，经过分层整理的数据，再利用其他方法整理成图表，更便于进行质量分析。

7.4.2 排列图法

排列图法又称为主次因素分析图法，是将影响产品质量的各因素按其对质量影响程度的大小顺序排列，从而找出影响质量的主要因素。

【例 7-1】 某施工企业构件厂对一批构件进行检查，发现有 200 个检查点不合格，影响其质量的因素或缺陷及统计发生的次数见表 7-2。试分析影响构件质量的主要因素。

解 (1)收集整理数据并按频数由大到小排序，见表 7-2。

(2)计算频率及累计频率。如混凝土强度不足的频率为 $\frac{105}{200}=52.5\%$。以此类推，计算出各质量缺陷的频率并累加后依次填入表 7-2 中。

表 7-2 不合格项目统计分析表

构件批号	混凝土强度	截面尺寸	侧向弯曲	钢筋强度	表面平整	预埋件	表面缺陷
1	5	6	2	1			1
2	10		4		2	1	
3	20	4		2		1	
4	5	3	5		4	1	
5	8	2		1			1
6	4		3		1		1
7	18	6		3			
8	25	6	4		1		
9	4	3		2			
10	6	20	2	1		1	
合计	105	50	20	10	8	4	3

(3)画排列图。按表 7-3 中从上到下的次序在图中横坐标上从左向右标出各质量缺陷，依照频数及累计频率画出排列图，如图 7-4 所示。

表 7-3 频率计算表

序号	影响质量的因素	频数	频率(%)	累计频率(%)
1	混凝土强度	105	52.5	52.5
2	截面尺寸	50	25	77.5
3	侧向弯曲	20	10	87.5
4	钢筋强度	10	5	92.5
5	表面平整	8	4	96.6
6	预埋件	4	2	98.5
7	表面缺陷	3	1.5	100
合计		200	100	

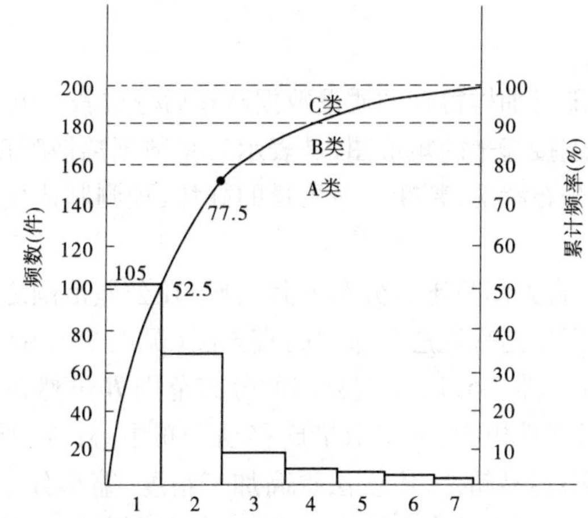

图 7-4　混凝土构件质量影响因素排列图

(4)确定影响质量的主要因素。通常将累计频率在 0 ~ 80% 之间的定为 A 类,是影响产品质量的主要因素;在 80% ~ 90% 之间的定为 B 类,是影响产品质量的次要因素;在 90% ~ 100% 之间的定为 C 类,是影响产品质量的一般因素。本例中 A 类因素有混凝土强度和截面尺寸,两项为影响构件质量的主要因素,如图 7-4 所示。

7.4.3　因果分析图法

因果分析图法是用来分析产生质量问题的具体原因的一种方法。用排列图可以找到影响质量的主要问题,而要解决这些问题,还必须把产生问题的原因查清,有的放矢。因果分析图法就是从某一质量问题这一结果出发,层层分析,寻找产生这种结果的原因(原因分析一般从 4M1E 入手),直至能采取措施解决质量问题。这种方法一般在图中进行,将大家提出的看法整理后反映在图上,如图 7-5 所示。在运用因果分析图时,一般应把与某一质量问题有关的人员组织起来,采用分析讨论会的方式,让大家畅所欲言,集思广益,找出影响质量的原因,并系统地分析出它们的因果关系。

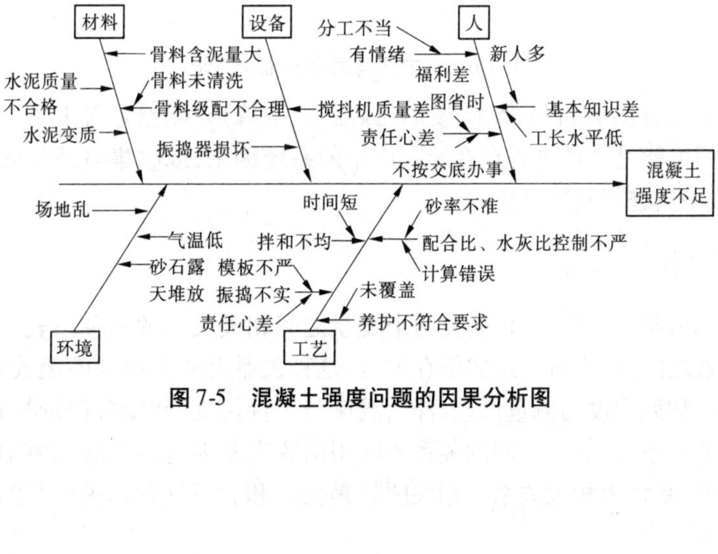

图 7-5　混凝土强度问题的因果分析图

7.4.4 直方图法

直方图是将工序中随机抽样得到的质量数据整理后分成若干组，画出以组距为底边、以频数为高度的系列矩形连接起来的矩形图，是表示质量数据离散程度的一种图形。通过直方图可认识产品质量的分布状况，判断工序质量的好坏，预测制造质量的发展趋势，及时掌握工序质量变化规律。

在正常生产情况下，直方图呈正态分布形状，分布在公差范围之内（见图 7-6(a)）。如果根据实际资料绘出的图不是呈正态分布状的直方图（见图 7-6(b)～(f)），说明工序质量不稳定，易出现不合格品。图 7-6(b)中直方图的分布范围 B 虽然在公差范围 T 内，但偏向一边，此时发生废品的可能性极大，需采取措施移动分布中心；(c)图的分布虽然在公差范围内，但完全没有余地，很容易超差，应设法提高加工精度，缩小分布范围；(d)图的分布范围远远小于公差范围，产生过大的剩余精度，此时应考虑生产的经济性，可改变加工精度和缩小公差；(e)、(f)图中已出现超出上下限的数据，说明生产过程存在质量不合格，需要分析原因，采取措施进行纠偏。

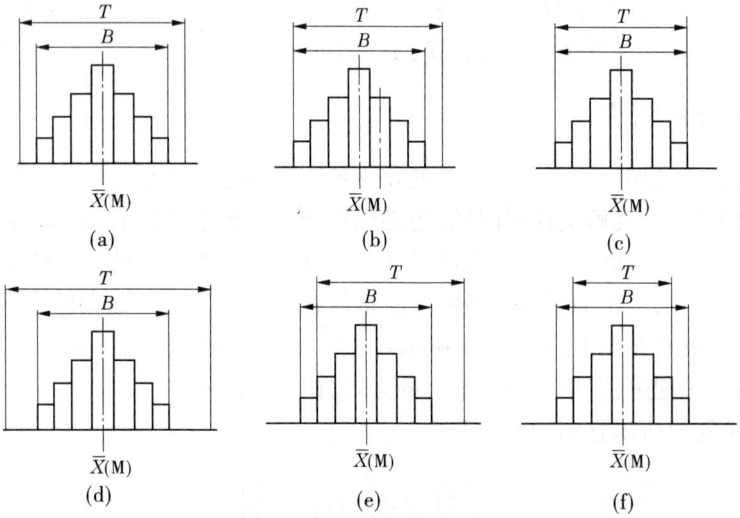

图 7-6 直方图与质量标准上下限

常见的异形直方图有折齿形、陡坡形、孤岛形、双峰形、峭壁形等五种，如图 7-7 所示。出现异常的原因可能是生产过程存在影响质量的系统因素，或收集整理数据制作直方图的方法不当，实践中应进行具体分析。

7.4.5 相关图法

相关图又称散布图，它是分析研究两个变量之间相关关系的一种图表。在产品质量和影响质量的因素之间，常常有一定的依存关系，这种关系有的是确定的函数关系，有的则是不确定的关系。如照明度与测量误差、淬火温度与工件硬度、陶瓷含铅量与彩烤温度、施肥量与粮食产量的关系等，它们之间的关系不能用函数式表达，但又确实存在着一种数量上的依存关系，这种关系称为相关关系。相关图就是反映和分析这种相关关系的工具。在质量

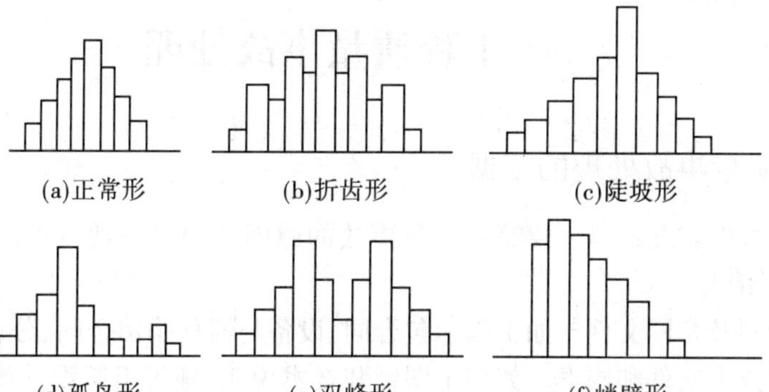

图 7-7　常见的直方图

管理中运用这种方法，可帮助我们判断各种因素对产品质量有无影响及影响程度，以便对产品和工序进行有效控制。

7.4.6　控制图法

控制图又称管理图，是用于分析和判断工序是否处于稳定状态，并带有控制界限的一种质量管理图表。这种图表可以反映质量特性值随时间而发生的波动状况，从而对生产过程进行分析、监督和控制。控制图的基本格式如图 7-8 所示。

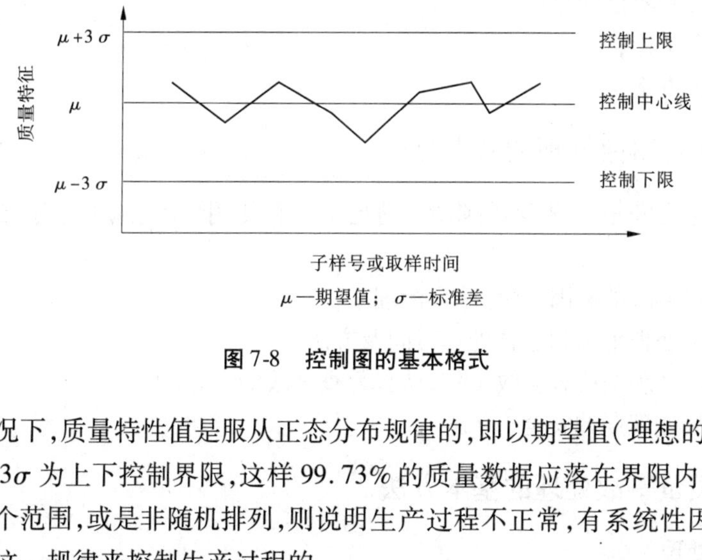

图 7-8　控制图的基本格式

在正常情况下，质量特性值是服从正态分布规律的，即以期望值(理想的质量目标)μ 为中心线，以 $\mu \pm 3\sigma$ 为上下控制界限，这样 99.73% 的质量数据应落在界限内，如果实际的质量分布超出这个范围，或是非随机排列，则说明生产过程不正常，有系统性因素起作用。控制图就是根据这一规律来控制生产过程的。

7.4.7　统计分析表法

统计分析表是用来统计分析质量问题的各种统计报表。通过这些统计表可以进行数据的收集、整理，并粗略分析影响质量的原因。统计分析表法往往与分层法同时使用，这样可以使影响质量的原因更加清楚。

7.5 工程质量事故处理

7.5.1 工程质量事故处理的依据

（1）质量事故的实况资料。要搞清质量事故的原因和确定处理对策，首要的是要掌握质量事故的实际情况。

（2）有关合同及合同文件。如工程承包合同、设备与器材购销合同、分包合同等。

（3）有关的技术文件和档案。如施工图纸和技术说明，施工组织设计或施工方案、施工计划，施工记录、施工日志，有关建筑材料的质量证明资料，对事故状况的观测记录、试验记录或试验报告等。

（4）相关的建设法规。

7.5.2 工程质量事故处理的程序

（1）进行事故调查，了解事故情况，并确定是否需要采取防护措施；

（2）事故原因分析；

（3）制订事故处理方案；

（4）事故处理；

（5）施工处理的鉴定验收；

（6）事故处理结论；

（7）提交处理方案。

7.5.3 工程质量事故处理的基本要求

（1）处理应达到安全可靠、不留隐患、满足生产和使用要求、施工方便、经济合理的目的。

（2）重视消除事故的原因，注意综合治理。

（3）正确确定处理范围和选择处理时间及方法。

（4）加强事故处理的检查验收工作，认真复查事故的实际情况。

（5）确保事故处理期的安全。

7.5.4 施工质量事故处理的基本方法

7.5.4.1 修补处理

当工程某些部分的质量虽未达到规定的规范、标准或设计的要求，存在一定的缺陷，但经过修补后可以达到要求的质量标准，又不影响使用功能或外观的要求的，可采用修补处理的方法。

例如，某些混凝土结构表面出现蜂窝、麻面，经调查分析，该部位经修补处理后，不会影响其使用及外观；对混凝土结构局部出现的损伤，如结构受撞击、局部未振实、冻害、火灾、酸类腐蚀、碱骨料反应等，当这些损伤仅仅在结构的表面或局部，不影响其使用和外观时，可进行修补处理。再如对混凝土结构出现的裂缝，经分析研究后如果不影响结构的安全和使用，也可采取修补处理。具体方法是当裂缝宽度不大于0.2 mm时,采用表面密封法;当裂缝宽度大于0.3 mm时,采用嵌缝密闭法;当裂缝较深时,则应采用灌浆修补的方法。

7.5.4.2 **加固处理**

加固处理主要是针对危机承载力缺陷质量事故的处理。通过对缺陷的加固处理,使建筑结构恢复或提高承载力,重新满足结构安全性、可靠性的要求,使结构能继续使用或改作其他用途。

例如,对混凝土结构常用的加固方法主要有增大截面加固法、外包角钢加固法、粘钢加固法、增设支点加固法、增设剪力墙加固法、预应力加固法等。

7.5.4.3 **返工处理**

当工程质量缺陷经过补修处理后不能满足规定的质量标准要求,或不具备补救可能性时,则必须采取返工处理。

例如,某防洪堤坝填筑压实后,其压实土的干密度未达到规定值,经核算将影响土体的稳定且不满足抗渗能力的要求,需挖除不合格土,重新填筑,进行返工处理;某公路桥梁工程预应力按规定张拉系数为1.3,而实际仅为0.8,属严重的质量缺陷,也无法修补,只能返工处理。再如某工程设备基础的混凝土浇筑时掺入木质素磺酸钙减水剂,因施工管理不善,掺量多于规定的7倍,导致混凝土坍落度大于180 mm,石子下沉,混凝土结构不均匀,浇筑后5 d仍然不凝固硬化,28 d的混凝土实际强度不到规定强度的32%,不得不返工重浇。

7.5.4.4 **限制使用**

当工程质量缺陷按修补方法处理后无法保证达到规定的使用要求和安全要求,而又无法返工处理的情况下,不得已时可做出诸如结构卸荷或减荷以及限制使用的决定。

7.5.4.5 **不作处理**

某些工程质量问题虽然达不到规定的要求或标准,但其情况不严重,对工程或结构的使用及安全影响很小,经过分析、论证、法定检测单位鉴定和设计单位等认可后可不专门作处理。一般可不作专门处理的情况有以下几种:

(1)不影响结构安全、生产工艺和使用要求的。例如,有的工业建筑物出现放线定位的偏差,且严重超过规范标准规定,若要纠正会造成重大经济损失,但经过分析、论证其偏差不影响生产工艺和正常使用,在外观上也无明显影响,可不作处理。又如,某些部位的混凝土表面的裂缝,经检查分析,属于表面养护不够的干缩微缝,不影响使用和外观,也可不作处理。

(2)后道工序弥补的质量缺陷。例如,混凝土结构表面的轻微麻面,可通过后续的抹灰、刮涂、喷涂等弥补,也可不作处理。再如,混凝土现浇楼面的平整度偏差达到10 mm,但由于后续垫层和面层的施工可以弥补,所以也可不作处理。

(3)法定检测单位鉴定合格的。例如,检验某批混凝土试块强度值不满足规范要求,轻度不足,但经法定检测单位对混凝土实体强度进行实际检测后,其实际强度达到规范允许和设计要求值时,可不作处理。对经检测未达到要求值,但相差不多的,经分析、论证,只要使用前经再次检测达到设计强度,也可不作处理,但应严格控制施工荷载。

(4)出现的质量缺陷,经检测鉴定达不到设计要求,但经原设计单位核算,仍能满足结构安全和使用功能的。例如,某一结构构件截面尺寸不足,或材料强度不足,影响结构承载力,但按实际情况进行复核验算后仍能满足设计要求的承载力,可不进行专门处理。这种做法实际上是挖掘设计潜力或降低设计的安全系数,应谨慎处理。

7.5.4.6 报废处理

通过分析或实践,采用上述处理方法后仍不能满足规定的要求或标准,则必须予以报废处理。

小　结

本章首先介绍了质量与质量管理、质量管理体系的概念,质量管理的发展,质量管理的八项原则,质量管理的工作程序。在此基础上详细讲述了施工项目质量管理的程序及内容,施工质量计划的编制与实施,施工准备阶段、施工阶段和竣工验收阶段的质量控制的主要内容。通过案例对质量管理常用的统计方法(排列图、因果分析图、直方图法、控制图法)作了详细的讲解,最后简单介绍了对施工质量施工处理的依据、程序、要求和方法。通过学习使学生对全面质量管理的概念、基本观点和质量管理的基本工作方法——PDCA 循环,有比较深刻的认识。

能力训练

一、单项选择题

1. 质量改进是通过(　　)来增强企业的质量管理水平。

A. 不断采取纠正和预防措施　　B. 日常的检验、试验

C. 配备必要的资源　　D. 满足顾客的要求

2. 将相互关联的过程作为系统加以识别、理解和管理,有助于提高实现目标的有效性和效率。这反映了质量管理八项原则中的(　　)。

A. 过程方法　　B. 目标管理

C. 管理的系统方法　　D. 持续改进

3. 在施工项目质量控制的过程中,作业技术交底的工作属于(　　)的内容。

A. 施工准备质量控制　　B. 施工阶段质量控制

C. 事前质量控制　　D. 竣工验收阶段质量控制

4. 工程满足使用目的的理化性能、结构特性、使用性能、外观性能等,称为工程的(　　)。

A. 适用性　　B. 耐久性

C. 安全性　　D. 可靠性

5. 某混凝土结构工程的框架柱表面出现局部蜂窝麻面,经调查分析,其承载力满足设计要求,则对该框架柱表面质量问题恰当的处理方法是(　　)。

A. 加固处理　　B. 修补处理

C. 返工处理　　D. 限制使用

6. 工程施工质量事故的处理包括:①事故调查;②事故原因分析;③事故处理;④事故处理的鉴定验收;⑤制订事故处理方案,其正确程序为(　　)。

A. ①②③④⑤　　B. ②①③④⑤

C. ②①⑤③④　　D. ①②⑤③④

7. 施工质量计划由项目经理主持编制，并报送（　　）核准确认。

A. 企业组织管理层　　B. 技术负责人

C. 质量负责人　　D. 项目监理机构

8. 下列施工质量控制中，属于事前控制的是（　　）。

A. 设计交底　　B. 重要结构实体检测

C. 隐蔽工程验收　　D. 施工质量检查验收

二、多项选择题

1. 施工质量的特性除安全性、可靠性外，还表现为（　　）。

A. 适用性　　B. 耐久性　　C. 经济性

D. 与环境协调性　　E. 有效性

2. 施工项目的经济性具体表现为（　　）之和。

A. 决策成本　　B. 设计成本　　C. 施工成本

D. 使用成本　　E. 管理成本

3. 工程项目与环境协调性是指（　　）。

A. 与施工质量管理环境协调

B. 与周围生态环境协调

C. 与所在地区经济环境协调

D. 与周围已建工程协调

E. 与施工作业环境协调

4. 影响工程质量的因素很多，主要有4M1E，即人员素质、（　　）。

A. 材料　　B. 机械设备　　C. 方法

D. 评价方法　　E. 环境条件

5. 下列各项中，属于质量管理八项基本原则的有（　　）。

A. 以顾客为关注焦点　B. 员工作用　　C. 全员参与

D. 过程方法　　E. 与需方互利的关系

6. 质量管理是在质量方面指挥和控制组织的协调活动，包括（　　）。

A. 制订质量方针和质量目标　　B. 管理体系评审

C. 质量审核　　D. 实施质量策划和质量控制

E. 实施质量保证和质量改进

7. 判断施工生产过程是否正常，可采用（　　）法。

A. 因果分析图　　B. 直方图　　C. 相关图

D. 控制图　　E. 排列图

8. 因果分析图可以帮助人们（　　），从而有助于达到质量控制的目的。

A. 找出影响质量的主、次因素　　B. 寻求可能影响某一质量问题的因素

C. 整理有关质量数据　　D. 统计分析质量数据

E. 制定质量控制对策

三、简答题

1. 简述质量管理发展经历的阶段及特点。
2. 简述质量管理的 PDCA 循环法。
3. 简述项目施工阶段质量控制的主要内容。

四、案例分析

在某工程建设项目施工阶段,施工单位对现场制作的钢筋混凝土预制板进行质量检查,抽查了 500 块预制板,发现其中存在以下问题,见表 7-4。试用排列图分析预制板中存在的问题,并找出主要质量问题,采取措施进行处理。

表 7-4　预制板存在的问题

序号	存在问题	数量
1	蜂窝麻面	23
2	局部露筋	10
3	强度不足	4
4	横向裂缝	2
5	纵向裂缝	1
合计		40

试用排列图分析预制板中存在的问题,并找出主要质量问题,采取措施进行处理。

8 施工项目成本管理

【学习目标】

通过本章的学习，了解施工项目成本的构成及成本管理的目的；理解施工项目成本预测的过程和方法；熟悉施工项目成本计划的编制方法、施工项目成本控制的依据及方法；了解施工项目成本核算的方法与对象；熟悉施工项目成本分析的方法及考核的内容。

8.1 施工项目成本管理概述

8.1.1 施工项目成本

施工项目成本是指在施工项目上发生的全部费用的总和，包括直接成本和间接成本。其中，直接成本包括人工费、材料费、机械费和措施费；间接成本包括在施工现场发生的企业管理费和规费。按照费用构成要素划分，建筑安装工程费用构成内容如图 8-1 所示。

8.1.2 施工项目成本的分类

施工项目成本按照不同的情况，可以分成不同的形式。

(1)按照成本控制的特点和管理要求不同，可划分为预算成本、计划成本和实际成本。

(2)按照生产费用计入成本方法的不同，可划分为直接成本和间接成本。

(3)按照生产费用与计划工程量关系的不同，可划分为固定成本和变动成本，见表 8-1。

8.1.3 施工项目成本管理的内容

施工项目的成本管理，通常是指在项目成本的形成过程中，对生产经营所消耗的人力资源、物质资源和费用开支，进行指导、监督、调节和限制，及时纠正将要发生和已经发生的偏差，把各项生产费用控制在计划成本的范围之内，以保证成本目标的实现。

由于项目管理是一次性行为，它的管理对象只有一个工程项目，且将随着项目建设的完成而结束其历史使命。在施工期间，项目成本能否降低，有无经济效益，得失在此一举，别无回旋余地，有很大的风险性。为了确保项目成本必盈不亏，成本管理不仅必要，而且必须做好。

施工项目成本管理的内容包括成本预测、成本计划、成本核算、成本分析、成本考核、整理成本资料与编制成本报告。施工项目成本管理的内容如图 8-2 所示。

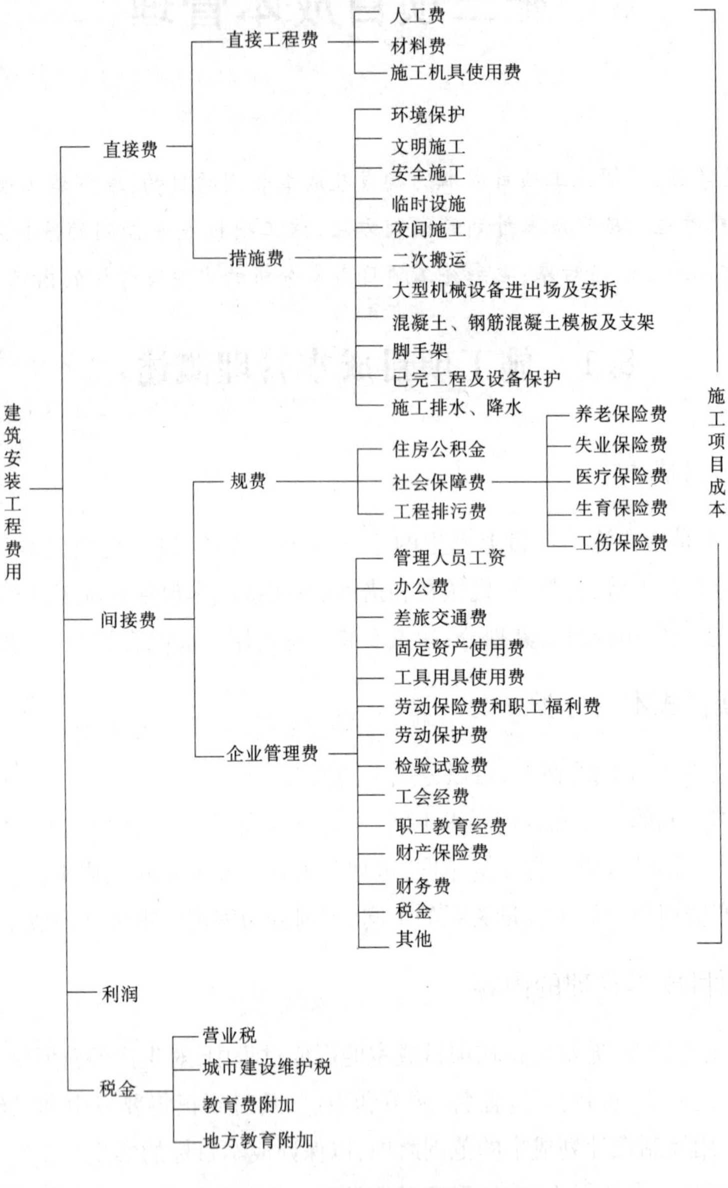

图 8-1　建筑安装工程费用构成

表 8-1　施工项目成本的主要形式

按成本控制特点和管理要求划分	预算成本	预算成本是根据施工图及全国统一的工程计算规则计算出来的工程量,按全国统一的建筑、安装工程基础定额和各地区的市场劳务价格、材料价格信息和价差系数,并按有关取费的指导性费率进行计算。工程预算成本反映各地区建筑业的平均成本水平。预算成本是确定工程造价的基础,也是编制计划成本的依据和评价实际成本的依据
	计划成本	计划成本是指施工项目经理部根据计划有关资料(如工程具体条件和企业为实现该项目的各项技术组织措施),在实际成本发生前预先计算的成本,亦即施工企业考虑降低成本措施后的成本计划数,反映了企业在计划期内应达到的成本水平。它对于加强企业和项目经理部的经济核算、建立和健全施工项目成本管理责任制、控制施工过程中的生产费用、降低施工项目成本具有十分重要作用
	实际成本	实际成本是施工项目在报告期内实际发生的各项生产费用总和。把实际成本与计划成本相比可揭示成本的节约和超支,考核企业施工技术水平、技术组织措施的贯彻执行情况及企业的经营效果,反映出工程的盈亏情况。因此,计划成本和实际成本都是反映施工企业成本水平的,它受企业本身的生产技术、施工条件及生产经营管理水平所制约
按生产费用计入成本的方法划分	直接成本	是指直接耗用的并能直接计入工程对象的费用
	间接成本	是指非直接耗用的、也无法直接计入工程对象的,但为进行工程施工所必须发生的费用,通常按照直接成本的比例来计算
按生产费用与计划工程量关系划分	固定成本	是指在一定的期间和一定的工程量范围内发生的成本额不受工程量增减变动的影响而相对固定的成本,如折旧费、大修理费、管理人员工资、办公费和照明费等。这一成本是为了保持企业一定的生产经营条件而产生的。一般来说,企业的固定成本每年基本相同
	变动成本	是指发生总额随着工程量的增减变动而成正比例变动的费用,如直接用于工程的材料费、实行计件工资制的人工费等。所谓变动,也是就其总额而言,对于单位分项工程上的变动费用往往是不变的

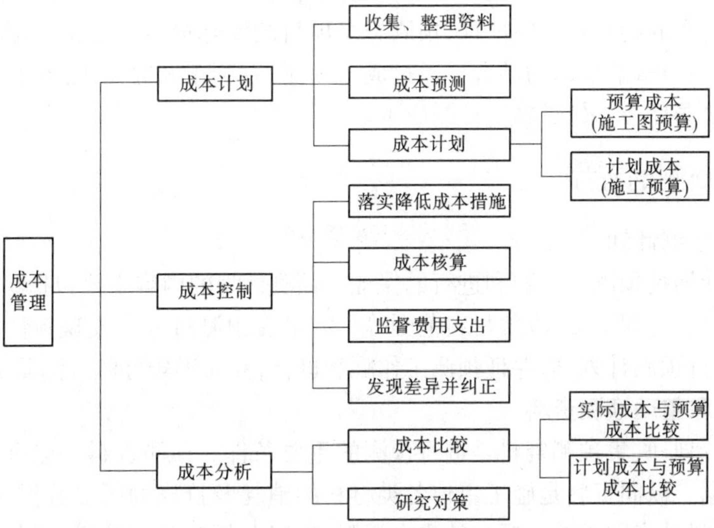

图 8-2　施工项目成本管理的内容

8.2 施工项目成本预测

成本预测是指通过取得的历史数字资料,采用经验总结、统计分析及数学模型的方法对成本进行判断和推测。通过项目施工成本预测,可以为建筑施工企业经营决策和项目管理部编制成本计划等提供数据。它是实行施工项目科学管理的一项重要工具,越来越被人们所重视,并日益发挥其作用。成本预测在实际工作中虽然不常提到,而实际上人们往往在不知不觉中会用到,例如建筑施工企业在工程投标时或中标施工时都往往根据过去的经验对工程成本进行估计,这种估计实际上是一种预测,其发挥的作用是不能低估的。但是如何能够更加准确而有效地预测施工项目成本,仅依靠经验的估计很难做到,这需要掌握科学的系统的预测方法,以使其在工程经营和管理中发挥更大的作用。

8.2.1 施工项目成本预测的作用

8.2.1.1 投标决策的依据

建筑施工企业在选择投标项目的过程中,往往需要根据项目是否赢利、利润大小等诸因素确定是否对工程投标。这样,在投标决策时就要估计项目施工成本的情况,通过与施工图预算的比较,才能分析出项目是否赢利、利润大小等。

8.2.1.2 编制成本计划的基础

计划是成本管理关键的第一步,因此编制可靠的计划具有十分重要的意义。但要编制出正确可靠的施工项目计划,就必须遵循客观经济规律,从实际出发,对施工项目未来实施作出科学的预测。在编制成本计划之前,要在收集、整理和分析有关施工项目成本、市场行情和施工消耗等资料的基础上,对施工项目进展过程中的物价变动等情况和施工项目成本作出符合实际的预测。这样,才能保证施工项目成本计划不脱离实际,切实起到控制施工项目成本的作用。

8.2.1.3 成本管理的重要环节

成本预测是在分析项目施工进程中各种经济与技术要素对成本升降的影响基础上,推算其成本水平变化的趋势及其规律性,预测施工项目的实际成本。它是预测和分析的有机结合,是事后反馈与事前控制的结合。通过成本预测,有利于及时发现问题,找出施工项目成本管理中的薄弱环节,采取措施,控制成本。

8.2.2 成本预测的程序

8.2.2.1 制订预测计划

制订预测计划是预测工作顺利进行的保证。预测计划的内容主要包括组织领导及工作布置、配合的部门、时间进度、收集材料范围等。如果在预测过程中发现新情况和发现计划有缺陷,则可修订预测计划,以保证预测工作顺利进行,并获得较好的预测质量。

8.2.2.2 收集和整理预测资料

根据预测计划,收集预测资料是进行预测的重要条件。预测资料一般有纵向和横向的两个方面的数据。纵向资料是施工单位各类材料的消耗及价格的历史数据,据以分析其发展趋势;横向资料是指同类施工项目的成本资料,据以分析所预测项目与同类项目的差异,并作出估计。

预测资料的真实与正确,决定了预测工作的质量,因此对收集的资料进行细致的检查和整理是很有必要的。如各项指标的口径、单位、价格等是否一致;核算、汇集的时间资料是否完整,如有残缺,应采用估算、换算、查阅等方法进行补充;有没有可比性或重复的资料,要去伪存真,进行筛选,以保证预测资料的完整性、连续性和真实性。

8.2.2.3 选择预测方法

预测方法一般分为定性与定量两类。定性方法有专家会议法、主观概率法和特尔菲法等,主要是根据各方面的信息、情报或意见,进行推断预测。定量方法主要有移动平均法、指数平滑法和回归分析法等。

8.2.2.4 成本初步预测

成本初步预测主要是根据定性预测的方法及一些横向成本资料的定量预测,对施工项目成本进行初步估计。这一步的结果往往比较粗糙,需要结合现在的成本水平进行修正,才能保证预测成本结果的质量。

8.2.2.5 影响成本水平的因素预测

影响工程成本水平的因素主要有物价变化、劳动生产率、物料消耗指标、项目管理办公费用开支等。可根据近期内其他工程实施情况、本企业职工及当地分包企业情况、市场行情等,推测未来哪些因素会对本施工项目的成本水平产生影响,其结果如何。

8.2.2.6 成本预测

根据初步的成本预测以及对成本水平变化因素的预测结果,确定该施工项目的成本情况,包括人工费、材料费、机械使用费和其他直接费等。

8.2.2.7 分析预测误差

成本预测是对施工项目实施之前的成本预计和推断,这往往与实施过程中及其后的实际成本有出入,而产生预测误差。预测误差大小反映预测的准确程度。如果误差较大,就应分析产生误差的原因,并积累经验。

8.3 施工项目成本计划

施工项目成本计划是在成本预测的基础上,经过分析、比较、论证、判断之后,以货币形式预先规定施工项目在计划期内的生产费用、成本水平、成本降低率,以及为降低成本所采取的主要措施和规划的书面方案。

施工项目的成本目标,有企业下达或内部承包合同规定的,也有项目部自行制定的。但这些成本目标,一般只有一个成本降低率或降低额,即使加以分解,也不过是相对明细的降本指标而已,难以具体落实,以致目标管理往往流于形式,无法发挥控制成本的作用。因此,项目经理部必须以成本目标为依据,联系施工项目的具体情况,制订明细而又具体的成本计划,使之成为“看得见、摸得着、能操作”的实施性文件。这种成本计划,应该包括每一个分部分项工程的资源消耗水平,以及每一项技术组织措施的具体内容和节约数量金额,既可指导项目管理人员有效地进行成本控制,又可作为企业对项目成本检查考核的依据。

8.3.1 施工项目成本计划的编制步骤

施工项目成本计划应由项目经理部编制。施工项目成本计划的关键内容是降低成本措施的合理设计。施工项目成本计划的编制程序如图 8-3 所示。

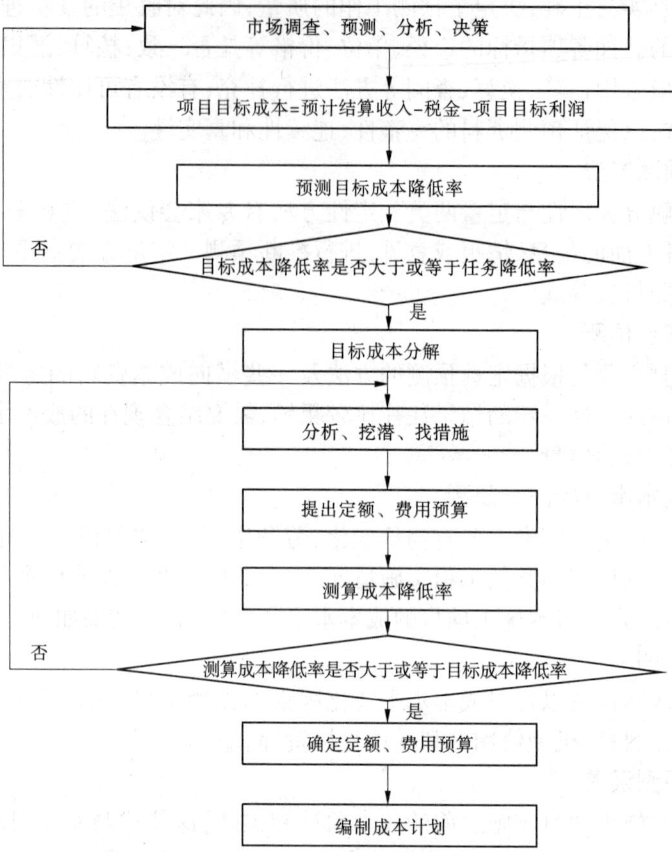

图 8-3　施工项目成本计划编制程序

8.3.2　施工项目成本计划的编制方法

8.3.2.1　按施工成本组成编制施工成本计划

施工成本可以按成本构成分解为人工费、材料费、施工机械使用费、措施费和间接费。如图 8-4 所示。

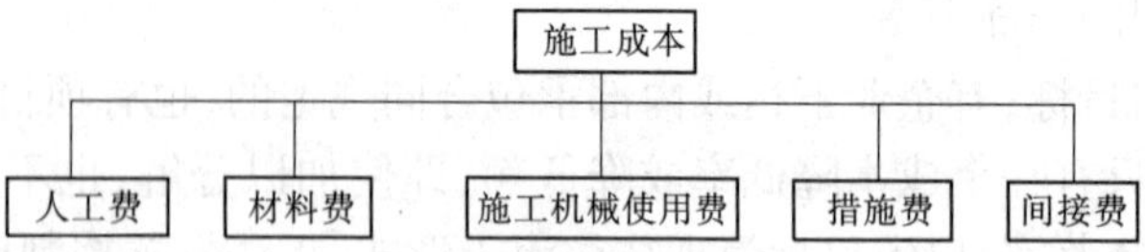

图 8-4　按施工成本构成分解

8.3.2.2　按子项目组成编制施工成本计划

大中型的工程项目通常是由若干单项工程构成的，而每个单项工程包括了多个单位工程，多个单位工程又是由若干个分部分项工程构成的。因此，首先要把项目总施工成本分解到单项工程和单位工程中，再进一步分解为分部工程和分项工程，如图 8-5 所示。

8.3.2.3　按施工进度编制施工成本计划

按工程进度编制施工成本计划，通常可利用控制项目进度的网络图进一步扩充而得。

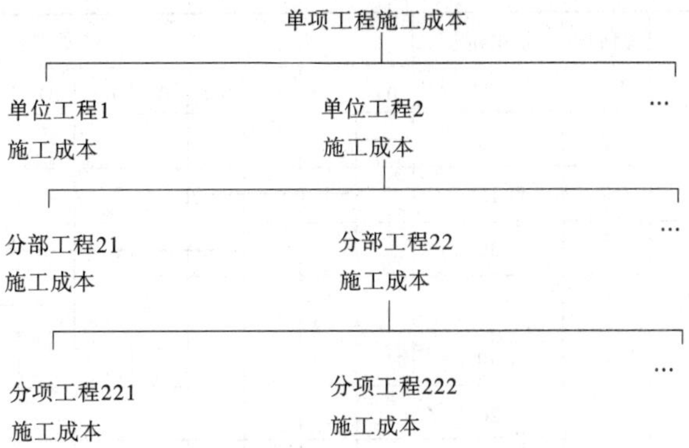

图 8-5　按子项目分解的施工成本

即在建立网络图时,一方面确定完成各项工作所需花费的时间;另一方面确定完成这一工作的合适的施工成本支出计划。在实践中,将工程项目分解为既能方便地表示时间,又能方便地表示施工成本支出计划的工作是不容易的。通常情况下,如果项目分解程度有利于时间控制,则对施工成本支出计划而言,项目分解程度分解可能过细,以至于不可能对每项工作确定其施工成本支出计划。反之亦然。因此在编制网络计划时,应在充分考虑进度控制对项目划分要求的同时,还要考虑确定施工成本支出计划对项目划分的要求,做到二者兼顾。

按施工进度编制的成本计划有两种表示方式:一种是在时标网络图上按月编制的成本计划,另一种是利用时间—成本累积曲线(S 形曲线)表示。

【例 8-1】　根据表 8-2 数据资料,绘制该项目的时间—成本累积曲线。

表 8-2　某施工项目各阶段工作时间及成本数据资料

编码	项目名称	最早开始时间(月份)	工期(月)	成本强度(万元/月)
11	场地平整	1	1	20
12	基础施工	2	3	15
13	主体工程施工	4	5	30
14	砌筑工程施工	8	3	20
15	屋面工程施工	10	2	30
16	楼地面工程	11	2	20
17	室内设施安装	11	1	30
18	室内装饰	12	1	20
19	室外装饰	12	1	10
20	其他工程		1	10

解　(1)编制进度计划的横道图,见图 8-6。

(2)根据每单位时间内完成的实物工程量或投入的人力、物力和财力,计算单位时间(月或旬)的成本,在时标网络图上按时间编制成本支出计划。

在横道图上按时间编制成本计划,见图 8-7。

(3)计算规定时间 t 内计划累计支出的成本额,其计算公式见式(8-1)。

编码	项目名称	时间(月)	费用强度(万元/月)	工程进度(月)											
				01	02	03	04	05	06	07	08	09	10	11	12
11	场地平整	1	20	—											
12	基础施工	3	15		—	—	—								
13	主体工程施工	5	30				—	—	—	—	—				
14	砌筑工程施工	3	20								—	—	—		
15	屋面工程施工	2	30										—	—	
16	楼地面工程	2	20											—	—
17	室内设施安装	1	30											—	
18	室内装饰	1	20												—
19	室外装饰	1	10												—
20	其他工程	1	10												

图 8-6　进度计划的横道图

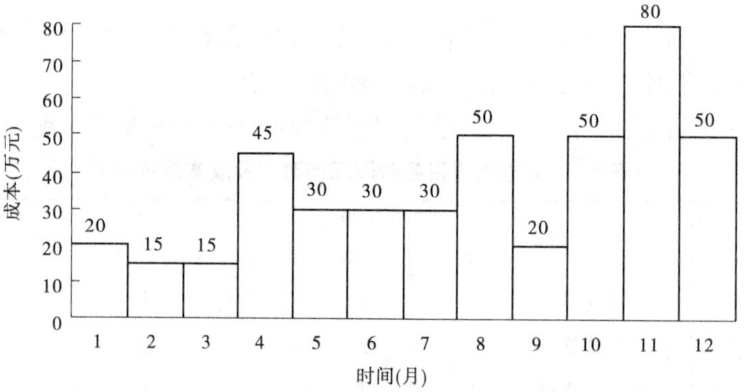

图 8-7

$$Q_t = \sum_{n=1}^{t} q_n \tag{8-1}$$

式中　Q_t——某时间 t 内计划累计支出成本额；

q_n——单位时间 n 的计划支出成本额；

t——规定的计划时间。

根据式(8-1)，$Q_1=20$，$Q_2=35$，$Q_3=50$，…，$Q_{10}=305$，$Q_{11}=385$，$Q_{12}=435$

(4)绘制时间—成本累积曲线，即 S 形曲线，见图 8-8。

以上三种编制施工计划的方法并不是相互独立的。在实际中，往往是将这几种方法结合起来使用，从而达到扬长避短的效果。例如，按子项目分解项目总施工成本与按施工成本构成分解项目总施工成本两种方法结合，一般横向按施工成本构成分解，纵向按子项目分解。

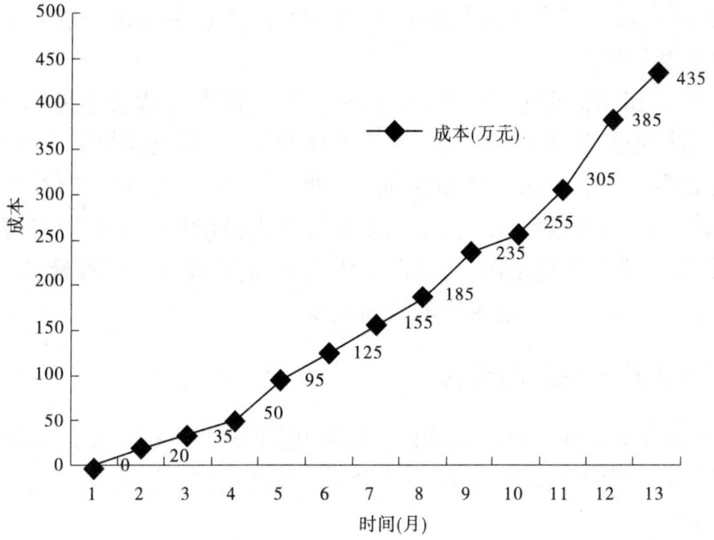

图 8-8　时间—成本累积曲线(S 形曲线)

8.4　施工项目成本控制

施工项目成本控制是指在施工过程中,对影响施工成本的各种因素加强管理,并采取各种有效措施,将施工中实际发生的各种消耗和支出严格控制在成本计划范围内。通过随时揭示并及时反馈,严格审查各项费用是否符合标准,计算实际成本和计划成本的差异并进行分析,进而采取各种措施,消除施工中的损失浪费现象。

施工项目成本控制应贯穿于项目从投标阶段开始直至竣工验收的全过程,它是企业全面成本管理的重要环节。施工成本控制可分为事先控制、事中控制(过程控制)和事后控制。在项目的施工过程中,需要动态控制原理对实际施工成本的发生过程进行有效控制。施工项目成本控制的方法较多,一般可以从降低成本和增加收入两方面着手,确保项目成本目标的实现。

8.4.1　施工项目成本控制的依据

施工项目成本控制的依据包括以下内容:

(1)工程承包合同。施工项目成本控制要以工程承包合同为依据,围绕降低施工成本这个目标,从预算收入和实际成本两方面,努力挖掘增收节支潜力,以求获得最大的经济效益。

(2)施工成本计划。施工成本计划是根据施工项目的具体情况制订的施工成本控制方案,既包括预定的具体成本控制目标,又包括实现控制目标的措施和规划,是施工项目成本控制的指导性文件。

(3)进度报告。进度报告提供了每一时刻工程实际完成量、工程项目施工成本实际支出情况等重要信息。工程项目施工成本控制工作正是通过实际情况与施工成本计划相比较，找出两者之间的差别，分析偏差产生的原因，从而采取措施改进以后的工作。此外，进度报告还有助于管理者及时发现工程实施中存在的隐患，并在事态还未造成重大损失之前采取有效措施，尽量避免损失。

(4)工程变更。在项目实施过程中，由于各方面的原因，工程变更是很难避免的。工程变更一般包括设计变更、进度计划变更、施工条件变更、技术规范与标准变更、施工次序变更、工程数量变更等。一旦出现变更，工程量、工期、成本都必将发生变化，从而使施工成本控制工作变得更加复杂和困难。因此，施工成本管理人员就应当通过对变更要求中各类数据的计算、分析，随时掌握变更情况，包括已发生工程量、将要发生工程量、工期是否拖延、支付情况等重要信息，判断变更可能带来的索赔额度。

8.4.2 施工项目成本控制的步骤

在确定了项目施工成本计划后，必须定期进行施工成本计划值与实际值的比较，当实际值偏离计划值时，分析产生偏差的原因，采取适当的纠偏措施，以确保施工成本控制目标的实现。其步骤如下：

(1)比较。按照某种确定的方式将施工成本计划值与实际值逐项进行比较，以发现施工成本是否已超支。

(2)分析。在比较的基础上，对比较的结果进行分析，根据偏差的严重性及偏差的原因，从而采取有针对性的措施，减少或避免相同情况的再次发生或减少由此造成的损失。

(3)预测。根据项目实施情况估算整个项目完成时的施工成本。预测的目的在于为决策提供支持。

(4)纠偏。当施工项目的实际施工成本出现偏差时，应当根据施工项目的具体情况、偏差分析和预测的结果，采取适当的措施，以期达到使施工成本偏差尽可能小的目的，纠偏是施工成本控制中最具实质性的一步。只有通过纠偏，才能最终达到有效控制施工成本的目的。

(5)检查。它是指对工程的进展进行跟踪和检查，及时了解工程进展状况以及纠偏措施的执行情况和效果，为今后的工作积累经验。

8.4.3 施工项目成本控制的方法

8.4.3.1 施工成本的过程控制方法

施工阶段是控制工程项目成本发生的主要阶段，它通过确定成本目标并按计划成本进行施工、资源配置，对施工现场发生的各种成本费用进行有效控制。其具体的控制内容及方法如下。

1.人工费的控制

人工费的控制主要从用工数量方面进行控制。

(1)制定先进合理的企业内部劳动定额，严格执行劳动定额，并将安全生产、文明施工及零星用工按一定比例(一般为5%～10%)下达到作业队进行包干控制。

(2)要提高生产工人的技术水平和班组的组织管理水平，合理进行劳动组织，减少和避免无效劳动，提高劳动效率，精减人员。

(3)对于技术含量较低的单位工程，可分包给分包商，采取包干控制，降低人工费。

2. 材料费的控制

材料费的控制包括材料用量控制和材料价格控制两方面。

(1)材料用量的控制包括:①坚持按定额确定的材料消费量,实行限额领料制度,各班组只能在规定限额内分期分批领用,若超出限额领料,要分析原因,及时采取纠正措施。②改进施工技术,推广使用降低料耗的各种新技术、新工艺、新材料。③在对工程进行功能分析、对材料进行性能分析的基础上,力求用价格低的材料代替价格高的材料。④认真计量验收。坚持余料回收,降低料耗水平。⑤加强现场管理,合理堆放,减少搬运,降低堆放、仓储损耗。

(2)材料价格控制包括:①买价控制。通过市场行情的调查研究,在保质保量的前提下,货比三家,择优购料。②运费控制。合理组织运输,就近购料,选用最经济的运输方法,以降低运输成本。③考虑资金、时间价值,减少资金占用,合理确定进货批量和批次,尽可能降低材料储备。

3. 施工机械使用费的控制

充分利用现有机械设备,内部合理调度,力求提高主要机械的利用率。在设备选型配套中,注意一机多用,减少设备维修养护人员的数量和设备零星配件的费用。

施工机械使用费主要由台班数量和台班单价两方面决定,为有效控制施工机械使用费支出,主要从以下几个方面进行控制。

1)控制台班数量

(1)根据施工方案和现场实际,选择适合项目施工特点的施工机械,制订设备需求计划,合理安排施工生产,充分利用现有机械设备,加强内部调配,提高机械设备的利用率。

(2)保证施工机械设备的作业时间,安排好生产工序的衔接,尽量避免停工窝工,尽量减少施工中所消耗的机械台板数量。

(3)核定设备台班定额产量,实行超产奖励办法,加快施工生产进度,提高机械设备单位时间的生产效率和利用率。

(4)加强设备租赁计划管理,减少不必要的设备闲置和浪费,充分利用社会闲置机械资源。

2)控制台班单价

(1)加强现场设备的维修、保养工作,降低大修、经常性修理等各项费用的开支,提高机械设备的完好率,最大限度地提高机械设备的利用率。避免因不当使用造成机械设备的停置。

(2)加强机械操作人员的培训工作,不断提高操作技能,提高施工机械台班的生产效率。

(3)加强配件的管理,建立健全配件领发料制度,严格按油料消耗定额控制油料消耗,达到修理有记录、消耗有定额、统计有报表、损耗有分析的要求。通过经常分析总结,提高修理质量,降低配件消耗,减少修理费用的支出。

(4)降低材料成本,严把施工机械配件和工程材料采购关,尽量做到工程项目所进材料质优价廉。

(5)成立设备管理领导小组,负责设备调度、检查、维修、评估等具体事宜。对主要部件及其保养情况建立档案,分清责任,便于尽早发现问题,找到解决问题的办法。

3)施工分包费用的控制

分包工程价格的高低,必然对项目经理部的施工项目成本产生一定的影响。因此,施工项目成本控制的重要工作之一是对分包价格的控制。项目经理部应在确定施工方案的初期就确定需要分包的工程范围。决定分包范围的因素主要是施工项目的专业性和项目规模。对分包费用的控制,主要是做好分包工程的询价、订立平等互利的分包合同、建立稳定的分包关系网络、加强施工验收和分包结算等工作。

8.4.3.2 赢得值(挣值)法

赢得值法(Earned Value Management,EVM)又称为挣得值分析法(Earned Value Analysis)、挣值法,是在工程项目实施中使用较多的一种方法,是对项目进度和费用进行综合控制的一种有效方法。作为一项先进的项目管理技术,最初是美国国防部于1967年首次确立的。目前,国际上先进的工程公司已普遍采用赢得值法进行工程项目的费用、进度综合分析控制。

赢得值法的核心是将项目在任一时间的计划指标、完成状况和资源耗费进行综合度量,将进度转化为货币或工时、工程量,如钢材吨数、水泥立方米、管道米数或文件页数等。其价值在于将项目的进度和费用综合度量,从而能准确描述项目的进展状态。赢得值法的另一个重要优点是可以预测项目可能发生的工期滞后量和费用超支量,从而及时采取纠正措施,为项目管理和控制提供了有效手段。

在项目实施过程中的某一时间点,仅仅监控计划成本支出与实际成本消耗量是无法判断出项目成本是否有超支或有节余的。因为,项目成本消耗量大的原因可能是进度超前,也可能是因为成本超出预算;反之亦然。因此,赢得值法主要通过以下三个基本参数分析比较,对项目的成本、进度状态进行有效的监控。

(1)赢得值法的三个基本参数如表8-3所示。

表8-3 赢得值法的三个基本参数

序号	参数	计算式	说明
1	已完工作预算费用(BCWP)	已完工程预算费用(BCWP)=已完成工作量×预算(计划)单价	在某一时间已经完成的工作(或部分工作),以批准认可的预算为标准所需要的资金总额。由于业主正是根据这个值为承包人完成的工作量支付相应的费用,也就是承包人获得(挣得)的金额,故称赢得值或挣值
2	计划工作预算费用(BCWS)	计划工作预算费用(BCWS)=计划工作量×预算(计划)单价	根据进度计划,在某一时刻应当完成的工作,以预算为标准所需要的资金总额
3	已完工作实际费用(ACWP)	已完工作实际费用(ACWP)=已完成工作量×实际单价	到某一时刻为止,以完成的工作所实际花费的总金额

(2)赢得值法的评价指标。在三个基本参数的基础上,可以确定赢得值法的四个评价指标,见表8-4。它们都是时间的函数。

表8-4 赢得值法的四个评价指标

序号	名称	计算式	评价方法	
1	费用偏差 C_V	$C_V = BCWP - ACWP$	$C_V < 0$	项目运行超出预算费用
			$C_V > 0$	项目运行节支,实际费用没有超出预算费用
2	进度偏差 S_V	$S_V = BCWP - BCWS$	$S_V < 0$	表示进度延误
			$S_V > 0$	表示进度提前
3	费用绩效指数 CPI	CPI = BCWP/ACWP	CPI < 1	表示超支
			CPI > 1	表示节支
4	进度绩效指数 SPI	SPI = BCWP/BCWS	SPI < 1	表示进度延误
			SPI > 1	表示进度提前

费用(进度)偏差反映的是绝对偏差,结果很直观,有助于费用管理人员了解项目费用出现偏差的绝对数额,并依此采取一定措施,制订或调整费用支出计划和资金筹措计划。但是,绝对偏差有其不容忽视的局限性。如同样是10万元的费用偏差,对于总费用1 000万元的项目和总费用1亿元的项目而言,其严重性显然是不同的。因此,费用(进度)偏差仅适合于对同一项目作偏差分析。费用(进度)绩效指数反映的是相对偏差,它不受项目层次的限制,也不受项目实施时间的限制,因而在同一项目和不同项目比较中均可采用。

在项目的费用、进度综合控制中引入赢得值法,可以克服过去进度、费用分开控制的缺点,即当发现费用超支时,很难立即知道是由于费用超出预算,还是由于进度提前引起的。相反,当发现费用低于预算时,也很难立即知道是由于费用节省,还是由于进度拖延引起的。而引入赢得值法即可定量地判断进度、费用的执行效果。

【例8-2】 某土方工程总挖方量为4 000 m^3。预算单价为45元/m^3。该挖方工程预算总费用为180 000元。计划用10天完成,每天400 m^3。开工后第7天早晨刚上班时业主项目管理人员前去测量,取得了两个数据:已完成挖方2 000 m^3,支付给承包单位的工程进度款累计已达120 000元。试对费用和进度进行偏差分析。

解 根据已知条件,计算得出:

已完工程预算费用:BCWP = 2 000 m^3 × 45元/m^3 = 90 000元

计划完成工程预算费用:BCWS = (4 000 m^3 ÷ 10) × 6 × 45元/m^3 = 108 000元

费用偏差:BCWP − ACWP = 90 000 − 120 000 = −30 000元,表明承包单位已经超支。

进度偏差:BCWP − BCWS = 90 000 − 108 000 = −18 000元,表明承包单位进度已经拖延。

由以上数据可知,项目进度落后,较预算还有相当于价值18 000元的工作量没有做。18 000元/(400 × 45) = 1天的工作量,所以承包单位的进度已经落后1天。

8.4.3.3 **偏差分析的表达方法**

偏差分析可以采用不同的表达方法,常用的有横道图法、表格法和曲线法。

1. 横道图法

用不同的横道标识已完工程计划施工成本、拟完工程计划施工成本和已完工程实际施工成本,横道长度与其金额成正比例,如图 8-9 所示。

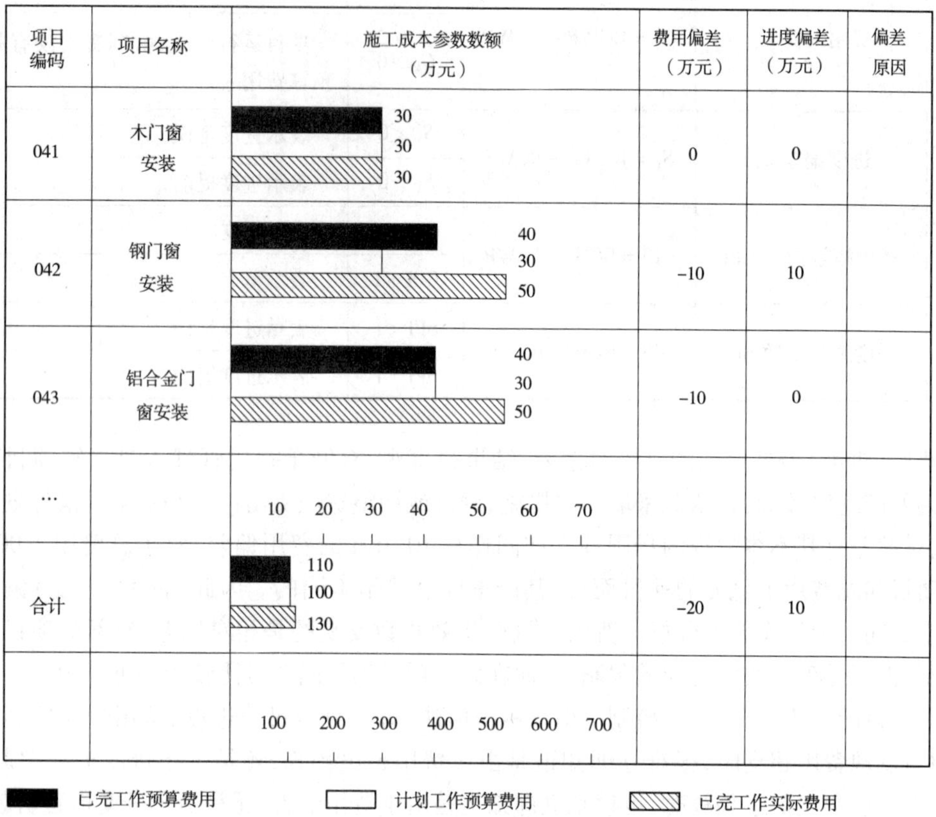

图 8-9　费用偏差分析横道图法

这种方法具有形象、直观、一目了然等优点,能够准确的表达出施工成本绝对差,而且能直观感受到偏差的严重性。但这种方法反映的信息量少,一般在项目较高管理层用。

2. 表格法

表格法是进行偏差分析的一种最常用的方法,它将项目编号、名称、各施工成本参数以及施工成本偏差数综合归纳入一张表格,并直接进行比较,如表 8-5 所示。由于各偏差参数都在表中列示,使施工成本管理者能够综合了解和处理数据。这种方法灵活、适用性强、信息量大,可以借助于计算机。

3. 赢得值法评价曲线法

在项目实施过程中,以上三个参数可以形成三条曲线,即计划工作预算费用(BCWS)曲线、已完工作预算费用(BCWP)曲线、已完工作实际费用(ACWP)曲线,如图 8-10 所示。

表 8-5 费用偏差分析

项目编码	(1)	041	042	043
项目名称	(2)	木门窗安装	钢门窗安装	铝合金门窗安装
单位	(3)			
计划单位成本	(4)			
拟完工程量	(5)			
拟完工程计划施工成本	(6)=(4)×(5)	30	30	30
已完工程量	(7)			
已完工程计划施工成本	(8)=(4)×(7)	30	40	40
实际单位成本	(9)			
其他款项	(10)			
已完工程实际施工成本	(11)=(7)×(9)+(10)	30	50	50
施工成本局部偏差	(12)=(11)-(8)	0	10	10
施工成本局部偏差程度	(13)=(11)÷(8)	1	1.25	1.25
施工成本累计偏差	(14)=∑(12)			
施工成本累计偏差程度	(15)=∑(11)÷∑(8)			
进度局部偏差	(16)=(6)-(8)	0	-10	0
进度局部偏差程度	(17)=(6)÷(8)	1	0.75	1
进度累计偏差	(18)=∑(16)			
进度累计偏差程度	(19)=∑(6)÷∑(8)			

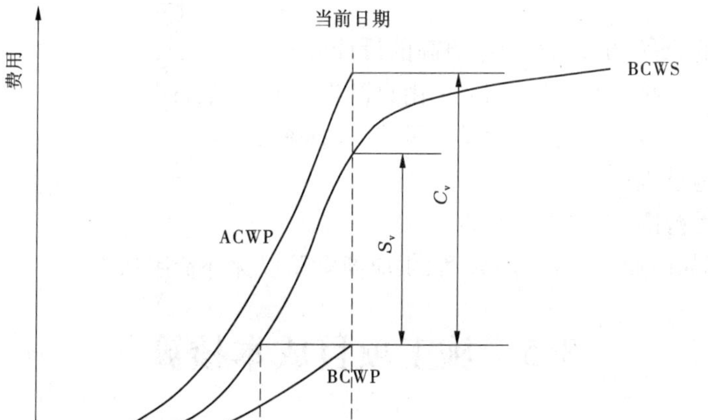

图 8-10 赢得值法的评价曲线表达法

图中的横坐标表示时间，纵坐标则表示费用。BCWS 曲线为计划工作量的预算费用曲线，表示项目投入的费用随时间的推移在不断积累，直至项目结束达到它的最大值，所以曲线呈 S 形状，也称为 S 曲线。ACWP 为已完成工作量的实际费用，同样是进度的时间参数，是随项目推进而不断增加的，也是呈 S 形的曲线。利用赢得值法评价曲线可进行费用进度评价，图 8-10 中所示的项目，$C_V<0$，$S_V<0$，这表示项目执行效果不佳，即费用超支，进度延误，应采取相应的补救措施。

8.4.3.4 偏差原因分析与纠偏措施

1. 偏差原因分析

在实际执行过程中，最理想的状态是已完工作实际费用（ACWP）曲线、计划工作预算费用（BCWS）曲线、已完工作预算费用（BCWP）曲线靠得很近、平稳上升，表示项目按预定计划目标进行。如果三条曲线离散度不断增加，则预示可能发生关系到项目成败的重大问题。

偏差分析的一个重要目的就是要找出引起偏差的原因，从而采取有针对性的措施，减少或避免相同问题的再次发生。一般来说，产生费用偏差的原因主要包括物价上涨、设计原因、业主原因、施工原因以及客观原因等方面。

（1）物价上涨。主要包括人工涨价、材料涨价、设备涨价以及利率、汇率变化等方面。

（2）设计原因。主要包括设计错误、设计漏项、设计标准变化、设计保守、图纸提供不及时以及其他原因等方面。

（3）业主原因。主要包括增加内容、投资规划不当、组织不落实、建设手续不全、协调不佳、未及时提供场地以及其他原因等方面。

（4）施工原因。主要包括施工方案不当、材料代用、施工质量有问题、赶进度、工期拖延以及其他原因等方面。

（5）客观原因。主要包括自然因素、基础处理、社会原因、法规变化以及其他原因等方面。

2. 纠偏措施

通常要压缩已经超支的费用，而不损害其他目标是十分困难的，一般只有当给出的措施比原计划已选定的措施更为有利，或使工程范围减少，或生产效率提高，成本才能降低，例如：

（1）寻找新的、更好更省的、效率更高的设计方案；

（2）购买部分产品，而不是采用完全由自己生产的产品；

（3）重新选择供应商，但会产生供应风险，选择需要时间；

（4）改变实施过程；

（5）变更工程范围；

（6）索赔，例如向业主、承（分）包商、供应商索赔以弥补费用超支。

8.5 施工项目成本核算

8.5.1 施工项目成本核算

施工项目成本核算是在成本范围内，以货币为计量单位，以施工项目成本直接耗费为对象，在区分收支类别和岗位成本责任的基础上，利用一定的方法，正确组织施工项目成本核算，全面反映施工项目成本耗费的一个核算过程。成本核算的方法主要有会计核算、业务核算和统计核算三种，以会计核算为主。

8.5.1.1 施工项目成本核算的对象

施工项目一般以一个独立编制施工图预算的单位工程为完整成本核算对象，但也可以按照承包工程项目的规模、工期、结构类型、施工组织和施工现场等情况，结合成本控制的要求，灵活划分成本核算对象。一般说来有以下几种划分的方法：

(1)规模大、工期长的单位工程，可以将工程项目划分为若干部位，以分部工程作为成本核算对象。

(2)同一建设项目，由同一施工单位施工，并在同一施工地点、属同一结构类型，开竣工时间相近的若干个单位工程，合并作为一个成本核算对象。

(3)改建、扩建的零星工程，可根据实际情况和管理需要，以一个单项工程为成本核算对象，或将同一施工地点的若干个工程量较少的单项工程合并作为一个成本核算对象。

(4)一个单位工程由几个施工单位共同施工时，各施工单位都应以同一单位工程为成本核算对象，各自核算自行完成的部分。

8.5.1.2 施工项目成本核算的要求

成本核算是一个复杂、细致而又联系广泛的过程。为了确保成本核算质量，全面、及时、准确地反映施工项目的实际成本，在核算中一般应满足以下基本要求。

(1)严格遵守国家规定的成本开支范围和费用开支标准，控制费用开支，节约使用人力、物力和财力。

(2)加强成本核算的各项基础工作。施工企业成本核算的基础工作主要包括建立健全原始记录制度，建立健全各项财产物资的收发、领退、清查和盘点制度，制定或修订企业定额，完善计量、检测、检验设施等。

(3)正确划分各种成本、费用的界限。

(4)加强费用开支的审核和控制。

(5)正确及时记录施工项目的各项开支和实际成本。

8.5.2 施工项目成本分析

8.5.2.1 施工项目成本分析的依据

施工项目成本分析是根据会计核算、统计核算、业务核算提供的资料，对项目成本的形成过程和影响成本升降的因素进行分析，寻求进一步降低成本的途径，增强项目成本的透明度和可控性，为实现成本目标创造条件。

(1)会计核算。会计核算主要是价值核算。会计是对一定单位的经济业务进行计量、记录、分析和检查，做出预测，参与决策，实行监督，旨在实现最优经济效益的一种管理活动。它通过设置账户、复式记账、填制和审核凭证、登记账簿、成本计算、财产清查和编制会计报表等一系列有组织、有系统的方法，来记录企业的一切生产经营活动，然后据以提出一些用货币来反映的各种综合性的数据。资产、负债、所有者权益、营业收入、成本、利润等会计六要素，是施工成本分析的重要依据。

(2)业务核算。业务核算是各业务部门根据业务工作的需要而建立的核算制度，它包括原始记录和计算登记表，如单位工程及分部分项工程进度登记、质量登记、工效、定额计算登记、物资消耗定额记录、测试记录等。业务核算的范围比会计核算、统计核算广，会计核算和统计核算一般是对已经发生的经济活动进行核算,而业务核算,不但可以对已经发生的,而且可以对尚未发生的或正在发生的经济活动进行核算,看是否可以做,是否有经济效果。它的特点是:对个别的经济业务进行单项核算。例如各种技术措施、新工艺等项目,可以核算已经完成的项目是否达到原定的目标,取得预期的效果,也可以对准备采取措施的项目进行核算和审查,看是否有效果,值不值得采纳。业务核算的目的,在于迅速取得资料,在经济活动中及时采取措施进行调整。

(3)统计核算。统计核算是利用会计核算资料和业务核算资料,把企业生产经营活动客观现状的大量数据,按统计方法加以系统整理,表明其规律性。它的计量尺度比会计核算宽,可以用货币计算,也可以用实物或劳动量计算。它通过全面调查和抽样调查等特有的方法,不仅能提供绝对数指标,还能提供相对数和平均数指标,可以计算当前的实际水平,确定变动速度,预测发展的趋势。

8.5.2.2 施工项目成本分析的方法

成本分析的方法有许多种,常用的主要有比较法、因素分析方法、差额计算法和比率法等。

1. 比较法

比较法又称指标对比分析法,就是通过技术经济指标的对比,检查目标的完成情况,分析产生差异的原因,进而挖掘内部潜力的方法。这种方法具有通俗易懂、简单易行、便于掌握的特点,因而得到了广泛的应用,但在应用时必须注意各技术经济指标的可比性。比较法的应用通常有下列形式:

(1)将实际指标与目标指标对比。通过这种对比,可以检查目标完成情况,分析影响目标完成的积极因素和消极因素,以便及时采取措施。保证成本目标的实现。在进行实际指标与目标指标对比时,还应注意目标本身有无问题。如果目标本身出现问题,则应调整目标,重新正确评价实际工作的成绩。

(2)本期实际目标与上期实际目标对比。通过这种对比,可以看出各项技术经济指标的变动情况,反映施工管理水平的提高程度。

(3)与本行业平均水平、先进水平对比。通过这种对比,可以反映本项目的技术管理和经济管理与行业的平均水平和先进水平的差距,进而采取措施赶超先进水平。

以上三种对比,可以在一张表上同时反映出来。

【例8-3】 某施工项目2013年度节约钢材的目标为125万元,实际节约135万元,2012年节约110万元,本企业先进水平节约160万元。试编制分析表。

解 分析表编制如表8-6所示。

表8-6 分析表

指标	2013年计划数	2012年实际数	企业先进水平	2013年实际数	差异数		
					2013年与计划比	2013年与2012年比	2013年与先进比
钢材节约额	125	110	160	135	10	25	-35

2. 因素分析法

因素分析法又称连环置换法,这种方法可用来分析各种因素对成本的影响程度。在进行分析时,首先要假定众多因素中的一个因素发生变化,而其他因素不变,然后逐个替换,分别比较其计算结果,以确定各个因素的变化对成本的影响程度。因素分析法的计算步骤如下:

(1)确定分析对象,并计算出实际数与目标数的差异;

(2)确定该指标是由哪几个因素组成的,并按其相互关系进行排序;

(3)以目标数为基础,将各因素的目标数相乘,作为分析替代的基数;

(4)将各个因素的实际数按照上面的排列顺序进行替换计算,并将替换后的实际数保留下来;

(5)将每次替换计算所得的结果与前一次的计算结果相比较,两者的差异即为该因素对成本的影响程度;

(6)各个因素的影响程度之和应与分析对象的总差异相等。

【例 8-4】 某工程浇筑一层结构商品混凝土,目标成本为 378 560 元,实际成本为 407 880元,比目标成本增加 29 320 元。根据表 8-7 的资料,用因素分析法分析其成本增加的原因。

表 8-7 商品混凝土目标成本与实际成本对比表

项目	计划	实际	差额
产量(m^3)	520	550	+30
单价(元)	700	720	+20
损耗率(%)	4	3	-1
成本(元)	378 560	407 880	+29 320

解 (1)分析对象是浇筑一层结构商品混凝土的成本,实际成本与目标成本的差额为 29 320 元。

(2)该指标是由产量、单价、损耗率三个因素组成的,其排序见表 8-7。

(3)以目标数 378 560($520 \times 700 \times 1.04$)为分析替代的基础。

(4)替换:

第一次替换:产量因素,以 550 替代 520,得 $550 \times 700 \times 1.04 = 400\ 400$(元)。

第二次替换:单价因素,以 720 替代 700,并保留上次替换后的值,得 411 840 元,即 $550 \times 720 \times 1.04 = 411\ 840$(元)。

第三次替换:损耗率因素,以 1.03 替代 1.04,并保留上两次替换后的值,得 409 880 元。

(5)计算差额:

第一次替换与目标数的差额 $= 400\ 400 - 378\ 560 = 21\ 840$(元)。

第二次替换与第一次替换的差额 $= 411\ 840 - 400\ 400 = 11\ 440$(元)。

第三次替换与第二次替换的差额 $= 409\ 880 - 411\ 840 = -3\ 960$(元)。

产量增加使成本增加了 21 840 元,单价提高使成本增加了 11 440 元,而损耗率下降使成本降低了 1 960 元。

(6)各因素的影响程度之和 = 21 840 + 11 440 - 3 960 = 29 320 元,与实际成本和目标的总差额相等。

为了使用方便,企业也可以通过运用因素分析表来求出各因素的变动对实际成本的影响程度,其具体形式见表 8-8。

表 8-8　商品混凝土成本变动因素分析表

顺序	连环替代计算	差异(元)	因素分析
目标数	520 × 700 × 1.04		
第一次替代	550 × 700 × 1.04	21 840	由于产量增加 30 m^3,成本增加 21 840 元
第二次替代	550 × 720 × 1.04	11 440	由于单价提高 20 元,成本增加 11 440 元
第三次替代	550 × 720 × 1.03	- 3 960	由于损耗率下降 1%,成本减少 3 960 元
合计	21 840 + 11 440 - 3 960 = 29 320	29 320	

3. 差额计算法

差额计算法是因素分析法的一种简化形式,它利用各个因素的目标值与实际值的差额来计算其对成本的影响程度。

【例 8-5】 某施工项目某月的实际成本降低额比目标数提高了 2.00 万元,具体形式如表 8-9 所示。分析预算成本、成本降低率对成本降低额的影响程度。

表 8-9　降低成本目标与实际对比表

项目	单位	目标	实际	差异
预算成本	万元	310	320	+10
成本降低率	%	4	4.5	+0.5
成本降低额	万元	12.4	14.4	+2.00

解　(1)预算成本增加对成本降低额的影响程度

$$(320 - 310) \times 4\% = 0.40(\text{万元})$$

(2)成本降低率提高对成本降低额的影响程度

$$(4.5\% - 4\%) \times 320 = 1.60(\text{万元})$$

以上两项合计 0.40 + 1.60 = 2.00(万元)

4. 比率法

比率法是指用两个以上的指标的比例进行分析的方法。它的基本特点是:先把对比分析的数值变成相对数,再观察其相互之间的关系。常用的比率法有以下几种:

(1)相关比率法。由于项目经济活动的各个方面是互相联系,互相依存,又互相影响的,因而可将两个性质不同而又相关的指标加以对比,求出比率,并以此来考察经营成果的好坏。

例如,产值和工资是两个不同的概念,但它们的关系又是投入与产出的关系。在一般情况下,都希望以最少的人工费支出完成最大的产值。因此,用产值工资率指标来考核人工费的支出水平,就很能说明问题。

(2)构成比率法。又称比重分析法或结构对比分析法。通过构成比率,可以考察成本总量的构成情况以及各成本项目占成本总量的比重,同时也可看出量、本、利的比例关系(即预算成本、实际成本和降低成本的比例关系),从而为寻求降低成本的途径指明方向。

(3)动态比率法。动态比率法就是将同类指标不同时期的数值进行对比,求出比率,以分析该项指标的发展方向和发展速度。动态比率的计算,通常采用基期指数(或稳定比指数)和环比指数两种方法。

施工项目成本分析,应该随着项目施工的进展,动态地、多形式地开展,而且要与生产诸要素的经营管理相结合。这是因为成本分析必须为生产经营服务,即通过成本分析,及时发现矛盾,及时解决矛盾,从而改善生产经营,同时又可降低成本。

小　结

本章主要学习了建筑工程施工项目成本管理的相关知识。施工项目成本管理的主要任务有成本预测、成本计划、成本核算、成本分析成本、考核。施工成本计划的编制方法主要有按照施工成本组成编制施工成本计划、按子项目组成编制施工成本计划和按施工进度编制施工成本计划。施工项目施工成本可采用过程控制法和赢得值法。利用比较法、因素分析方法、差额计算法和比率法等对项目成本的形成过程和影响成本升降的因素进行分析、考核。

能力训练

一、单项选择题

1.下列费用中,不属于施工项目直接成本的是(　　)。

A.施工措施费　　B.办公费　　C.材料费　　D.施工机械使用费

2.下列关于施工成本预测的表述中,(　　)是错误的。

A.施工成本预测的实质是在施工以前对成本进行估算

B.施工成本决策与计划是施工成本预测的依据

C.施工成本预测可预测出工程的单位成本或总成本

D.施工成本预测可以使项目经理在满足业主和施工企业要求的前提下,选择成本低、效益好的最佳成本方案

3.在施工成本控制的步骤中,通过检查,可以估算整个项目完成时的(　　),为决策提供支持。

A.施工成本　　B.报价成本　　C.直接成本　　D.合同成本

4.某建筑工程人工费为1 500万元,材料费为5 000万元,施工机械使用费为6 000万元。措施费为直接工程费的6%,间接费费率是10%,利润率为5%,综合税率为3.41%,则该工程的建筑安装工程总造价为(　　)万元。

A.8 881　　B.9 135　　C.9 447　　D.9 495

5.建立施工项目成本管理责任制、开展成本控制和核算的基础是(　　)。

A.成本预测　　B.成本计划　　C.成本分析　　D.成本考核

6. 施工成本计划的编制基础是(　　)。

A. 施工成本考核　B. 施工成本预算　C. 施工成本核算　D. 目标成本确定

7. 下列不属于施工成本计划编制依据的是(　　)。

A. 招标文件　B. 报价书、施工预算

C. 施工组织设计或施工方案　D. 已签订的工程合同、分包合同

8. 在施工成本控制的步骤中,(　　)是施工成本控制的核心,(　　)是施工成本控制最具实质性的一步。

A. 比较、纠偏　B. 分析、纠偏　C. 分析、预测　D. 纠偏、检查

9. 在偏差计算中,如果施工成本偏差大于零,进度偏差小于零,则结论为(　　)。

A. 施工成本节约,工期拖延　B. 施工成本节约,工期提前

C. 施工成本超支,工期拖延　D. 施工成本超支,工期提前

10. 某钢门窗安装工程,5 月拟完工程计划施工成本 10 万元,已完成工程计划施工成本 8 万元,已完工程实际施工成本 12 万元,则施工成本偏差为(　　)万元,进度偏差为(　　)万元。

A. -2　B. 4　C. 2　D. -4

二、多项选择题

1. 编制施工成本计划时,施工成本包括(　　)。

A. 直接工程费　B. 措施费　C. 规费

D. 企业管理费　E. 税金

2. 下列费用中,属于建筑安装工程措施费的有(　　)。

A. 社会保险费　B. 环境保护费　C. 文明施工费

D. 安全施工费　E. 工程排污费

3. 按照施工项目成本控制的特点和管理要求不同,施工成本可以分为(　　)。

A. 预算成本　B. 计划成本　C. 直接成本

D. 间接成本　E. 实际成本

4. 施工项目成本控制的依据有(　　)。

A. 投资限额　B. 工程承包合同　C. 施工成本计划

D. 施工组织设计　E. 工程变更

5. 施工成本计划的编制方法主要有(　　)。

A. 按施工成本的组成编制施工成本计划

B. 按施工成本的作用编制施工成本计划

C. 按施工成本的性质编制施工成本计划

D. 按子项目的组成编制施工成本计划

E. 按工程进度编制施工成本计划

6. 成本控制的步骤包括(　　)。

A. 分析　B. 检查　C. 纠偏

D. 计划　E. 预测

7. 成本分析的方法有(　　)。

A. 比率法　　B. 赢得值法　　C. 差额计算法

D. 因果分析法　　E. 表格法

8. 施工成本分析的依据有(　　)。

A. 会计核算　　B. 业务核算　　C. 成本计划

D. 成本内容　　E. 统计核算

9. 下列有关施工成本管理的表述中,正确的有(　　)。

A. 一个施工项目成本计划应包括从开工到竣工所必需的施工成本

B. 施工成本控制可分为事先控制、事中控制和事后控制

C. 施工项目成本计划所提供的各种成本信息是成本预测、成本核算、成本控制、成本分析和成本考核等各个环节的依据

D. 成本分析的基本方法包括比较法、因素分析法、定额计算法和比率法

E. 施工成本考核主要是将成本的实际指标与计划、定额、预算进行对比和考核

10. 分部分项工程成本分析的资料来源包括(　　)。

A. 投标报价成本　　B. 施工预算　　C. 企业内部定额

D. 施工任务单　　E. 限额领料单

三、简答题

1. 简述施工项目成本计划的编制依据和方法。

2. 简述施工项目成本控制的依据、步骤和方法。

3. 如何纠正施工项目费用偏差。

四、案例分析题

1. 某项目计划工期为 8 年,预算总成本为 1 600 万元。在项目实施过程中,通过对成本的核算和有关成本与进度记录得知,在开工后第 4 年年末的实际情况是:开工后 4 年末实际成本发生额为 400 万元,所完成工作的计划预算成本额为 200 万元。与该项目预算成本比较可知:当工期过半时,项目的计划成本发生额应该为 800 万元。试分析该项目的成本执行情况和计划完工情况。

2. 某工程浇筑一层结构商品混凝土,目标成本为 378 560 元,实际成本为 407 880 元,比目标成本增加 29 320 元。根据表 8-7 的资料,用因素分析法分析其成本增加的原因。

9 施工项目职业健康安全与环境管理

【学习目标】

通过本章的学习,理解施工项目职业健康安全与环境管理的目的和任务,了解职业健康安全管理体系的特点、运行模式;熟悉职业健康安全管理的程序、安全技术措施的内容;能进行建筑工程职业健康安全事故的分类和处理,掌握现场文明施工与环境保护方案的编制方法。

9.1 职业健康安全与环境管理概述

根据《职业健康安全管理体系规范》(GB/T 28001—2001)和《环境管理体系要求及使用指南》(GB/T 24001—2004),职业健康安全管理和环境管理都是组织管理体系的一部分,其管理的主体是组织,管理的对象是一个组织的活动、产品或服务中能与职业健康安全发生相互作用的不健康、不安全条件和因素,以及能与环境发生相互作用的要素。

9.1.1 职业健康安全与环境的概念

9.1.1.1 职业健康安全

职业健康安全是指影响工作场所内员工、临时工作人员、合同方人员、访问者和其他人员健康安全的条件和因素。它包括为制定、实施、实现、评审和保持职业健康安全方针所需的组织结构、计划活动、职责、惯例、程序、过程和资源。

职业健康安全(以下简称"OHS")是国际上通用的词语。我国习惯上将 OHS 称为安全生产,通常指消除和控制生产经营全过程中的危险与危害因素,保障职工在职业活动中的安全与健康。在《中华人民共和国宪法》中将保护劳动者的安全与健康称为"劳动保护",而在《中华人民共和国劳动法》中又称为"劳动安全卫生"。

影响职业健康安全的主要因素有物的不安全状态、人的不安全状态、环境因素和管理缺陷。

9.1.1.2 环境的概念

环境是指组织运行活动的外部存在,包括空气、水、土地、自然资源、植物、动物、人,以及它们之间的相互关系。

影响环境的主要因素有市场竞争日益加剧、生产事故与劳动疾病增加、生活质量的不断提高。

9.1.1.3 职业健康安全与环境管理的目的

(1)职业健康安全管理的目的是保护产品生产者和使用者的健康与安全,控制影响工作场所内员工、临时工作人员、合同方人员、访问者和其他人员健康及安全的条件和因素,考虑和避免因使用不当对使用者造成的健康和安全的危害。

建筑工程是一个高风险的行业,施工项目的职业健康安全管理应以人为本,关心员工安康，一切为员工利益着想，做好员工的安全防护工作，落实防护措施，为员工创造一个安全健康的工作环境；遵守法规，积极投入，不断完善安全防护措施，规范员工行为，减少不必要的伤害，降低风险，使员工的健康安全得到保障。

（2）环境管理的目的是保护生态环境，使社会的经济发展与人类的生存环境相协调，控制作业现场的各种粉尘、废水、废气、固体废弃物以及噪声、振动对环境的污染和危害，考虑能源节约和避免资源的浪费。

9.1.2 职业健康安全与环境管理的任务及特点

施工项目安全与环境管理是指为达到工程项目安全生产与环境保护的目的而采取各种措施的系统化管理活动。

9.1.2.1 职业健康安全与环境管理的任务

职业健康安全与环境管理的任务是建筑生产组织（企业）为达到建筑工程职业健康安全与环境管理的目的而进行的组织、计划、控制、领导和协调的活动，包括制定、实施、实现、评审和保持职业健康安全与环境方针所需的组织结构、计划活动、职责、惯例、程序、过程和资源，并为此建立职业健康安全与环境管理体系。

职业健康安全与环境方针是组织职业健康安全与环境管理的宗旨和方向，是组织实施和改进其职业健康安全管理体系的推动力。为确保职业健康安全管理与环境方针的权威性，组织的职业健康安全与环境方针应由组织的最高管理者支持制定并全面实行。该方针经组织最高管理者批准，有利于将职业健康安全与环境管理纳入组织全面管理中，实现组织的经营、质量、环境、安全方针目标协调一致。

9.1.2.2 职业健康安全与环境管理的特点

（1）复杂性。建筑产品的固定性和生产的流动性及外部环境影响因素多，决定了职业健康安全与环境管理的复杂性。

（2）多变性。产品的多样性和生产的单件性决定了职业健康安全与环境管理的多变性。

（3）协调性。产品生产过程的连续性和分工性决定了职业健康安全与环境管理的协调性。

（4）不符合性。产品的委托性决定了职业健康安全与环境管理的不符合性。

（5）持续性。产品生产的阶段性决定了职业健康安全与环境管理的持续性。

（6）经济性。产品的时代性和社会性决定了职业健康安全与环境管理的经济性。

9.1.3 施工项目职业健康安全与环境管理体系简介

9.1.3.1 施工项目职业健康安全管理体系

职业健康安全管理体系是20世纪80年代后期在国际上兴起的现代安全生产管理模式，它与ISO 9000和ISO 14000等被称为后工业化时代的管理方法。制定职业健康安全标准是出于两方面的要求：一方面是企业自身发展的要求。随着企业规模扩大和生产集约化程度的提高，对企业的质量管理和经营模式提出了更高的要求。企业必须采用现代化的管理模式，使包括安全生产管理在内的所有生产经营活动科学化、规范化和法制化。另一方面是世界经济全球化和国际贸易发展的需要。WTO的最基本原则是“公平竞争”，其中包含环境和职业健康安全问题。我国已经加入世界贸易组织(WTO),在国际贸易中享有与其他成员国相同的待遇,职业健康安全问题对我国社会与经济发展产生巨大的影响。因此,在我国必须大力推广职业健康安全管理体系。

1. 职业健康安全管理体系的基本思想

职业健康安全管理体系(OHSMS)是全部管理体系的一个组成部分,包括为制定实施、实现、评审和保持职业健康安全方针所需的机构、规划、活动、职责、制度、程序过程和资源。它的基本思想是实现体系持续改进,通过周而复始的进行"计划、实施、监测、评审"活动,使体系功能不断加强。它要求组织在实施职业健康安全管理体系时始终保持持续改进意识,对体系不断修正和完善,最终实现预防和控制工伤事故、职业病及其他损失的目标。

2. 建立职业健康安全管理体系的作用

(1)推动职业健康安全法规和制度的贯彻执行。

(2)使组织的职业健康安全管理由被动变为主动行为,促进职业健康安全管理水平的提高。

(3)促进我国职业健康安全管理标准与国际接轨,有利于消除贸易堡垒。

(4)有利于提高全民的安全意识。

3. 职业健康安全管理体系的特点

职业健康安全管理体系的内容由五大功能块组成,即方针、计划、实施与运行、检查与纠正措施和管理评审,每一功能块又由若干要素组成,这些要素之间不是孤立的,而是相互有联系的。只有当体系或系统的所有要素组成一有机的整体,相互依存、相互作用,才能使所建立的体系完成特定的功能。

(1)系统性。职业健康安全管理体系标准强调结构化、程序化、文件化的管理手段。

首先,它强调组织机构方面的系统性——要求在组织的职业健康安全管理中,不仅要有从基层岗位到组织最高管理层之间的运作系统,而且要有一个监控系统。组织最高管理层依靠这两个系统,来确保职业健康安全管理系统的有效运行。

第二,它要求组织实行程序化管理,从而实现对管理过程全面的系统控制。

第三,文件化的管理依据本身就是一个系统。同时,职业健康安全管理体系标准又对这些文件的控制提出要求,从而使这一文件系统更加科学化。

第四,职业健康安全管理体系标准的逻辑结构为编写职业健康安全管理手册提出了一个系统的结构基础。

(2)先进性。按职业健康安全管理体系标准所建立的职业健康安全管理体系,是改善组织的职业健康安全管理体系管理的一种先进、有效的管理手段。

(3)持续改进。职业健康安全管理体系标准明确要求组织的最高管理者在组织所制定的职业健康安全管理体系方针中应包含对持续改进的承诺,对遵守有关法律、法规和其他要求的承诺,并制定切实可行的目标、指标和管理方案,配备相应的各种资源。

(4)预防性。危害辩识、危险评价与控制是职业健康安全管理体系的精髓所在,充分体现"预防为主"的方针。

(5)全过程控制。职业健康安全管理体系标准要求实施全过程控制。

4. 职业健康安全管理体系的运行基础

PDCA 模型是管理体系的运行基础。一个组织活动可分为计划(PLAN)、行动(DO)、检查(CHECK)、改进(ACT)四个相互联系的环节。

计划环节是对管理体系的总体规划,以文件的形式来反映,称为“文件的管理系统”,包括方针、目标、活动及活动方式等。它是管理体系中最重要的环节。

行动环节是按计划规定的程序(如组织机构、程序、作用方法等)加以实施。

检查环节是对计划效果进行的检查衡量,并纠正行为偏差。

改进环节是针对管理活动的缺陷、不足或发生变化的条件,进行调整、完善。

5. 职业健康安全管理体系标准的内容

根据《职业健康安全管理体系规范》(GB/T 28001—2001(OSHAS18001))的规定,职业健康安全管理体系的内容由5个一级要素和17个二级要素构成。17个二级要素又分为10个核心要素和7个辅助性要素,如表9-1所示。

表9-1 职业健康安全管理体系要素

<table>
<tr><th rowspan="18">要素名称</th><th>一级要素</th><th>二级要素</th></tr>
<tr><td>(一)职业健康安全方针(4.2)</td><td>1. 职业健康安全方针(4.2)</td></tr>
<tr><td rowspan="4">(二)策划(4.3)</td><td>2. 对危险源辨识、风险评价和风险控制的策划(4.3.1)</td></tr>
<tr><td>3. 法规和其他要求(4.3.2)</td></tr>
<tr><td>4. 目标(4.3.3)</td></tr>
<tr><td>5. 职业健康安全管理方案(4.3.4)</td></tr>
<tr><td rowspan="7">(三)实施和运行(4.4)</td><td>6. 结构和职责(4.4.1)</td></tr>
<tr><td>7. 培训、意识和能力(4.4.2)</td></tr>
<tr><td>8. 协商和沟通(4.4.3)</td></tr>
<tr><td>9. 文件(4.4.4)</td></tr>
<tr><td>10. 文件和资料控制(4.4.5)</td></tr>
<tr><td>11. 运行控制(4.4.6)</td></tr>
<tr><td>12. 应急准备和响应(4.4.7)</td></tr>
<tr><td rowspan="4">(四)检查和纠正措施(4.5)</td><td>13. 绩效测量和监视(4.5.1)</td></tr>
<tr><td>14. 事故、事件、不符合、纠正与预防措施(4.5.2)</td></tr>
<tr><td>15. 记录和记录管理(4.5.3)</td></tr>
<tr><td>16. 审核(4.5.4)</td></tr>
<tr><td>(五)管理评审(4.6)</td><td>17. 管理评审</td></tr>
</table>

9.1.3.2 环境管理体系

近代工业的发展过程中,由于人类过度追求经济效益而忽略环境的重要性,导致水土流失、水体污染、空气质量下降、气候反常、生态环境严重破坏等。1993年国际标准化组织(ISO)成立了环境管理技术委员会,开始了对环境管理体系的国际通用标准的制定工作。1996年国际标准化组织在汲取世界发达国家多年环境管理经验的基础上,于1996年公布了《环境管理体系规范及使用指南》(ISO 14001),以后又公布了若干标准,形成了体系。我国从 1996 年开始就以等同的方式，颁布了《环境管理体系规范及使用指南》(GB/T 24001—1996 idt ISO 14001:1996)，此后又陆续颁布了其他有关标准，均作为我国的推荐性标准，便于与国际接轨。

通过建立项目环境管理体系，规范企业和社会团体等所有组织的环境表现，使之与社会经济发展相适应，并且加以改善生态环境质量，减少人类各项活动所造成的环境污染，节约能源，从而促进经济的可持续发展。

1. 环境管理体系标准的基本思想

环境管理体系在实施过程中有三项管理活动贯穿于环境管理体系过程，就是预防、控制、监督和监测。预防是环境管理体系的核心；控制是环境管理体系实施的手段；监督与监测是环境管理体系的关键活动。

2. 建立环境管理体系标准的作用

(1)保护人类生存和发展的需要；

(2)国民经济可持续发展的需要；

(3)建立社会主义市场经济体制，实现两个根本转变的需要；

(4)国内外贸易发展的需要；

(5)环境管理现代化的需要。

3. 环境管理体系的特点

ISO 14001《环境管理体系——规范与指南》是 ISO 14000 系列的核心标准，旨在企业内确立环境管理系统，通过 PDCA 循环管理，而谋求持续的改善(降低环境负荷)。ISO14001 体系的特点如下：

(1)自愿原则。自愿采用，自主承诺。

(2)普遍适应。适应于各行各业，不同规模；不同类型；不同文化；不同环境状况的组织。

(3)持续改进原则。通过不断改进环境管理体系(EMS)，达到改善环境行为的目的。

(4)预防原则。变被动的事后处理为积极的主动预防。

(5)寿命周期思想。贯彻到产品开发、经营管理、市场营销、售后服务各项业务中。

(6)全过程控制。

4. 环境管理体系的基本内容

环境管理体系的基本内容由 5 个一级要素和 17 个二级要素构成，如表 9-2 所示。

9.1.3.3 职业健康安全与环境管理体系运行基础与模式

根据《职业健康安全管理体系规范》(GB/T 28001—2001)和《环境管理体系要求及使用指南》(CB/T 24001—2004)，职业健康安全管理和环境管理都是组织管理体系的一部分，管理的主体是组织，管理的对象是一个组织的活动、产品或服务中能与职业健康安全发生相互作用的不健康、不安全条件和因素，以及能与环境发生相互作用的要素。

1. 职业健康安全与环境管理体系的运行基础

PDCA 模型是管理体系的运行基础。一个组织活动可分为计划(PLAN)、行动(DO)、检查(CHECK)、改进(ACT)四个相互联系的环节。

计划环节是对管理体系的总体规划，以文件的形式来反映，称为“文件的管理系统”。包括方针、目标、活动及活动方式等。它是管理体系中最重要的环节。

表 9-2　环境管理体系要素

	一级要素	二级要素
要素名称	(一)环境方针(4.2)	1. 环境方针(4.2)
	(二)规划(策划)(4.3)	2. 环境因素(4.3.1)
		3. 法律与其他要求(4.3.2)
		4. 目标与指标(4.3.3)
		5. 环境管理方案(4.3.4)
	(三)实施和运行(4.4)	6. 组织结构和职责(4.4.1)
		7. 培训、意识与能力(4.4.2)
		8. 信息交流(4.4.3)
		9. 环境管理体系文件(4.4.4)
		10. 文件控制(4.4.5)
		11. 运行控制(4.4.6)
		12. 应急准备和响应(4.4.7)
	(四)检查和纠正措施(4.5)	13. 监测和测量(4.5.1)
		14. 不符合、纠正与预防措施(4.5.2)
		15. 记录(4.5.3)
		16. 环境管理体系审核(4.5.4)
	(五)管理评审(4.6)	17. 管理评审

行动环节是按计划规定的程序(如组织机构、程序、作用方法等)加以实施。

检查环节是对计划效果进行的检查衡量,并纠正行为偏差。

2. 职业健康安全与环境管理体系的运行模式

改进环节是针对管理活动的缺陷、不足或发生变化的条件,进行调整、完善。为了适应现代职业健康安全和环境管理的需要,达到预防和减少生产事故和劳动疾病,保护环境的目的,职业健康安全与环境管理体系的运行模式采用了一个动态循环并螺旋上升的系统化管理模式,该模式的规定为职业健康安全与环境管理体系提供了一套系统化的方法,指导其组织合理有效地推行其职业健康安全与环境管理工作。该模式分为五个过程,即制定职业健康安全(环境)方针,策划,实施和运行;检查和纠正措施以及管理评审等五大过程。这五个基本部分包含了职业健康安全与环境管理体系的建立过程和建立后有计划地评审及持续改进的循环,以保证组织内部职业健康安全与环境管理体系的不断完善和提高。

具体的运行模式如图 9-1 所示。

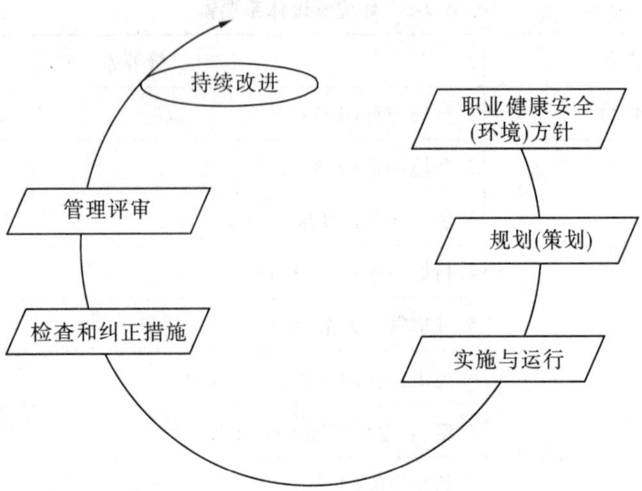

图 9-1　职业健康安全与环境管理体系运行模式

9.2　施工项目职业健康安全管理

9.2.1　施工项目职业健康安全管理概述

施工项目职业健康安全管理是指为使项目实施人员和相关人员规避损害或影响健康风险而进行的计划、组织、指挥、协调和控制等活动。

安全管理的对象是生产中一切人、物、环境的状态管理与控制。项目管理组织应遵照《建设工程安全生产管理条例》和《职业健康安全管理体系》(GB/T 28000)标准，坚持“安全第一，预防为主”和“防治结合”的方针，建立并持续改进职业健康安全管理体系。项目经理应负责项目职业健康安全的全面管理工作。项目负责人、专职安全生产管理人员应持证上岗。

9.2.1.1　施工项目职业健康安全管理的特点

(1)施工项目安全管理的难点多。由于施工受自然环境的影响大，高处作业多，地下作业多，大型机械多，用电作业多，易燃物多，因此安全事故引发点多，安全控制的难点必然大量存在。

(2)安全管理的责任重。这是因为建筑施工是劳动密集型，手工作业多，人员数量大，交叉作业多，作业的危险性大。因此，要加强劳动保护，创造安全施工条件。

(3)安全管理的系统交叉性。施工项目安全控制是企业安全控制的一个子系统，企业安全系统还包括以下分系统、安全组织系统、安全法规系统和安全技术系统，它们都与施工项目安全系统密切相关。安全组织系统是企业内部的安全部门和安全管理人员；安全法规系统指企业必须执行国家、行业、地方政府制定的安全法规，也必须有企业自身的安全管理制度；安全技术系统按操作对象、工种、机械的特点进行专业分类，如施工电气安全技术、脚手架安全技术、起重吊装安全技术、锅炉和压力容器安全技术、工业卫生安全技术、防火安全技术等。

(4)安全管理的重要性。这是因为施工现场人员集中、物资集中，是作业场所，事故一般都发生在现场。

9.2.1.2 施工项目职业健康安全管理的程序

施工项目职业健康安全管理应遵循下列程序：

(1)识别并评价危险源及风险。危险源是指可能导致伤害或疾病、财产损失、工作环境破坏或这些情况组合的根源或状态。危险源通常分以下两类：

第一类危险源：可能发生意外释放的能量的载体或危险物质。

第二类危险源：导致约束、限制能量措施失效或者破坏的各种不安全因素。包括人的不安全行为、物的不安全状态、不良的环境条件。

第一类危险源是事故发生的前提，第二类危险源的出现是第一类危险源导致事故的必要条件。第一类危险源是事故的主体，决定事故的严重程度；第二类危险源出现的难易，决定事故发生的可能性大小。

针对施工过程的特点，持续地识别危险源，进行风险评价，确定不可接收风险，并实施管理的优先排序。

(2)确定职业健康安全目标。施工项目安全管理目标是消除施工中的人的不安全行为、物的不安全状态、环境的不安全因素和管理的缺陷，确保不造成人身伤亡和财产损失。施工项目的安全管理目标应按"目标管理"方法在以项目经理为首的项目管理系统内进行分解，从而确定每个岗位的安全目标，实现全员的安全责任控制。

(3)编制并实施项目职业健康安全技术措施计划。编制项目安全技术措施计划是指对施工过程中的危险源，用技术和管理手段加以消除和控制 ，并用文件化的方式表示。项目安全技术措施计划是进行工程项目安全控制的指导性文件，应该与施工设计图纸、施工组织设计和施工方案等结合起来实施。

(4)职业健康安全技术措施计划实施结果验证。

(5)持续改进相关措施和绩效。

施工项目职业健康安全管理的工作程序如图 9-2 所示。

9.2.1.3 施工项目职业健康安全管理的基本要求

(1)取得《安全施工许可证》后才可开工。

(2)各个施工单位都必须有《施工企业安全资格审查认可证》。

(3)各类人员必须有相应的执业资格。

(4)新员工必须经过三级教育，即进厂、进车间和进班组的安全教育。

(5)特殊工作人员有特种作业操作证。

(6)对查处的安全隐患要做到"五定"，即定整改责任人、整改措施、整改完成时间、整改完成人、整改验收人。

(7)把好安全生产六关，即措施、交底、教育、防护、检查、改进关。

(8)现场安全设施齐全，符合安全规定。

(9)施工机具必须经过安全检查合格后才可以使用。

(10)安全技术措施费不得挪用。

9.2.2 施工项目职业安全技术措施计划

9.2.2.1 施工项目安全技术措施计划的内容

项目安全技术措施计划的作用是配置必要的资源，建立保证安全的组织和制度，明确安

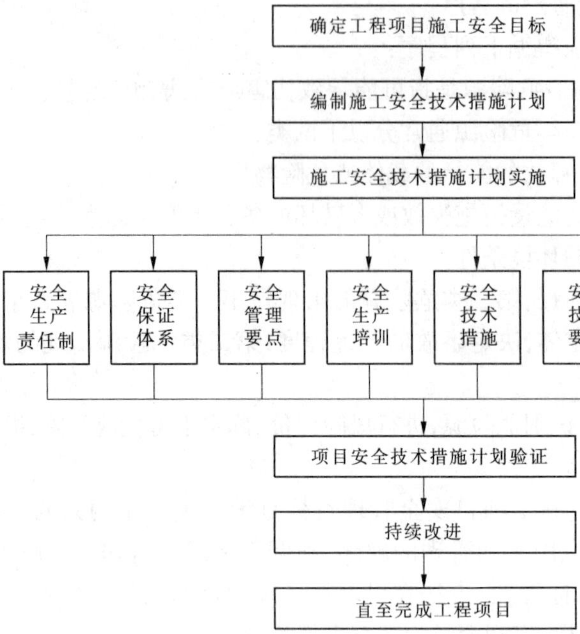

图 9-2　施工项目职业健康安全管理程序

全责任,制定安全保证措施,确保安全目标实现。

项目安全技术措施计划的内容有工程概况、控制目标、控制程序、组织结构、职责权限、规章制度、资源配置、安全措施、检查评价、奖惩制度。

9.2.2.2　施工项目安全技术措施计划的编制要求与步骤

施工项目安全技术措施计划的编制应符合以下要求:

(1)对结构复杂、施工难度大、专业性强的项目,必须制定项目总体、单位工程或分部、分项工程的安全措施。

(2)对高空作业等非常规性的作业,应制定单项职业健康安全技术措施和预防措施,并对管理人员、操作人员的安全作业资格和身体状况进行合格审查。对危险性较大的工程作业,应编制专项施工方案,并进行安全验证。对结构复杂、施工难度较大的项目,除制定项目总体安全计划外,还必须制定单位工程或分部工程的安全技术措施。

(3)临街脚手架、临近高压电缆以及起重机臂杆的回转半径达到项目现场范围以外的,均应按要求设置安全隔离设施。

项目职业健康安全技术措施计划应在项目开工前,由项目经理主持编制,经有关部门批准后,由专职安全管理人员进行现场监督实施。其编制步骤如图 9-3 所示。

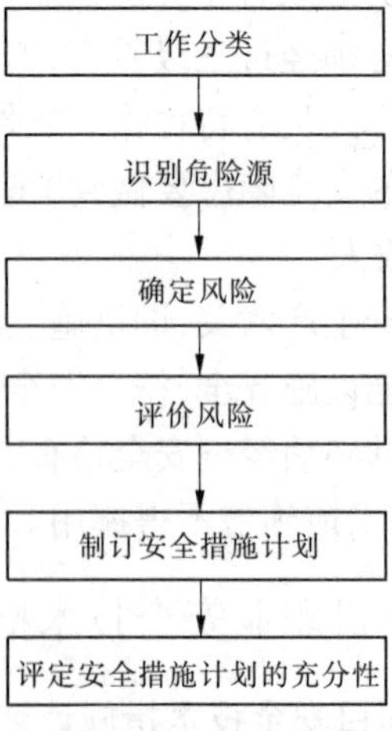

图 9-3　职业健康安全技术措施计划编制步骤

9.2.3 施工项目职业安全技术措施计划的实施

9.2.3.1 建立职业健康安全管理组织机构

建筑施工企业应建立起各级安全检查的专门机构，负责施工生产过程中的安全检查工作。专职安全机构应按国家和建设部的有关规定进行设置，并配备适当的专、兼职安全人员。一般在公司设安全技术部，在分公司设安全技术科，在施工项目上设专职安全员，而在工人班组设兼职安全员。

施工项目职业健康安全管理组织机构如图 9-4 所示。

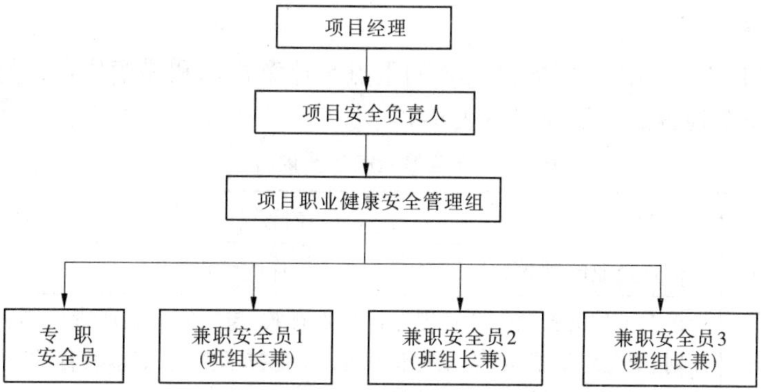

图 9-4 施工项目职业健康安全管理组织机构

9.2.3.2 建立职业健康安全生产责任制

项目经理部应建立职业健康安全生产责任制，并把责任目标分解落实到人。职业健康安全生产责任制是做好安全管理工作的重要保证，在工程实施以前，由项目经理部对各级负责人、各职能部门以及各类施工人员在管理和施工过程中，应当承担的责任作出明确规定。就是把安全与生产在组织上统一起来，把“管生产必须管安全”的原则在制度上固定下来，做到安全工作层层有分工，事事有人管。

安全生产责任制是最基本的安全管理制度，是所有安全生产管理制度的核心。安全生产责任制是根据我国安全生产方针“安全第一，预防为主”和安全生产法规建立的各级领导、职能部门、工程技术人员、岗位操作人员在劳动生产过程中对安全生产层层负责的制度。

9.2.3.3 安全教育

安全教育是提高员工安全素质、实现安全生产的基础，只有加强安全教育工作，才能使安全工作适应不断变革的形势需要。根据原建设部《建筑企业职工安全培训教育暂行规定》的有关规定，企业安全教育一般包括对管理人员、特种作业人员和企业员工的安全教育。安全教育的内容包括几点：

(1)广泛开展安全生产的宣传教育，使全体员工真正认识到安全生产的重要性和必要性，懂得安全生产的科学知识，牢固树立“安全第一”的思想，自觉遵守各项安全法律法规和规章制度。

(2)把安全知识、安全技能、设备性能、操作规程、安全法规等作为安全教育的主要内容。

(3)建立经常性的安全教育考核制度，要保存相应的考核证据。

(4)特殊工种持证上岗。电工、电焊工、架子工、司炉工、爆破工、机操工、起重工、机械司机、机动车辆司机等特殊工种工人,除一般安全教育外,还要经过专业安全技能培训,经考试合格持证后,方可上岗。

(5)采用新技术、新工艺、新设备施工和调换工作岗位时,也要进行安全教育,未经安全教育培训的人员不得上岗操作。

9.2.3.4 安全检查

安全检查是为了预知危险和消除危险。它的目标是预防伤亡事故,不断改善生产条件和作业环境,达到最佳安全状态。

(1)安全检查的方式。安全检查的方式有定期检查、日常巡回检查、季节性检查和节假日检查、班组的自检和交接检查。

(2)安全检查内容。施工现场安全检查的重点是违章指挥和违章作业,做到主动测量,实施风险预防。安全检查的主要内容见表 9-3。

表 9-3 安全检查的主要内容

序号	类型	内容
1	意识检查	检查企业的领导和员工对安全施工工作的认识
2	过程检查	检查工程的安全生产管理过程是否有效,包括安全生产责任制、安全技术措施计划、安全组织机构、安全保证措施、安全技术交底、安全教育、持证上岗、安全设施、安全标识、操作规程、违规行为、安全记录等
3	隐患检查	检查施工现场是否符合安全生产、文明施工的要求
4	整改检查	检查对过去提出问题的整改情况
5	事故检查	检查对安全事故的处理是否达到查明事故原因、明确责任,并对责任者作出处理,明确和落实整改措施等要求。同时就检查对伤亡事故是否及时报告、认真调查、严肃处理

9.2.3.5 安全技术交底

安全技术交底是指导工人安全施工的技术措施,是施工项目职业健康安全技术方案的具体落实。安全技术交底一般由技术管理人员根据分部分项工程的具体要求、特点和危险因素编写,是操作者的指令性文件,因而要具体、明确、针对性强,不得用施工现场的职业健康安全纪律、职业健康安全检查等制度代替,在进行工程技术交底的同时进行职业健康安全技术交底。安全技术交底的基本要求如下:

(1)施工现场必须实行逐级安全技术交底制度,直至交底到班组全体作业人员。

(2)技术交底必须具体、明确,可操作性强。

(3)技术交底的内容应针对分部分项工程施工中给作业人员带来的潜在危害和存在问题。

(4)应优先采用新的安全技术措施。

(5)应将施工风险、施工方法、施工程序、安全技术措施(包括应急措施)等向工长、班组长进行详细交底。

(6)及时向由多个作业队和多工种进行交叉施工的作业队伍进行书面交底。

(7)保存书面安全技术交底签字记录。

9.2.4 施工项目职业健康安全隐患与事故处理

9.2.4.1 施工项目职业健康安全隐患

职业健康安全隐患是指可能导致职业健康安全事故的缺陷和问题,包括安全设施、过程和行为等诸方面的缺陷问题,因此对检查和检验中发现的事故隐患,应采取必要的措施及时处理和化解,以确保不合格设施不使用、不合格过程不通过、不安全行为不放过,并通过事故隐患的适当处理,防止职业健康安全事故的发生。

职业健康安全隐患处理应符合下列规定:

(1) 区别不同的职业健康安全隐患类型,制定相应整改措施并在实施前进行风险评价。

(2)对检查出的隐患及时发出职业健康安全隐患整改通知单,限期纠正违章指挥和作业行为。

(3)跟踪检查纠正预防措施的实施过程和实施效果,保存验证记录。

9.2.4.2 施工安全事故的分类

事故即造成死亡、疾病、伤害、损坏或其他损失的意外情况。职业健康安全事故分两大类型,即职业伤害事故与职业病,如表9-4所示。

表9-4 职业健康安全事故的分类

类型	分类依据	类型
职业伤害事故	按照事故发生的原因	按照我国《企业伤亡事故分类》,职业伤害事故分为20类:物体打击、车辆伤害、机械伤害、起重伤害、触电、淹溺、灼烫、火灾、高处坠落、坍塌、冒顶穿帮、透水、放炮、火药爆炸、瓦斯爆炸、锅炉爆炸、容器爆炸、其他爆炸、中毒和窒息、其他伤害
	按事故后果的严重程度	轻伤事故:轻度损伤,休息1~105个工作日 重伤事故:器官、功能等严重损伤,损失105个工作日以上的失能伤害 死亡事故:一次死亡1~2人 重大伤亡事故:一次死亡3人以上(含3人) 特大伤亡事故:一次死亡10人以上(含10人) 急性中毒事故:生产性毒物中毒事故,发病快,一般不超过1个工作日
职业病	《职业病目录》列出的法定职业病为10大类共115种:尘肺、职业性放射疾病、职业中毒、物理因素所致职业病、生物因素所致职业病、职业性皮肤病、职业性眼病、职业性耳鼻喉口腔疾病、职业性肿痛、其他职业病	

(1)职业伤害事故。指因生产过程及工作原因或与其相关的其他原因造成的伤亡事故。

(2)职业病。经诊断因从事接触有毒有害物质或不良环境的工作而造成急慢性疾病,属职业病。

9.2.4.3 安全事故处理的原则

对安全事故的处理必须坚持“四不放过”原则:

(1)事故原因不清楚不放过。

(2)事故责任者和员工没有受到教育不放过。

(3)事故责任者没有处理不放过。

(4)没有制定预防措施不放过。

9.2.4.4　**安全事故处理程序**

(1)报告安全事故。

(2)安全事故处理。“处理事故”指抢救伤员,排除险情,防止事故蔓延扩大,做好标识,保护好现场。

(3)安全事故调查

(4)处理事故责任者。

(5)编写调查报告。

事故调查组提出事故处理意见和防范措施建议,由发生事故的企业及其主管部门负责处理。伤亡事故处理工作应在90日内结案,特殊情况不得超过180日。企业职工伤亡事故统计实行以地区考核为主的制度。安全生产行政主管部门对各部门的企业职工伤亡事故情况实行分级考核。

9.2.4.5　**施工项目消防保安**

消防保安是现场管理最具风险性的工作。消防事故一旦发生,后果十分严重。因此,落实责任是首要问题。凡有总分包单位的工程,总包单位应负全面责任,并与分包单位签订消防保卫的责任协议,明确双方责任,分包单位必须接受总包单位的统一领导和监督检查。

(1)项目经理部应建立消防保安管理体系,制定消防保安管理制度。

(2)项目现场应设有消防车出入口和行驶通道。消防保安设施应保持完好的备用状态。储存、使用易燃、易爆和保安器材时,应采取特殊的消防保安措施。

(3)施工现场的通道、消防出入口、紧急疏散通道等应符合消防要求,设置明显标志。有通行高度限制的地点应设限高标志。

(4)项目现场应有用火管理制度,使用明火时应配备监管人员和相应的安全设施,并制定安全防火措施。

(5)需要进行爆破作业的,应向所在地有关部门办理批准手续,由具备爆破资质的专业机构进行实施。

(6)项目现场应设立门卫,根据需要设置警卫,负责项目现场安全保卫工作。主要管理人员应在施工现场佩戴证明其身份的标识。严格现场人员的进出管理。

【例9-1】　工程项目安全事故分析与处理案例。

某土方工程施工阶段,分包回填土施工任务的某施工队采用装载机铲土时,不慎将一名正在检查质量的质检员撞倒,造成人员伤亡。经调查,装载机司机未经培训,无操作证,并且当时现场没有指挥人员。

问题:1.请简要分析这起事故发生的原因。

2.重大事故发生后应在24 h内写出书面报告并上报,其书面报告包括哪些内容?

3.施工安全管理责任制中对项目经理的责任是如何规定的?

解析　1.这起事故发生的原因是:

(1)装载机将正在检查质量的质检员撞倒是这起事故发生的直接原因。

(2)装载机司机未经培训,无操作证,缺乏安全意识是这起事故发生的间接原因。

(3)机械作业现场缺少指挥人员是这起事故发生的主要原因。

2. 重大事故书面报告应包括以下内容:

(1)事故发生的时间、地点、工程项目、企业名称。

(2)事故发生的简要经过、伤亡人数和直接经济损失的初步估计。

(3)事故发生原因的初步判断。

(4)事故发生后采取的措施及事故控制情况。

(5)事故报告单位。

3. 项目经理对工程项目的安全生产负全面领导责任:

(1)认真贯彻落实安全生产方针、政策、法律法规和各项规章制度,结合项目特点,提出有针对性的安全管理要求,严格履行安全考核指标和安全生产奖惩办法。

(2)认真落实施工组织设计中安全技术管理的各项措施,严格执行安全技术措施审批制度,施工项目安全交底制度和设备、设施交接验收使用制度。

(3)领导组织安全生产检查,研究分析施工中存在的不安全问题,及时落实解决。

(4)发生事故及时上报,保护好现场,做好抢救工作,积极配合调查,认真落实纠正和预防措施,并认真吸取教训。

9.3 文明施工与环境保护

9.3.1 文明施工

9.3.1.1 文明施工的内容

文明施工是保持施工现场良好的作业环境、卫生环境和工作秩序的一种施工活动。主要包括以下内容:

(1)规范施工现场的场容,保持作业环境的整洁卫生。

(2)科学组织施工,使生产有序进行。

(3)减少施工对周围居民和环境的影响。

(4)遵守施工现场文明施工的规定和要求,保证职工的安全和身体健康。

9.3.1.2 文明施工的意义

(1)文明施工能促进企业综合管理水平的提高。

(2)文明施工能减少施工对周围环境的影响,是适应现代化施工的客观要求。

(3)文明施工代表企业的形象。

(4)文明施工有利于员工的身心健康,有利于培养和提高施工队伍的整体素质。

9.3.1.3 现场文明施工的基本要求

(1)施工现场必须设置明显的标牌。

(2)施工现场的管理人员在施工现场应当佩戴证明其身份的证、卡。

(3)应当按照施工平面布置图设置各项临时设施。

(4)施工现场用电设施的安装和使用必须符合安装规范和安全操作规程。

(5)施工机械应当按照施工平面图规定的位置和线路设置,不得任意侵占场内道路。

(6)应保证施工现场道路畅通、排水系统处于良好的使用状态;保持场容场貌的整洁,随时清理建筑垃圾。

(7)施工现场的各种安全设施和劳动保护器具,必须定期进行检查和维护。

(8)施工现场应当设置各类必要的职工生活设施,并符合卫生、通风、照明等要求。职工的膳食、饮水供应等应当符合卫生要求。

(9)应当做好施工现场安全保卫工作,采取必要的防盗措施。

(10)应当严格依照消防条例的规定,在施工现场建立和执行防火管理制度。

(11)施工现场发生工程建设重大事故的处理,依照《工程建设重大事故报告和调查程序规定》执行。

9.3.1.4 文明施工的文件和资料

文明施工的文件和资料包括:

(1)上级关于文明施工的标准、规定、法律法规等。

(2) 施工组织设计(方案)中对文明施工的管理规定,各阶段施工现场文明施工的措施。

(3)文明施工自检资料。

(4)文明施工教育、培训、考核计划的资料。

(5)文明施工活动各项记录资料。

9.3.2 施工现场环境保护

施工现场环境保护是按照法律法规、各级主管部门和企业的要求,保护和改善作业现场的环境,控制现场的各种粉尘、废水、废气、固体废弃物、噪声、振动等对环境的污染和危害。

现场环境保护的意义包括:

(1)保护和改善施工环境是保证人们身体健康和社会文明的需要。

(2)保护和改善施工环境是消除对外部干扰,保证施工顺利进行的需要。

(3)保护和改善施工环境是现代化大生产的客观要求。

(4)保护和改善施工环境是节约能源、保护人类生存环境、保证社会和企业可持续发展的需要。

9.3.3 施工现场环境保护的措施

施工现场环境保护的内容主要包括大气污染的防治、水污染的防治、噪声控制和固体废弃物的处理,如表9-5 所示。

表9-5 施工现场环境保护的内容及措施

类别	主要污染物	防治措施
大气污染	(1)气体状态污染物:二氧化硫、氮氧化物、一氧化碳、苯、苯酚、汽油等。 (2)粒子状态污染物:降尘和飘尘。 (3)施工工地产生的气体污染物有锅炉、熔化炉、厨房烧煤产生的烟尘,建材破碎、筛分、碾磨、加料过程、装卸运输过程产生的粉尘,施工动力机械尾气排放等	(1)严格控制施工现场和施工运输过程中的降尘和飘尘对周围大气的污染,可采用清扫、洒水、遮盖、密封等措施降低污染。 (2)严格控制有毒有害气体的产生和排放,如禁止随意焚烧油毡、橡胶、塑料、皮革、树叶、枯草、各种包装物等废弃物品,尽量不使用有毒有害的涂料等化学物质。 (3) 所有机动车的尾气排放应符合国家现行标准

续表 9-5

类别	主要污染物	防治措施
水污染	施工现场废水和固体废物随水流流入水体部分,包括泥浆、水泥、油漆、各种油类,混凝土外加剂、重金属、酸碱盐、非金属无机物等	(1)禁止将有毒有害废弃物做土方回填。 (2)施工现场搅拌站废水、水磨石地面施工的污水、电石(碳化钙)的污水必须经沉淀池沉淀合格后再排放。 (3)现场存放油料,必须对库房地面进行防渗处理。如采用防渗混凝土地面等措施。 (4)施工现场的临时食堂,污水排放时可设置简易有效的隔油池,防止污染。 (5)工地临时厕所、化粪池应采取防渗漏措施。尽量采用水冲式厕所,并有防蝇措施,防止污染水体和环境。 (6)化学用品、外加剂等要妥善保管,库内存放,防止污染环境
噪声	(1)气体动力噪声、机械噪声、电磁性噪声。 (2)交通噪声(如汽车、火车等)、工业噪声(如鼓风机、汽轮机等)、建筑施工的噪声(如打桩机、混凝土搅拌机等)。 (3)社会生活噪声(如高音喇叭、收音机等)。	(1)声源控制。尽量采用低噪声设备和工艺,在声源处安装消声器等。 (2)传播途径的控制。吸声、隔声、消声、减振降噪。 (3)接收者的防护:使用耳塞、耳罩等防护用品。 (4)严格控制人为噪声:进入施工现场不得高声喊叫、无故甩打模板等。 (5)控制强噪声作业的时间。一般晚 10 点到次日早 6 点之间停止强噪声作业
固体废弃物	(1)建筑渣土:砖瓦石渣、混凝土碎块、废钢铁、碎玻璃、废弃装饰材料等。 (2)废弃的散装建筑材料:散装水泥、石灰等。 (3)生活垃圾:炊厨废物、丢弃食品、废旧日用品、煤灰渣、粪便等。 (4)设备、材料等的废弃包装材料	(1)物理处理:利用筛滤、沉淀、气浮等方法。 (2)化学处理:氧化还原、中和、化学浸出等。 (3)生物处理:好氧处理、厌氧处理等。 (4)热处理:焚烧、热解、焙烧、烧结等。 (5)固化处理:水泥固化法和沥青固化法等。 (6)回收利用:回收利用和集中处理等资源化、减量化的方法

小　结

职业健康安全与环境管理作为施工项目管理的主要内容之一,是时代的要求。因此,正确理解职业健康安全与环境管理的内涵,明确其基本任务、掌握建设工程职业健康安全与环境管理的特点是管理者的工作内容之一。施工项目安全控制事关生命安全和工程成本,"安全第一,预防为主"是我国安全生产的方针,切实可行的安全技术措施计划和有效实施是安全控制的重点。明确安全事故的处理原则,掌握安全事故的处理程序,是安全事故处理的核心。明确文明施工的要求,有效实施施工现场环境保护措施是环境管理的关键所在。

能力训练

一、单项选择题

1.施工项目职业健康安全与环境管理的目的是(　　)。

A.保护产品生产者和使用者的健康与安全以及保护生态环境

B.保护能源和资源

C.控制作业现场各种废弃物的污染与危害

D.控制影响工作人员以及其他人员的健康安全

2.建筑产品的固定性和生产的流动性及受外部环境影响因素都使得建设工程的职业健康安全与环境管理具有(　　)。

A.艰巨性　　B.复杂性　　C.不可逆性　　D.重复性

3.建设工程安全生产管理制度中的最基本制度是(　　)。

A.安全监察制度　　B.安全生产责任制度

C.安全措施计划制度　　D.安全预评价制度

4.项目职业健康安全技术措施计划应由(　　)主持编制,经有关部门批准后,由专职安全管理人员进行现场监督实施。

A.项目负责人　　B.专职安全生产管理人　　C.项目经理　　D.项目策划人

5.施工安全技术交底就是在建设工程施工前,由(　　)向施工班组和作业人员进行有关工程安全施工的详细说明,并由双方签字确认。

A.项目部的技术管理人员　　B.设计单位代表

C.监理工程师　　D.项目部的预算人员

6.一次事故中死亡3人以上(含3人)的事故被称为(　　)。

A.重大伤亡事故　　B.特大伤亡事故　　C.死亡事故　　D.重大事故

7.下列施工单位在施工现场的做法中,正确的是(　　)。

A.施工现场熔融沥青

B.将有害废弃物做土方回填

C.将泥浆水接入城市排水设施

D.使用密封或圆筒处理高空废弃物

8.在人口稠密区,强噪声作业一般(　　)应停止施工。

A.晚10点到次日早6点　　B.晚8点到次日早5点

C.晚8点到次日早6点　　D.晚6点到次日早6点

9.安全事故的处理程序是(　　)。

A.报告安全事故,调查对事故责任者进行处理,编写事故报告并上报

B.报告安全事故,处理安全事故,调查安全事故,对责任者进行处理,编写报告并上报

C.报告安全事故,调查安全事故,处理安全事故,对责任者进行处理,编写报告并上报

D.报告安全事故,处理安全事故,调查安全事故,对责任者进行处理施工现场

10. 新员工上岗前的三级安全教育通常是指(　　)。

A. 进厂、进企业、进班组

B. 进钢筋班组、进混凝土班组、进木工班组

C. 进厂、进企业、进项目部　　D. 进厂、进车间、进班组

二、多项选择题

1. 职业健康安全管理体系的作用是(　　)。

A. 有助于推动职业健康安全法规和制度的贯彻执行

B. 能促进企业职业健康安全管理水平的提高

C. 能提高企业的全面管理水平

D. 可以使企业保质、保量完成施工任务

E. 可以促进我国职业健康安全管理标准与国际接轨,有助于消除贸易壁垒

2. 建设工程项目环境管理的目的是(　　)。

A. 保护生态环境,使社会的经济发展与人类的生存环境相协调

B. 控制作业现场的各种粉尘、废水、废气、固体废弃物以及噪声、振动对环境的污染和危害

C. 避免和预防各种不利因素对环境管理造成的影响

D. 考虑能源节约和避免资源的浪费

E. 职业健康安全与环境管理的目的

3. 从人的心理学、行为学、安全技术、采取安全措施、系统论的方面来看,职业健康安全问题包括(　　)。

A. 人的不安全状态　B. 物的不安全状态　C. 人的不安全行为

D. 物的不安全行为　E. 组织管理不力

4. 在施工安全控制的基本要求中,其中有一项为对查出的安全隐患要做到"五定",这"五定"是(　　)。

A. 定整改责任人,定整改措施

B. 定整改完成时间,定整改完成人,定整改验收人

C. 定整改检验员,定整改完成人

D. 定整改验收人,定整改监督人

E. 以上全部正确

5. 施工安全技术措施计划的实施包含(　　)。

A. 安全生产责任制　　B. 安全教育

C. 安全技术交底　　D. 预防教育

E. 建立经常性的安全教育考核制度,考核成绩要记入员工档案

6. 安全事故处理的"四不放过"原则包括(　　)

A. 没有制定防范措施不放过　　B. 安全制度不落实不放过

C. 事故责任者和员工没有受到教育不放过　　D. 事故责任者没有处理不放过

E. 事故原因不清楚不放过

7. 下列属于安全检查主要内容的选项有(　　)。

A. 查制度　　B. 查思想　　C. 查整改

D. 查施工现场　　E. 查事故处理

8. 根据原劳动部和建设部的有关规定,企业安全教育一般包括对(　　)的安全教育。

A. 员工家属　　B. 特种作业人员　　C. 新员工

D. 企业员工　　E. 安全管理人员

9. 根据《建设工程施工现场管理规定》,施工单位的下列做法中,符合防止环境污染措施要求的有(　　)。

A. 将冲洗车辆的泥浆水未经处理直接排入河流

B. 施工现场位于城市郊区,在现场熔融沥青

C. 使用密闭器将高空废弃物运输至地面

D. 将有毒有害废弃物作为土方回填

E. 对产生噪声的机械,安装降噪设备

10. 施工现场固体废物的处理方法主要有(　　)。

A. 物理处理　　B. 化学处理和生物处理

C. 热处理和固化处理　　D. 回收利用和循环再造

E. 回填处理

三、简答题

1. 简述施工项目职业健康安全与环境管理的任务、特点。
2. 简述施工项目职业健康安全管理的程序。
3. 简述现场文明施工的主要内容。
4. 简述施工现场环境保护的主要内容。

四、案例分析

某高层办公楼,总建筑面积 137 500 m^2,地下 3 层,地上 25 层。业主与施工总承包单位签订了施工总承包合同,并委托了工程监理单位。

施工总承包单位完成桩基工程后,将深基坑支护工程的设计委托给了专业设计单位,并自行决定将基坑支护和土方开挖工程分包给了一家专业分包单位施工。专业设计单位根据业主提供的勘察报告完成了基坑支护设计后,即将设计文件直接给了专业分包单位。专业分包单位在收到设计文件后编制了基坑支护工程和降水工程专项施工组织方案,方案经施工总承包单位项目经理签字后即由专业分包单位组织了施工,专业分包单位在开工前进行了三级安全教育。

专业分包单位在施工过程中,由负责质量管理工作的施工人员兼任现场安全生产监督工作。土方开挖到接近基坑设计标高(自然地坪下 8.5 m)时,总监理工程师发现基坑四周地表出现裂缝,即向施工总承包单位发出书面通知,要求停止施工并要求立即撤离现场,施工人员查明原因后再恢复施工。但总承包单位认为地表裂缝属正常现象,没有予以理睬。不久基坑发生了严重坍塌,并造成 4 名施工人员被掩埋,经抢救 3 人死亡、1 人重伤。

事故发生后，专业分包单位立即向有关安全生产监督管理部门上报了事故情况。经事故调查组调查，造成坍塌事故的主要原因是地质勘察资料中未表明地下存在古河道，基坑支护设计中未能考虑这一因素而造成的。事故造成直接经济损失 80 万元，于是专业分包单位要求设计单位赔偿事故损失 80 万元。

问题：

1. 请指出上述整个事件中有哪些做法不妥？并写出正确的做法。

2. 三级安全教育是指哪三级？

3. 本起事故可定为哪种等级的事故？请说明理由。

4. 这起事故中的主要责任者是谁？请说明理由。

10 施工项目资源管理

【学习目标】

通过本章的学习，了解施工项目资源管理的主要内容；掌握人力资源的优化配置与动态管理；熟悉现场材料管理的的内容；熟悉技术管理的内容及基本管理制度；了解机械设备的使用要求、资金管理的要点。

10.1 施工项目资源管理概述

10.1.1 施工项目资源管理的概念

资源是人们创造出产品(即形成生产力)所需要的各种要素，也称生产要素。施工项目资源是对项目实施中使用的人力、材料、机械设备、技术、资金等要素的总称。

施工项目资源管理就是对项目所需人力、材料、机具、设备、技术和资金所进行的计划、组织、指挥、协调和控制等活动。

施工项目资源管理的主体是以项目负责人(项目经理)为首的项目经理部，管理的客体是与施工活动相关的各生产要素。要加强对施工项目的资源管理，就必须对投入项目的资源进行市场调查与研究，做到合理配置，并在生产中强化管理，以尽量少的消耗获得产出。如果资源管理工作做得好，会对整个工程有很大的促进作用。相反，如果没有做好资源管理工作，则会对工程管理产生很大的负面影响。

施工项目资源管理包括人力资源管理、材料管理、机械设备管理、技术管理和资金管理。

10.1.2 项目资源管理的主要内容

(1)人力资源管理。人力资源泛指能够从事生产活动的体力和脑力劳动者，在项目管理中包括不同层次的管理人员和参加作业的各种工人。人是生产力中最活跃的因素，人具有能动性、再生性和社会性等。项目人力资源管理的任务是根据项目目标，不断获取项目所需人员，并将其整合到项目组织之中，使之与项目团队融为一体。项目中人力资源的使用，关键在于明确责任、调动职工的劳动积极性、提高工作效率。从劳动者个人的需要和行为科学的观点出发，责、权、利相结合，采取激励措施，并在使用中重视对他们的培训，提高他们的综合素质。

(2)材料管理。建筑材料分为主要材料、辅助材料和周转材料等。主要材料指在施工中被直接加工，构成工程实体的各种材料，如钢材、水泥、沙子、石子等。辅助材料在施工中有助于产品的形成，但不构成工程实体的材料，如外加剂、脱模剂等。周转材料指不构成工程实体，但在施工中反复周转使用的材料，如模板、架管等。建筑材料还可以按其自然属性分类，包括金属材料、硅酸盐材料、电器材料、化工材料等。一般工程中，建筑材料占工程造价的70%左右，加强材料管理对保证工程质量、降低工程成本都将起到积极的作用。项目材料管理的重点在现场、在使用、在节约和核算，尤其是节约，其潜力巨大。

(3)机械设备管理。机械设备主要指作为大中型工具使用的各类型施工机械。机械设备管理往往实行集中管理与分散管理相结合的办法，主要任务在于正确选择机械设备，保证机械设备在使用中处于良好状态，减少机械设备闲置、损坏，提高施工机械化水平，提高使用效率。提高机械使用效率必须提高利用率和完好率，利用率的提高靠人，完好率的提高在于保养和维修。

(4)技术管理。施工项目技术管理是对各项技术工作要素和技术活动过程的管理。技术工作要素包括技术人才、技术装备、技术规程等；技术活动过程包括技术计划、技术应用、技术评价等。技术作用的发挥，除取决于技术本身的水平外，极大程度上还依赖于技术管理水平。没有完善的技术管理，先进的技术是难以发挥作用的。工程项目技术管理的任务是：正确贯彻国家的技术政策，贯彻上级对技术工作的指示与决定；研究认识和利用技术规律，科学地组织各项技术工作，充分发挥技术的作用；确立正常的生产技术秩序，文明施工，以技术保证工程质量；努力提高技术工作的经济效果，使技术与经济有机地结合起来。

(5)资金管理。施工项目的资金，从流动过程来讲，首先是投入，即将筹集到的资金投入到工程项目的实施上；其次是使用，也就是支出。资金管理应以保证收入、节约支出、防范风险为目的，重点是收入与支出问题，收支之差涉及核算、筹资、利息、利润、税收等问题。

10.1.3　施工项目资源管理的程序

项目资源管理非常重要，而且比较复杂，全过程包括如下四个环节：

(1)编制资源管理计划。资源管理的首要工作是编制计划。计划是优化配置和组合的手段，目的是对资源投入时间及投入量作出合理安排。

(2)资源优化配置。配置是按编制的计划，从资源的供应到投入项目实施，保证项目需要。优化是资源管理目标的计划预控，通过项目管理实施规划和施工组织予以实现，包括市场资源和内部资源的合理选择、供应、使用。

(3)资源控制。控制是根据每种资源的特性，制订科学合理的措施，进行动态配置和组合，协调投入，合理使用，不断纠正偏差，以尽可能少的资源满足项目要求，达到节约资源、降低成本的目的。动态控制是资源管理目标的过程控制，包括对资源利用率和使用效率的监督、闲置资源的清退、资源随项目实施任务的增减变化及时调度等，通过管理活动予以实现。

(4)资源处置。处置是根据各种资源投入、使用与产出的核算，进行使用效果分析，实现节约使用的目的。一方面是对管理效果的总结，找出经验和问题，评价管理活动；另一方面又为管理提供储备与反馈信息，以指导下一阶段的管理工作，并持续改进。

10.2　施工项目人力资源管理

10.2.1　施工项目人力资源管理概述

10.2.1.1　施工项目人力资源管理的概念

人力资源泛指能够从事生产活动的体力和脑力劳动者，在项目管理中包括不同层次的管理人员和参加作业的各种工人。人是生产力中最活跃的因素,人具有能动性、再生性和社会性等。

施工项目人力资源管理是指项目组织对该项目的人力资源所进行的科学的计划、适当的培训、合理的配置、准确的评估和有效的激励等方面的一系列管理工作。施工项目人力资源管理的全过程包括施工项目人力资源管理计划、施工项目人力资源管理控制和施工项目人力资源考核。

10.2.1.2 人力资源管理的基本特点

人力资源以人的身体和劳动为载体,是一种“活”的资源,并与人的自身生理特征相联系。其基本特点有以下几点:

(1)人力资源具有再生性。人口的再生产和劳动力再生产,通过人口总体和劳动力总体内各个体的不断替换、更新和恢复的过程得以实现。当然,人力资源的再生性除遵守一般的生物学规律外,还受人类意识的支配。

(2)人力资源在经济活动中是居于主导地位的能动性资源。人类不同于自然界其他生物之处就在于人具有目的性、主观能动性和社会意识,与其他被动性生产要素相比,是最积极、最活跃的生产要素,居于主导地位。因此,在施工项目实施过程中,比起对其他生产要素的管理,人力资源潜能的发挥和发挥程度,更依赖于管理人员的管理水平,即能否实现对员工的有效激励,能否达到使整体实力大于各个部分之和的管理效果。

(3)人力资源具有时效性。人力资源的形成、开发、使用受载体本身在时间方面的制约。从个体看,有其生命周期,以及生命期内资源可发挥时期、时段、时点等。

10.2.1.3 施工项目人力资源管理的任务

施工项目人力资源管理的任务是根据项目目标,不断获取项目所需人员,并将其整合到项目组织之中,使之与项目团队融为一体。项目中人力资源的使用,关键在于明确责任、调动职工的劳动积极性、提高工作效率。从劳动者个人的需要和行为科学的观点出发,责、权、利相结合,采取激励措施,并在使用中重视对他们的培训,提高他们的综合素质。

10.2.2 人力资源管理体制

建筑企业人力资源来源有两种形式:一是企业内部劳务队伍,即劳务分公司;二是外部劳务市场的劳务分包企业。

随着国家和建筑业用工制度的改革,建筑业企业逐步形成了多种形式的用工制度,而且已经形成了弹性结构。现在国家规定在建筑业企业中设置劳务分包企业序列,分专业设立13类劳务分包企业,并进行分级,确定了等级和作业分包范围,要求大部分技术工人持证上岗率100%。这就给施工总承包企业和专业承包企业的作业人员有了可靠的来源保证,按合同由劳务分包公司提供作业人员,主要依靠劳务分包公司进行劳动力管理,项目经理部协助管理。

按照住房和城乡建设部企业资质标准,凡工程量金额在50万元以上的,需进行劳务分包的项目,均应按照规定进行劳务招标投标。由项目部按照工程需用劳动力计划,提出招标要求,企业主管部门组织进行招标,中标后与劳务分包公司签订劳务分包合同。劳务分包合同的内容应尽可能详细、周全,要将作业任务、应提供的劳动力人数、进度要求及进场退场时间、双方的管理责任、劳务费计取及结算方式、奖励与处罚等,以条款形式确定下来。

10.2.3 施工项目人力资源管理计划

人力资源管理计划是从施工项目目标出发,根据内外部环境的变化,通过对项目未来人力资源需求的预测,确定完成项目所需人力资源的数量和质量、各自的工作任务,以及相互关系的过程。施工项目人力资源的高效率使用,关键在于制订合理的人力资源管理计划。

人力资源管理计划应包括人力资源需求计划、人力资源配置计划和人力资源培训计划。

10.2.3.1 人力资源需求计划

施工项目人力资源需求计划是根据项目经理部的生产任务和劳动生产率水平以及项目施工进度计划的需要和作业特点而对所需人力资源进行预测,并为满足这些需要而预先进行系统安排的过程。

(1)项目管理人员需求的确定。应根据岗位编制计划,使用合理的预测方法进行人员需求预测。最终要形成一个有员工数量、招聘成本、技能要求、工作类别、管理人员数量和层次的分列表。

(2)综合劳动力和主要工种劳动力需求的确定。劳动力综合需要量计划是确定暂设工程规模和组织劳动力进场的依据。

劳动力需要量计划是根据施工方案、施工进度和预算,依次确定的专业工种、进场时间、劳动量和工人数,汇集成表格,作为现场劳动力调配的依据。对于劳务人员的优化配置,应根据承包项目的施工进度计划和工种需要数量进行。

10.2.3.2 人力资源配置计划

根据组织发展计划和组织工作方案,结合人力资源核查报告,来制订人员配置计划。人员配置计划阐述了项目单位每个职位的人员数量、人员的职务变动、职务空缺数量的补充办法。

1.人力资源配置内容

(1)研究制定合理的工作制度与运营班次,根据类型和生产过程特点,提出工作时间、工作制度和工作班次方案。

(2)研究员工配置数量,根据精简、高效的原则和劳动定额,提出配备各岗位所需人员的数量,技术改造项目,优化人员配置。

(3)研究确定各类人员应具备的劳动技能和文化素质。

(4)研究测算职工工资和福利费用。

(5)研究测算劳动生产率。

(6)研究提出员工选聘方案,特别是高层管理人员和技术人员的来源和选聘方案。

2.人力资源配置计划编制的依据

(1)人力资源配备计划:阐述人力资源在何时,以何种方式加入和离开项目小组。人员计划可能是正式的,也可能是非正式的,可能详细,也可能是框架概括型的,依项目需要而定。

(2)资源库说明:可供项目使用的人力资源情况。

(3)制约因素:外部获取时的招聘惯例、原则和程序。

10.2.3.3 人力资源培训计划

人力资源培训计划包括新员工的上岗培训、老员工的继续教育以及各种专业培训等。

培训计划涉及培训政策、培训需求分析、培训目标的建立、培训内容、培训方式。

培训内容包括规章制度、安全施工、操作技术和文明教育四个方面。具体有人员的应知应会知识、法律法规及相关要求，操作和管理的沟通配合须知、施工合规（符合规定）的意识、人体工效要求等。

10.2.4 施工项目人力资源管理控制

施工项目人力资源管理控制是对劳动力的使用进行合理配置和调整的过程，其目的是保证生产计划或施工项目进度计划的实现，使劳动力要素得到充分利用，降低工程成本。控制过程包括人力资源优化配置和动态管理。人力资源管理控制应包括下列内容：

(1)根据项目需要确定人力资源性质、数量、标准。

(2)与人力资源供应单位(或部门)订立不同层次的劳务分包合同。

(3)对拟使用的人力资源进行岗前教育和业务培训。

(4)根据项目实际进度及时对人力资源的使用情况进行考核评价。

10.2.4.1 人力资源的优化配置

施工项目人力资源的优化配置是为了保证施工项目进度计划实现，使人力资源充分利用，降低工程成本。

一个施工企业，当已知劳动力需要数量以后，应根据承包的施工项目，按其施工进度计划和工种需要数量进行配置。每个施工项目劳动力分配的总量，应按企业的建筑安装工人劳动生产率（工作效率）进行控制。其主要方法是：按劳动效率定员、按设备定员、按岗位定员、按组织机构定员、按职责范围定员、按业务分工定员等。具体做法上应考虑以下几个方面：

(1)在劳动力需用量计划的基础上再具体化，防止漏配。必要时根据实际情况对劳动力计划进行调整。配置劳动力时应掌握劳动生产率水平，使劳动力有超额完成的可能性，以获得奖励，进而激发出工人的劳动热情。

(2)如果现有的劳动力能满足要求，配置时必须依据节约原则。如果现有劳动力不能满足要求，项目经理部可考虑劳动力加配，也可把任务转包出去。

(3)如果在专业技术或其他素质上现有人员不能满足工作要求，应提前进行培训，然后上岗作业。

(4)尽量使作业层正在使用的劳动力和劳动组织保持稳定，防止频繁调动。当目前使用的劳动组织不适应任务要求时，应进行劳动组织调整，并敢于打乱原建制进行优化组合。

(5)为保证作业需要，工种的组合、技术工种与一般工种的比例要适当、配套，尽量使劳动力均衡配置，便于管理，使劳动资源强度适当，达到节约的目的。

(6)按照精干高效、竞争择优、双向选择原则进行配置。

10.2.4.2 签订劳务合同

劳务分包合同一般分为两种形式：一是按施工预算或投标价承包；二是按施工预算中的清工承包（包工队或公司不购材料只出人工技术和施工工艺的一种做法）。

劳务分包合同的内容应包括工程名称，工作内容及范围，提供劳务人员的数量，合同工期，合同价格及确定原则，合同价款的结算和支付，安全施工，重大伤亡及其他安全事故处理，工程质量、验收与保修，工期延误，文明施工，材料机具供应，文物保护，发包人、承包人的权利和义务，违约责任等。

10.2.4.3 人力资源的培训

目前，施工现场缺少的不是劳动力，而是缺少有知识、有技能、适应现代建筑业发展要求的新型劳动者和经营管理者。而使现有劳动力具有这样的文化水平和技术熟练程度的唯一途径是采取有效措施全面开展培训，通过培训达到预定的目标和水平，并经过一定的考核取得相应的技术熟练程度和文化水平的合格证后方能上岗。人力资源培训的管理包括培训岗位、人数，培训内容、目标、方法、地点和培训费用等，应重点培训关键岗位的操作运行人员和管理人员。

项目施工前后，应做好以下几方面的培训工作：

(1)项目经理应本着"安全第一，预防为主"的原则。在项目施工之前，应对全体劳动工人及管理人员进行严格的安全教育，并应组织书面考核，合格的才可以从事施工劳动，从而加强工人的自我保护意识，对搞好安全生产、提高施工现场的管理水平提供必要的保证。

(2)对于有技术要求的工人，在施工前应进行实际操作水平考核，按考核结果分级安排相应的工作。在分项工程施工前，项目经理和技术负责人应向工人进行认真的技术交底工作，包括施工验收规范、质量标准及设计要求等，均应向操作人员进行书面交底，澄清并应签字齐全，归入档案资料中。

(3)对于特种作业需持证上岗的人员，要严格对其操作证进行检查，如果发现未按劳动部门规定进行复审的，超过了其有效期限，将视为作废。项目经理要严格禁止无证操作。

(4)项目经理应积极支持劳动者参加各种文化及专业技术的学习和培训，提高他们的综合素质，使劳动者向知识化、专业化的方向发展。

(5)项目经理应采取多种形式，组织工人学习别人的先进技术和经验，提高职工的实际操作水平，确保施工项目的质量，做到全心全意为用户着想，对用户负责，扩大企业的知名度，在激烈的竞争环境中得以生存和发展。

10.2.4.4 劳动力的动态管理

劳动力的动态管理是指根据项目实施及实施条件对劳动力需求和使用进行跟踪平衡、协调，以解决劳动力失衡、劳务与生产要求脱节的动态过程。其目的是实现劳动力动态的优化组合。劳动力动态管理的具体做法需从以下几方面考虑：

(1)为了保持施工过程中劳动力的相对平衡，项目经理部可根据需要及时进行劳动力补充或减员。为了作业班组有计划地进行作业，项目经理部应按规定及时向班组下达施工任务书。

(2)在施工过程中不断进行劳动力平衡、调整，解决施工要求与劳动力数量、工种、技术能力、相互配合间存在的矛盾。同时，应与企业管理层保持信息沟通、人员使用和管理的协调。

(3)根据执行结果进行考核，按合同支付劳务报酬进行激励。项目经理部应加强对劳务人员的教育培训、思想管理，对作业效率和质量进行检查。

(4)劳动力动态管理的原则是：以进度计划与劳务合同为依据，始终以劳动力市场为依托，允许劳动力在市场内作充分的合理流动；以动态平衡和日常调度为手段，以达到劳动力优化组合和充分调动作业人员的积极性为目的。

10.2.5 施工项目人力资源管理考核

人力资源管理考核主要着眼于工作结果,是个体或群体劳动的最终成绩或贡献。考核劳动绩效既要考虑劳动者的工作业绩,又要考虑劳动者的工作过程、行为方式和客观环境条件,最终要有激励机制的配合。

对人力资源管理的考核应定期举行,一般可分为月度、季度、半年、年度考核,月度考核以考勤为主。对于特别事件,可以举行不定期专项考核。

10.2.5.1 绩效评价

绩效评价就是按既定标准,采用具体的绩效评价方法,检查和评定劳动者工作过程、工作行为、工作结果,以确定工作成绩,并将评价结果反馈给劳动者的过程。绩效评价是以工作目标为导向,以工作标准为依据,对劳动者的行为及其结果进行综合管理的一种制度,目的是确认劳动者的工作成就,改进员工的工作方式,奖优惩劣,提高工作效率和经营效益。

10.2.5.2 员工激励

现代项目人力资源管理中运用员工激励措施是做好项目管理的必要手段,管理者必须深入了解项目员工个体或群体的各种需要,正确选择激励手段,制定合理的奖惩制度并适时地采取相应的奖惩和激励措施。激励可以提高项目员工的工作效率,有助于项目整体目标的实现,有助于提高项目员工的素质。

项目员工的激励必须坚持一定的原则,如为实现项目目标而努力的目标原则,项目员工的报酬与贡献和它们之间比较待遇是否公平的原则,是否满足项目员工个体或群体需求的按需激励原则等。

激励方式是多样性的,如物质激励与荣誉激励、参与激励与制度激励、目标激励与环境激励、榜样激励与情感激励等。

10.3 施工项目材料管理

10.3.1 施工项目材料管理概述

施工项目材料管理就是按照客观经济规律的要求,依据一定的原则、程序和方法,搞好材料的供需平衡,合理进行材料的运输与保管工作,保证施工生产的顺利进行。

由于材料费在流动资金占用和工程成本中所占的比重最大,并且工程项目的材料对工程质量的影响起主要的作用,故加强材料管理是提高经济效益和工程质量的最主要的途径。

施工项目材料管理的目的是贯彻节约原则,节约材料费用,降低工程成本。项目经理部材料管理的主要任务应集中于提出材料需用量,控制材料使用,加强现场管理,完善材料节约措施,组织材料的结算和回收。

施工项目的材料管理实行分层管理,一般分为管理层的材料管理和劳务层的材料管理。

1. 管理层的材料管理任务

管理层的材料管理主要是确定并考核施工项目的材料管理目标,承办材料资源开发、订购、储运等业务,负责报价、价格及价格核算,制定材料管理制度,掌握供求信息,形成监督网络和验收体系,并组织实施。具体任务有以下几个方面:

(1)建立稳定的供货关系和资源基地,在广泛收集信息的基础上,发展多种形式的横向联合,建立长远的、稳定的、多渠道可供选择的货源,以便获取优质低价的物质资源,为提高工程质量、缩短时间、降低工程成本打下牢固的物质基础。

(2)组织好投标报价工作。一般材料费用约占工程造价的70%,因此在投标报价过程中,合理选择材料供应厂家,合理估算用料,正确制订材料价格,对于争取中标,扩大建筑市场经营业务范围具有重要作用。

(3)建立材料管理制度。施工项目的材料管理,必须建立一套完整的材料管理制度,包括材料目标管理制度、材料供应和使用制度,以便组织材料的采购、加工、运输、供应、回收和废物利用,并进行有效地控制、监督和考核,以保证顺利实现承包任务和材料使用过程的效益。

2.劳务层的材料管理任务

劳务层的材料管理主要是管好领料、用料及核算工作。具体任务如下:

(1)属于限额领用时,要在限定用料范围内,合理使用材料,对领出的料具要负责保管,在使用过程中遵守操作规程;任务完成后,办理退料和结算;内部实行节约受奖、超耗受罚制度。

(2)属于承包的材料费、工具费,要负责费用核算,办理料具的领用或租用手续,节约归己,超耗自付。

(3) 接受项目管理人员的指导、监督和考核。

项目施工中材料费用在整个工程的流动资金占用和工程成本中所占的比重最大,加强材料管理是提高施工企业经济效益、保证工程质量的最主要途径。

10.3.2 施工项目材料管理计划

施工项目材料计划是对施工项目所需要材料的预测、部署和安排,是指导与组织施工项目材料的订货、采购、加工、储备和供应的依据,是降低成本、加速资金周转、节约资金的一个重要因素,对促进生产具有十分重要的作用。

根据计划的内容和作用不同,材料计划可分为材料需求计划、材料使用计划和阶段计划。

10.3.2.1 材料需求计划

材料需求计划是根据施工项目设计文件及施工组织设计编制的,反映完成施工项目所需要的各种材料的品种、规格、数量和时间要求,是编制其他各项计划的基础。

材料需求计划一般包括整个施工项目的需求计划和各计划期的需求计划,准确确定材料需用量是编制材料计划的关键。它反映整个施工项目及各分部分项工程材料的需用量,亦称施工项目材料分析。

10.3.2.2 材料使用计划

材料使用计划是材料供应部门根据材料需用计划、材料库存情况及合理储备等要求,经综合平衡后制订的,指导材料订货、采购等活动的计划。它是组织、指导材料供应与管理业务活动的具体行动计划,主要反映施工项目所需材料的来源。

10.3.3 材料供应管理

10.3.3.1 材料的供应体制

材料供应是材料管理的首要环节,与材料供应市场关系极大。问题的焦点集中在项目施工应建立怎样的材料供应体制上。

1. 材料供应权应主要集中在法人层次上

施工项目所需的主要材料和大宗材料应由企业物资部门订货或市场采购,按计划供应给项目经理部;项目经理部应及时向企业物资部门提供材料需要计划;远离企业本部的项目经理部,可在法定代表人的授权下就地采购。因此,企业应建立统一的供料机构,对工程所需的主要材料和大宗材料实行统一计划、统一采购、统一供应、统一调度,承担"一个漏斗,两个对接"的功能,即一个企业绝大部分材料主要通过企业层次的材料机构进入企业,形成"漏斗";企业的材料机构既要与社会建材市场"对接",又要与本企业的项目管理层"对接"。这种做法可以克服企业多渠道供产、多层次采购的低效状态;可以把材料管理工作贯穿于施工项目管理的全过程,即投标报价、落实施工方案、组织项目班子、编制材料计划、组织项目材料核算、实施奖惩的全过程,有利于建立统一的企业材料管理体系。

2. 项目经理部有部分材料的采购供应权

为满足施工项目材料特殊需要,调动项目管理层的积极性,企业应给项目经理部一定的材料采购权,负责采购供应特殊材料和零星材料,做到两层互补,不留缺口。对企业材料部门的采购,项目管理层也应有建议权。这样,施工项目经理部材料管理的主要任务便集中于提出需用量计划、控制材料使用、加强现场管理、设计材料节约措施、完工后组织材料结算与回收等。

10.3.3.2 材料的供应方式

供货方式是指企业所购入的各种材料在建筑企业内部通过什么方式供给施工项目使用的材料供求关系。一般按不同的需求,以最好的经济效益为前提来进行确定。主要有领料方式、送料方式、直接供应方式、中转供应方式、租赁方式。

(1)领料方式也称提料方式。这种方式由用料单位根据供料部门开出的领料单,在规定的期限内到指定地点提取,提料过程的运输由用料单位自理。这种方法能较为灵活地适应施工需要,但增加了用料单位的工作量。

(2)送料方式。由供应部门根据用料的申请计划,负责将材料按规定时间直接送到指定用料地点,这种做法可以减少用料单位的工作量,也利于供应部门了解用料单位的使用与要求,提高供料工作水平。但在施工情况多变时,供应衔接困难。

(3)直接供应方式。由供应部门根据供应计划,从生产厂家购买后,直接送到用料单位指定的地点,或由用料单位持提货单,直接到厂家提取。这种做法可以减少中间环节,加速流转,费用低,但受批量限制,适合大宗材料。

(4)中转供应方式。指由生产厂家购买后,先进入供应部门的仓库,然后根据用料单位的申请计划,采取送料方式或领料方式供货。这种做法,适合于用量少、通用性强和可变性大的材料。

(5)租赁方式。在一定期限内,产权的拥有方向使用方提供财产的使用权,而不改变所有权,双方各自承担一定义务,履行一定契约的经济关系。凡是在施工过程中能够多次反复使用的，其价值逐步转移到工程中去的周转材料、大中型工具等，宜采用这种方式。

以上五种不同的供应方式，各有优缺点，可以相互补充。选择供应方式时，要从实际出发，全面分析，因地制宜，才能取得较好的经济效果。

10.3.4 施工现场的材料管理

施工过程是劳动对象"加工""改造"的过程，是材料消耗的过程，称为"牺牲"过程或使用过程。使用过程中材料管理的中心任务就是检查、保证进场施工材料的质量，妥善保管进场的物资，严格、合理地使用各种材料，降低消耗，保证实现管理目标。现场材料管理的内容有以下几个方面。

10.3.4.1 材料进场验收

为把住质量和数量关，在材料进场时根据进料计划、送料凭证、质量保证书或产品合格证进行验收；验收按质量验收规范和计量检测规定进行；验收内容包括品种、规格、型号等；验收要做好记录、办理验收手续；对不符合要求的材料应拒绝验收。

10.3.4.2 材料的储存与保管

材料入库，应建立台账；现场的材料必须防火、防盗、防雨、防变质、防损坏；施工现场材料放置要合理，保管得当；要日清、月结、定期盘点、账物相符。

10.3.4.3 材料领发

凡工程用料，凭限额领料单领发材料；超限额的用料，用料前办理手续，填写超限额领料单，注明消耗原因，经签发批准后实施；建立领发料台账，记录领发状况和节超状况。

10.3.4.4 材料使用监督

现场材料管理责任者应对现场材料的使用进行分工监督。监督内容包括：是否按材料计划合理用料，是否严格执行配合比，是否认真执行领发料手续，是否做到谁用谁清、随领随用，是否按规定进行用料交底和作业交接，是否按要求保护材料等。检查是监督的手段，检查要做到情况有记录、原因有分析、责任有明确、处理有结果。

10.3.4.5 材料回收、统计

班组余料必须收回，及时办理退料手续，并在限额领料单中登记扣除，设施用料、包装物及容器在使用周期结束后组织回收，建立回收台账，处理好经济关系。

现场材料统计的内容包括：进料计划执行情况的统计，现场材料的收、发、存统计，限额领料执行情况统计，项目竣工实际耗料统计，施工项目实际耗料与施工预算对比节、超统计，临时设施用料与原定额用料计划对比节、超统计，超耗数量统计及超耗原因分析。

10.3.4.6 周转材料的管理

周转材料主要是指模板、脚手架等。其特点是价值高、用量大、使用期长，其价值随着周转使用逐步转移到产品成本中。因此，对周转材料管理的要求，是在保证施工生产的前提下，减少占用，加速周转，延长寿命，防止损坏。为此，一般周转材料的管理多采用租赁制，对施工项目实行费用承包，对班组实行实物损耗承包。

(1)项目费用承包是指项目经理在上级核定的费用额度内，组织周转材料的使用，实行节约有奖、超耗受罚的办法。

(2)实物损耗承包是对施工班组考核回收率和损耗率，实行节约有奖、超耗受罚。在实行班组实物损耗承包过程中，要明确施工方法及用料要求，合理确定每次周转损耗率，抓好

班组领、退的交点，及时进行结算和奖罚兑现。对工期较短、用量较少的项目，可对班组实行费用承包，在核定费用水平后，由班组向租赁部门办理租用、退租和结算，实行盈亏自负。

以上承包办法，都应建立周转材料核算台账，记录项目租用周转材料的数量、使用时间、费用支出及班组实物损耗承包的结算情况。

10.4 机械设备管理

10.4.1 机械设备管理概述

施工项目机械设备管理是对施工机械设备全过程的管理，即对从施工机械设备的选择开始，投入生产领域使用、磨损、修理、改造、更新，直到报废退出生产领域为止的全过程进行管理。

施工项目的机械设备主要是指作为大型工具使用的大、中、小型机械，它们既是固定资产，又是劳动手段，是建筑企业组织施工生产的物质技术基础。在大型工程项目的施工中，如果没有机械设备参与生产是不可想象的。随着建筑业的不断发展，机械设备的种类和数量越来越多，其资金占用量也越来越大，与其有关的费用如折旧费、维修费在工程成本中所占的比重也会不断提高。因此，加强机械设备的经营管理，对全面完成企业的施工生产任务、降低工程成本、提高劳动生产率、减轻工人的劳动强度、缩短工期、提高工程质量具有极其重要的作用。

机械设备管理的任务是对设备进行综合管理，科学地选好、用好、管好、养好、修好机械设备，在设备使用寿命期内，保持设备完好，不断地改善企业的技术装备素质，提高设备利用率和劳动生产率。施工项目部应编制机械设备使用计划并报企业审批。对进场的机械设备必须进行安装验收，并做到资料齐全，在使用中经常维护与管理。

10.4.2 施工项目机械设备管理计划

施工项目机械设备管理计划主要包括机械设备需求计划、机械设备使用计划和机械设备保养与维修计划。

10.4.2.1 机械设备需求计划

对于主要施工机械的需要量，根据施工进度计划、主要建筑物施工方案和工程量，并套用机械产量定额求得。施工项目所需的机械设备有四种方式提供：从本企业专业租赁公司租赁、从社会上的机械设备租赁市场上租用设备、分包队伍自有设备、企业新购买设备。

10.4.2.2 机械设备使用计划

机械设备使用计划的编制依据是施工项目施工组织设计。编制施工组织设计，应在考虑合理的施工方法、工艺、技术安全措施时，考虑用什么样的设备去组织生产，才能最合理、最有效地保证工期和质量，降低生产成本。

10.4.2.3 机械设备保养与维修计划

设备进入现场经验收合格后，在使用的过程中其保护装置、机械质量、可靠性等都有可能发生质的变化，对使用过程的保养与维修是确保其安全、正常使用必不可少的手段。

机械设备保养的目的是保持机械设备的良好技术状态，提高设备运转的可靠性和安全性，减少零件的磨损，延长使用寿命，降低消耗，提高经济效益。

10.4.3 机械设备的选择

10.4.3.1 机械设备的选择形式

合理选择机械设备的目的是既保证满足施工生产的需要，又能使每台机械设备发挥最大效率，以达到最佳经济效益。选择机械设备的总原则是技术上先进、经济上合理、生产上适用。

施工单位机械设备的选择一般有三种形式：自有、租赁和施工承包。

(1)自有。施工单位根据本身的性质、任务类型、施工工艺特点和技术发展趋势购置机械，自行使用。自有机械应当是企业常年大量使用的机械，这样才能达到较高的机械利用率和经济效果。

(2)租赁。某些大型、专用的特殊建筑机械，一般土建企业自有设备在经济上不合理时，就由专门的机械供应站(租赁站)装备以租赁方式供建筑企业使用。

(3)施工承包。某些操作复杂或要求人与机械密切配合的机械，由专业机械化施工公司装备，组织专业工程队组承包。如构件吊装、大型土方等工程。

10.4.3.2 机械设备的评价

施工机械设备的选择是在施工方案编制时进行的，其原则是：切合需要，实际可能，经济合理。其选择方法有以下几种：

(1)综合因素评分法。如果有多种机械的技术性能可以满足施工要求，还应对各种机械的下列特性进行综合考虑，包括工作效率，工作质量，使用费和维修费，能源耗费量，占用的操作人员和辅助工作人员，安全性，稳定性，运输、安装、拆卸及操作的难易程度和灵活性，在同一现场服务项目的多少，机械的完好性和维修的难易程度，对汽修条件的适应性，对环境保护的影响程度等。由于项目较多，在综合考虑时，如果优劣倾向性不明显，则可用合适的方法求出综合指标，再加以比较。评分的方法较多，可以用简单评分法，也可以用加权评分法。

【例 10-1】 设有3台机械的技术性能均可满足施工需要，假如上述各种特性中，前三项满分均为10分，其余各项满分均为8分，每项指标又分成三级，评定结果见表10-1，将各机械的分值相加，高者为优。本方案最后应选用乙机。

(2)用单位工程量成本比较优选。在使用机械时，总要消费一定的费用，这些费用可分为两类：一类称为操作费或称为可变费用，它随着机械的工作时间而变化，如操作人员的工资、燃料动力费、小修理费、直接材料费等；另一类费用是按一定施工期限分摊的费用，称为固定费，如折旧费、大修理费、机械管理费、投资应付利息、固定资产占用率等。用这两类费用计算单位工程量成本的公式为

$$C = \frac{F + VX}{QX} \tag{10-1}$$

式中 C—— 单位工程量成本；

F——一定时期内的固定费用；

V——单位时间的操作费用；

Q——机械单位时间的产量；

X——机械在一定时期内的操作(作业)时间。

表 10-1　加权评分法

序号	特性	等级	标准分	甲机	乙机	丙机
1	工作效率	A B C	10 8 6	10	10	8
2	工作质量	A B C	10 8 6	8	8	8
3	使用费和维修费	A B C	10 8 6	8	10	6
4	能源耗费量	A B C	8 6 4	8	6	4
5	占用人员	A B C	8 6 4	6	8	8
6	安全性	A B C	8 6 4	8	6	8
7	稳定性	A B C	8 6 4	6	6	8
8	服务项目多少	A B C	8 6 4	6	6	8
9	完好性和维修难易	A B C	8 6 4	6	8	4
10	安、拆、用的难易和灵活性	A B C	8 6 4	8	8	6
11	对气候的适应性	A B C	8 6 4	6	6	6
12	对环境的影响	A B C	8 6 4	4	6	8
总计分数				84	88	82

【例 10-2】 有 A、B 两种挖土机械均能满足施工需要，预计月度平均作业时间为 150 h，详细资料见表 10-2。问应选哪种机械？

表 10-2　挖土机的有关经济资料

机种	月固定费用(元)	每小时操作费(元)	每小时产量(m^3)
A	7 000	35	50
B	8 400	30	55

解　A、B 两种机械的单位工程量成本计算如下：

$$C_A = \frac{7\,000 + 35 \times 150}{150 \times 50} = 1.63(\text{元}/m^3)$$

$$C_B = \frac{8\,400 + 30 \times 150}{150 \times 55} = 1.56(\text{元}/m^3)$$

显然 B 机的单位工程量成本低于 A 机，应当选用 B 机。

(3)界限使用时间比较法。单位工程量成本受使用时间的制约。如果我们能将两种机械单位工程量成本相等时的使用时间计算出来，则决策工作会更简便，也更可靠，我们把这个时间称为“界限使用时间”。

假设 A、B 两种机械的单位工程量成本相等时的界限使用时间为 X_o，则两机的单位工程量成本相等时可表示为

$$\frac{F_A + V_A X_o}{Q_A X_o} = \frac{F_B + V_B X_o}{Q_B X_o} \tag{10-2}$$

由上式可推导出

$$X_o = \frac{F_B Q_A - F_A Q_B}{V_A Q_B - V_B Q_A} \tag{10-3}$$

式中　X_o——界限使用时间；

F_A、F_B——A、B 两种设备的固定费；

V_A、V_B——A、B 两种设备的变动费；

Q_A、Q_B——A、B 两种设备单位作业时间的产量。

上式中，如果 $F_B Q_A - F_A Q_B > 0$，$V_A Q_B - V_B Q_A > 0$，年使用时间低于 X_o，应使用 A 机械；年使用时间高于 X_o，则应使用 B 机械。

如果 $F_B Q_A - F_A Q_B < 0$，$V_A Q_B - V_B Q_A < 0$，年使用时间低于 X_o，应使用 B 机械；年使用时间高于 X_o，则应使用 A 机械。

以上界限使用时间比较法，可用坐标图 10-1 表示。图中 A、B 两线的交点，称为盈亏平衡点，也是衡量机械经济与否的标准点。

【例 10-3】 根据例 10-2 计算 A、B 两种机械的界限使用时间，并确定当月度作业时间分别为 80 h 和 90 h 时应选用的机械。

解　界限使用时间 X_o 的计算如下：

$$X_o = \frac{F_B Q_A - F_A Q_B}{V_A Q_B - V_B Q_A} = \frac{8\,400 \times 50 - 7\,000 \times 55}{35 \times 55 - 30 \times 50} = 82.35(\text{h/月})$$

由于 $F_B Q_A - F_A Q_B = 35\,000 > 0$，$V_A Q_B - V_B Q_A = 425 > 0$，故当作业时间为 80 h 时，选用

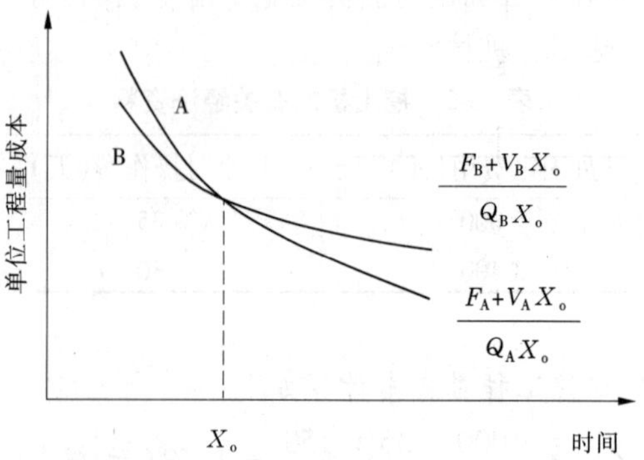

图 10-1　界限使用时间比较法

A 机械;当作业时间为 90 h 时,选用 B 机械。

(4)年等值费用法。若机械设备在一项工程中使用时间较长,在选择时往往涉及机械设备的原值(原始投资)及银行利息的计算。这时,可采用年等值费用法进行计算,低者为优。

所谓年等值费用,是指在机械设备的使用期限内,把购置机械设备一次支出的最初投资费用,按复利计算方法换算成相当于每年的投资费用,再加上每年的使用费,得出机械设备的年度等值费用。在其他条件相同的情况下,通过比较各设备的年等值费用,选取最低者为最优设备。年等值费用法的计算公式如下:

机械年等值费用 =(购入价格 - 残值)×资金回收系数 + 残值利息 + 机械年使用费

$$\text{资金回收系数} = \frac{i(1+i)^n}{(1+i)^n - 1} \tag{10-4}$$

式中　i——利率;

n——贷款年限(指机械自然寿命)。

【例 10-4】　某企业要进行一项大工程的建设,施工组织设计基本完成后,发现本企业现有的机械均不能满足需要,故需要做出是购买设备还是向租赁公司租赁机械的决策。试根据表 10-3 资料进行决策。

表 10-3　自购与租赁设备费用资料

方案	一次投资(元)	年使用费(元)	使用年限	残值	年复利率(%)	年租金(元)
自购	200 000	40 000	10	20 000	10	
租赁	—	20 000	—	—	—	40 000

解　分别计算两方案的年费用,以费用低者为优选方案。

(1)自购机械的年等值费用为

$$(200\,000 - 20\,000) \times \frac{0.10 \times (1+0.10)^{10}}{(1+0.10)^{10} - 1} + 20\,000 \times 0.10 + 40\,000 = 71\,294(\text{元})$$

(2)租赁机械的年支出费用包括年租金和年使用费两部分,即

租赁机械的年支出费用 = 年租金 + 年使用费 =20 000 +40 000 =60 000(元)

由于自购机械的年等值费用比租赁机械的年支出费用高出 11 294 元(即 71 294 - 60 000),故应选择租赁机械的方案。

10.4.4 机械设备的合理使用

机械设备使用寿命的长短、效率的高低、精度等级等与机械设备的合理使用有密切的关系。只有正确地、合理地使用机械,才能减轻机械磨损,延长机械的使用寿命,充分发挥机械的效率,提高机械使用的经济效益。合理使用机械设备,应做好以下工作。

10.4.4.1 正确配备机械,合理安排施工任务

由于工程特点及施工条件各不相同,因此在配备设备时必须根据工程特点,经济合理地为工程项目配备好机械设备。同时,又必须根据各种机械设备的性能和特点,合理地安排施工生产任务,避免"大机小用""精机粗用",以及超负荷运转现象,而且还应随工程任务的变化及时调整机械设备,使各种机械设备的性能与工程任务相适应。

10.4.4.2 建立健全机械设备的使用制度

机械设备的使用制度是正确使用机械设备的基础,主要有以下几方面:

(1)定机、定人、定岗位责任的"三定"制度。"三定"制度即"人机固定"的岗位责任制度。实行"三定"制度,能够调动操作人员的积极性,增强责任心,有利于设备的维修、保养和正确使用。

(2)操作证制度。凡上岗操作机械设备的人员,必须经过技术培训,经考试合格,发给操作证后,方可上机操作,否则按违章处理。实行操作证制度,有利于促进操作人员钻研技术,保证机械设备的正确使用。

(3)交接班制度。机械设备交班作业时,要执行交接班制度。上班作业人员应向接班人员交待设备的运转情况、故障的处理记录等;接班人员应全面检查设备的状况,有疑问要及时提出,以分清责任,保证设备正常运转。

(4)单机(机组)核算制度。单机(机组)核算就是以定额为基础,考核单机或机组的生产效率、消耗费用、保修费用,并根据考核的结果对操作人员实行奖惩。这也是提高机械设备管理水平的一项重要措施。

(5)遵守走合期使用规定。凡是刚投入使用的机械设备,使用初期都必须执行走合期使用规定。所谓走合期,就是指新机械设备和经过大修或改造的机械设备在投产使用初期,经过运行磨合使机械零配件摩擦表面逐渐达到良好配合的时间。执行走合期使用规定,可以增强零件的耐用性,提高机械设备运行的可靠性和经济性,延长大修间隔期和使用寿命。

(6)培养机务队伍。采取办训练班,进行岗位练兵等形式,有计划、有步骤地做好培养和提高工作。

(7)搞好机械设备的综合利用。现场安装尽量做到一机多用,按小时安排好机械的工作,充分利用时间,大力提高其利用率。

(8)努力组织好机械设备的流水施工。当施工进度主要取决于机械设备而不是人力的时候,划分施工段必须以机械设备的服务能力作为划分施工段的决定因素,使机械设备连续作业,必要时"歇人不歇马",三班作业。

(9)机械设备安全作业。项目经理部在机械作业前应对操作人员进行安全操作交底,使操作人员对施工要求、场地环境等安全生产要素有所了解。项目经理部按机械设备的安

全操作要求安排工作和进行指挥,不得要求操作人员违章作业,也不得强令机械设备带故障操作,更不得指挥和允许操作人员野蛮施工。

(10)为机械设备的施工创造良好的条件。现场环境、施工平面图布置应适合机械作业要求,交通路畅无障碍,夜间施工安排好照明。

10.4.4.3 建立机械设备技术档案

机械设备技术档案是机械设备从出厂到使用报废全过程的历史记录,它为掌握机械使用情况,及时进行机械设备维修提供可靠依据。因此,在机械设备使用中必须逐台建立技术档案,指定专人负责管理,准确记录,及时整理。

机械设备技术档案包括机械设备的原始技术文件、技术试验记录、验收交接登记本、运转记录、维修记录、事故分析记录、技术改造资料等。

10.4.5 机械设备的保养与维修

10.4.5.1 机械设备的磨损

机械设备的磨损可分为以下三个阶段。

第一阶段:磨合磨损,即初期磨损,包括制造或大修理中的磨损和使用初期的磨合磨损,这段时间较短。此时,只要执行适当的磨合期使用规定就可降低初期磨损,延长机械使用寿命。

第二阶段:正常工作磨损。这一阶段零件经过磨合磨损,表面粗糙度降低了,磨损较少,在较长时间内基本处于稳定的均匀磨损状态。这个阶段后期,条件逐渐变坏,磨损就逐渐加快,进入第三阶段。

第三阶段:事故性磨损。此时,由于零件配合的间隙扩展而负荷加大,磨损激增,可能很快磨损。如果磨损程度超过了极限,不及时修理,就会引起事故性损坏,造成修理困难和经济损失。

10.4.5.2 机械设备的保养

机械设备保养就是为了保持机械设备的良好技术状态,提高设备运转的可靠性和安全性,减少零件的磨损,延长使用寿命,降低消耗,提高机械施工的经济效益。保养分为例行保养和强制保养。例行保养属于正常使用管理工作,它不占用机械设备的运转时间,由操作人员在机械运转间隙进行。其主要内容是:保持机械的清洁,检查运转情况,防止机械腐蚀,按技术要求润滑等。强制保养是按照一定周期和内容分级进行的。保养周期根据各类机械设备的磨损规律、作业条件、操作维护水平及经济性四个主要因素确定。

10.4.5.3 机械设备的修理

机械设备的修理,就是对机械设备的自然磨损进行修复,排除机械运行的故障,对损坏的零部件进行更换、修复。对机械设备的预检和修理,可以保证机械的使用效率,延长使用寿命。

机械设备的修理可分为大修、中修和零星小修。

大修是对机械设备进行全面的解体检查修理,保证各零部件质量和配合要求,使其达到良好的技术状态,恢复可靠性和精度等工作性能,以延长机械的使用寿命。

中修是对设备进行部分解体,修复或更换部分主要零件或使用期限等于或小于修理间隔期的零件。中修的目的就是对不能继续使用的部分主要零件进行大修,使整机状况达到平衡,以延长机械设备的大修间隔。

零星小修一般是临时安排的修理,其目的就是消除操作人员无力排除的突然故障、个别零件损坏,或一般事故性损坏等问题,一般都是和保养相结合,不列入修理计划之中。而大修、中修需要列入修理计划,并按计划的预检修制度执行。

10.5 施工项目技术管理

10.5.1 施工项目技术管理概述

10.5.1.1 技术管理工作的内容

施工项目技术管理,就是对施工项目的各项技术活动过程和构成施工技术工作的各项技术要素进行一系列组织工作的总称。施工项目技术管理工作具体包括:

(1)技术基础工作的管理。包括实行技术责任制、执行技术标准与技术规程、制订技术管理制度、开展科学试验 、交流技术情报、管理技术文件等。

(2)施工过程中技术工作的管理。包括施工图会审、技术交底、隐蔽工程检查验收、材料检验、技术档案资料管理等。

(3)技术开发管理。此项工作贯穿于技术准备阶段和工程实施阶段,包括科学研究、技术改造、技术革新、新技术试验、技术培训、技术开发以及合理化建议等管理工作。

(4)技术经济分析与评价。技术经济分析与评价的目的是论证在技术上是否可行,在经济上是否合理;在编制施工组织设计(施工技术方案)和新技术开发与推广项目计划时,需要进行技术经济分析与评价,从而达到优化施工组织设计(施工技术方案)和优选新技术开发与推广项目的目的;在施工组织设计(施工技术方案)和新技术开发与推广项目实施完成后,更需要对实施后的实际效果进行全面系统的技术评价和经济分析,以总结经验,吸取教训,不断提高施工技术水平和管理水平。由此可见,认真做好上述各有关环节的技术经济分析与评价,是项目技术管理工作中一项十分重要的内容。

10.5.1.2 技术管理工作的任务

(1)正确贯彻国家和行政主管部门的技术政策,贯彻上级对技术工作的指示与决定。

(2)研究、认识和利用技术规律,科学地组织各项技术工作,充分发挥技术的作用。

(3)确定正常的生产技术秩序,进行文明施工,以技术保工程质量。

(4)努力提高技术工作的经济效果,使技术与经济有机地结合起来。

项目经理部应在技术管理部门的指导和参加下建立技术管理体系,具体工作包括:明确技术岗位与职责、技术管理制度的制定、技术组织措施的制定和实施、施工组织设计的编制及实施、技术资料和技术信息管理。

10.5.2 施工项目技术管理的基本制度

项目管理的效率性条件之一就是制度的保证。施工项目技术管理工作的基础工作就是建立健全技术管理制度,包括制度的建立、健全、贯彻与执行。施工项目技术管理主要有以下几种管理制度。

10.5.2.1　**施工图审查制度**

施工图是进行施工的依据，施工单位的任务就是按照施工图纸的要求，高速、优质地完成施工项目。施工图审查的目的在于领会设计意图，明确技术要求，发现设计文件中的差错与问题，提出修改与洽商意见，避免技术事故或产生经济与质量问题。

10.5.2.2　**技术交底制度**

施工项目技术系统一方面要接受企业技术负责人的技术交底，另一方面要在项目内进行层层交底，故要编制制度，以保证技术责任制落实、技术管理体系正常运转、技术工作按标准和要求运行。

10.5.2.3　**施工组织设计文件审批制度**

施工项目开工之前，施工组织设计文件必须报施工企业总工程师组织审查批准后，作为施工部署、落实施工生产要素和指导施工现场的依据。

10.5.2.4　**技术复核制度**

技术复核的目的是保证技术基准的正确性，避免因技术工作的疏忽差错而造成工程质量或安全事故。因此，凡是涉及定位轴线，标高，尺寸，配合比，皮数杆，横板尺寸，预留洞口，预埋件的材质、型号、规格，吊装预制构件强度等，都必须根据设计文件和技术标准的规定进行复核检查，并做好记录和标识。技术复核也是实行质量控制的技术性预检预查。

10.5.2.5　**设计变更与技术核定制度**

施工过程中，由于业主的需要或设计单位出于某种改善性的考虑，以及现场实际条件的变化等，都导致施工图的变更。这不仅关系到施工依据变化，而且涉及工程质量的增减变化。因此，必须严格按照规定程序处理设计变更问题。一般由设计单位签证确认，监理工程师下达变更令。

在实际施工过程中，由现场管理者或作业者对施工图的某些技术问题提出异议或者改善性的建议；材料构配件的代换、混凝土使用外加剂、工艺参数调整等，必须由技术负责人向设计单位提出“技术核定单”，经确认同意后才能实施。

10.5.2.6　**材料检验制度**

建筑材料、构件、零配件和设备质量的优劣，直接影响建筑工程质量。因此，必须加强检验工作，并健全试验检验机构，把好质量检验关。

10.5.2.7　**工程质量检查验收制度**

制定工程质量检查验收制度的目的是加强工程施工质量的控制，避免质量差错造成永久隐患，并为质量等级评定提供数据和情况，为工程积累技术资料和档案。

工程质量检查验收制度包括工程预检制度、工程隐检制度、工程分阶段验收制度、单位工程竣工检查验收制度、分项工程交接检查验收制度等。

10.5.2.8　**技术组织措施计划制度**

制定技术组织措施计划制度的目的是克服施工中的薄弱环节，挖掘生产潜力，加强其计划性、预测性，从而保证完成施工任务，获得良好的技术经济效果和提高技术水平。

10.5.2.9　**技术档案管理制度**

工程施工技术资料是施工单位根据有关管理规定，在施工过程中形成的应当归档保存的各种图纸、表格、文字、音像材料等技术文件材料的总称，是工程施工及竣工交付使用的必备条件，也是对工程进行检查、维护、管理、使用、改建和扩建的依据。制定该制度的目的是加强对工程施工技术资料的统一管理，提高工程质量的管理水平。它必须贯彻国家和地区有关技术标准、技术规程和技术规定，以及企业的有关技术管理制度。

10.5.2.10　**科技情报制度**

科技情报工作任务是及时收集预施工项目有关的国内外科技动态和信息，正确、迅速地报道科技成果，交流实践经验，为实现改革和推广新技术提供必要的技术资料，主要有以下几方面工作：

(1)建立信息机构，把情报工作制度化、经常化。

(2)积极开展信息网活动，大力搜集国内外同行业的科技资料，尤其是先进的科技资料和信息。

(3)总结本单位的科研成果及从外部搜集与施工项目有关资料和信息，及时提供给生产部门。

(4)组织科技资料与信息的交流，介绍有关科技成果和新技术，组织研讨会，研究推广应用项目及确定攻关课题。

10.5.3　施工过程中的主要技术管理工作

根据技术标准、技术规程、建筑企业的技术管理制度、施工项目经理部制订的技术管理制度，项目施工过程中应做好以下技术管理工作。

10.5.3.1　**施工图会审**

施工图会审是施工单位熟悉、审查设计图纸，了解工程特点、设计意图和关键部位的工程质量要求，帮助设计单位减少差错的重要手段。它是项目组织在学习和审查图纸的基础上，进行质量控制的一种重要而有效的技术管理方法。

10.5.3.2　**技术交底**

技术交底是在正式施工之前，对参与施工的有关管理人员、技术人员和工人交待工程情况和技术要求，避免发生指导和操作的错误，以便科学地组织施工，并按合理的工序、工艺流程进行作业。技术交底的主要内容如下：

(1)施工图交底。目的是使施工人员了解设计意图、建筑和结构的主要特点、重要部位的构造和要求等，以便掌握设计关键，做到按图施工。

(2)施工组织设计交底。要将施工组织设计的全部内容向施工人员交待，以便掌握工程特点、施工部署、任务划分、进度要求、主要工种的相互配合、施工方法、主要机械设备及各项管理措施等。

(3)设计变更交底。将设计变更的部位向施工人员交待清楚，讲明变更的原因，以免施工时遗漏造成差错。

(4)分项工程技术交底。主要内容是：对施工工艺、规范和规程的要求，材料的使用，质量标准及技术安全措施等。对新技术、新材料、新结构、新工艺和关键部位，以及特殊要求，要着重交待，以便施工人员把握重点。

技术交底可分级、分阶段进行。各级交底除口头和文字交底外，必要时用图表、样板、示范操作等方法进行。

10.5.3.3　**隐蔽工程检查与验收**

隐蔽工程是指完工后将被下一道工序所掩盖的工程。隐蔽工程项目在隐蔽前应进行严密检查，做出记录，签署意见，办理验收手续，不得后补。有问题需复验的，须办理复验手续，并由复验人做出结论，填写复验日期。

一般需要进行隐蔽工程检查验收的项目如表10-4所示。

表10-4 隐蔽工程检查验收项目

序号	项目	检查内容
1	基础工程	地质、土质情况，标高尺寸，坟、井、塘、人防的处理情况，基础断面尺寸，桩的位置、数量和试桩打桩记录，人工地基的试验记录等
2	钢筋混凝土工程	钢筋的品种、规格、数量、位置、形状、焊接尺寸、接头位置和除锈情况，预埋体的数量及位置，材料代用情况
3	防水工程	屋面、地下室、水下结构物的防水找平层的质量情况、干燥程度、防水层数，玛琋脂的软化点、延伸度，防水处理措施的质量
4	各种给排水、暖卫暗管道	位置、标高、坡度、试压、通水试验、焊接、防锈、防腐保温及预埋件等情况
5	锅炉	保温前的涨管情况、焊接、接口位置、螺栓固定及打泵试验
6	各种暗配电气线路	位置、规格、标高、弯度、防腐、接头等情况，电缆耐压绝缘试验，地线、地板、避雷针的接地电阻
7	其他	完工后无法进行验收的工程，重要结构部位和有特殊要求的隐蔽工程

10.5.3.4 **施工预检**

预检是施工项目或分项工程在施工前所进行的预先检查。预检是保证工程质量，防止可能发生差错造成质量事故的重要措施。除施工单位自身进行预检外，监理单位应对预检工作进行监督并予以审核认证。预检时要做出记录。

建筑工程的预检项目如下：

(1)建筑物位置线，现场标准水准点、坐标点(包括标准轴线桩、平面示意图)，重点工程应有测量记录。

(2)基槽验线，包括轴线、放坡边线、断面尺寸、标高(槽底标高、垫层标高)、坡度等。

(3)模板，包括几何尺寸、轴线、标高、预埋件和预留孔位置、模板牢固性、清扫口留置、施工缝留置、模板清理、脱膜剂涂刷、止水要求等。

(4)楼层放线，包括各层墙柱轴线、边线和皮数杆。

(5)翻样检查，包括几何尺寸、节点做法等。

(6)楼层50水平线检查。

(7)预制构件吊装，包括轴线位置、构件型号、构件支点的搭接长度、堵孔、清理、锚固、标高、垂直偏差以及构件裂缝、损伤处理等。

(8)设备基础，包括位置、标高、几何尺寸、预留孔、预埋件等。

(9)混凝土施工缝留置的方法和位置，接槎的处理(包括接槎处浮动石子清理等)。

(10)各层地面基层处理，屋面找坡、保温、找平层质量，阴阳角处理。

10.5.3.5 **材料、构配件检验**

建筑材料、构件、零配件和设备质量的优劣，直接影响建筑工程质量。因此，必须加强检

验工作,并健全试验检验机构,把好质量检验关。对材料、半成品、构配件和设备的检查有下列要求:

(1)凡用于施工的原材料、半成品和构配件等,必须有供应部门或厂方提供的合格证明。对没有合格证明或虽有合格证明,但经质量部门检查认为有必要复查时,均须进行检验或复验,证明合格后方能使用。

(2)钢材、水泥、砂、焊条等结构用材,除应有出厂合格证明或检验单外,还应按规范和设计要求等进行检验。

(3)混凝土、砂浆、灰土、夯土、防水材料的配合比等,都应严格按规定的部位及数量,制作试块、试样,按时送交试验,检验合格后才能使用。

(4)钢筋混凝土构件和预应力钢筋混凝土构件,均应按规定的方法进行抽样检验。

(5)预制厂、机修厂必须对成品、半成品进行严格检查,签发出厂合格证,不合格的不准出厂。

(6)对新材料、新构件和新产品,均应做出技术鉴定,制定出质量标准和操作规程后,才能在工程上使用。

(7)在现场配制的防水材料、防腐材料、耐火材料、绝缘材料、保温材料、润滑材料等,均应按实验室确定的配合比和操作方法进行施工。

(8)高低压电缆、高压主绝缘材料,均应进行耐压试验。

(9)对铝合金门窗、吸热玻璃、装饰材料等高级贵重材料的成品及配件,应特别慎重检验,质量不合格的不得使用。

(10)加强对工业设备的检查、试验和试运转工作。设备运到现场后,安装前必须进行检查验收,做好记录,重要的设备、仪器、仪表还应开箱检验。

10.5.3.6 技术档案资料的管理

技术档案包括三个方面,即工程技术档案、施工技术档案和大型临时设施档案。

1.工程技术档案

工程技术档案是为工程竣工验收提供给建设单位的技术资料。它反映了施工过程的实际情况,它对该项工程的竣工使用、维修管理、改建扩建等是不可缺少的依据。工程技术档案主要包括以下内容:

(1)竣工项目一览表,包括名称、面积、结构、层数等。

(2)设计方面的有关资料,包括原施工图、竣工图、施工图会审记录、洽商变更记录、地质勘察资料。

(3)材料质量证明和试验资料,包括原材料、成品、半成品、构配件和设备等质量合格证明或试验检验报告单。

(4)隐蔽工程验收记录和竣工验收证明。

(5)工程质量检查评定记录和质量事故分析处理报告。

(6)设备安装和采暖、通风、卫生、电气等施工和试验记录,以及调试、试压、试运转记录。

(7)永久性水准点位置、施工测量记录和建筑物、构筑物沉降观测记录。

(8)施工单位和设计单位提出的建筑物、构筑物在使用时应注意的事项等有关文件资料。

2. 施工技术档案

施工技术档案主要包括施工组织设计和施工经验总结,新材料、新结构和新工艺的试验研究及经验总结,重大质量事故、安全事故的分析资料和处理措施,技术管理经验总结和重要技术决定,施工日志等。

3. 大型临时设施档案

大型临时设施档案主要包括临时房屋、库房、工棚、围墙、临时水电管线设置的平面布置图和施工图,以及施工记录等。

对技术档案的管理,要求做到完整、准确和真实。技术文件和资料要经各级技术负责人正式审定后才有效,不得擅自修改或事后补做。

10.5.3.7 施工项目主要技术组织措施

施工项目技术组织措施是为了克服生产中的薄弱环节,挖掘生产潜力,保证完成生产任务,获得良好的经济效果,在提高技术水平方面采用的各种手段或办法。它不同于技术革新,技术革新强调一个“新”字,而技术组织措施则是综合已有的先进经验或措施,如节约原材料、保证安全、降低成本等措施。要做好技术组织措施工作,必须编制、执行技术组织措施计划。

(1)技术组织措施计划的主要内容。施工项目技术组织措施计划的主要内容包括加快施工进度方面的技术组织措施,保证和提高工程质量的技术组织措施,节约劳动力、原材料、动力、燃料的技术组织措施,推广新技术、新工艺、新结构、新材料的技术组织措施,改进施工工艺和操作技术以提高劳动生产率的技术组织措施,保证安全施工的技术组织措施。

(2)技术组织措施计划的编制。施工项目技术组织措施计划的编制应按年度、季度、月度分级编制,并以生产计划要求的进度与指标为依据。如编制施工技术组织措施计划应依据施工方案,并结合施工实际。

项目经理部主要编制月度技术组织措施计划。项目经理部编制的技术组织措施计划是作业性的,在编制时既要贯彻企业的技术组织措施计划意图,又要充分发动施工员、班组长及工人提出合理化建议,使计划有群众基础。编制技术组织措施计划应分析其经济效果。

(3)技术组织措施计划的贯彻执行。施工项目技术组织措施计划的贯彻执行,应在下达施工计划的同时,下达到工长及有关班组。对技术组织措施计划的执行情况应认真检查,督促其执行,发现问题及时处理,如果无法执行,应查明原因,进行分析。每月底施工项目技术负责人应汇总当月的技术组织措施计划执行情况,填写报表上报,进行总结并公布成果。

10.6 施工项目资金管理

10.6.1 施工项目资金管理概述

10.6.1.1 施工项目资金管理的概念

资金是企业拥有、占有和支配财产物资的价值形态,是企业进行生产经营活动的前提条件和物质基础。企业应在其财务部门设立项目专用账号,由财务部门统一对外,所有资金的收支均按财务制度的要求由财务部门对外运作,资金进入财务部门后,按照承包人的资金使用制度分流到项目。

施工项目资金管理是指施工项目经理部根据工程项目施工过程中资金运动的规律，进行的资金收支预测、编制资金计划、筹集投入资金、资金使用(支出)、资金核算与分析等一系列资金管理工作。

项目经理部负责施工项目资金的使用管理。施工项目资金管理的重点是收入与支出问题，收支之差涉及核算、筹资、贷款、利息、利润、税收等问题。

10.6.1.2 施工项目资金运用的影响因素

施工项目的资金是施工项目经理部占用和支配物资和财产的货币表现，是市场流通的手段，是进行生产经营活动的必要条件和物质基础。因此，资金管理直接关系到施工项目能否顺利进行和施工项目的经济效益。从管理的角度看，应认识和了解施工项目资金运用的影响因素。其主要影响因素有以下几点：

(1)施工项目的投标报价和合同规定的付款方式，包括要求工期、预付备料款的比例和金额、工程款的结算方式和期限等。

(2)市场上各种材料和机械设备的价格，包括价格和租赁费用等变动因素。

(3)市场条件下，量价分离后，企业内部定额是影响的重要内部因素。

(4)国家银行的贷款、存款利率等。

(5)施工项目施工方案、技术组织措施等直接影响着资金运用。

10.6.2 施工项目的资金预测

10.6.2.1 施工项目资金收入预测

施工项目的资金收入预测，应从按合同规定收取工程预付款(预付款要在施工后以冲抵工程价款方式逐步扣还给业主)开始，每月应按进度收取工程进度款，直到竣工验收合格后办理竣工结算。资金收入预测工作应按时测算出价款数额，做好施工项目的收入预测表，绘出资金按月收入图及施工项目资金按月累加收入图。

资金收入预测工作应注意以下几个问题：

(1)在项目经理主持下，由职能部门人员参加，共同分工负责完成。

(2)加强施工的控制与管理，确保按期实现目标，避免违约罚款，造成自己的经济损失。

(3)严格按合同规定的结算办法测算每月实际应收入的工程进度款数额。此外，尚需考虑当月完成的工程量，计算应收取的工程进度款不一定能按时全额收取，但应尽力缩短滞后时间。

根据上述要求测算的收入，形成了资金的收入在实践、金额上的总体概念，为管好资金、筹措资金、加快资金周转、合理安排资金使用提供可靠的依据。

10.6.2.2 施工项目资金支出预测

施工项目资金的支出主要用于劳动对象和劳动资料的购买或租赁及劳动者工资的支付，再加上现场的管理费用等。资金支出预测的主要依据有施工项目的责任成本控制计划、施工管理规划以及材料和物资的储备计划。

依据上述规划和计划，测算出工程实施中每月预计的人工费、材料费、机械设备使用费、物资储运费、临时设施费、其他直接费和施工管理费等各项支出。支出预测会给项目经理一个整体施工项目的支出在时间和数量上的总概念，以满足资金运用管理的需要。

10.6.2.3 **施工项目资金支出预测应考虑的问题**

(1) 从施工项目的运行实际出发,使资金预测支出计划更接近实际。这里的实际是指投标标价已是不够具体的预测。另外,还要考虑风险及其干扰。对原报价中的不确定因素,通过分析加以调整,这将使预测更加接近实际。

(2) 应考虑资金支出的时间价值,测算资金的支出是站在筹措资金和合理安排调度资金的角度考虑的,故应从动态角度考虑资金的时间价值,同时考虑实施合同过程不同阶段的资金需要。

10.6.2.4 **施工项目资金收入与支出的对比**

在做出了施工项目资金收入与资金支出的预测之后,可把两者在坐标图上进行比较。具体做法是:将前述的施工项目资金累加收入曲线和累加支出曲线绘制在同一坐标系中,如图10-2所示。图中曲线A是施工计划曲线,曲线B是资金预计支出曲线,C是预计资金收入曲线。B、C之间的距离是相应时间收入与支出资金数之差,也就是应该筹措的资金数量。筹措资金的最大值是 a 、b 之间的距离。保留金利润就是毛利润。

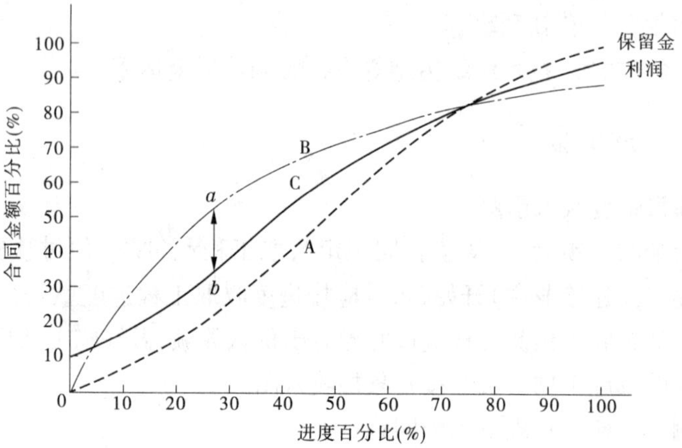

图10-2 项目资金收支对比图

10.6.3 施工项目资金管理计划

项目经理部应编制年、季、月进度资金管理(收支)计划,有条件的可以考虑编制旬、周、日的资金管理(收支)计划,上报组织主管部门审批实施。

(1)年度资金管理(收支)计划。年度资金管理(收支)计划的编制,要根据施工合同工程款支付的条款和年度生产计划安排,预测年内可能达到的资金收入,要参照施工方案,安排工、料、机费用等资金分阶段投入,做好收入与支出在时间上的平衡。编制年度资金收支计划,主要是摸清工程款到位情况,测算筹集资金的额度,安排资金分期支付,平衡资金,确定年度资金管理工作总体安排。

(2)季度、月度资金管理(收支)计划。季度、月度资金管理(收支)计划是年度资金收支计划的落实和调整,要结合生产计划的变化,安排好季、月度资金收支。

10.6.4 施工项目资金的筹措

10.6.4.1 施工项目所需要的资金来源

施工项目所需要的资金来源，一般是在承发包合同条件中规定了的，由发包方提供工程备料款和分期结算工程款提供。为了保证生产过程的正常进行，施工企业也可垫支部分自有资金，但在占用时间和数量方面必须严加控制，以免影响整个企业生产经营活动的正常进行。施工项目资金来源的渠道主要有以下几种：

(1)预收工程备料款。

(2)已完工程的进度价款。

(3)企业自有资金。

(4)银行贷款。

(5)其他施工项目资金的调剂使用。

10.6.4.2 施工项目资金筹措的原则

(1)按照收支预测计划对比后的差额筹措资金。

(2)充分利用资金。自有资金调度灵活，不需支付利息，但贷款更有保证性。

(3)利息的高低应作为选择资金来源的主要标准，尽量利用低息贷款。用自有资金时也应考虑其时间价值。

10.6.5 施工项目资金的使用管理

建立健全施工项目资金管理责任制，明确项目资金的使用管理由项目经理负责，项目经理部财务人员负责协调组织日常工作，做到统一管理、归口负责，明确项目预算员、计划员、统计员、材料员、劳动定额员等有关职能人员的资金管理职责和权限。

10.6.5.1 项目资金的使用原则

(1)项目资金的使用管理应本着促进生产、节省投资、量入为出、适度负债的原则。

(2)本着国家、企业、员工三者利益兼顾的原则，优先考虑上缴国家的税金和应上缴的各项管理费。

(3)要依法办事，按照劳动法保证员工工资按时发放，按照劳务分包合同，保证外包工劳务费按合同规定结算和支付，按材料采购合同按期支付货款，按分包合同支付分包款。

10.6.5.2 施工项目资金的使用管理

施工项目资金的使用管理反映了项目施工管理的水平，从施工计划安排、施工组织设计、施工方案的选择上，用先进的施工技术提高效率、保证质量、降低消耗，努力做到以较少的资金投入，创造较大的经济价值。

项目经理部按组织下达的用款计划控制使用资金，以收定支，节约开支。应按会计制度规定设立财务台账记录资金支出情况，加强财务核算，及时盘点盈亏。

(1)按用款计划控制资金使用。项目经理部各部门每次领用支票或现金，都要填写用款申请表，由项目经理部负责人具体控制该部门支出。额度不大时可在月度用款计划范围内由经办人申请，部门负责人审批。各项支出的有关发票和结算验收单据，由各用款部门负责人签字，并经审批人签证后，方可向财务报账。

(2)设立财务台账，记录资金支出。为预防债务问题，作会计账不便于对各工程繁多的债务债权逐一开设账户，作出记录，因此为控制资金，项目经理部需设立财务台账，作为会计核算的补充记录，进行债务债权的明细核算。

(3)加强财务核算，及时盘点盈亏。项目经理部要随着工程进展定期进行资产和债务的清查，由于单位工程只有到竣工决算，才能确定该工程最终的盈利准确数字。所以要根据工程完成部位，适时地进行财产清查。对项目经理部所有资产方和所有负债方及时盘点，通过资产和负债加上级拨付资金平衡关系比较看出盈亏趋向。

10.6.6 资金的风险管理

注意发包方资金到位情况，签好施工合同，明确工程款支付办法和发包方供料范围。在发包方资金不足的情况下，尽量要求发包方供应部分材料，要防止发包方把属于甲方供料、甲方分包的范围转给承包方支付。

关注发包方资金动态，在已经发生垫资施工的情况下，要适当掌握施工进度，以利于回收资金，如果出现工程垫资超出原计划控制幅度的情况，要考虑调整施工方案，压缩规模，甚者暂缓施工，并积极与发包方协调，保证开发项目，以利于回收资金。

小　结

本章讲解了施工项目资源管理在施工项目管理中的地位与作用，并分别对人力资源管理的基本特点、管理体制及评价激励机制进行了讲述，通过教学使学生对材料的供应管理、现场材料的管理，机械设备的使用选择、保养与维修等手段都有了更多的认识，在本章的教学过程中，还概括了资金运用的影响因素和收入与支出的预测及对比等内容。

能力训练

一、单项选择题

1. 项目资源管理的过程是(　　)。

①资源处置　②资源配置　③资源控制　④编制资源计划

A. ④-②-③-①　B. ①-④-②-③　C. ④-③-②-①　D. ①-④-③-②

2. 按照住房和城乡建设部企业资质标准，凡工程量金额在(　　)万元以上的，需进行劳务分包的项目，均应按照规定进行劳务招标投标。

A. 10　B. 20　C. 50　D. 100

3. (　　)属于正常使用管理工作，它不占用机械设备的运转时间，由操作人员在机械运转间隙进行。

A. 强制保养　B. 例行保养　C. 零星小修　D. 大修

4. 机械设备使用时应贯彻“人机固定”原则，实行(　　)的使用管理制度。

A. 定机、定台班、定岗位责任　B. 定机、定人、定产出

C. 定机、定台班、定产出　D. 定机、定人、定岗位责任

5. 建设工程项目的资金，从流动过程来讲，首先是(　　)。

A. 使用　B. 收支对比　C. 支出　D. 投入

二、多项选择题

1. 项目资源管理的主要内容有(　　)。
A. 人力资源管理　B. 材料管理　C. 机械设备管理　D. 技术管理
E. 资金管理
2. 人力资源动态管理的原则有(　　)。
A. 动态管理应以进度计划与劳务合同为依据
B. 动态管理应以进度计划与劳务合同为手段
C. 动态管理应始终以企业内部市场为依托,允许人力资源在市场内作充分的合理流动
D. 动态管理应以动态平衡和日常调度为手段
E. 动态管理应以达到人力资源优化组合和充分调动作业人员的积极性为目的
3. 材料使用管理包括(　　)。
A. 材料发放及领用　B. 材料使用监督　C. 材料的回收
D. 周转材料的管理　E. 材料储存与保管
4. 材料的供应方式主要有(　　)。
A. 领料方式　B. 送料方式　C. 直接供应方式　D. 中转供应方式
E. 租赁方式
5. 施工项目机械设备管理计划包括(　　)。
A. 机械设备需求计划　B. 机械设备使用计划
C. 机械设备保养计划　D. 机械设备淘汰计划
E. 机械设备租赁计划
6. 施工机械设备选择的方法有(　　)。
A. 综合因素评分法　B. 用单位工程量成本比较优选
C. 用界限使用时间判断　D. 用折算费用法进行优选
E. 用经济订购批量判断
7. 技术交底的内容包括(　　)。
A. 图纸交底　B. 施工方案交底　C. 施工组织设计交底
D. 分项工程交底　E. 设计变更和洽商交底
8. 施工项目技术管理工作主要有(　　)。
A、技术责任制　B. 施工过程中的技术工作　C. 技术交底工作
D. 技术评价　E. 技术开发工作
9. 项目资金管理有(　　)环节。
A. 编制资金计划　B. 筹集资金　C. 投入资金　D. 资金使用
E. 资金核算与分析
10. 施工项目资金来源的渠道主要有(　　)。
A. 预收工程备料款　B. 已完工程的进度价款
C. 企业自有资金　D. 银行贷款
E. 其他施工项目资金的调剂使用

三、简答题

1. 施工项目资源都包括哪些内容？
2. 人力资源管理的基本特点是什么？
3. 如何搞好施工现场的材料管理？
4. 简述机械设备管理的内容。
5. 施工项目资金运用的影响因素有哪些？

四、案例分析题

某火电建设工程公司已中标承担某地电厂的扩建工程施工任务，其锅炉吊装的大型施工机具按施工组织总设计，已选定为60 t塔吊一台。经初步讨论，要满足施工需要并获得该型塔吊。有3种方案可供选择，这3种方案是搬迁、购置、租赁。A方案：搬迁塔吊。该公司已有一台60 t塔吊，正在另一现场施工使用。可利用建筑施工期间存在的间隙搬迁塔吊，以满足新工程施工需要，待安装开始时再搬迁回来。这样增加搬迁费用，同时由此必须采取其他一些相应措施，以弥补另一现场无吊车所引起的损失，经测算，需要3万元。B方案：购置塔吊。某厂已同意加工制造同类型塔吊，但因时间紧迫，要求加价30%。C方案：租赁塔吊。按天数支付600元/天租赁费用。60 t塔吊有关具体数据如下：一次性投资150万元，运输、拆迁、安装一次总费用10万元，使用费6万元，塔吊残值20万元，使用年限20年，年复利8%。现估计该塔吊在新工程使用期满为一年。

问题：

该公司应选择哪一种方案为宜？

11　施工项目收尾管理

【学习目标】

通过本章的学习，了解施工项目收尾管理的概念及收尾管理的要求；了解建设工程项目竣工验收的基本概念；熟悉建设工程项目竣工验收的一般规律；了解施工项目竣工结算依据及竣工结算递交程序；熟悉施工项目工程价款结算的方式；熟悉工程项目回访保修制度及工程项目回访工作方式。

11.1　施工项目收尾管理概述

11.1.1　施工项目收尾管理的概念

项目收尾管理是指对项目的收尾、试运行、竣工验收、竣工结算、竣工决算、考核评价、回访保修等进行的计划、组织、协调、控制等活动。它是建设工程项目管理全过程的最后阶段。没有这个阶段，建设工程项目就不能顺利交工，不能生产出设计规定的合格产品，不能投入使用，也就不能最终发挥投资效益。

收尾阶段的工作对于项目参与方都非常重要。各方面的利益在此阶段常常存在着较大的冲突，特别是在最终费用结算方面。因此，在质量验收、费用的结算、项目交接等过程中，项目经理作为项目管理的总负责人，应特别强调收尾工作的重要性，通过对收尾管理工作的策划和实施，包括对所有未尽事项进行计划、组织、协调与控制，进而为项目管理的终结画上圆满的句号。

11.1.2　施工项目收尾管理的内容

《建设工程项目管理规范》（GB/T 5036—2006）规定："项目收尾阶段是项目管理全过程的最后阶段，包括竣工收尾、验收、结算、决算、回访保修、管理考核评价等方面的管理。"

项目收尾阶段的工作内容较多，组织应制订涵盖各项工作的计划，并提出要求将其纳入项目管理体系进行运行控制。

施工项目收尾管理的内容如图 11-1 所示。

项目收尾管理的基本要求	
项目竣工收尾	(1)在项目竣工验收前，项目经理部应检查合同约定的哪些工作内容已经完成，或完成到什么程度，并将检查结果记录,形成文件。 (2)检查总、分包之间还有哪些连带工作需要收尾接口，项目近外层和远外层关系还有哪些工作需要沟通协调等，以保证竣工收尾顺利完成
项目竣工验收	(1)项目竣工收尾工作内容按计划完成后，除承包人的自检评定外，还应及时地向发包人递交竣工工程申请验收报告。 (2)实行建设监理的项目，监理人还应当签署工程竣工审查意见，发包人应按竣工验收法规，向参与项目各方发出竣工验收通知单，组织进行项目竣工验收
项目竣工结算	(1)项目竣工验收条件具备后，承包人应按合同约定和工程价款结算的规定，及时编制并向发包人递交项目竣工结算报告及完整的结算资料，经双方确定后，按有关规定办理项目竣工结算。 (2)办完竣工结算，承包人应履约按时移交工程成品，并建立交接记录，完善交工手续
项目竣工决算	(1)项目竣工决算是由项目发包人(业主)编制的项目从筹建到竣工投产或使用全过程的全部实际支出费用的经济文件。 (2)竣工决算综合反映竣工项目建设成果和财务情况，是竣工验收报告的重要组成部分，按国家有关规定，所有新建、扩建、改建的项目竣工后都要编制竣工决算
项目回访保修	项目竣工验收后，承包人应按工程建设法律、法规的规定，履行工程质量保养义务，并采取适宜的回访方式为顾客提供售后服务，项目回访与质量保养制度应纳入承包人的质量管理体系，明确组织和人员的职责，提出服务工作计划，按管理程序进行控制
项目考核评价	项目结束后，应对项目管理的运行情况进行全面评价，项目考核评价是项目干系人对项目实施效果从不同角度进行的评价和总结，通过定量指标和定性指标的分析、比较，从不同的管理范围总结项目管理经验，找出差距，提出改进和处理意见

图 11-1　施工项目收尾管理的内容

11.2　施工项目竣工收尾

11.2.1　项目收尾管理的基本要求

项目竣工收尾是直接为竣工验收创造条件的,为此收尾工作必须有目标、有计划地进行。总、分包人分别负责控制竣工总目标和分目标的实现。竣工计划的目标起点要高、要求要严。高起点是指竣工条件必须按法律、行政法规、部门规章和强制性标准的规定执行;严要求是指验收标准的要求要严,检查中发现的问题要强制执行整改,及时处理。

项目竣工收尾的基本要求如图 11-2 所示。

11.2.2　建立竣工收尾工作小组

工程项目进入竣工收尾阶段,项目经理部要有的放矢地组织配备好竣工收尾工作小组,明确分工管理责任制,做到因事设岗、以岗定责,以责考核,限期完成。收尾工作小组要由项目经理亲自领导,成员包括技术负责人、生产负责人、质量负责人、材料负责人、班组负责人等多方面的人员参加。收尾项目完工要有验证手续,要建立完善的收尾工作制度,形成目标

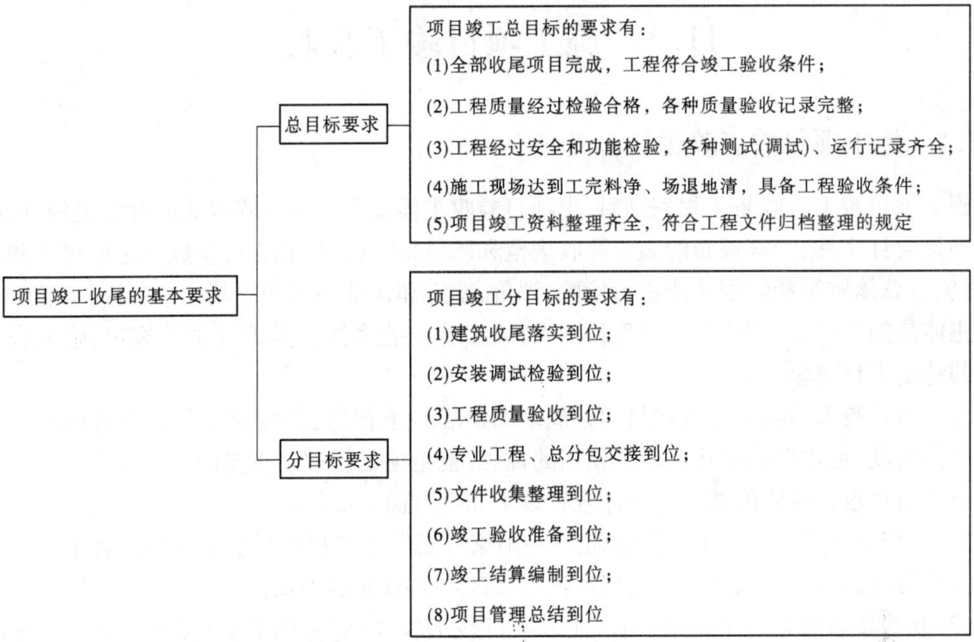

图 11-2　项目竣工收尾的基本要求

管理保证体系。

11.2.3　项目竣工计划的编制

项目竣工收尾是项目结束阶段管理工作的关键环节，项目经理部应编制详细的竣工收尾工作计划，采取有效措施逐项落实，以保证按期完成任务。

11.2.3.1　施工项目竣工计划的编制程序

项目竣工计划的编制应按以下程序进行：

(1)制订项目竣工计划。项目收尾应详细整理项目竣工收尾的工程内容，列出清单，做到安排的竣工计划有切实可靠的依据。

(2)审核项目竣工计划。项目经理应全面掌握项目竣工收尾条件，认真审核项目竣工内容，做到安排的竣工计划有具体可行的措施。

(3)批准项目竣工计划。上级主管部门应调查核实项目竣工收尾情况，按照报批程序执行，做到安排的竣工计划有目标可控的保证。

11.2.3.2　施工项目竣工计划的内容

项目竣工计划的内容应包括现场施工和资料管理两个部分，两者缺一不可，两部分都关系到竣工条件的形成，具体包括以下几个方面：

(1)竣工项目名称。

(2)竣工项目收尾具体内容。

(3)竣工项目质量要求。

(4)竣工项目进度计划安排。

(5)竣工项目文件档案资料整理要求。

11.3 施工项目竣工验收

11.3.1 施工项目竣工验收的含义

施工项目竣工验收是工程完结后,由项目验收主体及交工主体等组成的验收机构,以批准的项目设计文件、国家颁布的施工验收规范和质量检验标准为依据,按照一定的程序和手续,对项目总体质量和使用功能进行检验、评价、鉴定和认证的活动。其中,项目竣工验收的交工主体是施工单位,验收主体是项目法人,竣工验收的客体应是设计文件规定、施工合同约定的特定工程对象。

施工项目竣工验收是工程项目建设周期的最后一道程序,是我国工程建设管理的一项基本法律制度,是建设成果转入生产使用的标志,也是项目管理的重要内容。

施工项目竣工验收的意义主要体现在以下几个方面:

(1)从整体上看,实行竣工验收制度,是国家全面考核工程项目决策、设计、施工及设备制造安装质量,总结项目建设经验,提高项目管理水平的重要环节。

(2)从投资者和建设单位角度看,通过项目竣工验收,完善档案资料的整理,可为投产企业的经营管理、生产技术和固定资产的保养、维修提供全面系统的技术经济文件、资料和图样,加强固定资产投资管理,促进项目达到设计能力和使用要求,提高项目运营效果的需要。

(3)从承包者角度看,项目竣工验收是承包者对所承担的工程建造任务接受建设单位和国家主管部门的全面检查和认可,是承包者完成合同义务的标志。及时办理竣工移交手续,收取工程价款,有利于促进建筑企业健康发展,也有利于企业总结经验教训,提高项目管理水平。

(4)从项目本身看,竣工验收是保证合同任务完成,提高质量水平的最后关口。通过项目竣工验收,全面考查工程质量,保证交付工程符合设计标准、规范等规定的质量标准要求,并能及时发现和解决一些影响正常生产使用的问题,确保项目能按设计要求的技术、经济指标正常地投入生产交付使用,避免基本建设项目由于拖期不能投入使用而造成的资金、时间价值的损失,有利于项目及早发挥效益。

11.3.2 施工项目竣工验收条件、标准和依据

11.3.2.1 施工项目竣工验收条件

根据《建设工程质量管理条例》第16条规定,施工项目竣工验收应当具备下列条件:

(1)完成工程设计和合同规定的各项内容。

(2)有完整的技术档案和施工管理资料。

(3)有工程使用的主要建筑材料、建筑构配件和设备的进场试验报告。

(4)有勘察、设计、施工、工程监理等单位分别签署的质量合格文件。

(5)有施工单位签署的工程质量保修书。

11.3.2.2 施工项目竣工验收标准

工程建设是复杂的系统工程,涉及面广,各类工程的检验评定都有相应的质量标准。所

以,原则上建设项目竣工验收必须符合下列规定:

(1)合同约定的工程质量标准。

(2)单位工程质量竣工验收的合格标准。

(3)单项工程达到使用条件或者满足生产要求。

(4)建设项目能满足建成投入使用或者生产的各项要求。

凡是具有以下情况的建筑工程,一般不能算为竣工,亦不能办理竣工验收手续:

(1)房屋建筑工程已经全部完成并完全具备了使用条件,但被施工单位临时占用而未腾出,不能进行竣工验收。

(2)整个建筑工程已经全部完成,只是最后一道浆活未做,不能进行竣工验收。

(3)房屋建筑工程已经完成,但由于房屋建筑承包单位承担的室外管线并未完成,因而房屋建筑仍不能正常使用,不能进行竣工验收。

(4)房屋建筑工程已经完成,但与其直接配套的变电室、锅炉房等尚未完成,因而使房屋建筑仍不能正常使用,不能进行竣工验收。

(5)工业或科研性的建筑工程,有下列情况之一者,亦不能进行竣工验收:①因安装机器设备或工艺管道而使地面或主要装修尚未完成者;②主建筑的附属部分,如生活间、控制室尚未完成者;③烟囱尚未完成。

11.3.2.3 施工项目竣工验收依据

(1)批准的设计文件、施工图纸及说明书。

(2)双方签订的施工合同。

(3)设备技术说明书。

(4)设计变更通知书。

(5)施工验收规范及质量验收标准。

(6)外资工程应依据我国有关规定提交竣工验收文件。

11.3.3 施工项目竣工验收程序

施工项目竣工验收工作,通常按图 11-3 所示程序进行。

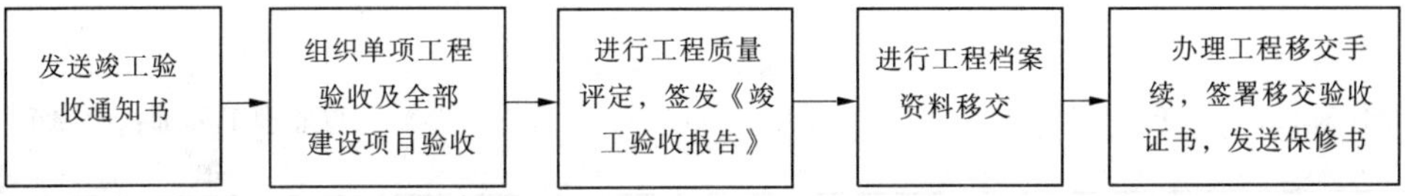

图 11-3 施工项目竣工验收程序

11.3.3.1 发送竣工验收通知书

施工项目完成后,承包人应在检查评定合格的基础上,向发包人发出预约竣工验收的通知书,并提交工程竣工报告(见表 11-1),说明拟交工程项目的情况,商定有关竣工验收事宜,包括施工现场准备和竣工资料审查结论。发出预约竣工验收的书面通知应表达两个含义:一是承包人按施工合同的约定已全面完成建设工程施工内容,预验收合格;二是请发包人按合同的约定和有关规定,组织施工项目的正式竣工验收。

表 11-1 工程竣工报告

<table>
<tr><td>工程名称</td><td></td><td>建筑面积</td><td></td></tr>
<tr><td>工程地址</td><td></td><td>结构类型</td><td></td></tr>
<tr><td>建设单位</td><td></td><td>开、竣工日期</td><td></td></tr>
<tr><td>设计单位</td><td></td><td>合同工期</td><td></td></tr>
<tr><td>施工单位</td><td></td><td>造价</td><td></td></tr>
<tr><td>监理单位</td><td></td><td>合同编号</td><td></td></tr>
<tr><td rowspan="10">竣工条件自检情况</td><td colspan="2">项目内容</td><td>施工单位自查意见</td></tr>
<tr><td colspan="2">工程设计和合同约定的各项内容完成情况</td><td></td></tr>
<tr><td colspan="2">工程技术档案和施工管理资料</td><td></td></tr>
<tr><td colspan="2">工程所用建筑材料、建筑配件、商品混凝土和设备的进场试验报告</td><td></td></tr>
<tr><td colspan="2">涉及工程结构安全的试块、试件及有关材料的试(检)验报告</td><td></td></tr>
<tr><td colspan="2">地基与基础、主体结构等重要分部(分项)工程质量验收报告签证情况</td><td></td></tr>
<tr><td colspan="2">建设行政主管部门、质量监督机构或其他有关部门责令整改问题的执行情况</td><td></td></tr>
<tr><td colspan="2">单位工程质量自检情况</td><td></td></tr>
<tr><td colspan="2">工程质量保修书</td><td></td></tr>
<tr><td colspan="2">工程款支付情况</td><td></td></tr>
<tr><td colspan="4">经检验,该工程已完成设计和合同约定的各项内容,工程质量符合有关法律法规和工程建设强制性标准。
项目经理:
企业技术负责人:(施工单位公章)
法定代表人: 年 月 日</td></tr>
<tr><td colspan="4">监理单位意见: 总监理工程师:(公章)
年 月 日</td></tr>
</table>

11.3.3.2 组织单项工程验收及全部建设项目验收

(1)单项工程验收阶段。是指建设项目中一个单项工程,按设计图纸的内容和要求建成,并能满足生产或使用要求,达到竣工标准时,可单独整理有关施工技术资料及试车记录等,进行工程质量评定,组织竣工验收和办理固定资产转移手续。

(2) 全部验收阶段。是指整个建设项目按设计要求全部建成,并符合竣工验收标准时,组织竣工验收,办理工程档案移交及工程保修等移交手续。在全部验收时,对已验收的单项工程不再办理验收手续。

11.3.3.3 **进行工程质量评定,签发《竣工验收报告》**

验收小组或验收委员会,根据设计图纸和设计文件的要求,以及国家规定的工程质量检验标准,提出验收意见,在确认工程符合竣工标准和合同条款规定之后,应向施工单位签发《竣工验收报告》。其格式见表 11-2。

表 11-2 工程竣工验收报告

<table>
<tr><td rowspan="9">工程概况</td><td>工程名称</td><td></td><td>建筑面积</td><td>m^2</td></tr>
<tr><td>工程地址</td><td></td><td>结构类型</td><td></td></tr>
<tr><td>层数</td><td>地上 层,地下 层</td><td>总高</td><td>m</td></tr>
<tr><td>电梯</td><td>台</td><td>自动扶梯</td><td>台</td></tr>
<tr><td>开工日期</td><td></td><td>竣工验收日期</td><td></td></tr>
<tr><td>建设单位</td><td></td><td>施工单位</td><td></td></tr>
<tr><td>勘察单位</td><td></td><td>监理单位</td><td></td></tr>
<tr><td>设计单位</td><td></td><td>质量监督单位</td><td></td></tr>
<tr><td>工程完成设计与合同所约定内容情况</td><td></td><td>建筑面积</td><td></td></tr>
<tr><td>验收组织形式</td><td colspan="4"></td></tr>
<tr><td>验收组组成情况</td><td colspan="4">专业:
建筑工程
采暖卫生和燃气工程
建筑电气安装工程
通风与空调工程
电梯安装工程
工程竣工资料审查</td></tr>
<tr><td>竣工验收程序</td><td colspan="4"></td></tr>
<tr><td rowspan="3">工程竣工验收意见</td><td colspan="4">建设单位执行基本建设程序情况:</td></tr>
<tr><td colspan="4">对工程勘察、设计、监理等方面的评价:</td></tr>
<tr><td colspan="4"></td></tr>
</table>

项目负责人　　　　　　　　　　　　建设单位　（公章）

年　月　日

续表 11-2

勘察负责人	勘察单位 （公章）	年 月 日
设计负责人	设计单位 （公章）	年 月 日
项目经理 企业技术负责人	施工单位 （公章）	年 月 日
总监理工程师	监理单位 （公章）	年 月 日

工程质量综合验收附件：

1. 勘察单位对工程勘察文件的质量检查报告；
2. 设计单位对工程设计文件的质量检查报告；
3. 施工单位对工程施工质量的检查报告，包括单位工程、分部工程质量自检记录，工程竣工资料目录自查表，建筑材料、建筑构配件、商品混凝土、设备的出厂合格证和进场试验报告的汇总表，涉及工程结构安全的试块、试件及有关材料的试（检）验报告汇总表和强度合格评定表，工程开、竣工报告；
4. 监理单位对工程质量的评估报告；
5. 地基与基础、主体结构分部工程以及单位工程质量验收记录；
6. 工程有关质量检测和功能性试验资料；
7. 建设行政主管部门、质量监督机构责令整改问题的整改结果；
8. 验收人员签署的竣工验收原始文件；
9. 竣工验收遗留问题的处理结果；
10. 施工单位签署的工程质量保修书；
11. 法律、规章规定必须提供的其他文件

11.3.3.4 进行工程档案资料移交

“工程档案资料”是项目施工情况的重要记录，工程竣工后，应立即将全部工程档案资料按单位工程分类立卷，装订成册，然后列出工程档案资料移交清单，注册资料编号、专业、档案资料内容、页数及附注。双方按清单上所列资料，查点清楚，移交后，双方在移交清单上签字盖章。移交清单一式两份，双方各自保存一份，以备查对。

11.3.3.5 办理工程移交手续

工程验收完毕，施工单位要向建设单位逐项办理工程和固定资产移交手续，并签署交接验收证书和工程保修证书。

11.4 施工项目竣工结算

11.4.1 施工项目竣工结算概述

施工项目竣工验收后，施工单位应在约定的期限内向建设单位递交工程项目竣工结算

报告及完整的结算资料，经双方确认并按规定进行竣工结算。竣工结算是施工单位将所承包的工程按照合同规定全部完工交付之后，向建设单位进行的最终工程价款结算。竣工结算由施工单位的预算部门负责编制，建设单位审查，双方最终确定。

11.4.2 施工项目竣工结算的依据

(1)合同文件。

(2)竣工图、工程变更文件。

(3)施工技术核定单、材料代用核定单。

(4)工程计价、工程量清单、取费标准及有关调价规定。

(5)双方确认的经济签证、工程索赔资料。

11.4.3 施工项目竣工结算的办理原则

(1)以单位工程或施工合同约定为基础，对工程量清单报价的主要内容，包括项目名称、工程量、单价及计算结果，进行认真的检查和核对，根据中标价订立合同的应对原报价单的主要内容进行检查和核对。

(2)在检查和核对中若发现有不符合有关规定，单位工程结算书与单项工程综合结算书有不相符的地方，有多算、漏算或计算误差等情况时，均应及时进行纠正、调整。

(3)工程项目由多个单项工程构成，应按建设项目划分标准的规定，将各单位工程竣工结算书汇总，编制单项工程竣工综合结算书。

(4)若工程项目是由多个单位工程构成的项目，实行分段结算并办理了分段验收计价手续的，应将各单项工程竣工综合结算书汇总编制成建设项目总结算书，并撰写编制说明。

11.4.4 施工项目竣工结算的程序

(1)施工单位递交竣工结算报告。竣工报告经建设单位认可后，施工单位应在 28 d 内向建设单位递交竣工结算报告及完整的结算资料，应与建设单位进行竣工结算。

(2)建设单位的核实与支付。建设单位自收到竣工结算报告及结算资料后的 28 d 内进行核实。如果发现问题，提出修改意见，经施工单位同意后给予确认，并及时办理工程价款的支付。

(3)移交工程，具体包括：施工单位在收到工程价款后 14 d 内将竣工工程交付建设单位，施工合同即告终止，工程进入保修期。

11.4.5 工程价款结算的方式

工程价款结算的方式，根据施工合同的规定主要有以下几种：

(1)按月结算。即实行旬末或月中预支，月中结算，竣工后结算的方法。跨年度竣工的工程，在年终进行工程盘点，办理年度结算。

(2)竣工后一次结算。即建设项目或单位工程全部建筑安装工程建设期在 12 个月以内，或者工程承包合同价值在 100 万元以下的，可实行工程价款每月月中预支，竣工后一次结算。

(3)分段结算。即当年开工，当年不能竣工的单项工程或单位工程按照工程形象进度，划分不同阶段进行结算。分段结算可以按月预支工程款。

(4)承发包双方约定的其他结算方式。

11.4.6 施工项目竣工结算的编制

11.4.6.1 施工项目施工结算的编制内容

工程竣工结算的编制内容主要有单位工程竣工结算书、单项工程综合结算书、项目总结算书、竣工结算说明书。

1. 单位工程竣工结算书

单位工程竣工结算书是工程结算中最基本的内容,如果合同约定的工程项目就是单位工程,则单位工程竣工结算书要求的内容即为工程竣工结算编制的内容,一般包括以下几项:

(1)封面。内容包括工程名称、建设单位、建筑面积、结构类型、层数、结算造价、编制日期等,还包括建设单位、施工单位、审批单位及编制人、复核人、审核人的签字盖章。

(2)编制说明。内容包括工程概况、编制依据、结算范围、变更内容、双方协商处理的事项及其他必须说明的问题。

(3)工程结算总值计算表。内容包括各地建设行政主管部门规定的建设工程费用项目。

(4)工程结算表。内容包括定额编号、分部(项)工程名称、单位、工程量、基价、合价、人工费、材料费、机械费等。

(5)工程量增减计算表。内容包括工程量增加部分和减少部分计算的过程与结果。

(6)材料价差计算表。内容包括增加的和减少的材料名称、数量、价差等。

2. 单项工程综合结算书

如果工程项目是由多个单位工程构成的,则将各单位工程竣工结算书汇总,即可得出单项工程竣工综合结算书。

3. 项目总结算书

由多个单项工程构成的建设项目,将各单项工程综合结算书按规定格式汇总,即为建设项目总结算书。

4. 竣工结算说明书(略)

11.4.6.2 施工项目竣工结算的编制方法

编制工程竣工结算,应按承、发包双方约定的方法进行。一般是在原工程预算或合同价的基础上,按以下步骤进行:

(1)根据所收集、整理的各种结算资料,如设计变更、技术核定、现场签证、工程量核定单等,先进行工程量的增减调整计算。

(2)进行相应的直接费用的增减调整计算。

(3)按取费标准的规定计算各项费用。

(4)进行汇总,形成单位工程结算造价。根据工程具体情况汇总即可得出单项工程结算或建设项目总结算,即

竣工结算工程造价款 = 工程预算或合同价款 + 工程变更及签证调整数额 − 预付及已结算工程价款

11.4.7　施工项目竣工结算的检查

工程竣工结算编制完成后，项目经理部要组织熟悉工程施工情况和预(结)算的有关专业人员进行认真细致地检查核对，以确保竣工结算造价的准确合理，公平公正。检查要有针对性，重点检查以下几方面：

(1)设计变更和现场签证等结算资料是否齐全。

(2)项目设置是否完整，有无漏项或重项。

(3)工程量的数量是否准确，有无少算、多算或计算错误。

(4)定额单价的套用及各项费率的选用是否合理，有无套错定额或重复套价。

(5) 结算造价的计算程序是否正确，如果计算程序选错，结果会有较大的出入。

11.5　施工项目的回访与保修管理

11.5.1　施工项目的回访与保修管理概述

建筑工程产品不同于一般商品，竣工验收后仍可能存在质量缺陷和隐患，这些质量问题在工程产品的使用过程中逐步暴露出来，如屋面漏水、墙体渗水、建筑物基础超过规定的不均匀沉降、采暖系统供热不佳、设备及安装工程达不到国家或行业现行的技术标准等。所以在工程产品的使用过程中需要对其进行检查观测和维修。施工单位应在工程结束后，对所建工程进行定期回访，找出出现质量问题的原因，总结经验。在质量缺陷责任期内对工程进行保修，以保证工程质量。

11.5.1.1　**回访与保修的意义**

(1)有利于提高项目人员的质量管理意识。增强责任心，保证工程质量，不留质量隐患，树立向用户提供优良工程的工作作风。

(2)有利于及时发现项目的各种问题，找出项目质量管理工作的薄弱环节，不断改进施工工艺，总结经验，提高管理的水平。

(3)有利于提高企业的信誉。回访可增加与建设单位的联系与沟通，增强建设单位对项目管理者的信任感，提高企业的信誉。

11.5.1.2　**回访和保修工作计划**

为做好工程项目的回访与保修，施工企业不仅应制订工程项目回访和保修制度，还应编制回访和保修工作计划，并将其纳入质量管理体系。工作计划应包括下列内容：

(1)主管回访与保修的部门。主管回访与保修的部门最优的是本项目的施工单位，其了解项目的各种情况，便于采取有效措施及时处理。

(2)回访保修工作的单位。既可以是本项目施工单位，也可以是本项目施工单位委托的其他相关单位。

(3)回访时间及主要内容。

11.5.2　施工项目的回访

国家的有关规定要求，在预约的责任期限内，项目经理应组织原项目人员对交付使用的竣工项目进行回访,听取项目的建设单位对项目的质量、功能的意见与建议,以便对项目在使用过程中出现的质量问题及时采取措施进行预防与解决;对在项目中使用的新技术、新工艺、新设备等的运用效果进行总结。为进一步的完善与推广使用积累数据、总结经验、创造条件。

11.5.2.1 回访的方式与方法

针对不同工程项目的特点,回访的方式也不同。常常采用的方式见图 11-4。

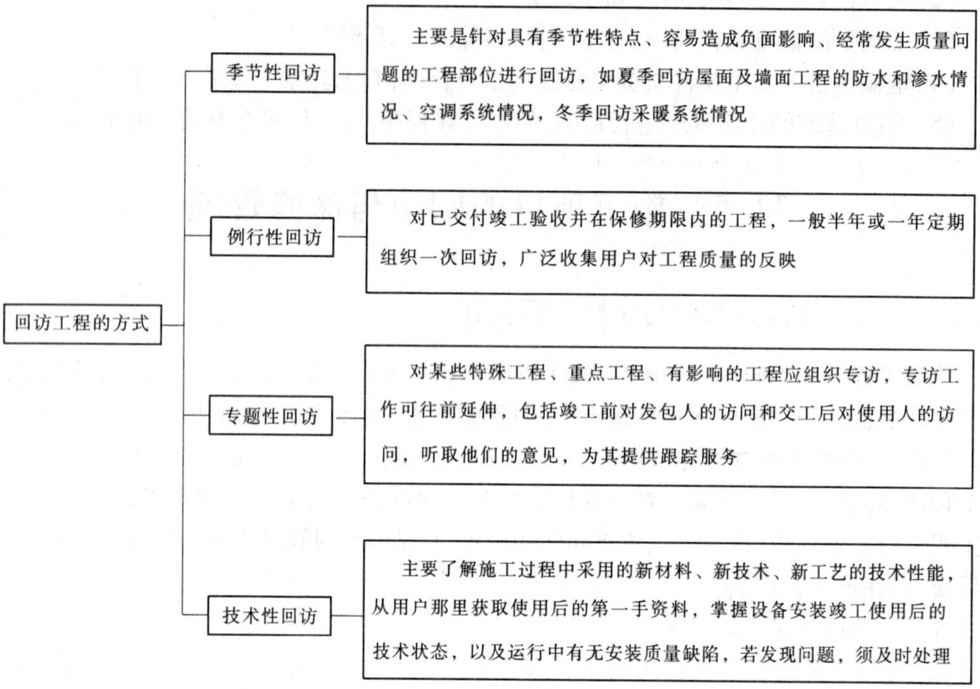

图 11-4　回访工程的方式

回访的方法多种多样。有的采用比较现代的通信方法,如电子邮件、电话等;有的采用比较传统的方法,如现场查询法、开座谈会等。回访时,回访人员态度必须诚恳、认真,这样才能真正了解出现的问题并且及时给出满意的答复。

11.5.3　施工项目保修

按照《中华人民共和国合同法》规定,建设工程的施工合同内容包括工程质量保修范围和质量保证期。保修就是指施工单位按照国家或行业再生规定的有关技术标准、设计文件以及合同中对质量的要求,对已竣工验收的建设工程在规定的保修期限内进行维修、返工等工作。这是因为建设产品不同于一般商品。往往在竣工验收后仍可能存在质量缺陷和隐患,直到使用过程中才能逐步暴露出来,如屋面漏水、墙体渗水、建筑物基础超过规定的不均匀沉降、采暖系统供热不佳、设备及安装工程达不到国家或行业现行的技术标准等,需要在使用过程中检查观测和维修。

因此,施工单位应在竣工验收之前与建设单位签订质量保证书作为合同附件。质量保证书的主要内容包括工程质量保修范围和内容、质量保修期、质量保修责任、保修费用和其他约定五部分。

11.5.3.1　保修的范围与内容

施工单位与建设单位按照工程的性质和特点，具体约定保修的相关内容。房屋建筑工程的保修范围包括地基基础工程、主体结构工程、屋面防水工程、有防水要求的卫生间和外墙面的防渗漏、供热与供冷系统、电气管线、给排水管道、设备和装修工程，以及双方约定的其他项目。

11.5.3.2　质量保修期

质量保修期从竣工验收合格日起计算。当事人双方应针对不同的工程部位，在保修书中约定具体的保修年限。当事人协商约定的保修期限不得低于法规规定的标准。国务院颁布的《建设工程质量管理条例》明确规定，在正常使用条件下的最低保修期限为：

(1)基础设施工程、房屋建筑的地基基础工程和主体工程，为设计文件规定的该工程的合理使用年限。

(2)屋面防水工程、有防水要求的卫生间、房间和外墙面的防渗漏，为5年；

(3)供热与供冷系统，为2个采暖期、供冷期；

(4)电气管线、给排水管道、设备安装和装修工程，为2年。

11.5.3.3　质量保修责任

(1)属于保修范围、内容的项目，施工单位在接到建设单位的保修通知起7 d内派人保修。施工单位不在约定期限内派人保修，建设单位可以委托其他人修理。

(2)发生紧急抢修事故时，施工单位接到通知后应立即到达事故现场抢修。

(3)涉及结构安全的质量问题，应当按照《房屋建筑工程质量保修办法》的规定，立即向当地建设行政主管部门报告，采取相应的安全措施。由原设计单位或具有相应资质等级的设计单位提出保修方案，由施工单位实施保修。

(4)质量保修完成后，由建设单位组织验收。

11.5.3.4　质量保修的费用

保修费用是指对建设工程在保修期限和保修范围内所发生的维修、返工等各项费用支出。

由于建筑安装工程情况复杂，出现的质量缺陷和隐患等问题往往是多方面造成的。因此，在费用的修理上应分清造成问题的原因及具体返工内容，按照国家有关规定和合同要求与有关单位共同商定处理办法。

小　结

本章主要阐述了项目收尾管理的有关知识。项目收尾管理包括项目竣工收尾、竣工验收、竣工结算、回访保修和考核评价等阶段。施工项目竣工验收是建设工程建设周期的最后一道程序，也是我国建设工程的一项基本法律制度。工程项目竣工验收一般按单位工程(或专业工程)竣工验收、单项工程竣工验收和全部工程竣工验收3种情况分别进行。施工项目价款的结算方式主要有按月结算、竣工后一次结算、分段结算和承发包双方约定的其他结算方式。施工项目回访保修制度明确了回访保修的意义以及回访保修的程序。

能力训练

一、单项选择题

1. 项目结束后，(　　)应编制详细的竣工收尾计划，采取有效措施逐步落实。

A. 项目经理　B. 施工单位　C. 项目经理部　D. 发包人

2. 施工项目完成后，承包人应在检查评定合格的基础上，向(　　)发出预约竣工验收通知书，并提交工程竣工报告。

A. 建设行政管理部门　B. 发包人　C. 设计单位

D. 施工单位

3. 施工项目竣工验收的主体是(　　)。

A. 合同当事人的发包主体　B. 合同当事人的承包主体

C. 设计单位　D. 监理单位

4. 施工项目竣工结算由(　　)编制。

A. 发包方　B. 监理单位　C. 发包方的财务部门　D. 承包商

5. 施工项目是由多个单位工程构成的，应按建设项目划分标准的规定，将各单位工程竣工结算书汇总，编制(　　)。

A. 单项工程竣工综合结算书　B. 单位工程竣工综合结算书

C. 分部工程竣工综合结算书　D. 分项工程竣工综合结算书

6. 施工项目竣工决算是由(　　)编制的项目从筹建到竣工投产或使用全过程的全部实际支出费用的经济文件。

A. 建设行政管理部门　B. 发包人　C. 设计单位　D. 监理单位

7. 竣工报告经建设单位认可后，施工单位应在(　　)内向建设单位递交竣工结算报告及完整的结算资料，与建设单位应进行竣工结算。

A. 14 天　B. 28 天　C. 1 个月　D. 10 天

8. 施工项目的保修期自(　　)之日起计算。

A. 开工　B. 承包商提交竣工验收申请

C. 竣工验收合格　D. 发包方组织竣工验收

二、多项选择题

1. 下列(　　)属于项目收尾阶段管理的内容。

A. 项目竣工验收　B. 项目竣工结算　C. 项目回访保修　D. 项目财务审计

E. 项目考核评价

2. 施工项目竣工验收应当具备下列条件(　　)。

A. 完成设计和合同约定的各项内容

B. 项目竣工结算已完成

C. 有完整的技术档案和施工管理资料

D. 有工程使用的主要建筑材料、建筑构配件和设备进场试验报告

E. 项目可以正常使用

3. 施工项目竣工验收一般按(　　)种情况分别进行。

A. 单位工程(或专业工程)竣工验收

B. 单项工程竣工验收　　C. 全部工程竣工验收

D. 分部工程竣工验收　　E. 分项工程竣工验收

4. 施工项目竣工验收的依据有(　　)。

A. 批准的设计文件、施工图纸及说明书

B. 类似工程竣工验收资料

C. 双方签订的施工合同

D. 施工验收规范及质量验收标准

E. 发包方的建议

5. 承包人尤其是项目经理部在编制项目竣工结算时,应注意收集、整理(　　)等有关结算资料。

A. 施工合同　　B. 中标投标书的报价表

C. 工程变更及技术经济签证　　D. 发包人的指令文件

E. 类似工程竣工结算资料

6. 施工项目工程价款结算的方式有(　　)。

A. 按月结算　　B. 按季结算

C. 竣工后一次结算　　D. 分段结算

E. 承发包双方约定的其他结算方式

7. 施工项目回访工作方式有(　　)。

A. 例行性回访　　B. 礼节性回访　　C. 技术性回访　　D. 周期性回访

E. 专题性回访

三、简答题

1. 简述竣工收尾计划的内容。

2. 如何组织竣工验收?

3. 施工项目竣工验收应具备哪些条件?

4. 简述竣工结算的依据与程序。

5. 简述工程项目回访的内容与方式。

6. 工程质量保修书应明确哪些主要内容?

参 考 文 献

[1] 仲景冰. 工程项目管理[M]. 北京:北京大学出版社,2006.

[2] 彭尚银. 施工组织设计编制[M]. 北京:中国建筑工业出版社,2006.

[3]丁士昭. 建设工程项目管理[M]. 北京:中国建筑工业出版社,2011.

[4] 韩国平. 施工项目管理[M]. 广州:东南大学出版社,2006.

[5] 牟培超. 建筑工程施工组织与项目管理[M]. 上海:同济大学出版社,2011.

[6] 陈金洪. 工程项目管理[M]. 北京:中国电力出版社,2008 .

[7] 王辉. 建筑施工项目管理[M]. 北京:机械工业出版社,2009.

[8] 黄淑森. 建筑施工组织与管理[M]. 北京:机械工业出版社,2012.

[9]《建筑施工手册(第四版)》编写组. 建筑施工手册(第四版)北京:中国建筑工业出版社,2003.

[10] 中华人民共和国建设部,中华人民共和国国家质量监督检验检疫总局. GB/T 50326—2006. 建设工程项目管理规范[S]. 北京:中国建筑工业出版社,2006.

[11] 中华人民共和国住房和城乡建设部. GB/T 50502—2009 建筑施工组织设计规范[S]. 北京:中国建筑工业出版社,2009.

[12] 中华人民共和国建设部. JGJ/T 121—99 工程网络计划技术规程[S]. 北京:中国建筑工业出版社,2000.